● 厦门大学首批"十四五"精品教材立项建设项目
● 2022年厦门大学教学改革研究项目（教材研究专项）

【第六版】

计算机应用基础

Basis of Computer Application

主　编　黄洪艺

副主编　赵　冲

参　编　谢　怡　黄晓阳　李慧琪

　　　　曾华琳　张丽丽　曾奇斌

U0216692

厦门大学出版社　国家一级出版社
XIAMEN UNIVERSITY PRESS　全国百佳图书出版单位

图书在版编目（CIP）数据

计算机应用基础 / 黄洪艺主编 ；赵冲副主编.

6 版. -- 厦门 ：厦门大学出版社，2024. 7. -- ISBN

978-7-5615-9444-5

Ⅰ. TP3

中国国家版本馆 CIP 数据核字第 2024AA0970 号

策划编辑　陈进才

责任编辑　郑　丹

美术编辑　李嘉彬

技术编辑　许克华

出版发行　厦门大学出版社

社　　址　厦门市软件园二期望海路 39 号

邮政编码　361008

总　　机　0592-2181111　0592-2181406（传真）

营销中心　0592-2184458　0592-2181365

网　　址　http://www.xmupress.com

邮　　箱　xmup@xmupress.com

印　　刷　厦门市竞成印刷有限公司

开本　787 mm×1 092 mm　1/16

印张　22.25

字数　556 千字

版次　2005 年 6 月第 1 版　2024 年 7 月第 6 版

印次　2024 年 7 月第 1 次印刷

定价　42.00 元

本书如有印装质量问题请直接寄承印厂调换

厦门大学出版社
微信二维码

厦门大学出版社
微博二维码

前　言

　　"计算机应用基础"是非计算机专业学生的计算机应用入门课程,也是一门必修课程。课程旨在使学生掌握计算机应用所必需的信息技术知识,培养学生运用计算机技术分析问题、解决问题的意识和能力,提高学生计算机应用方面的素质,为将来运用计算机知识和技能解决各专业的实际问题打下坚实的基础。

　　本书作为"计算机应用基础"课程的教材,自 2005 年出版以来,经过多次改版,被教育部列入"普通高等教育'十一五'国家级规划教材"。2022 年本书配套的教学视频上线,且已连续五个学期应用于"自主学习、过程监测"的教学模式中,显著提升了学习效果。

　　2024 年 1 月,教育部高等学校大学计算机课程教学指导委员会新文科工作组等编写了《大学计算机教学要求》(第 7 版——2022 年版)并正式出版,本书编者迅速响应,对本书进行了修订。新版教材内容全面,既体现了第 7 版《大学计算机教学要求》中有关"计算机应用基础"课程内容的要求,又紧跟技术发展,对内容进行了精心选取和设计。此外,教学视频以二维码的形式嵌入书中,便于学生随时随地进行自主学习。

　　本书内容包括信息与计算机基础知识、Windows 操作系统、Office 办公软件、网络技术、数据库应用、多媒体技术、人工智能,重点更新和加强了人工智能、网络技术的内容。2017 年国务院印发了《新一代人工智能发展规划》,提出了面向 2030 年我国新一代人工智能发展的指导思想、战略目标、重点任务和保障措施等,其中提到要全面提高全社会对人工智能的整体认知和应用水平。目前,人工智能应用广泛,其发展进入了一个新的阶段,我们的生活方式也随之发生转变。本书介绍人工智能,旨在通过"计算机应用基础"课程向大学生普及人工智能知识,推动人工智能与各专业的交叉融合。

　　本书分为 9 章。第 1 章介绍了计算机软硬件知识和计算机中的信息表示;第 2 章介绍了操作系统基本概念,Windows 10 的基本操作和基本设置;第 3 章、第 4 章、第 5 章分别介绍了办公自动化软件 Word 2016、Excel 2016、PowerPoint 2016 的功能和应用;第 6 章介绍了数据库基本概念和 Access 的应用;第 7 章介绍了网络的基础知识、基本应用和网络安全知识;第 8 章介绍了多媒体技术及应用;第 9 章介绍了人工智能的发展脉络、研究内容、人工智能技术及应用案例。本书各章都精心设计了与内容相配的案例与习题,旨在培养学生的实际动手能力和分析解决问题的能力。

　　本书第 1 章和第 2 章由李慧琪编写,第 3 章由黄洪艺编写,第 4 章由黄晓阳编写,第 5 章由张丽丽编写,第 6 章由赵冲编写,第 7 章由谢怡编写,第 8 章由曾奇斌编写,第 9 章由曾华琳编写。全书由黄洪艺负责统稿和定稿。教学视频由编写团队共同完成。

　　本书编写过程中得到了黄保和老师的大力支持,在此深表感谢。

　　在使用本书过程中,如有宝贵意见和建议,恳请与编者联系(hyhuang@xmu.edu.cn)。

编者

2024 年 7 月

目 录

第 1 章　信息与计算机基础

　　信息和物质、能源一样,是社会的重要资源。信息的收集、存储、检索、处理等相关技术称为信息技术(information technology,IT),而信息技术中最主要的是计算机技术。在当今的信息社会中,从学习、科研、生产到生活等各领域无处不存在信息处理,计算机应用深入到社会的各个领域,社会的生产、生活方式因使用计算机发生了根本性的变化。本章介绍信息技术和计算机技术的发展与特点、信息表示方式、计算机系统的组成等基础知识。

1.1 信　息

 ### 1.1.1 信息概述

　　信息自古有之,人们从不同的角度出发,给出了不同的定义。信息论的创始人香农(C.E.Shannon)从通信理论出发,用数学方法把信息定义为"信息就是不确定性的消除量",认为信息具有使不确定性减少的能力,信息量就是使不确定性减少的程度。控制论创始人维纳(N.Wiener)指出:"信息是在人们适应外部世界,并使这种适应反作用于外部世界的过程中,同外部世界进行交互的内容的名称。"意大利学者朗格(G.Longe)认为"信息是反映事物的形式、关系和差别的东西"。我国信息论学者钟义信认为"信息是事物运动状态和方式,也就是事物内部结构和外部联系的表征"。各种信息的定义,都从一定角度反映了信息的某些特征。从一般意义上讲,信息是人类一切生存活动和自然存在所传达的信号和消息,是人类社会所创造的全部知识的总和。

　　和信息紧密相关的另一个概念就是数据。数据是由人类定义的、可鉴别的抽象符号,用以描述事物的属性、状态、程度、方式等。数据包括数值、文字、声音、图形、影像等。

　　像能源需要载体一样,信息也需要载体,数据正是信息的载体。信息虽然客观存在,但本身看不见摸不着,必须通过数据载体表示和描述。人们通过存储数据而存储信息,通过传输数据而传输信息,通过处理数据而处理信息。因此,可以说"计算机是信息处理装置",也可以说"计算机是数据处理装置"。

　　信息具有以下几个特征:

　　不灭性。物质和能量是不灭的,但其存在形式可以改变。信息是事物运动的状态和方式,所以信息也是客观存在的、不灭的。但某些信息具有时效性,如天气预报信息、新闻信息等。过时的信息虽然存在,但已降低或失去使用价值。

　　可存储性。信息经采集或创造可以借助载体保存,使其重复、长期为人类服务。一般而言,信息采集或创造需要大量投入,而信息的复制只需存储介质本身的成本。

可处理性。信息往往要经过处理才有使用价值,就像物质需要经过加工制造一样。人们可以对信息进行计算、分类、汇总、排序、压缩、形式转换等,使原信息增值,为不同使用者提供有价值的信息。

可重用性。信息的可重用性源于信息可传递和可复制,低廉的信息传递和复制费用方便了信息的重用,使人类可共享信息。但不要忘记,信息是有价值的,有产权的。分享别人的信息必须遵守法律法规,遵守社会道德准则。

信息技术

信息技术是人类开发和利用信息的方法和手段。信息技术包括信息的产生、收集、表示、存储、传递、处理、利用等方面的技术。信息技术涵盖了计算机技术、通信技术、多媒体技术、信息处理技术等。信息技术的基础是微电子技术。与信息技术相关的技术有自动控制技术、传感技术、新材料技术等。

信息产业

随着社会的发展,信息资源和信息技术也在不断丰富和深化,信息产业所涵盖的范围和内容也在不断变化。

具体地,信息产业可划分为:信息技术研究及设备制造业与信息服务业。信息技术研究及设备制造业包含微电子技术及器件制造业、计算机技术及软硬件制造业、通信与网络技术及设备制造业、多媒体技术及设备制造业;信息服务业包含科技情报服务、图书档案服务、标准服务、专利服务、计算机信息处理、软件生产、通信网络系统、数据库开发应用、电子出版物、办公自动化、网络信息与咨询服务等。

信息产业技术含量高、技术创新含量高。半导体、计算机、光导纤维、卫星通信等信息技术的问世都是科技创新的结果。科技创新是信息产业的灵魂,是信息产业归属朝阳产业的关键所在。

信息产业是知识和技术密集型产业。信息产业知识含量高、技术含量高,要求信息产业的从业人员具有较高的知识、文化、技术、技能水平和良好的团队合作精神。

信息文化

信息文化也称信息素养。信息社会需要大批高素质的信息技术人才,同时要求全社会成员信息素养的全面提升。信息素养包含在操作层面上、技术层面上、能力层面上和意识层面上的素养。1998 年,全美图书馆协会和美国教育传播与技术协会联合编写了《信息能力是帮助你学习的伙伴》一书,书中提出了学生学习信息文化的 9 条标准,即学生具备信息素养的 9 大标准,包括:

①能够有效地、高效地获取信息;

②能够熟练地、批评性地评价信息;

③能够精确地、创造性地使用信息;

④能够探索与个人兴趣有关的信息;

⑤能够欣赏作品及其他对信息进行创造性表达的内容;

⑥能够力争在信息查询和知识创新中做得最好;

⑦能够认识到信息对民主化社会的重要性,并对社会做出积极贡献;

⑧能够实行与信息及信息技术相关的符合伦理道德的行为;

⑨能够积极参与活动来探求和创造信息。

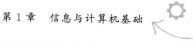

信息文化是计算机文化延伸。计算机文化主要从技术层面强调计算机技术对社会活动的影响。而信息文化则把计算机文化内容扩大到整个信息技术,从技术层面扩展到学习方法、思维方法、社会责任和行为规范。

信息社会

随着信息技术的快速发展,加速了全球信息化进程。信息技术在社会经济各个领域的应用程度、信息产业在国民经济中所占的比重、信息基础设施建设速度等已成为衡量一个国家现代化水平的重要标志。世界各国都在加速信息化进程,以信息技术改造传统产业,以高新技术带动国民经济快速发展。

与农业社会、工业社会比较而言,信息社会具有下列主要特征:

①信息成为重要的战略资源。

②信息业上升为最重要的产业。信息产业的产值在国民经济总产值中的比重在所有行业中已经占据绝对优势,知识创新和技术创新不仅促使信息产业快速发展,同时渗透到各相关产业,带动国民经济快速增长。

③信息网络成为社会的基础设施。在信息社会,信息网络是必不可少的基础设施。信息网络的覆盖程度和利用率成为衡量社会信息化是否成熟的标志。

在信息化社会中,体力劳动和传统资源的投入相对减少,脑力劳动和科学技术的投入相对增大,人类部分的脑力劳动由计算机信息处理系统代替;社会信息交换主要围绕信息网络和信息服务中心展开,由于信息的快速传递,人类的活动空间在距离上相对缩小,在时间上加速活动进程,并逐渐形成虚拟社会,如虚拟商店、虚拟银行等;信息社会是知识密集型社会,专业技术阶层成为社会的主导阶层和中坚阶层,知识成为国民经济中的独立性生产要素。

 ## 1.1.2 信息技术的发展

在人类的早期,信息的处理和传递主要靠人本身进行,人类通过自身的各种感觉器官收集外界的信息,靠语言、表情、手势等来传递信息,靠大脑直接对信息进行存储和进行各种加工处理。随着人类的进化、社会的进步和科技的发展,人类逐渐发明和创造各种各样的物理设备来提高信息的处理效率。社会的每个阶段都有其特定的工具对信息进行处理。在人类社会的早期,把象形文字雕刻在龟甲上,用于存储信息;通过烽火台的黑烟传递战争信息;以算筹、算盘为计算工具进行信息处理等。

在信息社会以前,人类长期靠语言、文字和印刷术作为传播信息的主要手段。语言是思维的工具,也是人类交流和传递信息的工具。文字出现之后,人类可以用文字保存信息,而且使信息的传播突破了时间和空间的限制。印刷术的发明,使人类能大批量复制信息,从而能更大范围、更快速度地传播人类文明,直至今天,书籍和报刊仍然是信息的主要载体。

语言的产生、文字的使用和印刷术的发明,是人类文化发展史上的三个里程碑,它们代表了信息社会之前的三次信息革命,帮助人类产生和传播文明,创造了不同时期的社会文明。

今天,新的信息革命已经到来,人类已经进入信息社会。以计算机技术为中心,以通信技术为传播途径,使人类文明发展越过第四个里程碑。

现代信息技术的发展历史并不长,英国数学家巴贝奇(Charles Babbage,1791—1871)被认为是现代计算技术的鼻祖。1822年,巴贝奇成功地设计了"差分机",用来制作对数表和三角函数表,精度可达6位小数。1834年,巴贝奇又设计了一台更高级的"分析机",其结构和现代电子计算机十分相似,有"存储库""运算室",在穿孔卡片上存储程序和数据,基本实现了控制中心和存储程序的设想。当时,和巴贝奇一起工作的女科学家爱达(Ada Augusta Lovelace Byron,1815—1852)被誉为世界上第一位程序员,她最主要的贡献是用分析机编程,发现了编程的基本要素循环和子程序,建议分析机用二进制存储数据。分析机已经具备了现代计算机的核心部件和主要思想,但限于当时的工艺水平未能研制成功。

1937年,美国贝尔实验室首先用继电器表示二进制数,1940年贝尔实验室完成了用延迟线的继电器计算机Model-1。1941年,德国工程师祖泽完成了第一台继电器式通用计算机Z3。1944年,英国正式启用了密码破译机"巨人",在二战中破译了大量的德军情报。1946年,第一台电子计算机ENIAC(electronic numerical integrator and calculator)诞生,自此出现了一个电子计算机发展的全新时代,为人类进入信息化社会奠定了基础。

现代信息技术的基础是电子计算机技术,电子计算机的发展历程反映了信息技术的发展历程。有人把计算机技术60年的发展划分为三个时期:"主机时期"、"PC时期"和"网络时期"。1946年至20世纪70年代为主机时期,这个时期的计算机主要作为一种高速的计算工具,人们利用计算机主机高速的计算功能进行科学领域的运算,计算机与普通百姓的距离还比较远。20世纪80年代初至90年代为PC时期,虽然微型计算机于20世纪70年代中期就已面世(如1976年Apple公司推出的Apple系列8位机),但真正使计算机进入PC时期的是1981年IBM公司推出了以Intel 8088为CPU的第一代16位台式机,命名为个人计算机(personal computer,PC)。由于IBM PC采用"开放系统"策略,很快成为市场的主流机型,并快速普及,成为人们日常的信息处理设备。因特网兴起于20世纪80年代中期,90年代掀起了新一轮的网络热潮。在21世纪以因特网为主干的网络时代中,网络成为一切信息系统的基础,借助于网络,信息应用无处不在,无时不在。

1.1.3 现代计算机的发展

1.1.3

计算机技术是信息技术的核心,自计算机诞生以来,经历了多次技术革新,现在正朝着智能化和网络化的方向发展,速度更快、功能更强、使用更方便。

1946年,美国宾夕法尼亚大学莫尔研究所研制出电子数字积分计算机ENIAC,它被公认为世界上第一台通用电子计算机。ENIAC由18000个电子管和1500个继电器构成,重30吨,占地170 m²,功率约150 kW。每秒能做大约5000次加法运算,被用于计算弹道和测试氢弹理论,比机械计算机快1000倍,比人工计算快20万倍。

ENIAC采用当时最先进的电子技术,但基本结构与较早出现的机电式计算机没有本质的区别。它的存储容量小,不能存储程序。程序指令存放在机器的外部电路里,要进行计算必须先用人工接通数百条线路,耗时巨大,这一重要缺陷限制了机器的运算速度。美籍匈牙利数学家冯·诺依曼根据图灵机工作原理和巴比奇机的程序控制思想,提出了电子数字计算机"存储程序和程序控制"的工作原理,确定了计算机的逻辑结构由五大部分组成:运算器、控制器、存储器、输入和输出设备。基于冯·诺依曼的设计方案,发明了EDVAC(离散变量自动电子计算机)。

"存储程序和程序控制"的设计思想奠定了计算机的基本结构,时至今日,计算机的基本结构仍然属于冯·诺依曼计算机结构,冯·诺依曼也因此被誉为"计算机之父"。

至今七十余年期间,随着元件制作工艺水平不断提高,计算机的功能和应用得到了飞速发展。目前一般以计算机的物理元器件的变革作为标志,将计算机的发展划分为四个阶段,通常称为计算机发展的四个时代。

第一代计算机(1946—1958 年)

这一代计算机的特征是采用电子管作为主要元器件,体积大、寿命短、运行成本高、可靠性差;主存储器采用磁鼓、磁芯等,容量小;几乎没有辅助存储设备;输入设备落后;计算速度在每秒几千次至几万次之间。使用机器语言和汇编语言编写程序,主要用于国防及科学计算。典型的机型有 ENIAC 等。

第二代计算机(1958—1964 年)

1947 年美国贝尔实验室发明了晶体管,随着晶体管技术的成熟,1958 年使用晶体管设计的计算机问世。1960 年,晶体管计算机已大规模生产,这就是第二代计算机。晶体管计算机的特征是体积小、成本降低、可靠性提高;主存储器采用磁芯体;使用磁带和磁盘作为外存储器;计算速度可达每秒几十万次。可以使用 FORTRAN、COBOL 等高级语言编写程序,使计算机应用得以普及,不仅应用于科学计算领域,还涉及数据处理等商业领域。典型的机型有 IBM-7090 等。

第三代计算机(1964—1970 年)

1958 年,Jack St.Clair Kilby 发明了集成电路,1964 年获得专利。同年,IBM 公司研制出集成电路通用计算机 IBM 360。集成电路的使用大大减小了计算机的体积,速度加快,性价比更高。半导体集成电路计算机的特征是:逻辑电路和主存储器均采用半导体集成电路,计算速度可达每秒百万次,集成度高,功能增强,价格下降;用磁盘作为外存储器。软件方面发展了诸多重要思想和语言,如:1968 年,Edsgar Dijkstra 提出结构化编程的设想;1971 年和 1972 年诞生了结构化编程语言 Pascal 和 C;1970 年 E.F.Codd 提出的关系数据库模型,为数据库的发展奠定了基础。

系列化、通用化和标准化是第三代计算机设计的基本思想。在硬件上采用标准存储芯片和标准接口,在软件中开发通用的操作系统。

第四代计算机(1971 年至今)

第三代计算机产生后,微电子技术迅速发展,1971 年大规模集成电路研制成功。至此,计算机进入一个新的时代。这一代计算机的主要特征是以大规模和超大规模集成电路为计算机的主要功能部件,用半导体存储器做主存储器;容量更大的硬盘、软盘与光盘作为外存储器;计算机体积小、功能强、价格便宜。

集成电路、大规模集成电路、超大规模集成电路在工艺上并没有本质区别,只是大规模集成电路在单位面积的芯片上包含数量更多的半导体元件而已。借助于先进的超大规模集成电路技术,中央处理器可以集成在一块芯片上,该芯片被称为微处理器,从而有了微型计算机,性价比高的微型计算机很快进入工业、生活各个领域。

通常以微处理器的字长划分微型计算机的发展。字长指计算机运算部件一次能处理的二进制数据的位数。字长较长的计算机在一个指令周期中要比字长短的计算机处理更多的数据,速度更快,处理器性能更好。

微处理器发展过程如下:1971 年 Intel 公司推出第一个 4 位微处理器 4040,1972 年推出第一个 8 位微处理器 8080；1978 年推出第一个 16 位微处理器 8086；1985 年推出第一个 32 位微处理器 80386，此后的 80486、奔腾系列等机型都是 32 位微机。目前的主流微机是 32 或 64 位微机。Intel、AMD 公司推出的 64 位处理器已广泛使用。

按计算机的工作原理分类，可以分为模拟计算机和数字计算机；按计算机的用途分类，可以分为专用计算机和通用计算机。按计算机的规模分类，可以把计算机分为巨型机、大型机、中型机、小型机、微型机、单片机等。日常生活及办公中使用最多的是微型计算机，也称个人计算机。

在过去的几十年间，计算机的发展始终遵循"摩尔定律"，即随着集成电路技术的发展，处理器的速度在 18 个月内就提高一倍。短时间内，基于集成电路的计算机仍在发展中，然而，硅芯片技术的高速发展也意味着硅技术越来越接近物理极限。因此，新型计算机的研究主要体现在新的原理、新的元器件，量子计算机、光子计算机、DNA 生物计算机等一些全新概念应运而生，计算机从体系结构的变革到器件与技术革命都将产生从量到质的飞跃。

1.1.4 计算机的特点和应用

计算机的特点

计算机的特点主要体现在以下方面：

(1)运算速度快

所谓运算速度是指平均每秒能执行指令的条数。目前计算机的运算速度可达每秒百万亿次，许多以前用人工无法完成的定量分析工作现在都能实现，如天气预报、卫星轨道计算、导弹运行参数等大量复杂的科学计算问题得到解决。

(2)计算精度高

计算机采用二进制数字运算，可达到很高的计算精度。例如，圆周率的计算，经过 1500 多年许多科学家的人工计算达到小数点后 500 位，而第一台计算机诞生后，利用计算机计算马上达到 2000 位，目前已达到小数点后上亿位。

(3)存储容量大，存取速度快

计算机不仅可以进行计算，还能把数据、计算机指令等信息存储起来。通常用容量来衡量计算机的存储记忆能力。随着技术的进步，计算机的存储器容量越来越大，存取速度越来越快。存储的信息也由早期的文字、数据、程序发展到图像、声音、动画、视频等多媒体数据。

(4)逻辑判断能力强

计算机不但具有计算能力，还具有逻辑判断能力，能解决各种不同的问题。将计算机的存储功能、计算功能和逻辑判断功能结合，可以模拟人类的某些智能活动。

(5)自动化程度高

由于程序和数据存储在计算机中，一旦向计算机发出指令，它就能自动按规定步骤完成一系列的操作运算并输出结果。

计算机应用的热点技术

计算机的应用已经渗透到人类社会生活的各个领域，可以概括为科学计算、信息处理、网络与通信、工业控制、教育娱乐、艺术创作、计算机辅助技术、人工智能数据处理和信息管理等。

当前网络模式下信息技术热点包括人工智能和机器学习技术、大数据、云计算和物联网、虚拟现实等。大数据代表了互联网的信息层，是互联网智慧和意识产生的基础；云计算是服务器端的计算模式，实施信息系统的数据处理功能，处于系统的后台；物联网则对应了互联网的感知，是大数据的来源；虚拟现实通常指沉浸式计算机模拟现实，创造一个虚拟的现实环境。

（1）大数据

大数据（big data），或称海量数据、巨量数据，是由数量巨大、结构复杂、类型众多的数据构成的数据集合，是基于云计算的数据处理与应用模式，通过数据的集成共享、交叉复用形成的智力资源和知识服务能力。

大数据的特点概况为"4V"：

Volume（大量）：大数据的最显著特征是数据量巨大。这不仅指单个数据集的大小，还包括数据的产生速度和累积速度。随着互联网、物联网等技术的发展，数据的产生和收集变得更加容易和广泛。

Velocity（高速）：数据的产生和处理速度非常快。实时数据流的处理和分析成为可能，这对于需要快速响应的应用场景（如金融交易、社交媒体分析等）至关重要。

Variety（多样）：大数据包括结构化数据、半结构化数据和非结构化数据，涵盖了文本、图片、音频、视频等多种格式。这种多样性要求数据处理技术能够适应不同类型的数据。

Veracity（真实）：数据的质量和准确性。在大数据环境下，数据的真实性和可信度对于分析结果的准确性至关重要。数据清洗和验证成为数据处理的重要环节。

大数据不仅在于掌握庞大的数据信息，更体现在对这些数据进行加工处理，随之而来的数据仓库、数据安全、数据分析、数据挖掘等围绕大数据的技术将带来巨大的商业价值。

（2）云计算

云计算（cloud computing）作为一种创新的计算模式，已经成为现代信息技术领域的重要组成部分。它通过将计算资源集中管理和优化分配，极大地提高了数据处理的效率和灵活性，为大数据的存储、处理和分析提供了强大的支持。这一计算模式使计算分布在基于网络的、可配置的共享计算资源上，用户无需感知计算机操作系统、通信网络和应用程序的具体所在，便可实现方便、按需访问。它意味着计算能力也可以作为一种商品通过互联网进行传输，就像水、电一样，取用方便，费用低廉。

（3）物联网

物联网（internet of things，IoT）是互联网、传统电信网等信息承载体，让所有能行使独立功能的普通物体实现互联互通的网络。可以理解为"物联网就是物物相连的互联网"。这包括两层意思：第一，物联网的核心和基础仍然是互联网，是在互联网基础上的延伸和扩展的网络；第二，其用户端延伸和扩展到了任何物品与物品之间，进行信息交换和通信。因此，物联网的定义是通过射频识别（RFID）、红外感应器、全球定位系统、激光扫描器等信息传感设备，按约定的协议，把任何物品与互联网相连接，进行信息交换和通信，以实现对物品的智能化识别、定位、跟踪、监控和管理的一种网络。

（4）虚拟现实

虚拟现实技术（virtual reality，VR）是一项革命性的技术，它通过创造一个沉浸式的三维环境，让用户能够获得超越现实的感官体验。其基本实现方式是计算机模拟虚拟环境，综合利用三维图形技术、多媒体技术、仿真技术等多种技术,借助计算机等设备产生一个逼真的三维视觉、触觉、嗅觉等多种感官体验的虚拟世界,从而给人以环境沉浸感。

虚拟现实技术主要包括模拟环境、感知、自然技能和传感设备等方面。模拟环境是 VR 体验的核心,通常由计算机生成实时动态的三维立体逼真图像。这些图像可以是静态的,也可以是动态的,能够实时响应用户的行为。VR 技术旨在模拟人类的多种感知,包括视觉、听觉、触觉、嗅觉和味觉等。多感知的模拟使得用户能够在虚拟环境中获得更真实的体验。

自然技能指 VR 系统能够识别和响应用户的头部转动、手势、眼球运动等自然动作,提供一种直观的交互方式。传感设备包括头戴显示器(HMD)、手套、运动捕捉设备等,这些设备用于追踪用户的动作和位置,并将这些信息反馈给计算机系统,以实现实时的交互。

各领域对虚拟现实技术的需求日益旺盛,VR 技术也取得了巨大进步,并逐步成为一个新的科学技术领域,如医学、工业设计、影视娱乐业、虚拟实验室、教育等各行业。

医学:VR 技术在医学领域的应用包括手术模拟训练、疼痛管理、康复治疗等。通过模拟手术过程,医生可以在无风险的环境中进行练习和学习。

工业设计:设计师可以利用 VR 技术在虚拟环境中创建和评估产品设计,这不仅提高了设计效率,还降低了原型制作的成本。

影视娱乐业:VR 为观众提供了全新的观影体验,通过沉浸式的故事讲述和交互式的剧情,让观众仿佛置身于电影之中。

虚拟实验室:科研人员可以在虚拟环境中进行实验模拟,这不仅节省了实验成本,还提高了安全性。

教育:VR 技术为教育提供了新的教学工具,学生可以通过虚拟现实进行实地考察,体验历史事件,或者进行科学实验等。

 ## 1.1.5 信息化社会的道德准则与行为规范

信息化社会的道德准则与行为规范是指在信息时代背景下,为了规范人们在信息活动中的行为,维护网络空间的秩序,促进社会和谐发展而制定的一系列道德标准和行为规则。这些准则和规范涵盖了从个人行为到组织管理,从信息内容生产到信息传播等多个方面,旨在引导人们在网络空间中遵循道德规范,尊重他人权利,维护公共利益,促进信息化健康发展。

信息化对人类社会产生了全方位的重大而深刻影响,也给信息化社会的道德准则和行为规范提出新问题、新挑战,需要遵循一系列道德准则和行为规范,以确保信息的正确传播和使用,保护个人和公共利益,维护网络空间的秩序,促进社会和谐。

信息化社会遵循的道德准则包括以下方面:

①信息的真实性:信息的真实性是网络空间信任和稳定的基础。在信息化社会中,信息传播速度快,影响范围广,因此确保信息的真实性对于防止谣言和误导性信息的传播至关重要。这要求信息发布者和传播者负起责任,核实信息来源,避免未经证实的信息传播。

②尊重他人知识产权:知识产权的保护是创新和创造的激励机制。在信息化社会中,作品的复制和传播变得异常容易,因此,尊重和保护知识产权不仅是法律的要求,也是道德的要求。这有助于保护创作者的权益,鼓励更多的创新和优秀作品的产生。

③尊重他人隐私权:隐私权是个人的基本权利之一。在信息化社会中,个人信息的收

集、存储和使用变得日益普遍,因此,保护个人隐私,防止未经授权的个人信息泄露和滥用,是维护个人尊严和自由的重要方面。

④不利用网络谋取不正当的利益:网络空间不应成为非法活动的场所。不利用网络进行欺诈、侵权、诽谤等不正当行为,是维护网络空间秩序和公平正义的基本要求。这有助于构建一个健康、正直的网络环境。

⑤信息的保密:保密性是信息管理的重要原则,尤其是对于涉及国家安全、商业秘密和个人隐私的信息。在信息化社会中,信息安全和保密工作尤为重要,这不仅关系到个人和组织的利益,也可能影响到国家安全和社会稳定。

随着信息技术的不断发展,新的挑战和问题不断出现,如大数据伦理、算法伦理、人工智能伦理等,这些都需要我们在现有的道德准则和行为规范的基础上,不断进行更新和完善,以适应新的技术发展和社会需求。同时,教育和公众意识的提升也是确保这些准则和规范得以有效实施的关键。

1.2 计算机中的信息表示

电子设备中传输、存储、处理的信息有模拟信息(信号)和数字信息(信号)两种,与此对应,电子线路也划分为模拟线路和数字线路两大类。一般来说,数字信号的信号质量高,抗干扰能力强,信息处理简单,但信息存储量比较大,而模拟信号则相反。

电子计算机是数字电子设备,只能存储和处理数字信息。换句话说,所有的信息需要数字化后计算机才能存储和处理。

 ### 1.2.1 进位计数制

1.2.1-1.2.3

在日常生活中,人们广泛使用十进制,有时也会用其他进制,以钟表为例,60秒为1分钟,60分钟为1小时,这就是六十进制。而电子计算机使用的是二进制数。

某计数制由 r 个不同的记数符号组成,称为 r 进制,r 也称为该计数制的基数。记数符号在数据的不同位置代表不同的值,该值由各数位的"权"决定。

十进制(用 D 表示)

十进制数有十个不同的记数符号:0,1,2,…,9。每一位数只能用这十个记数符号之一表示,记数符号也称为数码。十进制数采用逢十进一的计数原则。

小数点前自右向左分别为个位、十位、百位、千位等;小数点后自左向右分别为十分位、百分位、千分位等。

例 1.2.1 十进制数 123.45(D)

百位的 1 表示 100,代表其本身数值的一百倍,即 $1×100$;十位的 2 表示 20,代表其本身数值的十倍,即 $2×10$;个位的 3 表示其本身的数值,即 $3×1$;而小数点右边第一位小数位的 4 表示的值为 $4×0.1$;第二位小数位的 5 表示的值为 $5×0.01$,这个十进制数可以用多项式展开写成:

$$123.45=1×10^2+2×10^1+3×10^0+4×10^{-1}+5×10^{-2}$$

9

因此,十进制基数是 10,各数位的权是以 10 为底的幂。

一个十进制数 $K_{n-1}K_{n-2}\cdots K_1K_0.K_{-1}\cdots K_{-n}$ 对应的值的表达式为:

$$N=K_{n-1}\times(10)^{n-1}+K_{n-2}\times(10)^{n-2}+\cdots+K_1\times(10)^1+K_0\times(10)^0+K_{-1}\times(10)^{-1}+\cdots+K_{-n}\times(10)^{-n}$$

二进制(用 B 表示)

二进制数只有两个记数符号,即数码 0 和 1。二进制数采用逢二进一的计数原则。二进制基数是 2,各数位的权是以 2 为底的幂。

例 1.2.2 二进制数 101.11(B)用按"权"展开法可以表示成等价的十进制数:

$$101.11(B)=1\times2^2+0\times2^1+1\times2^0+1\times2^{-1}+1\times2^{-2}=4+0+1+0.5+0.25=5.75(D)$$

十六进制(用 H 表示)

十六进制有 16 个不同的记数符号:0,1,2,3,4,5,6,7,8,9,A,B,C,D,E,F;每个十六进制数的每一位数只能用这 16 个记数符号之一表示,采用逢 16 进 1 的计数原则。

十六进制基数是 16,各数位的权是以 16 为底的幂。

例 1.2.3 十六进制数 12EF(H)用按"权"展开法可以表示成等价的十进制数:

$$12EF(H)=1\times16^3+2\times16^2+14\times16^1+15\times16^0=4847(D)$$

 ## 1.2.2 不同计数制之间的转换

计算机使用二进制数,而人们习惯使用十进制数。一个数据可以用不同的计数制表示,不同计数制之间可以相互转化,且转化结果唯一。

当然,我们不必要把数据转化成二进制后才交给计算机处理。计算机会自动把人们提供的十进制数转化成二进制数,然后进行储存和处理。同样,它也会把二进制表示的运算结果转化为十进制数后提交给用户。下面,我们简要介绍数制间的转换原理。

二进制转换成十进制

根据公式:

$$N=B_{n-1}\times2^{n-1}+B_{n-2}\times2^{n-2}+\cdots+B_1\times2^1+B_0\times2^0+B_{-1}\times2^{-1}+\cdots+B_{-n}\times2^{-n}$$

将待转换的二进制数按各数位的权值展开成一个多项式,对多项式求和即得到相应的十进制数。

例 1.2.4 $1101.01(B)=1\times2^3+1\times2^2+0\times2^1+1\times2^0+0\times2^{-1}+1\times2^{-2}=13.25(D)$

十进制数转换成二进制数

将十进制数转换为二进制数,整数部分和小数部分要分别进行。

(1)十进制整数转换成二进制整数

十进制整数转换成二进制整数采用逐次除 2 取余法。

用 2 逐次去除待转换的十进制整数,直至商为 0 停止。每次所得的余数即为二进制数的数码,先得到的余数在低位,后得到的余数在高位。

例如,将十进制 83 转换成二进制数,采用逐次除 2 取余法的转换过程如下:

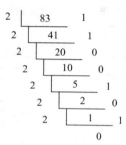

得到的余数从前至后依次为：1、1、0、0、1、0、1

所以：83(D)＝1010011(B)

（2）十进制小数转换成二进制小数

十进制小数转换成二进制小数采用连续乘 2 取整法。

逐次用 2 去乘待转换的十进制小数部分，将每次得到的整数部分（0 或 1）依次记为二进制小数 $b_{-1}, b_{-2}, \cdots, b_{-m}$ 位。

例如，将 0.8125 转换为二进制小数，采用乘 2 取整法的转换过程如下：

$$
\begin{array}{r}
0.8125 \\
\times \quad 2 \\
\hline
\boxed{1}.625 \\
\times \quad 2 \\
\hline
\boxed{1}.25 \\
\times \quad 2 \\
\hline
\boxed{0}.5 \\
\times \quad 2 \\
\hline
\boxed{1}.0
\end{array}
$$

可得：$(0.8125)_{10} = (0.1101)_2$

如果一个十进制小数不能转换为有限位的二进制小数，此时可以采用 0 舍 1 入的方法进行处理（类似于十进制中的四舍五入的方法）。

（3）任意十进制数转换成二进制数

任意十进制数转换为二进制数时，只要将整数部分和小数部分分别按除 2 取余和乘 2 取整的法则转换，最后把所得的结果用小数点连接起来即可。

逐次除 2 取余的余数是按从低位到高位的排列顺序与二进制整数数位相对应；逐次乘 2 取整的整数是按从高位向低位的排列顺序与二进制小数数位相对应，其共同特点是以小数点为中心，逐次向左、右两边排列。

二进制数与十六进制数之间的关系

用二进制表示数值往往位数很多，不便于阅读书写，而把二进制数转化为十六进制，位数减少，便于书写阅读。

$2^4 = 16$，因此，四位二进制数正好对应一位十六进制数，一个字节可以表示 2 位十六进制数。

二进制转化为十六进制数采用四位并一法，它们之间的对应关系如表 1.2.1 所示。

表 1.2.1　二进制与十六进制的对应关系表

十六进制	对应的二进制	十六进制	对应的二进制
0	0000	8	1000
1	0001	9	1001
2	0010	A	1010
3	0011	B	1011
4	0100	C	1100
5	0101	D	1101
6	0110	E	1110
7	0111	F	1111

从待转换的二进制数的小数点开始,分别向左右两个方向进行,将每四位合并为一组,不足四位的以 0 置前(置后)补齐。然后,每四位二进制数用相应的十六进制数码表示,即完成二进制数到十六进制数的转换工作。

例 1.2.5　将 110110001.001101(B)转换成十六进制数。

首先以小数点为中心,分别向左右两个方向每四位划分成一组(不足四位补 0),每四位用一个相应十六进制数码代替,见表 1.2.2。

表 1.2.2　将二进制数转换为十六进制数举例

0001	1011	0001	.	0011	0100
1	B	1	.	3	4

即得:110110001.001101(B)=1B1.34(H)

十六进制转化为二进制数,则直接把每位十六进制数转化成对应的四位二进制数,然后舍弃无效的 0 即可。

例 1.2.6　将 2A0F(H)转换成二进制数。

2A0F=0010 1010 0000 1111

舍弃最左边的两个 0 即得:

2A0F(H)=10101000001111(B)

 ### 1.2.3　计算机采用二进制

计算机采用二进制而非十进制,主要有以下几个原因:

可行性

使用二进制数,只要表示 0、1 两种状态即可,技术上容易实现。例如,电容器上电荷的有和无,开关的接通和断开,晶体管的导通和截止,电压的低和高,脉冲的有和无等等都有两种稳定状态。如果使用十进制数,需要表示 0～9 十个数码,而要找到能稳定表示 10 个状态的元件,技术上比较困难。

简易性

二进制数的运算法则比较简单。对基数为 P 的进位制,其求和或求积的算术运算规则

各有 $P\times(P+1)/2$ 种,这就是说,十进制有 55 种求和或求积的运算规则(俗称九九乘法表),这无疑使实现十进制运算的设备庞大、控制线路复杂。而二进制数的求和与求积运算各有 3 种法则,如表 1.2.3 所示,这使得计算机的硬件结构大大简化。

表 1.2.3　二进制算术运算表

A	B	A+B	A−B	A×B	A÷B
0	1	1	−1	0	0
1	0	1	1	0	
1	1	10	0	1	1

逻辑性

二进制数的 0、1 两个数码,可以代表逻辑代数中的"假"和"真"两个逻辑值,将数值代数和逻辑代数结合,便于实现逻辑运算。

1.2.4 计算机信息编码技术

1.2.4

计算机作为现代信息技术的核心,其主要功能之一就是对数据进行存储和处理。这里所说的数据,既包括数值型,也包括非数值型。将各种形式的数据转化成计算机能储存和处理的二进制代码,称为信息编码。

不同形式的数据采用不同的编码方法,一般可分为数值型数据的编码和非数值型数据的编码。本节只介绍数值型数据和文字的编码,有关图形、图像、影像、声音等多媒体非数值型数据的编码将在第 8 章介绍。

数值型数据的编码

数值型数据指可以进行算术运算的数据。数值型数据转换成相应的二进制数后存入计算机中。

(1)机器数

生活中的数值区分正负很简单。如果是正数,一般在数值前面加一个"+"号或数值前不写任何符号;如果是负数,则必须在数值前面加一个"−"号,这种由正负号表示的数值称为真值。

由于计算机无法直接理解正负号,因此需要一种方法来在二进制代码中表示数值的符号。这就是机器数的概念,它将数值的符号和大小一起编码,以便计算机能够存储和处理。

需要指出,"+"号和"−"号也必须用计算机能识别的 0、1 代码表示。在计算机中通常采用 0 表示数值的正号,用 1 表示数值的负号,这样符号就数字化了。为了能区分符号和数值,约定数的第一位为符号位,0 表示正,1 表示负。这种在计算机中连同符号一起数字化的数称为机器数。例如:一个占 8 个二进制位的数,真值为 +1101(B),则机器数为 00001101;如果真值为 −1001(B),则机器数为 10001001。机器数中第一位为符号位,其余 7 位为数值位,不足 7 位数值时,左边补 0。

(2)原码、反码和补码

为了简化运算,计算机中引入数值的反码和补码表示形式。

数值采用补码形式表示后,运算时不用单独考虑符号位,将符号位并入数值位同时参加运算,这样可以将减法运算转换为加法运算。

真值、原码、反码和补码之间的对应关系如表 1.2.4 所示。

表 1.2.4　真值、原码、反码和补码之间的对应关系表

数	真值	原码	反码	补码
正数	+X	0X	0X	0X
负数	−X	1X	符号位不变,X取反, 0→1,1→0	符号位不变, X取反后加 1

例 1.2.7　给出+12 和−12 的八位原码、反码、补码表示。

+12 的原码为 00001100;反码为 00001100;补码为 00001100;

−12 的原码为 10001100;反码为 11110011;补码为 11110100。

由于这三种数码表示法的形成规则不同,算术运算方法也不相同。若有 A、B 两数,用原码表示,则采用普通的算术运算规则;用反码表示,进行加减运算时,它的减法可以按 A 反+[−B]反的形式进行;用补码表示,进行加减运算时,其减法可以按 A 补+[−B]补进行。

（3）定点数与浮点数

在讨论数值型数据时,经常用到数值范围和精度这两个概念。数值范围是指数据所能表示的最大值和最小值;数据精度是指数据的有效数字位数。在计算机中,数值范围和精度不仅与储存数据的空间大小有关,还与数据的表示方法有关。

计算机中二进制数的表示方法有定点表示(定点整数和定点小数)和浮点表示两种。

①数的定点表示

在机器中,小数点位置固定的数称为定点数,一般纯小数采用定点小数表示法,纯整数采用定点整数表示法。定点小数表示法把小数点固定在符号位与最高位之间;定点整数表示法把小数点固定在数的最低位之后。定点数的运算规则比较简单,但不适宜表示数值范围变化比较大的数据。

②数的浮点表示

为了在有限位数的储存空间中,既扩大数的表示范围,又保持数的精度,可采用小数点位置不固定(浮动)的方法,即小数点位置根据数值大小确定。这就是数的浮点表示。

在浮点表示中,由于小数点浮动不固定,因此,用阶码和尾数来表示一个完整的数,其中阶码表示小数点的位置,尾数表示数的有效位。我们先看一个十进制的例子。例如:

$$-1230=-0.123\times10^4=-1.23\times10^3=-123\times10^1$$

其中,−1230 是定点表示,而−0.123×10⁴、−1.23×10³、−123×10¹都是浮点表示。可见,一个数用浮点方式表示,表示方法并不唯一。

−0.123×10⁴表示中,指数 4 是阶码,−0.123 是尾数,尾数是纯小数(定点小数)。

−123×10¹表示中,指数 1 是阶码,−123 是尾数,尾数是整数(定点整数)。

类似地,任何一个二进制数都可写成:$N=M*2^E$。

其中 E 称为阶码,M 称为尾数。

浮点数的尾数 M 通常用定点小数表示,占 m 位,可正可负,它决定了浮点数的精度;阶码 E 用整数表示,占 n 位,也可正可负,阶码指出小数点的位置,决定了浮点数的取值范围。浮点数的存储格式如图 1.2.1 所示。

图 1.2.1　浮点数的存储表示

　　合理地选择 m 和 n 的值十分重要,要使得总长度为 $m+n+2$ 个二进制位表示的浮点数,既保证足够大的数值范围,又能保证精度要求。

文字的编码

　　文字包含西文字符(字母、数字、符号)和汉字字符,属于非数值型数据,需要用二进制代码编码,计算机才能存储和处理。

　　(1)字符编码(ASCII 码)

　　键盘上的字符在计算机中必须转换为二进制数,才能被识别。绝大部分计算机的字符编码采用 ASCII 码。

　　ASCII 码(American standard code for information interchange)即美国标准信息交换码,这一编码方案最初由美国制订,后来由国际标准化组织(ISO)确定为国际标准字符编码。我国制定了与国际标准兼容的国家标准 GB1988,将货币符号转换为人民币符号,其余均相同。

　　ASCII 码采用七位二进制位编码,最多可表示的字符数为 $128(2^7)$。计算机中用 8 位二进制数(1 字节)存储一个 ASCII 码,将字节的最高位取 0。ASCII 码对照表如表 1.2.5 所示。

表 1.2.5　ASCII 码对照表

L	H							
	0000	0001	0010	0011	0100	0101	0110	0111
0000	NUL	DLE	SP	0	@	P	'	p
0001	SOH	DC1	!	1	A	Q	a	q
0010	STX	DC2	"	2	B	R	b	r
0011	ETX	DC3	#	3	C	S	c	s
0100	EOT	DC4	$	4	D	T	d	t
0101	ENQ	NAK	%	5	E	U	e	u
0110	ACK	SYN	&	6	F	V	f	v
0111	BEL	ETB	,	7	G	W	g	w
1000	BS	CAN	)	8	H	X	h	x
1001	HT	EM	(	9	I	Y	i	y
1010	LF	SUB	*	:	J	Z	j	z
1011	VT	ESC	+	;	K	[	k	{
1100	FF	FS	'	<	L	\	l	|
1101	CR	GS	—	=	M	]	m	}
1110	SO	RS	.	>	N	ˆ	n	~
1111	SI	US	/	?	O	_	o	DEL

　　ASCII 码对照表中可以查出任何一个字母、数字、符号、控制符对应的二进制码。表中列标题指该列中字符对应的二进制编码的高 4 位,行标题指该行中字符对应的二进制编码

的低 4 位。高位和低位合在一起就是字符的 ASCII 二进制码。例如,字符 A 的 ASCII 二进制码是 01000001(十进制码值 65)。

ASCII 码对照表中有 33 个控制字符,即表中前两列(十进制码值 0～31)和最后一个 DEL(十进制码值 127),每个控制字符有特定的含义,主要用于对外部设备的控制、显示格式控制等。

ASCII 码对照表其余字符为普通字符,可显示字符,包括英文大小写字母、0～9 数字、标点符号、运算符号等。在这些字符中,0～9、A～Z、a～z 顺序排列,且小写字母比对应大写字母的码值大 32。例如,a 的 ASCII 码为十进制 97,A 的 ASCII 码为十进制 65。

(2)汉字编码

在计算机中,当用户从键盘上按下字符 A 时,系统自动把代表字符 A 的代码 01000001 输入计算机。而汉字信息的处理没有这样简单,因为没有汉字键盘,无法直接输入汉字,需要对汉字进行编码后用英文键盘输入。汉字信息处理过程包含三个环节:即文字信息的输入、处理和输出,因此汉字编码分为输入码、内码、字形码。

通过键盘以输入码的形式把汉字输入计算机;由中文操作系统中的输入处理程序把输入码转换成相应汉字的内码,并在计算机内部进行存储和处理;最后,由输出处理程序查找字库,按汉字内码调用相应的字形码,并送到输出设备进行显示和打印。汉字信息处理过程如图 1.2.2 所示。

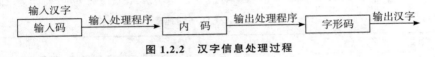

图 1.2.2　汉字信息处理过程

①内码。

汉字内码是指汉字在计算机内部进行存储、传递和运算所使用的数字代码。汉字的输入方式可以不同,但每个汉字的内码是唯一的。

由于汉字数量多,用一个字节无法表示所有的汉字,国家规定用两个字节存储一个汉字。为了区别汉字和英文字符,英文字符的机内代码(ASCII 码)是 7 位二进制,其字节的最高位为"0",汉字机内码中两个字节的最高位均为"1"。

我国国家标准局公布的"信息交换用汉字编码字符集基本集"即 GB 2312-80 作为国家标准,共收录最常用汉字(俗称一级汉字)3755 个和次常用汉字(俗称二级汉字)3008 个,各种符号、图形 682 个,总计 7445 个。随着计算机的应用范围的扩展,7445 个汉字与图形明显不能满足汉字处理的需要。为了解决生僻字,适应人名、地名用字问题,新的 GB 18030—2000 标准采用单、双、四字节混合编码,收录 27000 多个汉字和少数民族文字,并与旧标准兼容。GB 18030—2005 标准在 GB 18030—2000 基础上增加了 CJK 统一汉字扩充 B 的汉字,收录了 7 万多个汉字。

②输入码。

借助于标准键盘,用英文字母和数字组合进行汉字输入,即用若干个键代表一个汉字。这组字母数字串称为汉字的输入码。汉字输入码属于外码,对同一个汉字来说,不同的输入方法,其输入码是不同的。好的汉字输入法应该是:编码有规律便于记忆、平均编码短减少按键次数、重码率低便于盲打。汉字输入码主要有按数字编码、按拼音编码、按字形编码和按音形编码四类。

数字编码是用一串数字代表一个汉字,常用的有国际区位码、电报码等。用数字编码的优点是无重码,输入码和内码一一对应,输入处理程序转换方便。缺点是编码规律性不强,代码难以记忆。

拼音编码是以汉字读音为基础的编码方法。由于汉字重音字多,必然重码率高,输入时要进行重码选择,因而输入速度较慢。但拼音编码简单易学。"全拼"输入法是最典型的拼音编码。

字形编码是以汉字的形状确定编码。汉字总数虽多,但都是由横、竖、撇、捺、折等基本笔画构成。每一个汉字的笔画是有限的,因此将汉字的笔画用字母或数字编码,按书写的顺序依次输入,就能表示一个汉字。"五笔字型"输入法是最典型的字形编码方案,按字形编码一般编码有规律,重码率低,所以输入速度快。但需要适当的记忆和练习。

音形编码吸取字音和字形编码的各自优点,使编码规则简化,重码率减少。根据汉字的部首、笔画和拼音等信息进行编码,如"标准"输入法。

用户可以根据自己喜好选用一种输入法,计算机输入处理程序会将输入码与内码对照,将输入码自动转换成汉字内码。

③汉字字形码(字模码)。

汉字字形码(字模码)用于显示或打印汉字时产生的字形。字形码有点阵方式字形码和矢量方式字形码两种。

点阵方式是把汉字分割为许多小方块,一个汉字形成一个点阵。每个小方块就是点阵中的一个点,每个点用一位二进制数表示。用"1"和"0"分别表示点的黑、白两种颜色,组成点阵表示字形,达到输出汉字的目的。一个汉字信息系统具有的所有汉字字形码的集合构成了汉字库。

根据输出汉字的质量要求不同,汉字点阵的多少也不同。点数越多,汉字输出的质量越高。点数的多少以横向点数乘纵向点数表示。目前在微机中,普遍采用 16×16,24×24,32×32,48×48 的字形点阵,图 1.2.3 表示的是一个 16×16 的字形点阵。

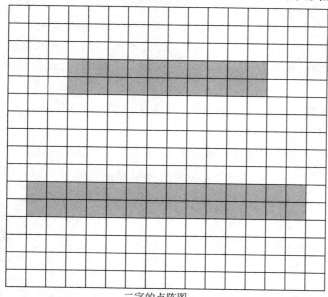

二字的点阵图

0000000000000000
0000000000000000
0000000000000000
0001111111111000
0001111111111000
0000000000000000
0000000000000000
0000000000000000
0000000000000000
0000000000000000
0111111111111110
0111111111111110
0000000000000000
0000000000000000
0000000000000000
0000000000000000

字形码

图 1.2.3　汉字字形码

不同字体的汉字需要不同的点阵字库,因此字库所占存储空间很大。以 24×24 点阵为例,每个汉字就要占用 24×24/8＝72 个字节。GB 2312-80 标准的一种字体的字库需要 7445×72＝536040 字节。

汉字的矢量方式是将汉字看作由笔画组成的图形,提取每个笔画的坐标值,这些坐标值就可以决定每一笔画的位置,将每一个汉字的所有坐标值信息组合起来就是该汉字字形的矢量信息。Windows 中的 TrueType 字体采用的就是这种方式。

矢量方式和点阵方式的区别在于:输出汉字时,矢量方式需通过计算机的计算,由字形的矢量信息生成汉字点阵;而点阵方式不需转换,可直接输出。由于汉字的笔画不同,所以矢量信息就不同,每个汉字矢量信息所占的内存大小不一样;但在点阵方式下,同一种点阵的每个汉字信息所占的大小是一样的。点阵方式产生的字放大后效果变差,矢量方式则与分辨率无关,任意缩放和以任意分辨率输出不会影响清晰度。

(3)Unicode 码

Unicode 码是为了解决传统的字符编码方案的局限而产生的,是计算机科学领域的一项业界标准,包括字符集、编码方案等。它为每种语言中的每个字符设定了统一的二进制编码,以满足跨语言、跨平台进行文本转换、处理的要求。

世界上主要的语言都提供了字符的编码方案,ASCII 编码是重要的编码标准。英文字母表是有限的,只需要 7 个二进制位(0～127)就可以实现,例如 65 表示大写字母 A,97 表示小写字母 a。

然而像汉字、日文等字符多、结构复杂,需要多字节编码的字符集,汉字编码使用两个字节的 GB 码。现在的计算机系统支持 Unicode 编码标准,为表达全世界所有语言的任意字符而设计,用 4 个字节的数字编码表达每个字母、符号或文字。每种数字编码代表唯一的至少在某种语言中使用的符号,被几种语言共同使用的字符通常使用相同的数字来编码。每个字符对应一个数字编码。

Unicode 定义了多种编码方式来实现字符的存储和传输,常见的有:

UTF-8:是一种可变长度的编码方式,可以使用 1 到 4 个字节来表示一个字符。UTF-8 对 ASCII 码兼容良好,ASCII 字符只需要一个字节,而其他字符可能需要多个字节。

UTF-16:使用两个字节(16 位)来表示基本的多语言平面(BMP)中的字符,而超出 BMP 的字符(称为辅助平面字符)则使用一对 16 位的代码单元(称为代理项)来表示,总共占用 4 个字节。

UTF-32:为每个字符分配固定长度的 4 个字节,简化了字符的处理,但相比于 UTF-8 和 UTF-16,它可能会占用更多的存储空间。

Unicode 的实现和应用,极大地促进了全球化的信息技术发展,使得不同文化和语言背景的用户可以无缝地交流和合作。随着 Unicode 标准的不断更新和完善,它将继续在全球范围内发挥重要作用。

1.3 计算机系统

1.3

计算机系统由硬件系统和软件系统两大部分组成。硬件系统是构成计算机的各种物理设备的总称,软件系统是为了运行、管理和维护计算机而编制的程序的总称,二者缺一不可。图 1.3.1 所示为计算机系统组成结构。

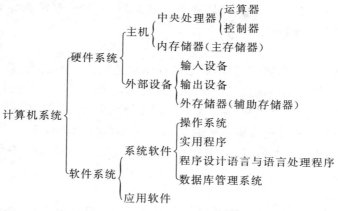

图 1.3.1　计算机系统组成结构

 1.3.1　硬件系统

计算机硬件系统的基本功能是在程序的控制下实现数据输入、数据存储、数据处理和数据输出等操作。

虽然计算机的制造技术已经发生了极大的变化,但计算机硬件仍然采用冯·诺伊曼提出的传统结构,即计算机硬件系统由运算器、控制器、存储器、输入设备和输出设备五部分组成。

运算器和控制器合在一起称为中央处理器(central processing unit,CPU)。微机的CPU 由大规模集成电路实现,并集成在小硅片上,称为微处理器(μP,Micro-processor)。图 1.3.2 为 Intel 公司生产的一款 CPU。

图 1.3.2　Intel 公司生产的 CPU

CPU 和内存合称为主机,外存储器、输入设备和输出设备(I/O 设备)合称为外部设备,通常可以说计算机硬件系统由主机和外部设备组成。

运算器

运算器是计算机对数据进行运算的部件,数据运算包括算术运算和逻辑运算。算术运算包括加、减、乘、除;逻辑运算包括逻辑乘(与)、逻辑加(或)和逻辑非运算。

运算器由算术逻辑单元、累加器、状态寄存器、通用寄存器等组成,整个运算过程在控制器的控制下进行。

控制器

控制器是计算机的控制部件,控制器根据内存中的程序控制和协调计算机各部件有序地工作。

存储器

输入计算机的所有信息(数据)都转换为二进制数字序列,存储在计算机的存储器中。计算机程序也存储在存储器中。

(1)存储单位

存储器是存储数据的容器,存储器最小的存储单位是位(bit,简写 b),一"位"可以存储一位二进制位数。比位大的单位是字节(Byte,简写 B,1 B=8 b),字节是存储器的基本存储单位,一个字节可以存储一个字符,两个字节可以存储一个汉字。存储容量就是指存储器包含的字节个数。一般存储器的存储容量很大,用千字节(简写 KB,1 KB=2^{10} B=1024 B)、兆字节(简写 MB,1 MB=2^{20} B=1024 KB)和吉字节(简写 GB,1 GB=2^{30} B=1024 MB)等存储单位来表示存储容量。

(2)存储器分类

存储器包括内存储器(又称主存储器,main memory,简称内存)和外存储器(又称辅助存储器,auxiliary memory,简称外存)。

通过系统总线与 CPU 直接相连的存储器称为内存储器,内存储器位于主板上,内存用来存放当前正在运行的程序和程序正在处理的数据;外存储器一般不直接与处理器交换数据,要使用外存中的数据必须先将其调入内存,然后由内存和处理器交换数据。

内存储器

内存储器又分为只读存储器、随机读写存储器和高速缓冲存储器三类。

只读存储器(read only memory,简称 ROM)中的内容只能读出而不能写入,其内容在出厂前已经存入,因此只读存储器常用于存放固定不变、重复使用的程序和数据,如存放各种外部设备的控制程序,计算机启动时必须运行的程序等。ROM 的特性是断电后其中信息不会丢失。ROM 的容量一般较小。

随机读写存储器(random access memory,简称 RAM)中的内容既可读出,又可重新写入。用户要运行的程序和处理的数据要存储在 RAM 中。断电后 RAM 中的信息将丢失。例如,我们正在编辑的文档都暂时保存在 RAM 中,突然断电时,RAM 中的信息将全部丢失。因此,编辑长文档时应该经常使用保存命令,把数据及时存入永久性存储设备——外存储器。

常见的 RAM 由一组芯片组成,称为内存条,其外观如图 1.3.3 所示。

图 1.3.3　内存条

高速缓冲存储器

Cache 即高速缓冲存储器,固化在主板上。在计算机工作时,系统先将数据由外存读入 RAM 中,再由 RAM 读入 Cache 中,然后 CPU 直接从 Cache 中取数据进行操作。Cache 的容量小,但存取速度较 RAM 快,一般 Cache 存取速度在 15~35 ns(纳秒)之间,而 RAM 存取速度要大于 80 ns。系统把最常使用的数据和指令存放在 Cache 中,以提高 CPU 的效率。

外存储器

外存储器用于保存暂时不使用但以后要使用的程序和数据。只要不使用删除命令或物理损坏,外存储器上的数据将一直保存。目前比较常用的外存储器有硬盘、光盘、U 盘等。

(1)硬盘

硬盘是系统最主要的外存储设备,有机械硬盘(传统硬盘)、固态硬盘和混合硬盘等。

传统机械硬盘(hard disk drive,HDD)由驱动器、检测器、盘片组成,其内部结构如图1.3.4所示。每个硬盘由一组盘片组成,每个盘片的两面分别对应一个磁头,每个盘面上又划分磁道,磁道又划分扇区。多个盘片同一半径的磁道构成一个同心圆柱称为柱面。

心轴

盘片

图 1.3.4 硬盘及其结构

硬盘的存储容量是硬盘中所有盘片存储容量的总和,其存储容量为:

$$盘面数 \times 磁道数(柱面数) \times 扇区数 \times 512(Byte)$$

硬盘存储器的特点是:存储容量大、读写速度快、密封性好、可靠性高、使用方便。

有时将硬盘的一部分当作内存使用,这就是虚拟内存。虚拟内存利用在硬盘上建立"交换文件"的方式,把部分应用程序(特别是不频繁工作的应用程序)所用到的内存空间搬到硬盘上去,以此来增加可使用的内存空间。

固态硬盘(solid state drive,SSD)由电路板 PCB、芯片、FLASH 芯片集成,利用闪存技术存取数据,没有机械部件,读写操作可以实现随机访问,因此固态硬盘存取速度比机械硬盘更快。

混合硬盘(hybrid hard drive,HHD)把磁性硬盘和闪存集成到一起。

(2)光盘

光盘是利用光学方式读写信息的圆盘,分为只读型(CD-ROM)、只写一次型(CD-R)和可擦写型(CD-RW)。光盘存储的基本原理是把激光束聚焦成 $1~\mu m$ 左右的光点,能量高度集中的光点将记录介质烧蚀成坑,存储信息。读取数据时,激光束在介质上扫描,根据反射光的变化来判断所记录的数据。

光盘的读取由光盘驱动器完成,光盘驱动器简称光驱。光盘驱动器包括光学读写头、光头移动(寻道定位)装置、主轴驱动机构等,其外观如图 1.3.5 所示。只读光驱只能读取光盘上的信息,而称为刻录机的光盘驱动器能对可写性光盘进行写入操作。

图 1.3.5 CD-ROM 光驱

（3）U 盘

U 盘也称为"闪存"（即 flash memory），通过计算机的 USB 接口存储数据，数据长期保存，断电后不会丢失，可以当作外部存储设备使用。由于 U 盘体积小、存储量大、携带方便等优点，U 盘已经取代软盘。

U 盘的内部封装一个半导体存储芯片，靠芯片上的集成线路来存储数据，不像磁盘那样要靠机械动作来寻址，读、写速度比较快。

（4）存储系统的层次结构

内存储器与外存储器各有特点，可以满足系统的不同要求。内存通常为半导体集成电路，具有较快的存取速度，但存储容量有限。硬盘、光盘的存储容量大，但存取速度慢。为了更好地发挥各自特点，它们组成了具有层次结构的存储系统。

存储系统采用三级层次结构，如图 1.3.6 所示，能充分发挥各种存储设备的优势。

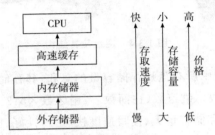

图 1.3.6　存储系统三级层次结构

外存储器存储容量大，可以永久性存放程序和数据，但它存取速度慢，如果 CPU 从此读取数据，将严重制约 CPU 的速度。因此，CPU 并不直接与外存储器交换数据，而是与速度快的内存直接交流，运行的程序和数据都需先从外存调入内存，然后才能被 CPU 读取并处理。

CPU 执行指令的速度仍远远快于内存的存取速度。而每执行一条指令，CPU 都要访问内存，内存的慢速也会导致 CPU 的功能无法完全发挥。因此，微机中一般都在 CPU 与内存之间设置高速缓存。高速缓存的速度接近 CPU 的速度，高速缓存将该时间段常用指令先由内存读入，CPU 需要时先在高速缓存中寻找，如果找到，就不需再访问内存。

输入设备

输入设备将数据和程序转化为电信号输入到计算机中，人们通过输入设备操作和控制计算机。常见的输入设备有键盘、鼠标、扫描仪、麦克风等。

（1）键盘

键盘是输入程序、数据、命令的主要设备。它通过按键产生信号，然后通过编码器把字符转换成相应的编码，如 ASCII 码。目前使用的标准键盘有 104 个键，标准键盘的布局分为 4 个区域，即功能键区、主键盘区（国际标准打字键盘区）、编辑与光标控制区、数字键区。

功能键区有 F1～F12 共 12 个键。功能键的功能由操作系统或应用软件定义，一般把一个功能键设置成一个命令，如 F5 键代表"刷新"命令。

主键盘区（打字机键盘区）有 59 个键，具有标准打字机键盘格式，包括一些特殊字符。其中的按键有以下几种类型：

①字母键：大写英文字母 A，B，C，…，X，Y，Z 和小写英文字母 a，b，c，…，x，y，z。默认状

态为小写,按一次 Caps Lock 键后,从键盘输入的字母为大写,再按一次 Caps Lock 键又变为小写输入状态。

②数字键:数字 0,1,2,…,7,8,9。

③运算符号键:＋、－、＊、/、(,)、<,>、＝。

④特殊符号键:!、#、$、&、－、[,]、{,}、|、?、\\、'、"等。

⑤特殊功能键:如表 1.3.1 所示。

表 1.3.1　主键盘区的特殊功能键

名称	键盘上符号	功能
字母锁定键	Caps Lock	按此键后,输入字母为大写,再按一次为小写
换档键	Shift	按此键同时按打字键可输入键上的上排符号或改变字母大小写
制表键	Tab	文档输入时,可使光标右移至下一个制表位
退格键	Backspace	光标回退一格
回车换行键	Enter	结束命令行或结束逻辑行
空格键	无字长键	光标右移一格,原光标所在处出现空格
退出键	Esc	取消当前输入或退出当前程序
控制键	Ctrl	与其他键配合使用,完成控制功能
组合键	Alt	与其他键配合使用

光标控制键功能如表 1.3.2 所示。

表 1.3.2　光标控制键功能

键上符号	功能
↑	光标上移一行
↓	光标下移一行
→	光标右移一格
←	光标左移一格
Home	光标移至行首
End	光标移至行尾
PgUp	光标不动,屏幕画面向上翻滚一页
PgDn	光标不动,屏幕画面向下翻滚一页
Delete	将光标后的字符删除,光标不移动
Insert	切换字符输入的插入与改写状态

数字键区位于键盘的右侧,在该区的左上角有一个锁定键 Num Lock。Num Lock 灯亮,表示此区中的键代表数字键,可输入数字。此时再按一次该键,Num Lock 灯灭,表示此区中的键代表键名上的功能键,可进行光标移动及插入、删除等操作。

(2)鼠标

鼠标是一种手持式的坐标定位装置。图形用户界面通过鼠标选择和操作对象。鼠标有机械式和光电式两种。机械鼠标在其内部底座上有一个金属球,移动鼠标使金属球转动,球与 4 个方向的电位器接触,就可以测量出 4 个方向的相对位移量;光电鼠标与一个布满方格的金属板配合使用,当鼠标在板上运动时,光电转换装置可以定位坐标点。随着技术的发展,光电鼠标已经不需要金属板就可直接使用了。

(3)扫描仪

扫描仪是常用的静态图像输入设备。扫描仪可将任意文字、图像、图形变为数字信号输入到计算机中,输入的数字化图像还可以通过软件进行进一步的图像处理。

(4)麦克风

利用人的自然语音实现人—机对话是计算机输入领域努力的目标之一,麦克风作为语言输入设备是实现这一目标的主要工具,通过麦克风,可以将人的语言转换为计算机可以识别的信息。但计算机对自然语言理解的准确性、速度还有待进一步完善和提高。

(5)手写输入设备

从硬件构成来看,手写输入设备包括手写板和手写笔两种,其中手写板是进行输入操作的主要感应设备,按照手写板的工作原理,目前手写板有电阻压力板、电容板和电磁压感板;手写笔与手写板的相连方式有有线笔及无线笔两种。手写输入设备还应包括相应的软件,而软件的核心是识别算法。

输出设备

输出设备将计算机中的运算结果以人们能识别的形式打印或显示出来,常见的输出设备有显示器、打印机、绘图仪等。

(1)显示器

PC 显示系统由显示器和显示适配器组成。显示器是计算机最主要的输出设备之一。显示适配器又称显卡,是一块插入 PC 总线插槽的插卡或集成在主板上的芯片,它由寄存器、视频存储器(显示 RAM 和 ROM BIOS)、控制电路三大部分组成,显示器和显示适配器配套使用。

显卡起到 CPU 与显示器之间的接口作用。一般显卡上带有显存,还有一个图形加速芯片,可以处理图形并加速图形显示,提高图形显示质量与速度。

显示器有阴极射线管(CRT)显示器和液晶(LCD)显示器两类。目前常用的是 LCD 显示器。

液晶显示器的主要性能指标有:分辨率、亮度、对比度、响应时间和可视角度等。

分辨率是指整屏能显示的像素的多少。分辨率越高,图像越清晰。它用水平方向的像素数乘垂直方向的像素数表示。例如,分辨率 1024×768 指在水平方向(一行)有 1024 个像素,在垂直方向(一列)有 768 个像素,全屏的显示由 1024×768 个像素点的亮度控制。

LCD 显示器的亮度以每平方米烛光(cd/m^2)为测量单位,也叫 NIT 流明。一般而言,整个画面亮度越高同时亮度越均匀越好。通常情况下 200 Nits 才能表现出比较好的画面。

对比度是黑与白两种色彩不同层次的对比测量度。对比度 120:1 时就可以显示生动、丰富的色彩(因为人眼可分辨的对比度约在 100:1 左右),对比率达到 300:1 时便可以支持各阶度的颜色,大多数 LCD 显示器的对比度都在 500:1~800:1。对比度越高,图像愈清晰,但对比度也不能过高,否则,颜色会失真。

响应时间是指液晶显示器上各像素点对输入信号反应的速度,即像素由亮转暗或由暗转亮所需的时间。响应时间越小,响应越快。一般而言,响应时间低于 30 ms(毫秒),就不会出现所谓的拖尾现象。目前主流液晶显示器已经将响应时间降低到 2 ms,画面流畅度越来越高。

液晶显示器在一定的观赏角度范围内,才能够获得最佳的视觉效果,这个角度就是可视角度。如果从其他角度看,画面就会出现亮度减退、颜色改变等情况。一般以水平视角为主要参数,该值越大,则可视角度越大。

与 CRT 显示器相比,刷新频率不是一个重要指标。LCD 显示器属于面阵像素显示,只要刷新频率超过 60 Hz,就看不出有闪烁的现象。

(2)打印机

打印输出是计算机最基本的输出形式。与显示器相比,打印机可以产生永久记录,因此它又被称为硬拷贝设备。打印机按印字原理分为击打式和非击打式两类。击打式利用机械作用使印字机构与色带和纸相撞击而打印字符,如针式打印机;非击打式是采用电、磁、光、喷墨和化学方法印刷字符,如激光打印机、喷墨打印机等。

①点阵针式打印机:通过打印头中的钢针打击色带,在打印纸上以点阵形式构成字符。其特点是结构简单、价格低,但速度慢、打印质量差且打印过程中噪声大。

②激光打印机:由激光扫描系统、电子照相系统和控制系统三大部分组成,利用激光束的扫描形成静电潜像。电子照相系统将静电潜像变成可见的输出。激光打印机的印刷原理类似于静电复印。其特点是输出速度快、打印质量高。激光打印机是逐页输出,它的输出速度比针式打印机快得多。

③喷墨打印机:将墨水直接喷到纸上实现印刷。其特点是噪声低,特别是彩色打印能力强,但打印速度和打印质量比不上激光打印机。

(3)绘图仪

绘图仪主要用于一些工程设计图的输出。设计单位将设计出的工程图、结构图、建筑图等通过绘图仪输出。

总线

总线是一组连接各个部件的公共通信线,即系统各部件之间传送信息的公共通道。通过总线把计算机的各部件连接在一起,组成一个有机整体。采用总线结构可简化系统各部件的连接,使接口标准化,便于系统的扩充(如扩充内存、增加外设等)。

(1)总线分类

按连接方式分,总线一般有下面几种类型:

内部总线:内部总线是同一功能部件内部各部件之间的总线。微机中内部总线就是 CPU 中运算器与控制器之间的总线及 CPU 与各外围芯片之间的总线,用于芯片一级的互连。

系统总线:系统总线是计算机系统内部各部件之间的总线,如连接 CPU、内存和各类 I/O 接口。系统总线用于部件一级的互连。在微机中系统总线通过系统主板实现。图 1.3.7 是一款微机主板。

外部总线:多台计算机之间及计算机与其他设备之间的总线,用于设备级的互连。

(2)总线的组成

总线是由一组物理导线组成,按其传送信息的不同可分为数据总线、地址总线和控制总

图 1.3.7　微型计算机主板

线三类。不同的 CPU 芯片,数据总线、地址总线和控制总线的根数可能不同。

数据总线:传送数据的总线称为数据总线——DB(data bus),它是双向总线。CPU 既可通过 DB 从内存或输入设备读入数据,又可通过 DB 将数据送至内存或输出设备。数据总线的数量一般和 CPU 的字长相同,它决定了 CPU 和计算机其他部件之间每次交换数据的位数。例如,80486CPU 有 32 条数据线,每次可以交换 32 位数据。

地址总线:传送地址信息的总线称为地址总线——AB(address bus),它用于传送 CPU 发出的地址信息,是单向总线。传送地址信息的目的是指明与 CPU 交换信息的内存单元或 I/O 设备位置。

一般存储器是按地址访问的,每个存储单元(字节)都有一个固定地址(如图 1.3.8)。存储容量为 1 MB 的存储器就有 1048576($1\ M=2^{20}$)个地址。如果要访问 1 MB 存储器中的任一单元,地址总线就必须能表示至少 2^{20} 个地址,即需要 20 位二进制位。

地址	存储内容
0000000000	01001101
0000000001	01001111
…	… …
…	… …
1111111110	01111111
1111111111	10101010

图 1.3.8　存储单元的地址与值

地址总线的数量限制了 CPU 的最大寻址能力,也就是计算机所能配置的最大内存容量。例如,80286CPU 有 24 根地址线,其最大寻址能力为 2^{24} 个地址,即 16 M,可配内存最大容量为 16 MB。

控制总线:传送控制信息的总线称为控制总线——CB(control bus),CB 中的每一根线的方向是一定的、单向的。有的是 CPU 向内存或外部设备发出的信息,有的是内存或外部设备向 CPU 发出的信息。

(3)通用串行总线(universal serial bus,USB)

通用串行总线是一种新型的输入输出总线接口。外部设备如果通过系统主板上的 I/O 扩展插槽与主机连接,需要相应的接口卡。USB 接口提供了外部设备和主机的无接口卡连接方式。现在越来越多的外部设备都可以通过 USB 接口与主机连接。

微型计算机系统主要技术指标

（1）字长

字长表示 CPU 在一次操作中能处理的最大二进位数。例如，字长为 32 位的 CPU，则每执行一条指令可以处理 32 位二进制数据。如果要处理更多位的数据，则需要几条指令才能完成。显然，字长越长，CPU 可同时处理的数据位数就越多，功能就越强，但 CPU 的结构也就越复杂。

（2）时钟周期和主频

计算机的中央处理器对每条指令的执行是通过若干个微操作来完成的，这些微操作是按时钟周期的节拍来"动作"的，时钟周期的长短反映出计算机的运算速度。时钟频率是时钟周期的倒数，它等于 CPU 在 1 s 内能够完成的工作周期数，我们习惯把 CPU 的时钟频率称为主频。主频越高，计算机的运算速度越快。

（3）运算速度

运算速度是一项综合性的性能指标，其单位是 MIPS（百万条指令/秒）。

（4）内存容量

内存容量的基本单位是字节（Byte）。内存容量越大，一次读入的程序、数据就越多，这样可以减少频繁地读取外存储器中信息的次数，可以提高计算机的运行速度。目前计算机的内存容量通常以 GB 为单位。

（5）存取周期

存取周期是反映内存储器性能的一项指标。存取周期指存储器连续启动两次独立的"读"或"写"操作所需的最短时间。存取周期越短，则存取速度越快。

（6）外存容量

外存容量主要指硬盘容量，外存容量反映计算机储存信息的能力。目前计算机的硬盘容量通常以 TB 为单位（1 TB＝1024 GB）。

计算机的性能优劣可以用多种指标衡量，除上述主要的指标外，还包括兼容性、可靠性、性价比等。

 ## 1.3.2 软件系统

目前各种类型的计算机都属于冯·诺依曼型的计算机，即采用"存储程序、程序控制"的工作原理。计算机要能够工作，必须有程序控制。

软件是计算机系统必备的所有程序的总称。程序由一系列指令构成，指令是要计算机执行某种操作的命令。

软件分为系统软件和应用软件两大类。

系统软件

系统软件是为整个计算机系统配置的、不依赖于特定应用领域的通用软件，用于管理和使用计算机资源的软件。系统软件的主要功能是指挥计算机完成诸如在屏幕上显示信息、向磁盘存储数据、向打印机发送数据、解释用户命令以及与外部设备通信等任务。系统软件有两个特点：一是通用性，即无论哪个应用领域的用户都要用到它们；二是基础性，即应用软件要在系统软件支持下编写和运行。系统软件通常包括操作系统、程序设计语言与语言处理程序、数据库管理系统等。

（1）操作系统

操作系统（operating system，简称 OS）是最基本的系统软件，其他软件都必须在操作系统支持下才能运行。操作系统是由管理计算机系统运行的程序模块和数据结构组成的一种大型软件系统，其功能是管理计算机的硬件资源、软件资源和数据资源，为用户提供方便高效的操作界面。

硬件资源包括磁盘空间、内存空间、各种外部设备和处理器时间等，操作系统负责分配这些资源，以便程序可以有效地运行。不同的应用软件需要不同的操作系统支持，如 Office 2016 需要 Windows 7 以上系统的支持。

常见的操作系统有 MS-DOS、Windows 系列、Unix、Linux、MacOS、Android、iOS、HarmonyOS 等。这些操作系统各有特点和优势，适用于不同的使用场景和需求。

（2）程序设计语言与语言处理程序

计算机能执行的指令是二进制代码，这是计算机唯一能理解的语言，即机器语言。但机器语言程序可读性差，不易书写和记忆，程序员需要更方便使用的程序设计语言，包括汇编语言和高级程序设计语言等。

高级语言是一类程序设计语言的总称，相对应的，机器语言也称低级语言。

高级语言是人们为了编写程序而创造的人造语言，提供更接近于人们思维方式的语句来书写程序，易学易用，可提高工作效率。Pascal、C、C++、Java 等都是人们广泛使用的高级语言。

用高级语言编写的程序，计算机不能直接执行，首先要将高级语言编写的程序通过语言处理程序以编译或解释的方式翻译成二进制机器指令，然后计算机才能执行。这种翻译软件就是语言处理程序，包括编译器和解释器两大类。

（3）数据库管理系统

数据库（database，DB）技术是现代信息系统不可或缺的一部分，它为用户提供了存储、检索和管理数据的强大工具。数据库管理系统（DBMS）是实现这些功能的核心软件，它提供了一系列的数据操作接口和工具，使得用户能够高效地管理大量的数据资源。

常见的数据库管理系统有：

FoxPro：早期的桌面数据库系统，后来被 Microsoft Access 所取代；

Access：Microsoft Office 套件的一部分，是一个面向中小型企业的桌面数据库系统。

Sybase：一种企业级的数据库系统，广泛应用于金融、电信等行业；

Oracle：全球知名的企业级数据库解决方案，以其高性能、高可靠性和强大的功能而闻名；

Informix：IBM 开发的关系数据库管理系统，适用于大型企业和机构；

SQL Server：Microsoft 开发的大型数据库解决方案，常用于企业级应用和互联网服务；

DB2：IBM 的另一款大型数据库产品，同样适用于企业级应用。

（4）系统服务程序

系统服务程序指工具性程序，提供一种让计算机用户控制和使用计算机资源的方法，以增强操作系统的功能。工具性程序一般执行一些专项功能，如系统维护、系统优化、故障检测、错误调试等。

应用软件

应用软件是计算机用户为了完成特定任务或解决特定问题而使用的程序。它们通常建立在系统软件(如操作系统)之上,利用系统软件提供的资源和服务来执行各种应用功能。应用软件的种类繁多,几乎涵盖了所有可以想象到的计算任务。以下是一些常见类型的应用软件及其代表性产品。

字处理软件:文字信息处理,简称字处理,可以进行文字录入、编辑、排版、存储、传送等处理。Microsoft Word 是微软公司开发的一个功能强大的文字处理程序,广泛应用于个人和商业领域。WPS Office 由金山公司开发,是一款在中文用户中非常流行的字处理软件,与 Microsoft Word 兼容良好。

电子表格与统计软件:电子表格软件用于组织、分析和处理数据,可以帮助用户制作各种复杂的电子表格。电子表格一般具有统计功能,提供各种各样的函数,用户通过调用函数对数据进行各种复杂统计运算,并可以图表方式显示出来。

Microsoft Excel 是微软公司开发的电子表格软件,提供了丰富的数据分析和图表制作功能。其他电子表格处理软件还包括 Google Sheets、Apple Numbers 等。

统计软件:专门为统计分析设计的程序,提供了专业的统计方法和模型。一些流行的统计软件包括 SPSS、R、SAS、Stata 等,广泛应用于各种需要数据分析建模的研究领域。

画图软件:分为图形编辑软件、图像编辑软件、3D 图形软件等。Adobe Photoshop 是一款图像编辑和处理软件,广泛应用于摄影、设计、多媒体等领域。3ds Max 是一款专业的 3D 建模、动画、渲染和可视化软件,常用于游戏开发、电影特效、工业设计等领域。

电子邮件客户端:如 Foxmail、Microsoft Outlook 等,用于管理电子邮件。

网页浏览器:如 Internet Explorer、Google Chrome、Mozilla Firefox 等,用于浏览互联网内容。

远程控制软件:如 TeamViewer、AnyDesk 等,用于远程访问和控制其他计算机。

文件传输软件:如 FTP 客户端,用于在网络上传输文件。

课件制作软件:如 Microsoft PowerPoint,用于创建演示文稿和教学课件。

多媒体处理软件:如 VLC Media Player、Windows Media Player 等,用于播放音频和视频文件。

压缩工具:如 WinRAR、WinZip、7-Zip 等,用于压缩和解压缩文件,以便于存储或传输。

游戏软件:包括各种电子游戏,如电子体育游戏、角色扮演游戏、策略游戏等。

应用软件使得计算机不仅仅是数据处理工具,更是一个强大的多功能设备,能够满足用户在工作、学习、娱乐等各个方面的需求。随着技术的发展,新的应用软件不断涌现,为用户提供了更多的便利和可能性。

习题

一、简答题

1.什么是信息?信息有何特征?

2.现代计算机的发展经历了哪些阶段?各阶段的特点是什么?

3.进位计数制有何特点?举例说明日常使用的其他进位制。

4.在计算机中,汉字和英文字母都用二进制数编码,计算机系统如何区别汉字和英文字符?

5.冯·诺依曼计算机的主要原理是什么？

6.计算机系统由哪两部分组成？

7.什么是输入设备？什么是输出设备？列举几种输入设备和输出设备。

8.什么是系统软件？什么是应用软件？列举常用的几种系统软件和应用软件。

9.列举几种常用的操作系统。

二、选择题

1.目前,计算机的核心部件是以（　　）为基础的。

A. 电子管　　　　　　　　　　　　　　B. 晶体管

C. 集成电路　　　　　　　　　　　　　D. LSI 和超大规模集成电路（VLSI）

2.世界上公认的第一台电子计算机的逻辑元件是（　　）。

A. 集成电路　　　　B. 晶体管　　　　C. 电子管　　　　D. 继电器存储器

3.微型计算机 CPU 中包含（　　）。

A. 内存储器和控制器　　　　　　　　　B. 控制器和运算器

C. 内存储器和运算器　　　　　　　　　D. 内存储器、控制器和运算器

4.以下四种存储器中,（　　）是易失性存储器。

A. RAM　　　　　　B. ROM　　　　　　C. PROM　　　　　　D. CD-ROM

5.（　　）不属于内存储器。

A. CACHE　　　　　B. RAM　　　　　　C. ROM　　　　　　D. U 盘

6.（　　）是只可读、不可修改的存储器。

A. CACHE　　　　　B. RAM　　　　　　C. ROM　　　　　　D. 硬盘

7.（　　）的任务是将计算机的外部信息输入计算机。

A. 存储设备　　　　B. 输出设备　　　　C. 输入设备　　　　D. 通信设备

8.下列设备中,（　　）既是输入设备,又是输出设备。

A. 打印机　　　　　B. 磁盘　　　　　　C. 鼠标　　　　　　D. 显示器

9.CPU 不能直接访问的存储器是（　　）。

A. 内存储器　　　　B. 外存储器　　　　C. ROM　　　　　　D. 高速缓存

10.衡量计算机硬件系统的主要性能指标不包括（　　）。

A. 字长　　　　　　B. 主存容量　　　　C. 主频　　　　　　D. 操作系统性能

11.微型计算机中用来表示内存储容量大小的基本单位是（　　）。

A. 位　　　　　　　B. 字　　　　　　　C. 字节　　　　　　D. 兆

12.计算机硬件能直接识别和执行是（　　）程序。

A. 高级语言　　　　B. 符号语言　　　　C. 汇编语言　　　　D. 机器语言

13.在存储器中,1 K 字节相当于（　　）二进制位。

A. 1000　　　　　　B. 8 * 1000　　　　C. 1024　　　　　　D. 8 * 1024

14.软件系统可分为（　　）两大类。

A. 文字处理软件和数据库管理系统　　　B. 程序和数据

C. 操作系统和数据库管理系统　　　　　D. 系统软件和应用软件

15.在微机系统中,对输入输出设备进行管理的基本程序（BIOS）是放在（　　）。

A. RAM 中　　　　　B. ROM 中　　　　　C. 硬盘上　　　　　D. 寄存器中

16.下列软件中,(　　　)是压缩软件。

A. QQ　　　　　　　B. 360 浏览器　　　　C. WinRAR　　　　D. FLASH

17.下列字符中,ASCII 码值最小的是(　　　)字符。

A. a　　　　　　　　B. A　　　　　　　　C. x　　　　　　　D. Y

18.存储 400 个 24×24 点阵汉字字形所需的存储容量是(　　　)。

A. 255 KB　　　　　B. 75 KB　　　　　　C. 37.5 KB　　　　D. 28.125 KB

19.下列四个不同数制表示的数中,数值最小的是(　　　)。

A. 二进制数 11011101　　　　　　　　B. 八进制数 334

C. 十进制数 219　　　　　　　　　　　D. 十六进制数 DA

20.用 24 位二进制数可以给(　　　)种地址编号。

A. 24000000　　　　B. 16777215　　　　C. 65536　　　　　D. 16777216

21.1 GB 等于(　　　)。

A. 1024 KB　　　　　B. 1000 KB　　　　　C. 1000 * 1000 KB　　D. 1024 MB

22.在计算机中,信息是以(　　　)的形式存放的。

A. ASCII 码　　　　　B. 二进制码　　　　C. BCD 码　　　　D. 十六进制

23.键入计算机的汉字需要转换成机内的统一(　　　)。

A. ASCII 码　　　　　B. 拼音码　　　　　C. 五笔字型码　　　D. 内码

24.存储一个汉字内码需要两个字节,每个字节的最高位分别是(　　　)。

A. 0 和 0　　　　　　B. 1 和 1　　　　　　C. 0 和 1　　　　　D. 1 和 0

25.2 个字节能表示的最大十进制数是(　　　)。

A. 2 的 8 次方　　　　B. 2 的 16 次方　　　C. 10 的 16 次方　　D. 2 的 16 次方减 1

26.采用十六进制数表示二进制数,是因为十六进制数(　　　)。

A. 书写更简捷更方便　　　　　　　　　B. 运算速度比二进制快

C. 占用内存空间较少　　　　　　　　　D. 运算规则比二进制简单

第 2 章　Windows 操作系统

操作系统是计算机系统中最重要的系统软件。用户通过操作系统管理和使用计算机的硬件和软件资源。Windows 操作系统是由微软公司（Microsoft corporation）开发的一款广泛使用的操作系统。自 1985 年推出第一个版本以来，Windows 操作系统已经成为全球最流行的桌面操作系统之一，以其图形用户界面（GUI）、易用性和广泛的软件兼容性而闻名。Windows 操作系统一直在迭代更新，积累了大量用户。本章的内容以 Windows 10 版本为主，同时简介 Windows 11 版本常用功能的不同之处。通过本章的学习，达到以下基本要求：

①了解操作系统的基本知识。

②掌握 Windows 10 的基本操作。

③掌握 Windows 10 文件管理。

④掌握 Windows 10 应用程序的使用。

⑤了解 Windows 10 的个性化设置。

⑥了解 Windows 10 的实用工具。

⑦了解 Windows 11。

2.1 操作系统及 Windows 基本知识

 ### 2.1.1 操作系统概述

操作系统作为计算机系统的核心，扮演着至关重要的角色。操作系统是运行于计算机硬件之上的第一层系统软件，不仅管理各种硬件资源、软件资源和数据资源，还提供了用户与计算机之间的交互界面，并合理组织计算机工作流程，确保计算机系统的高效运行。

2.1

目前常见的计算机操作系统有 Windows、Unix、Linux、MacOS 等，以及 Android、iOS、Windows Mobile 等智能手机操作系统，用户可以根据不同使用目的做出选择。不同操作系统功能有所差别，但一般都具有以下基本功能：

（1）处理器管理

处理器管理，也称为 CPU 调度。在单道程序（也称单任务）的计算机系统中，CPU 只为一个程序服务，该程序独占 CPU 资源，对处理器的管理比较简单。而多任务系统中，多个程序同时在计算机系统中运行，需要对 CPU 进行有效的管理，使 CPU 总是处于最佳工作状态。因此，处理器管理的任务就是把 CPU 合理地、动态地分配给多道程序，使多道程序同时运行而互不干扰，最大限度地发挥 CPU 的工作效率。

（2）存储管理

存储管理的目标是高效、灵活地使用有限的内存资源，主要是解决内存的分配、保护和扩充问题。根据用户程序的要求，为用户分配内存空间。当有多个用户程序同时占用内存时，要保证各用户程序互不干扰；当某用户程序运行结束时，要及时回收其所占用的内存空间，以供备用。

内存储器的容量是有限的，通常采用虚拟存储技术或自动覆盖技术进行内存扩充，使计算机系统可运行大存储容量的程序。

（3）设备管理

计算机系统配备许多外部设备，如键盘、鼠标、显示器、硬盘等。它们的工作原理不同，工作速度差别很大。设备管理确保所有的输入输出设备都能正常工作，并且与 CPU 和内存等其他系统资源协调一致，采用通道技术、缓冲技术、中断技术和假脱机技术等，对系统的所有外部设备进行有效的管理，使之与 CPU 协调工作。

（4）文件管理

文件管理提供了创建、删除、读取和写入文件的机制。凡是保存在外部存储器（如磁盘、光盘等）上的程序、数据集合都称为文件，每个文件有唯一的文件名，外部存储器可以存储许多文件。文件管理的功能就是为用户提供简便的文件存取方法；保证文件的可靠性和安全性；为多用户共享文件提供有效手段。

（5）作业管理

所谓作业是指用户一次性要求计算机完成的一个独立的、完整的处理任务。一个作业包括源程序、数据和相关命令。

作业管理就是对用户提交的诸多作业进行管理，包括作业的组织、控制和调度等。

（6）网络与通信管理

计算机网络源于计算机与通信技术的结合，从单机与终端的远程通信到全世界成千上万台计算机联网工作，网络与通信管理功能十分重要，提供高效、安全可靠的网络通信功能，使用户能共享网络中的各种软件资源、硬件资源和数据资源，进行数据传送管理和网络管理。

根据用户数量，操作系统可划分为单用户操作系统、多用户操作系统，根据结构和功能，可以划分为批处理操作系统、实时操作系统、分时操作系统、分布式操作系统和网络操作系统等。

操作系统的设计和实现对于计算机系统的性能、稳定性和用户体验至关重要。不同的操作系统可能会在这些基本功能上有所不同，但它们都旨在提供一个可靠、高效和用户友好的计算环境。

 ## 2.1.2 Windows 操作系统概述

Windows 是美国 Microsoft 公司开发的操作系统，自 1983 年推出 Windows 1.0 版本起，历经三十余年更新发展，具有适用于服务器、个人计算机、智能手机等不同机型的系统版本，功能强大且简单易用。

Windows 操作系统是一种面向对象的图形用户界面操作系统，集硬件管理、用户管理、文件管理、多媒体、网络、通信等功能于一体，操作方便，易于学习使用。它具有以下主要特点：

①多用户操作系统。可以管理多个用户，各用户可通过各自的账户使用同一台计算机，但各用户只能使用自己的资源。

②提供友好的图形界面，用户操作直观方便。Windows 10 对传统桌面环境做出优化，风格更加简洁、现代，如分屏功能、功能区形式、界面跳转列表等。

③提供硬件的即插即用功能。当计算机中安装了新设备后，系统能够自动识别，并安装相应的驱动程序，给不熟悉硬件知识的用户带来便利。

④丰富多彩的多媒体功能。功能强大的媒体播放器可以管理和播放音频、视频和动画等多媒体文件。

⑤强大的网络和通讯功能。支持多种网络协议和网络驱动程序，具有网络的安全机制、性能监视和网络管理功能。可以查看网络连接设置、诊断网络故障和配置网络属性。

⑥强大的安全功能。操作系统支持多种加密技术，能够对用户文件进行数据加密保护，还提供了强大的用户管理功能，能够对访问计算机资源的用户进行身份识别，防止特定资源被用户不适当地访问。Windows 操作系统具有强大的数据恢复功能，当系统出现故障时，可以将系统恢复到以前的某一正确状态。

⑦强大的帮助和支持功能。不仅提供静态的帮助信息，还可以连机向 Microsoft 技术人员寻求帮助。

⑧丰富的附件工具、桌面小程序，便捷实用，可实现轻松使用。

⑨Microsoft 应用商店提供经过安全认证的应用程序下载安装。

2.2 Windows 10 基本操作

用户登录 Windows 10，首先看到的就是桌面，运行各应用程序打开的窗口放置在桌面上。可通过键盘、鼠标或触摸屏对操作对象进行各种操作，其中鼠标的基本操作有单击（单击鼠标左键）、双击（双击鼠标左键）和右击（单击鼠标右键）。

 2.2.1 操作对象

（1）桌面

Windows 10 启动后，整个屏幕称之为桌面（DeskTop）。正如办公桌的桌面

2.2.1

摆放着各种办公用具和文件一样，Windows 10 桌面也摆放着文件和应用程序等，一般有以下内容：

①图标（icon）：所有的文件、文件夹、应用程序等都由相应的图标表示，图标由文字和图片组成，文字说明图标的名称或功能，图片是它的标识。例如，图 2.2.1 是"此电脑"的图标。双击图标，可以快速打开它所代表的对象。

图 2.2.1　图标

②桌面背景：桌面背景是指 Windows 10 桌面系统背景图案，也称为墙纸，用户可以根据需要设置桌面的背景图案。

③任务栏：任务栏默认位于桌面的底端，主要由程序区、通知区域和显示桌面按钮组成。

快速启动图标：位于任务栏左边，其中包括"任务视图""文件资源管理器""Microsoft Edge""Star Menu""应用商店"等图标（见图 2.2.2）。单击快速启动图标，可快速启动指定对象。

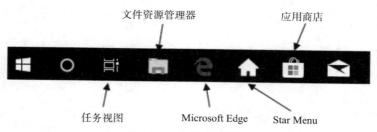

文件资源管理器　　　应用商店

任务视图　　　Microsoft Edge　　Star Menu

图 2.2.2　快速启动图标

窗口按钮：位于任务栏的中间。每当运行一个程序（也称打开一个窗口），一个代表该程序的按钮便出现在任务栏上。

通知区域：位于任务栏的右边。用于显示系统时间、输入法切换按钮及其他各种运行的应用程序提示图标。

显示桌面按钮："显示桌面"按钮位于任务栏的最右边。

④任务视图（task view）：任务视图是一款 Windows 10 系统新增加的虚拟桌面软件。右击任务栏，在快捷菜单中勾选"显示任务视图按钮"，将任务视图按钮添加至任务栏上，单击该按钮可查看当前运行的多任务程序，如图 2.2.3 所示。

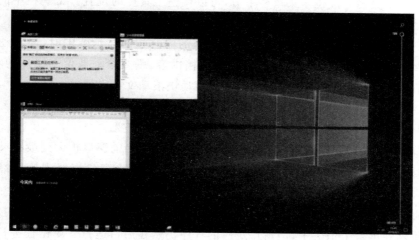

图 2.2.3　任务视图

（2）窗口

窗口是用户界面中最重要的组成部分，对窗口的操作是最基本的操作。

运行一个程序，应用程序就创建并显示一个窗口；用户通过关闭一个窗口来终止程序运行。图 2.2.4 是"此电脑"的窗口。

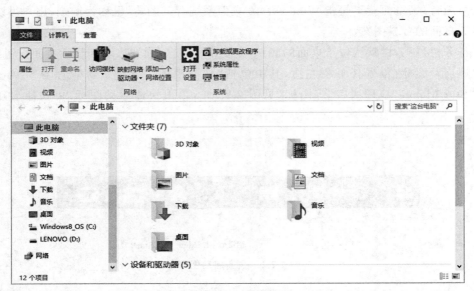

图 2.2.4 "此电脑"窗口

窗口组成：窗口通常由下列部件组成：

①标题栏：窗口的标识，位于窗口的顶端行，右边是"最小化"、"最大化"、"还原"和"关闭"按钮。

②应用程序图标：即"控制菜单"按钮，位于标题栏的最左边。单击该图标激活控制菜单，双击该图标关闭本窗口。

③菜单栏：菜单栏包含了应用程序的所有命令。不同窗口的菜单栏提供不同的内容。

④工具栏：工具栏一般位于菜单栏下方，可以调整工具栏的位置。工具栏中的每个小图标是一个操作命令，利用工具栏按钮可快速执行命令。

⑤窗口工作区：位于窗口中央，当窗口工作区的内容超出显示范围时，便自动出现滚动框。水平滚动框位于窗口的底部，可左右移动文档内容；垂直滚动框位于窗口的右边，可上下移动文档内容。可通过滚动框中滚动箭头或滚动块滚动文档。

⑥状态栏：位于窗口的最下端，用于显示操作信息。

窗口操作：Windows 窗口的大小和位置可以根据需要改变。

①窗口的最大化：单击窗口右上角的最大化按钮，可把当前窗口扩大到最大尺寸。

②窗口的还原：窗口最大化后，可单击向下还原按钮 □ 将窗口恢复到执行最大化前的状态。

③窗口的最小化：单击最小化按钮 ─，将窗口缩小到只剩下任务栏上的一个按钮。最小化后，窗口虽然在屏幕上消失了，但窗口对应的程序仍然在后台运行。单击任务栏上的相应按钮，最小化的窗口以原来的形状显示。

④窗口的关闭：关闭窗口表示关闭相应的程序。程序运行完毕后，应关闭窗口，以整洁桌面、释放程序占用的内存。单击关闭按钮 ✕ 关闭窗口。

单击窗口左上角的控制菜单也可以实现窗口最大化、最小化、还原和关闭。

⑤手工改变窗口大小：可以通过鼠标拖动的方式，将窗口放大或缩小到特定的尺寸。

鼠标指向窗口的上边界或下边界，这时鼠标光标变成垂直的双向箭头形状，然后向上或向下拖动鼠标,直到窗口达到所需的高度为止。拖动过程中,窗口的外轮廓提示了窗口尺寸的变化。

鼠标指向窗口的左边界或右边界,这时鼠标光标变成水平的双向箭头形状,然后向左或向右拖动鼠标,直到窗口达到所需的宽度为止。

鼠标指向窗口的四个角之一,这时鼠标光标变成斜向的双向箭头形状,然后以斜向拖动鼠标,窗口按比例缩放,直到窗口达到所需的大小为止。

⑥移动窗口:将鼠标指向窗口的标题栏,然后拖动鼠标,直到把窗口移至理想的位置。注意:最大化的窗口不能移动。

⑦滚动框的使用:如果程序需要显示的内容超过窗口工作区,可以使用窗口右侧和下方的滚动框将要显示的信息移动到窗口的工作区。

滚动一屏:单击滚动框中的滚动块按钮上部或下部空白处。

滚动到文档的任意处:拖动滚动块按钮直到需要处。滚动块在滚动框的位置表示文档内容的显示位置。

用鼠标滚动轮上下滚动文档:滚动鼠标左右按键中间的滚动轮,可以上下滚动文档。

文档内容的左右滚动操作与上下滚动操作类似。

⑧窗口切换:Windows 10 是多任务操作系统,可同时运行多个应用程序,同时打开多个窗口。在运行的各应用程序中,其中一个程序称为"前台程序",其他程序被称为"后台程序"。前台程序对应的窗口称为"当前窗口"或"活动窗口"。前台程序得到更多的运行时间,当前窗口是用户可以操作的窗口。当前窗口一般处于桌面的最上层。

使某窗口成为当前窗口称为窗口切换。单击任务栏中的窗口按钮将使该窗口成为当前窗口。如果某窗口在桌面上可见,单击该窗口的任何可见部位,该窗口将成为当前窗口。

⑨窗口的排列:桌面上有多个窗口,可能会显得杂乱无章,为了便于工作,需要对窗口进行重新排列。窗口的排列方式有:"层叠"、"堆叠显示"和"并排显示"。"层叠窗口"是把窗口一个个叠起来,每个窗口的标题栏可见,而其他部分被上面的窗口所覆盖。"堆叠显示窗口"是把各窗口横排在桌面上,每个窗口都是可见的。"并排显示窗口"是把各窗口垂直排列在桌面上。要改变窗口的排列方式,只要鼠标右击任务栏的空白处,激活快捷菜单,再用鼠标单击所需的排列方式即可。

⑩使用分屏功能:使用 Windows 10 的分屏功能可以将多个不同的应用窗口展示在一个屏幕中,并其他应用自由组合成多个任务模式。设置分屏功能的方法:在窗口标题栏上按住鼠标左键,向左拖动,直至屏幕出现分屏提示框(灰色透明蒙版),松开鼠标,即可实现分屏显示窗口,如图 2.2.5 所示。

(3)"开始"屏幕

Windows 10 系统用"开始"屏幕(start screen)取代了"开始"菜单,目的是照顾桌面和平板电脑用户的使用习惯。

单击桌面左下角的"开始"按钮■,即可弹出"开始"屏幕工作界面,主要由程序列表、用户名、设置按钮、电源按钮区和动态磁贴面板等组成,如图 2.2.6 所示。

①用户名。在用户名区域显示了当前登录系统的用户,该用户为系统的管理员用户。

②程序列表。所有程序按字母排序,点击即可打开应用程序。最常用程序和最新安装程序显示在列表开头。

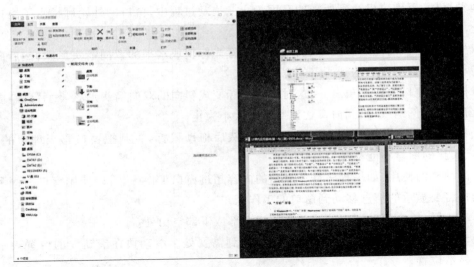

图 2.2.5　分屏显示窗口

用户名

设置按钮

电源按钮

固定程序列表

常用程序列表

动态磁贴面板

图 2.2.6　"开始"屏幕

③固定程序列表。在固定程序列表中包含电源按钮、设置按钮等。选择设置按钮，可以打开设置窗口，对系统的环境、账户、时间和语言等内容进行设置。

④电源按钮用于关闭操作系统，包括睡眠、关机、重启选项。

⑤动态磁贴面板。设计磁贴的初衷是突破传统图标仅仅作为快捷方式的低效性，如果回到 Windows 7，获取程序信息必须点开图标进入程序内部，但大多数时候，人们并不是想查阅软件里的所有内容，而只关心更新了哪些消息，动态磁贴将应用通知最新信息与图标相结合，提供了一种更加高效的信息查阅方式，人们无须打开应用就能看到自己关注的最新信息，然后再根据自身需要，决定是否进入应用程序了解更详细的内容。

（4）菜单

菜单是各种操作命令的集合。Windows 菜单包括"开始"菜单、快捷菜单、窗口的控制菜单和窗口的主菜单等。

菜单内容是隐蔽的，只有激活某菜单，该菜单的命令表才会显示出来。

激活菜单：

①用鼠标激活"开始"菜单：鼠标单击"开始"按钮。

②用鼠标激活窗口控制菜单：鼠标单击标题栏最左边的窗口图标。

③用鼠标激活快捷菜单：鼠标右击指定对象。快捷菜单中列出了当前用户可能对指定对象的操作命令。快捷菜单中的菜单项是动态的，随着对象和环境的变化而变化。

④用鼠标激活窗口主菜单（选项卡）：鼠标单击窗口菜单栏中指定的菜单。

撤销菜单：

①鼠标单击菜单外的其他地方，菜单便关闭。

②按键盘的"Esc"键，也可撤销菜单。

（5）对话框

如果执行的命令需要提供参数，就要打开一个对话框。

用户通过对话框输入数据或进行参数选择。对话框的种类很多，依具体命令而定，一般对话框都包含下列对象。

①命令按钮：单击命令按钮，则执行按钮所代表的命令。

②文本框：供用户在文本框中输入文本。

③列表框：提供一组选项供用户选择。用户可通过单击鼠标选定其中选项。如果列表框不能列出全部选项，可通过滚动条或下三角按钮显示所有选项。

④单选按钮：单选按钮包含一组互斥的选项，每次只能选择其中的一个选项。各选项前有一个圆圈，单击某选项前的圆圈，圆圈中显示一黑点，则表示该选项被选定。

⑤复选框：复选框包含一组相容的选项，每次可以选择其中一个或多个选项。各选项前有一个小矩形框，单击某选项前的小矩形框，小矩形框中显示 ☑ ，则表示该选项被选定；再次单击小矩形框，☑ 消失，表示放弃该选项。

⑥选项卡：也称标签，可以使一个对话框显示多"页"信息。如果对话框包含标签，各标签的顶部是标签名。单击标签名，则该标签置于其他标签之上，表示选中该标签，用户可以对该标签上的对象操作。

需要注意，如果对话框中的对象呈灰色，则表示用户当前不能对该对象操作。

 ### 2.2.2 文件资源管理器

2.2.2

计算机资源包括硬件（如摄像头、磁盘驱动器、光盘驱动器）、文件夹、程序、文档等。Windows 10 通过"文件资源管理器"对计算机文件资源进行管理，也就是 Windows 7 系统的"资源管理器"。

（1）打开文件资源管理器

Windows 10 的资源管理器发生了变化，不再是"我的电脑"，而是"此电脑"。打开"文件资源管理器"的常用方法有以下四种：

①选择"开始"菜单，执行"Windows 系统\\此电脑"命令，打开"此电脑"窗口。

②选择"开始"菜单,执行"Windows 系统\\文件资源管理器"命令,打开"文件资源管理器"窗口,如图 2.2.7 所示。

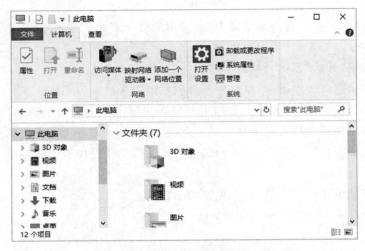

图 2.2.7 "文件资源管理器"窗口

③右击"开始"菜单打开:右击"开始"菜单,单击快捷菜单中的"文件资源管理器"命令。

④在任务栏点右键,鼠标悬浮到 Cortana,点击"显示搜索窗",在左下角的搜索输入框输入"资源管理器",单击搜索结果中"文件资源管理器"命令。

(2)使用文件资源管理器

文件资源管理器窗口由左窗格和右窗格两部分组成。

①左窗格:左窗格为导航窗框,以树形结构显示系统资源(文件夹)。

若文件夹左边有一个 > 符号,表示该文件夹含有子文件夹,点击后变成 ∨,并列出子文件夹。

单击导航窗格的某文件夹,右窗格将显示保存在该文件夹里的子文件夹与文件。

②右窗格:右窗格为内容窗框,显示指定文件夹的内容。

③打开对象:双击右窗格中指定的对象,如果该对象为设备(如打印机),则启动该设备;如果该对象为文件夹,则在右窗格打开该文件夹;如果该对象为程序,则运行该程序;如果该对象为文档,则运行该文档所关联的应用程序并在应用程序窗口显示该文档。

④选项卡:"文件资源管理器"窗口包括"文件""主页""共享""查看"选项卡,各选项卡又将命令分成不同的组。例如,"主页"选项卡包括"剪贴板""组织""新建""打开""选择"组。单击各命令,可以进行相关操作。

⑤地址栏:地址栏位于选项卡下方,如图 2.2.8 所示,提供 ← → ∨ ↑按钮,分别表示"返回到""前进到""最近浏览的位置""上移到"操作,可在各文件夹中切换。单击地址栏的右侧空白处,可以进行复制地址、编辑地址等操作。在地址栏中的当前文件夹名称上点击右键,在弹出中菜单中也可选择"复制地址"或"将地址复制为文本"。

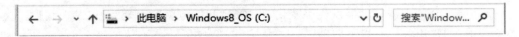

图 2.2.8 文件资源管理器窗口地址栏

2.2.3(1)-(3)

2.2.3 文件管理

计算机中的文件资源是 Windows 10 操作系统资源的重要组成部分,利用文件资源管理器对文件资源可以进行各项管理操作。

（1）文件的概念

文件是最小的数据组织单位,可以存储文本、图像、数值数据、视频等信息。

Windows 10 中,信息以文件为单位进行存储和管理。每个文件由文件所在的位置和文件名唯一标识。

①文件名

文件名一般由两部分组成,即文件的主名和文件的扩展名。文件扩展名表示文件的类型,也叫文件名后缀。文件可以没有扩展名,也可以有多个扩展名,文件扩展名一般在创建文件时由程序自动给出。

文件的命名规则如下：

A.文件名的最大长度为 256 个字符,1 个汉字相当于两个字符。

B.文件名中不能出现这些字符:?、*、\、:、\、/、引号、<、>、|。

C.文件名不区分大小写,如"abc.txt"和"ABC.txt"是同一个文件名。

D.文件名不能以空格字符开头。

E.文件主名和扩展名之间用"."分隔。

②文件类型与文件图标

文件的类型由文件扩展名表示。同类型的文件具有相同的文件扩展名,例如所有由 Word 2016 创建的文件,其文件扩展名均为".docx"。

每个文件都有一个图标,图标由文件类型确定,因此同类型的文件具有相同的图标。如果需要,也可以更换文件的图标。

③文档文件

文档文件是指与某个 Windows 应用程序建立了关联的数据文件。当打开一个文档文件,Windows 就自动启动与该文档关联的应用程序并在应用程序窗口显示该文档文件的内容。例如当打开扩展名为".docx"的文件时,Windows 10 会启动 Word 来处理该文档文件。如果用户打开一个非文档的数据文件,无法确定使用哪一个应用程序来处理该文件,会显示一个对话框,要求用户指定一个应用程序,以便处理该数据文件。

通常在安装应用软件时,应用软件会自动建立与某类数据文件的关联。

（2）文件夹

文件夹是从 Windows 95 开始提出的名称,是存放文件和文件夹的容器,可以看作特殊的文件,其命名规则和文件相同,通常没有扩展名。

"回收站"是个文件夹,所有已被删除的文件放在该文件夹;"控制面板"是个文件夹,所有系统设置程序放在该文件夹;"我的文档"是个文件夹,用于存放本用户的文档。

通常把相同用途或相同类型的文件存放在同一个文件夹中,有利于管理和使用。

文件夹内可以存放文件夹,被包含的文件夹称为子文件夹或下级文件夹;与子文件夹对应的文件夹称为父文件夹或上级文件夹。子文件夹同样可以包含自己的子文件夹,这样文件夹和文件就组成了文件夹树。

创建文件夹：系统中的许多文件夹是安装软件时自动创建的。用户还可以根据需要创建自己的文件夹。假设要在某文件夹中创建一个新的文件夹,操作步骤如下：

①在"文件资源管理器"窗口打开要在其中创建新文件夹的文件夹。

②激活"文件"菜单。

③执行"新建\\文件夹"命令,当前窗口就出现一个名为"新文件夹"的文件夹。

④输入新文件夹的名字并按回车键,以代替默认名。

步骤②也可改为用鼠标右击窗口的空白处,激活快捷菜单后选择相应命令。

用户文件夹：Windows 为每个用户账户创建一个用户文件夹,用户文件夹以用户账户命名,用于保存用户个人配置信息及各种文件。例如,图 2.2.9 是 Administrator 的用户文件夹。

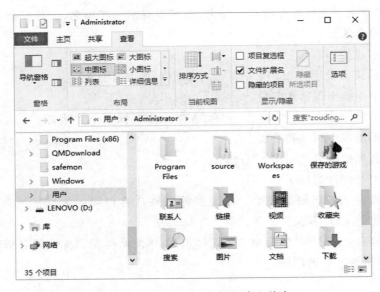

图 2.2.9　Administrator 的用户文件夹

更改文件夹的路径：用户文件夹及其子文件夹默认存放于系统分区(通常是 C 盘)中。为了增强数据的安全性,同时减少对系统分区的占用,可以更改用户文件夹的位置。例如把"文档"文件夹移动到 E 盘,操作步骤如下：

①右击"文件资源管理器"左窗格中"文档"图标,选择菜单中的"属性",打开"属性"对话框。

②在"位置"选项卡的文本框中直接输入文本路径或单击"移动"按钮指定文件夹的新位置,单击"确定"按钮,如图 2.2.10 所示。

(3)查看文件/文件夹

在文件夹窗口中选择"查看"选项卡,进入"查看"功能区,单击"窗格"组中的"预览窗格"按钮,可以预览文件内容;"布局"组提供超大图标、大图标、中图标、列表、详细信息、平铺、内容等选项,按不同布局方式显示文件或文件夹;单击"选项"按钮,可以打开"文件夹选项"对话框(如图 2.2.11),对话框提供更多设置。

也可以使用快捷菜单设置查看方式。在文件资源管理器窗口的空白处单击鼠标右键,在弹出的快捷菜单中单击"查看",进行相应选择。

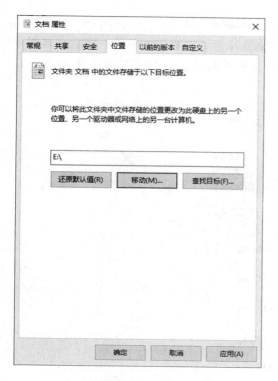

图 2.2.10　更改"文档"的默认路径

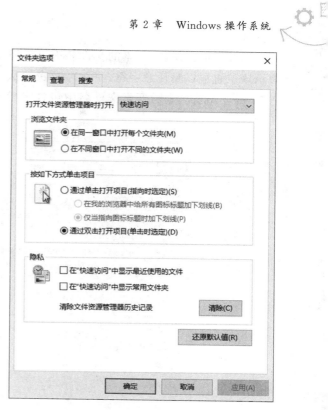

图 2.2.11　"文件夹选项"对话框

(4)文件搜索

如果知道文件或文件夹的确切位置,使用资源管理器浏览是很方便的。但有时用户只知道文件或文件夹的名称或只知道部分名称,有时甚至无法确定对象是否存在,这就要使用搜索功能。

2.2.3(4)

根据搜索参数的不同,可以分为简单搜索和高级搜索。

简单搜索的操作:打开文件资源管理器窗口,单击左侧窗格设置搜索范围,在右上角搜索文本框中输入要查找文件或文件夹的全称或名称的部分字符,系统就会根据输入的内容自动进行搜索,并将搜索结果显示在窗口中。例如输入"prog",搜索结果如图 2.2.12 所示。

图 2.2.12　简单搜索结果

通配符的使用：在搜索的文件名中可以使用通配符"＊"和"？"。在文件名中的字符"？"表示该位置可以是任意字符，字符"＊"表示从该位置开始可以是任意字符。搜索文本框输入"＊ea＊.png"，表示搜索文件名中包含字母 ea 且扩展名为.png 的所有文件，如图 2.2.13 所示。

图 2.2.13　使用通配符搜索文件及高级搜索操作

高级搜索的操作：在简单搜索结果的窗口选择"搜索"选项卡，进入"搜索"功能区域。如图 2.2.13 所示，可单击相应按钮进行高级搜索操作：

单击"优化"组的"修改日期"按钮，在弹出的下拉列表中选择文档修改的日期范围；

单击"类型"按钮可以选择搜索文件的类型；

单击"大小"按钮，在弹出的下拉列表中选择文件的大小范围；

单击"选项"组的"高级选项"，在弹出的下拉列表中可以选中"文件内容"，对文件内容进行搜索。

（5）文件的选定及撤销选定

在文件资源管理器窗口可以移动、复制、删除或重命名文件（包括文件夹和快捷方式），对文件操作之前，一般要先选定操作对象，选定的操作对象以蓝色底纹显示。

2.2.3(5)-(10)

在文件资源管理器窗口"查看"选项卡的"显示/隐藏"组中勾选"项目复选框"，如2.2.14 左图所示，则被选定对象前显示复选框勾选标志。

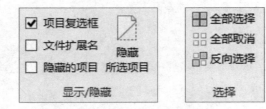

图 2.2.14　选定文件的相关命令

①选定一个对象：单击要选定的对象。

②选定文件夹中所有对象，可以用以下方法：

A.在文件资源管理器窗口"主页"选项卡的"选择"组（如 2.2.14 右图）中，单击"全部选择"。若单击"反向选择"，文件夹中的所有已选定的对象撤销选定，所有原未选定的对象被选定。

B.或者按键盘快捷键："Ctrl＋A"。

③选定多个连续的对象，可以用以下方法：

A.先单击要选定的第一项，然后按住"Shift"键，再单击要选定的最后一项。

B.或者用鼠标左键拖动。在鼠标按下的位置和鼠标当前位置之间会形成一个虚线框，虚线框中的对象都会被选定。注意：鼠标按下的位置不能是某对象，否则会变成移动对象，即鼠标应该对着窗口的空白处按下。

④选定多个不连续的对象：先按住"Ctrl"键不放，然后单击要选定的各个对象，选择完毕后释放"Ctrl"键。

⑤撤销其中的一项选定：按住"Ctrl"键，单击要撤销的对象。

⑥撤销全部选定对象：单击窗口的任意空白处。

(6)重命名文件/文件夹

重命名一个文件或文件夹，有以下方法：

①选定要重命名的文件或文件夹，单击该文件或文件夹的名字，当要修改的名字四周出现一个小方框后，在方框内键入新名字并按"Enter"键。

②选定要重命名的文件或文件夹，右击该对象，执行"重命名"命令，再在方框内键入新名字并按"Enter"键。

注意：已打开的文件或文件夹不能重命名。

(7)复制和移动文件/文件夹

常常需要对一些文件进行备份，也就是创建文件的副本，这就需要复制操作；把某对象从一个文件夹（称为源文件夹）移动到另一个文件夹（称为目标文件夹），这就是移动操作。

有多种方式能实现复制和移动操作：

①打开文件资源管理器窗口，选中指定文件/文件夹，在"主页"选项卡"组织"组单击"复制到"按钮、"移动到"按钮可以进行操作；

②也可以通过剪贴板组中的"复制""剪切""粘贴"按钮进行操作；

③选中指定文件/文件夹，按住鼠标左键拖动实现移动；按住"Ctrl"键的同时用鼠标左键拖动实现复制；

说明：

这种移动方法只能在同一个驱动器中进行，不同驱动器之间的移动要求在鼠标拖动的同时按住"Shift"键，否则将会把对象复制到目标文件夹。

④用快捷菜单的选择"复制/剪切"和"粘贴"命令也能实现复制/移动。

(8)删除文件/文件夹

不需要继续保存的文件应给予删除，以免占用存储空间。

删除文件/文件夹可用下列方法之一：

①选定要删除的对象，然后按"Delete"键，删除对象被移动到"回收站"；而如果按"Shift"＋"Delete"组合键，则选定对象真正从硬盘上被删除；

②选定要删除的对象,单击"主页"选项卡"组织"组中的"删除"按钮;

③选定要删除的对象,单击鼠标右键在弹出的快捷菜单中的"删除"命令;

④选定要删除的对象,然后用鼠标将其拖到"回收站"中。

说明:

①如果删除对象在硬盘,删除命令只是将该对象移入回收站中,并没有从磁盘上清除,如果还需要使用该对象,可以从回收站恢复;如果删除对象在 U 盘,删除后删除对象不移入回收站,是真正的删除;

②执行"永久删除"操作,会出现一个确认删除对话框,当用户单击"是"按钮后,即可彻底删除,当用户单击"否"按钮,则放弃删除操作。

③当删除对象是文件夹时,会将文件夹中所有内容全部删除,包括其中的文件和子文件夹,所以删除文件夹应特别小心;

④如果想把文件直接删除,而不是删除后放入回收站,可以对回收站属性进行设置。方法是:右击桌面的"回收站"图标,打开"属性"对话框,选定"不将文件移入回收站中。移动文件后立即将其删除"。

(9)回收站操作

回收站是一个文件夹,用于存放被删除的文件。双击桌面的"回收站",打开"回收站工具管理"选项卡,其中有四个命令按钮:

①清空回收站:删除回收站中所有项目以释放磁盘空间;

②回收站属性:更改回收站的可用空间,并可启动或关闭删除时的确认提示;

③还原所有项目:还原回收站中的所有内容;

④还原选定的项目:将所选项目从回收站移动到其在计算机上的原始位置,实现还原。

(10)文件属性

隐藏文件或文件夹可以增强文件的安全性,同时可以防止误操作导致文件丢失的现象。文件属性是 Windows 系统对文件设置的一些标志,以便更好地管理和控制文件。

①文件属性的设置

只读属性:只读文件只能被读出,不能被修改或删除。如果某文件具有"只读"属性,我们称该文件为只读文件。

隐藏属性:具有"隐藏"属性的文件可以不显示在资源管理器窗口,以防止用户对文件误操作。

选定文件,右击鼠标并在弹出的快捷菜单中选择"属性"命令,打开该文件的"属性"对话框。对话框的"常规"选项卡(如图 2.2.15)上部是文件目录等信息,勾选下部的"只读"或"隐藏"复选框可设置相应的属性。

选定文件,在文件夹窗口"查看"选项卡上单击"显示/隐藏"组的"隐藏所选项目"按钮,也可设置文件的属性为隐藏。该按钮为开关按钮,单击设置,再单击则取消。

②显示或隐藏文件/文件夹

文件设置隐藏属性后,清除"显示/隐藏"组中"隐藏的项目"前的勾,则文件不显示。

用户要查看隐藏的文件/文件夹,可勾选"显示/隐藏"组中"隐藏的项目"前复选框。

图 2.2.15　文件的"属性"对话框

2.2.4 快捷方式

2.2.4

"快捷方式"是一种特殊的文件,"快捷方式"图标代表访问对象的链接,它可以链接到任意对象,如程序、文件夹、网络文件夹、文档或 Web 页面等。一般地,"快捷方式"的图标左下角有一个小的跳转箭头。

"快捷方式"图标可以放在用户界面的任何地方,如桌面、任务栏、"开始"菜单或文件夹等。一般把常用对象的"快捷方式"图标放置在桌面上,以提高工作效率。

打开一个"快捷方式",Windows 10 将按照其链接打开指定的对象。例如用户要启动应用程序 Word,只要双击桌面的"快捷方式"图标 W 即可,因为"快捷方式" W 已链接到应用程序 Word。

"快捷方式"只是表示到对象的链接,并不是对象的拷贝,因此它占用很少的磁盘空间。删除"快捷方式"图标,并不影响所链接的对象。

(1)创建"快捷方式"

创建"快捷方式"的方法有多种,下面介绍常用的几种。

①使用菜单中的命令。

通过"文件资源管理器"把要创建快捷方式的对象显示到窗口并选定它;单击"文件"菜单或右击鼠标激活快捷菜单;单击"创建快捷方式"命令。这时,就在当前窗口创建了指定对象的快捷方式图标,用户可以将该图标移动到桌面或"开始"菜单。

②使用添加快捷方式向导。

在桌面（或要放置快捷方式图标的文件夹）的空白处右击鼠标，激活快捷菜单；执行"新建\\快捷方式"命令，打开"创建快捷方式"向导，如图 2.2.16，单击"浏览"按钮，选择所要链接的对象，或直接在文本框中输入链接对象的路径和名称；单击"下一步"按钮，在文本框中输入快捷方式的名称；单击"完成"按钮。

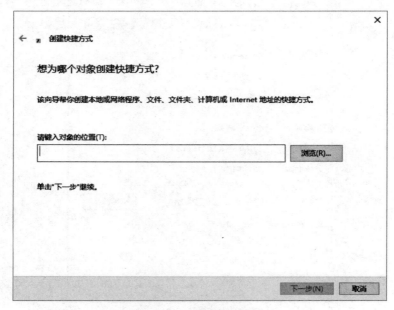

图 2.2.16　创建快捷方式

③右拖图标。

把要创造快捷方式的对象显示在"文件资源管理器"窗口；用鼠标右键把对象拖到桌面（或拖到存放创建快捷方式的文件夹）后，在放开右键的同时激活快捷菜单；在快捷菜单上单击"在当前位置创建快捷方式"。

④发送到桌面快捷方式。

右击"文件资源管理器"窗口或"开始"菜单中的某对象，在弹出的快捷菜单中执行"发送到\\桌面快捷方式"命令。

（2）管理快捷方式图标

"快捷方式"的管理包括：复制、移动、重新命名和删除等操作。"快捷方式"也是文件，对"快捷方式"的管理方法可参阅一般的文件管理。

2.2.5 程序管理

2.2.5

使用计算机的目的是运行应用程序。例如要上网就要运行网页浏览器 Internet Explorer，要制作幻灯片可运行程序 PowerPoint，要进行文本编辑可运行程序 Word。用户需要安装应用程序软件并进行管理。

（1）运行应用程序

运行应用程序也称启动应用程序。在 Windows 10 上运行应用程序有多种方法，下面以运行 Word 2016 应用程序为例，分别介绍如下：

①使用"开始"菜单启动应用程序。

Windows 在安装应用程序时会自动把程序名加入开始菜单的"所有程序"选项中。单击"开始"按钮,在打开的界面查看所有程序列表,选择"Word 2016"单击打开。

②使用桌面的图标启动应用程序。

双击桌面上代表"Word"的快捷方式图标。如果桌面没有"Word"的快捷方式图标,你可以创建一个。

③用"开始"菜单中的"首字母搜索"命令。

在所有程序列表中,程序按首字母分组。单击分组字母(如 A,B,C),即可进入程序的首字母搜索界面,如图 2.2.17 所示。

图 2.2.17　搜索界面

单击程序首字母,如"W",可以看到以"W"开头的程序列在最前面;单击"Word 2016"打开应用程序。

④用"文件资源管理器"启动应用程序。

打开"文件资源管理器"窗口,在左窗格中展开文件夹:"C:\\Program Files\Microsoft Office\Office16",然后双击右窗格的"WINWORD.EXE"图标打开应用程序。

(2)安装应用程序

获取安装软件包的常见方法是从软件的官网下载或从 Microsoft 应用商店下载。

①官网下载。

官网,即官方网站,是公开团体信息,并带有专用、权威、公开性质的网站,从官网上下载安装软件包是最常用的方法。

一般情况下,安装应用程序大致相同,安装程序名字一般为 Setup.exe 或 Install.exe。执行安装程序,然后根据向导提示选择参数并依次单击"下一步"按钮即可,安装过程一般需要用户参与一些交互环节:

输入软件序列号:产品序列号是为了防盗版。产品序列号可在软件光盘的包装盒上获取,如果安装从网络下载的免费软件,可在其中的说明文档中获取。产品序列号有时在安装时输入,有时在安装后首次运行时输入。

阅读许可协议:阅读许可协议后要点击"同意"按钮,否则将停止安装。

选择安装路径:安装程序默认的安装路径是"C:\\Program File",可以改变应用程序的安装路径。但最好不要安装在用中文命名的路径上或对路径做较大改动,最简单、最稳妥的办法是只改变盘符,其他不变。即把 C:\\Program File 改为 D:\\Program File 即可。

组件选择:应用程序一般由若干组件组成,可以根据自己的需要选择有用的组件安装。如果对该应用程序不是很了解,可以选择"典型安装"。

附加选项:应用程序有时会捆绑一些与程序无关的其他程序,特别是从网络下载的应用软件。所以安装之前必须仔细阅读,避免安装一些额外的程序。这些额外程序一旦安装,很难卸载。

②通过微软应用商店安装。

Windows 10 提供应用商店功能。单击任务栏的"应用商店"按钮,打开"Microsoft Store"窗口,其中可以看到应用商店提供的软件,选择下载并自动安装。

(3)卸载应用程序

已经不用的软件应该从硬盘中删除,以免占用硬盘空间。

在 Windows 10 中安装一个应用程序,并不是简单地将应用程序复制到硬盘的一个文件夹,安装一个应用程序可能涉及多个文件夹,并且还要改变 Windows 10 系统设置。因此,要删除某个应用程序,只删除程序所在的文件夹是不彻底的。用户可以使用程序自带的卸载命令或"设置\\应用和功能"窗口中的命令卸载应用程序。

在"所有应用"列表中卸载软件:当软件安装完成之后,会自动添加在"所有应用"列表中,如果有自带的卸载程序,可以执行卸载程序完成卸载。

在"设置\\应用和功能"中卸载软件:单击"开始"按钮,在弹出的"开始屏幕"中单击"设置"⚙,在弹出的"设置"对话框中选择"应用和功能",如图 2.2.18 所示,

图 2.2.18　卸载程序窗口

单击要卸载的应用(例如"阅读列表"应用),其下弹出"卸载"按钮,单击可完成卸载。

(4)设置默认程序

设置默认程序是指定某软件能打开哪些类型的文件。

　　安装应用程序时,已经为该应用程序设置了默认能打开的文件,但随着应用程序越来越多,同一个功能需求可以选择的应用程序非常丰富。例如浏览网页,可以使用 Internet Explorer,也可以使用 360 安全浏览器、Microsoft Edge 等;编写 C 语言程序可以使用 Visual C++6.0,也可以使用 Dev-C++、CodeBlocks 等。多个功能相近的程序可能产生冲突,为了方便用户,可以设置默认程序或者指定打开的程序。

　　操作方法可以有以下几种方式:

　　①打开"设置"窗口,单击左侧的"默认应用"命令,在右侧选项中单击"按文件类型指定默认应用"命令,打开"按文件类型指定默认应用"对话框(如图 2.2.19),选择文件类型(即扩展名)与默认应用,可以建立它们之间的关联,为不同扩展名的文件指定打开它的默认程序。

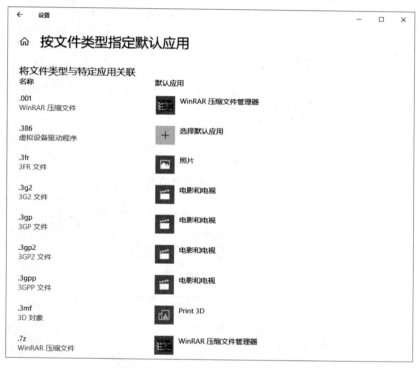

图 2.2.19　文件类型指定默认应用

　　②找到一个需要设定打开方式的文件,右击鼠标,在"打开方式"中选择某个应用程序,或者"选择其他应用",如图 2.2.20 所示。

　　(5)设置自动播放

　　把光盘放入光驱或将 USB 移动存储设备连接到计算机,Windows 会根据其中媒体的类型自动弹出相应的"自动播放"对话框,如图 2.2.21 所示。在"自动播放"对话框中,用户可以选择需要的操作。

　　单击"开始\\设置\\设备\\自动播放",也可打开"自动播放"设置窗口,用户可以根据不同的媒体文件内容分别定制默认的自动播放方式。有时为了防止恶意程序借助自动播放功能进行传播,可以将自动播放设置为"关"。

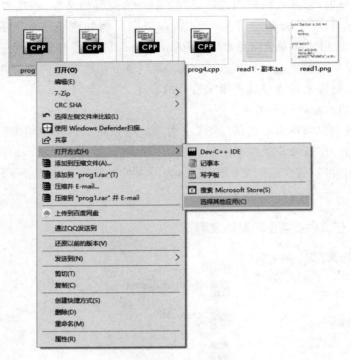

图 2.2.20　选择打开方式

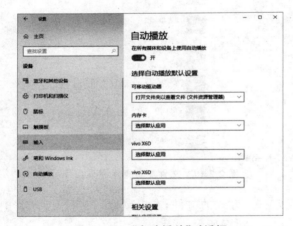

图 2.2.21　"自动播放"对话框

 ### 2.2.6 任务管理器

　　任务管理器是提供有关计算机上运行程序和进程信息的 Windows 实用程序。使用任务管理器可以监视计算机性能、查看正在运行的程序状态、查看网络状态、终止已停止响应的程序、结束进程。还可以使用任务管理器运行一个新程序。

　　鼠标右击任务栏的空白处打开快捷菜单,执行"任务管理器"命令即可打开任务管理器。

　　当系统已对鼠标失去控制时,按下键盘的"Ctrl"＋"Alt"＋"Del"组合键,也可以打开 Windows 的任务管理器,如图 2.2.22 示。

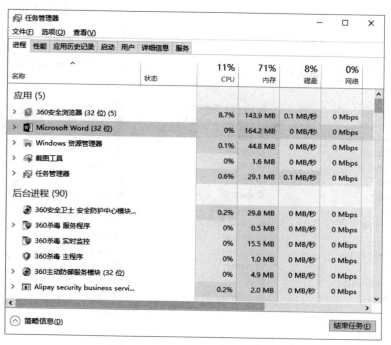

图 2.2.22　"任务管理器"对话框

（1）利用任务管理器结束程序

当系统对某应用程序失去控制时，用户应使用"任务管理器"结束已失去控制的程序。打开任务管理器，选择"进程"选项卡，选定要结束的程序，然后单击"结束任务"按钮。

（2）利用任务管理器运行程序

打开任务管理器，选择"文件"菜单，然后单击"运行新任务"命令即打开"新建任务"对话框；在对话框的"打开"文本框中输入要运行的程序，或单击"浏览"按钮在资源管理器中选择要运行的程序，最后单击"确定"按钮便可运行指定的程序。

2.3 设置 Windows 10 的系统环境

用户可以自定义计算机环境，以适合自己的工作习惯和个人喜好。

设置 Windows 10 系统环境的工作可以通过"控制面板"进行设置，也可以通过"设置"按钮进行。

选择"开始"菜单，执行"开始\\Windows 系统\\控制面板"命令，打开"所有控制面板项"，如图 2.3.1 所示。控制面板中的对象可以按类别方式显示，也可以选择"大图标"或"小图标"查看方式，选择各项调整计算机的设置。

单击"开始\\设置"按钮，打开 Windows 设置窗口，如图 2.3.2 所示，也可以完成各项设置。

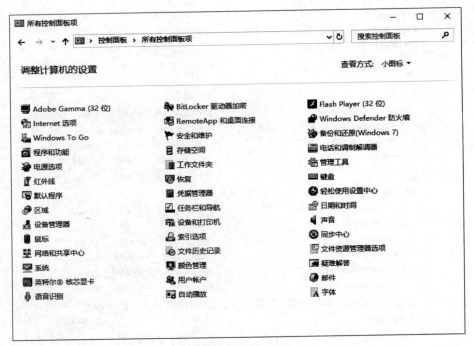

图 2.3.1　控制面板

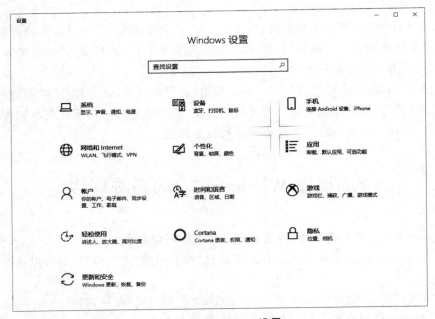

图 2.3.2　Windows 设置

2.3.1 设置个性化桌面

2.3.1

　　桌面是用户和操作系统之间的界面,用户对操作系统的印象是从界面的外观开始的。用户可以根据自己的习惯和要求设置自己的个性化桌面,主要包括

桌面、背景主题色、屏幕保护程序、事件提示声音等。

在桌面的空白处右击,在弹出的快捷菜单中选择"个性化"命令,打开"个性化"设置窗口(图 2.3.3),可以对背景、颜色、锁屏界面、主题、字体、开始、任务栏分别进行个性化设置。

(1)设置桌面背景

桌面背景可以是个人收集的数字图片、Windows 提供的图片、纯色或带有颜色框架的图片,也可以显示幻灯片图片。单击"背景"下列表框的下拉按钮,在弹出的下拉列表中选择背景的样式设置,包括图片、纯色和幻灯片放映。如果选择图片,可以单击下方的"选择契合度"右侧下拉按钮,选择填充、适应、拉伸等选项。

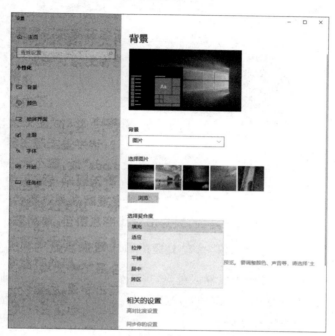

图 2.3.3　背景设置

(2)设置背景主题色

Windows 10 默认的背景主题色为蓝色,用户可以按个人喜好对其进行修改,单击窗口左侧"个性化"下的颜色,可以设置颜色。

(3)设置主题

主题是桌面背景图片、窗口颜色、声音和鼠标光标的组合。用户可以按个人喜好自定义新的主题:先设置好背景、颜色、声音等,再单击"个性化"下的"主题"命令,然后单击右窗格中的"保存主题"按钮。此外,应用商店也提供了更多主题。

(4)设置锁屏界面

Windows 10 操作系统的锁屏功能主要用于保护电脑的隐私安全,又可以保证在不关机的情况下省电,其锁屏用的图片称为锁屏界面,如图 2.3.4 所示。同时按下 Windows+L 组合键,可以进入系统锁屏状态。

在锁屏界面中单击"屏幕超时设置"可以设置在接通电源情况下,屏幕经过多少时间后关闭,电脑在经过多少时间后进入睡眠状态。

在锁屏界面中单击"屏幕保护程序设置",可以进行屏幕保护程序设置。

图 2.3.4　锁屏界面设置

当指定的一段时间内没有使用鼠标或键盘,屏幕保护程序会自动启动,在屏幕上显示一些动态的图像,从而保证不使某个特定的点亮得太久。要结束屏幕保护程序运行,可以按下键盘的任一键,输入用户的账户密码。

 2.3.2　设置用户账户

2.3.2

Windows 10 是多用户操作系统,各用户可以分别设置各自的用户名和密码。进入 Windows 10 后,各用户有各自不同的桌面环境和个性化的应用程序设置,各自在自己的工作环境中处理自己的文件,互不干扰。

Windows 10 支持本地账户和 Microsoft 账户两种形式的账户。本地账户和 Windows 7 及更早版本的操作系统的账户一样,用于登录计算机的用户账户。Microsoft 账户,也称"微软账户",使用电子邮件创建 Microsoft 账户。登录使用 Microsoft 账户能获得所有设备上的内容,实现计算机与手机的同步。

单击"开始"按钮,在弹出的"开始屏幕"中单击"登录用户"按钮,在弹出的下拉列表中选择"更改账户设置"选项,打开窗口如图 2.3.5 所示,可以设置账户信息、通过"电子邮件和账户"添加账户等。

选择"家庭和其他用户"选项,可以添加其他用户,增添新的 Microsoft 账户或本地账户。

图 2.3.5 "设置账户信息"窗口

2.3.3 设置任务栏

用户可以根据需要隐藏或显示任务栏、移动任务栏、改变任务栏大小、增减任务栏上的图标等。

(1)任务栏设置

右击任务栏空白处弹出快捷菜单执行"任务栏设置"命令,或通过"控制面板"可进行任务栏个性化设置,如图 2.3.6 所示。

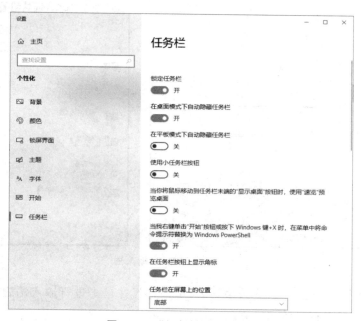

图 2.3.6 "任务栏"设置窗口

（2）将图标固定到任务栏

若要快速打开程序，可以将程序锁定在任务栏。

如果程序已经打开，右击任务栏上该程序的图标，弹出快捷菜单，选择"固定到任务栏"；如果程序没有打开，在所有应用列表选择要添加到任务栏的应用程序，右击鼠标，弹出快捷菜单，选择"更多\固定到任务栏"。

已在任务栏且未打开的应用程序，右击鼠标，弹出快捷菜单，选择"从任务栏取消固定"命令，可以从任务栏移除。

 ### 2.3.4 设置输入法

输入法是指将各种符号(中文)输入计算机而采用的编码方法，常用的有触摸屏手写输入和键盘编码输入，这里主要介绍键盘编码输入。汉字键盘输入的编码方法基本上都是将音、形、义与特定的键相联系，再根据不同汉字进行组合来完成汉字的输入。

Windows 10 自带微软拼音输入法，提供了丰富的词库，能准确识别词汇。用户也可以选择自己所熟悉的其他输入法添加至输入法列表中。

如果用户熟悉的输入法不在列表中，要添加该输入法，操作步骤如下：

单击"开始\\设置\\时间和语言\\区域和语言"，打开"区域和语言"设置窗口。单击右侧"首选的语言"选项中"中文(中华人民共和国)"，再单击"选项"按钮(如图 2.3.7 左图所示)，将打开"语言选项"设置对话框(如图 2.3.7 右图所示)。单击"添加键盘"可以添加输入法，选择要删除的输入法，单击"删除"按钮，可以删除输入法。

删除输入法只是把该输入法从列表中删除，被删除的输入法仍然在系统中，需要时可以再添加。

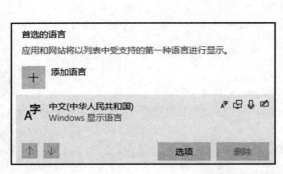
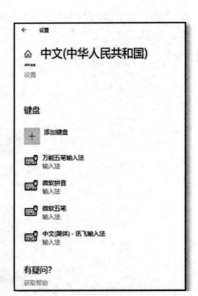

图 2.3.7　添加汉字输入法

在状态栏单击输入法，弹出输入法列表，可以选择并单击进行输入法之间的切换、中英文的切换、中英文标点符号的切换等。

2.3.5-2.3.6

 2.3.5 设备管理

在 Windows 中查看和管理设备的窗口是控制面板的"设备管理器",通过"设备管理器"窗口,可以查看当前计算机系统的所有设备状态和属性,以及启用和禁用设备等管理工作。

鼠标右击任务栏的开始图标,在弹出的菜单列表中点击选择设备管理器选项即可打开设备管理器对话框,进行相应操作。

 2.3.6 磁盘管理

一个新的物理硬盘在使用之前要通过磁盘分区分成若干个逻辑盘(如 C 盘、D 盘等),以方便文件的归类与管理。已分区的逻辑盘还要进行磁盘格式化后才能使用。磁盘的分区和格式化操作可以在安装 Windows 10 系统的过程中完成,也可以在安装完成之后通过 Windows 10 提供的磁盘管理工具完成。

鼠标右键点击任务栏的开始图标,在弹出的菜单列表中单击"磁盘管理",打开如图 2.3.8 所示磁盘管理对话框。

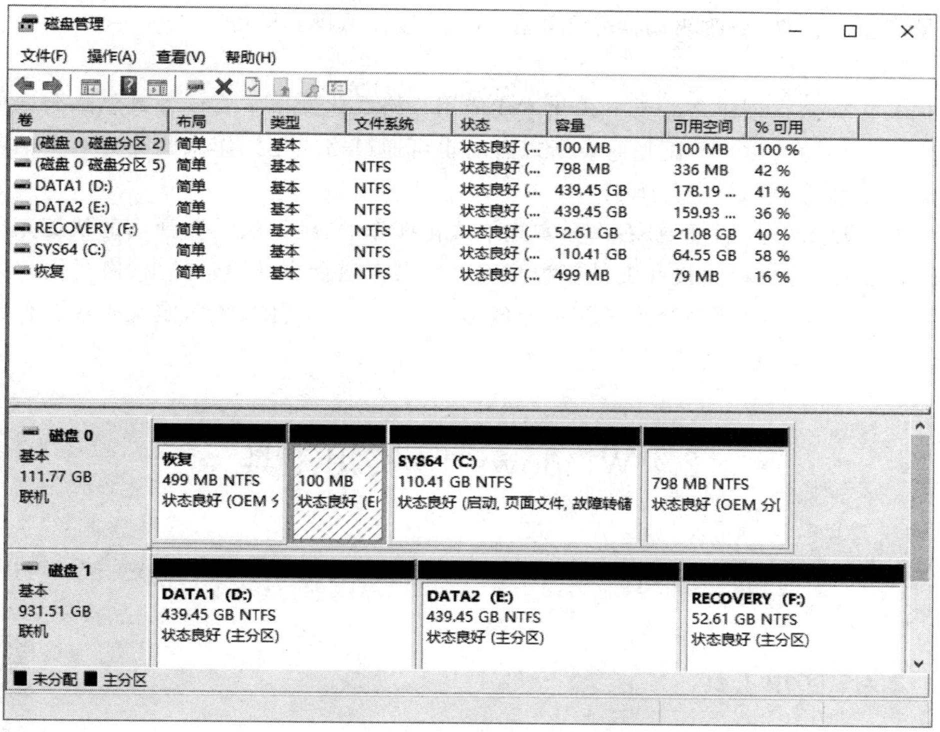

图 2.3.8　磁盘管理界面

(1)创建磁盘分区

创建磁盘分区就是在现有的物理硬盘中划分出一块区域作为一个逻辑磁盘,硬盘中要有剩余的未分配空间才能创建新的磁盘分区。分区成功之后,打开"文件资源管理器"可以看到新建的逻辑磁盘。

（2）删除磁盘分区

删除分区可以把分区空间释放出来作为"未分配"空间。分区在删除之后，分区中的数据将会被删除。Windows 10所在的分区（C盘）不允许删除。要删除分区只要在现有的分区上右击鼠标，然后在弹出的快捷菜单中选择"删除卷"，确认后即可。

（3）扩展分区

当一个磁盘分区空间不足时，可以通过扩展分区的方法用磁盘中未分配空间来扩展现有的分区。在"磁盘管理"对话框中右击要扩展的驱动器，在弹出的快捷菜单中选择"扩展卷"命令。

（4）压缩分区

压缩分区的操作过程正好和扩展分区相反，是用来缩小现有的分区空间，分割出来的空间就可以当作未分配的空间以供其他的分区使用。在"磁盘管理"对话框中右击要扩展的驱动器，在弹出的快捷菜单中选择"压缩卷"命令。

（5）更改驱动器号

磁盘分区通过分区的盘符（也称驱动器号）引用，驱动器号是一个英文字母。创建分区时指定驱动器号，用户还可以修改驱动器号，当然系统分区（C分区）的驱动器号是不允许修改的。要修改驱动器号，只要在"磁盘管理"对话框中右击要更改的驱动器的分区，然后在弹出的快捷菜单中选择"更改驱动器号和路径"命令，按提示操作即可。

（6）格式化分区

任何一个分区在创建之后要格式化才能使用。格式化操作主要任务是删除分区中原有数据和在分区中写入磁盘分配信息。所以有时也可通过格式化操作来删除分区中的所有文件。格式化磁盘分区的步骤如下：

①在"磁盘管理"对话框中，右击要实施格式化操作的分区，然后在弹出的快捷菜单中选择"格式化"命令（也可以直接在文件资源管理器中右击磁盘驱动器），弹出"格式化"对话框；

②在对话框的"卷标"中给分区取一个名称，选择一种"文件系统"，定义磁盘文件最小分配单位，然后点击"确定"按钮。

2.4 Windows 10 实用工具

Windows 10系统附带了许多实用工具，在"Windows 附件"、"Windows 轻松使用"等位置可以找到这些程序。

 ## 2.4.1 实用工具

2.4.1

Windows 10内置了多个实用小工具，这些工具通常可以在"开始"菜单中找到，或者通过搜索直接访问。以下是一些常用的 Windows 10 内置小工具：

（1）记事本

执行"开始\\Windows 附件\\记事本"命令，打开"记事本"程序窗口。

记事本只能处理纯文本文件，提供简单编辑功能，没有格式处理功能，适用于编辑或阅读便条、文件说明书、HTML代码等，程序代码小，启动快，占用内存少，容易使用。

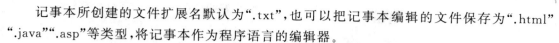

记事本所创建的文件扩展名默认为".txt",也可以把记事本编辑的文件保存为".html" ".java"".asp"等类型,将记事本作为程序语言的编辑器。

(2)计算器

"计算器"程序具有实体计算器的所有功能,例如科学计算、数据统计、数据类型转换、计算历史记录等。

单击"开始"按钮在"所有应用列表"中可以找到计算器程序。

计算器有标准型、科学型、程序员等多种类型,"标准型"计算器用于简单的算术运算, "科学型"计算器则可以进行各种较为复杂的数学运算,程序员型可进行进制转换。

例如,将十进制数 4672 转化成其他进制形式,操作过程如下:

①单击"打开导航"按钮 ☰,选择程序员,把计算器设置为"程序员"型;

②单击"DEC"按钮;

③输入十进制数 4672;

④可以得到对应的十六进制、八进制、二进制形式,如图 2.4.1 所示。

图 2.4.1　计算器

(3)截图工具(SnippingTool.exe)

截图工具从桌面上截取图片,可以是全屏幕截图、某个窗口截图、桌面的某矩形区域截图或鼠标拖过的桌面闭合区间截图。

执行"开始\\ Windows 附件\\截图工具"命令,打开如图 2.4.2"截图工具"窗口,同时屏幕被一层雾状玻璃纸覆盖。单击窗口"模式"按钮右侧的下拉列表按钮,在打开的"截图方式"列表中选取一种截图方式。

矩形截图:矩形截图是截取桌面的一块矩形区域。选择矩形截图方式,鼠标符号变成"十"字形,对着欲截取图形的左上角,拖动到欲截取的右下角,鼠标拖过的矩形区域雾状消失,变回原色;松开鼠标,在"截图工具"窗口中可以对截取的图片进行简单修饰,然后执行"文件\\另存为"命令把截图保存在文件中。

任意格式截图:选择任意格式截图方式,鼠标符号变成剪刀形状,沿欲截取图片的轮廓

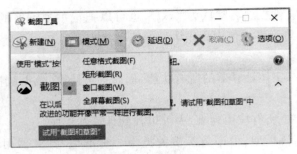

图 2.4.2　截图工具

拖动鼠标,后续操作同矩形截图。

　　窗口截图:选定要截取的窗口,选择窗口截图方式,则选定窗口显示在"截图工具"窗口中。

　　全屏幕截图:只要选择该截图方式,桌面的全部内容便显示在"截图工具"窗口中。

　　窗口截图也可以按键盘的 Alt＋〈Print Screen〉功能键,全屏幕截图也可以按键盘的〈Print Screen〉功能键。和截图工具不同,通过按功能键截图只是把截图存入剪贴板,必须把剪贴板内容粘贴到某文件中,才能看到截图。

 2.4.2　磁盘清理

2.4.2-2.4.3

　　用户在使用计算机的过程中,有时会遇到磁盘空间不够的情况。实际上磁盘中的文件不一定都有用,例如 Internet Explorer 的缓存文件、回收站里的文件等。计算机使用时间长了,这些文件会占用很多硬盘空间。因此要定期对磁盘进行清理。

　　"磁盘清理"程序就是为清理这些文件而设置的,它可以帮助用户释放硬盘空间。"磁盘清理"程序先搜索硬盘,然后列出临时文件、Internet 缓存文件和可以安全删除的文件。

　　执行"开始\\Windows 管理工具\\磁盘清理"命令,打开"选择驱动器"对话框。用户选择驱动器后,系统开始搜索磁盘可释放的空间。搜索完成后,弹出"磁盘清理"对话框,如图 2.4.3 所

图 2.4.3　"磁盘清理"对话框

示。在对话框的"磁盘清理"选项卡中列出了可以删除的各类文件。用户选中相应的复选框，就可以删除该类文件。如果想查看某一类所包含的文件，可以单击下面的"查看文件"按钮。

2.4.3 磁盘碎片整理

删除文件时释放文件占用的空间，供以后保存其他文件时再使用。但删的文件和新存入的文件长度往往不同，经过长时间的文件删除和文件保存之后，在磁盘上会产生很多碎片，散布在磁盘各个位置，使得一个新文件必须被分成几块存储在磁盘不连续的区域上。在这种情况下，磁盘的读写效率将会大大降低。磁盘碎片整理就是重新调整各个文件的存储位置，以提高文件的读写效率。

执行"开始\\Windows 管理工具\\碎片整理和优化驱动器"命令，弹出"优化驱动器"对话框，如图 2.4.4 所示。选择要整理的驱动器，单击"分析"按钮，开始对选择的磁盘进行分析，根据分析结果，如果需要进行磁盘碎片整理，则单击"磁盘碎片整理"按钮。磁盘整理过程需要较长的时间。在磁盘整理的过程中，会显示"磁盘碎片整理"进度。

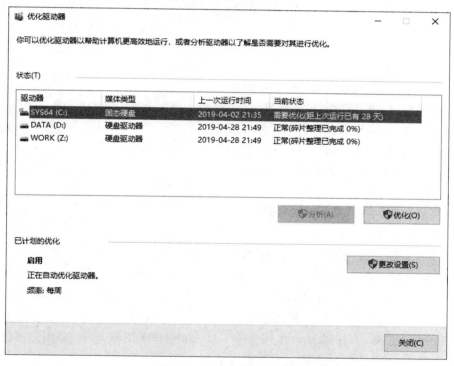

图 2.4.4　优化驱动器对话框

2.5

2.5 Windows 11 简介

2021 年 10 月，微软发布了桌面操作系统 Windows 11 正式版，和 Windows 10 相比，Windows 11 具有更为现代的设计风格，在视觉设计、用户交互、硬件要求等方面有显著的更新和提升。Windows 11 拥有多个版本，主要分为家庭版、专业版、企业版等，以满足不同用

户的需求。Windows 11 在用户界面、性能、安全性和兼容性方面进行了改进和增强,体现在以下方面:

全新的用户界面。包括圆角窗口、居中的开始菜单和任务栏,以及全新的图标和动画效果,全新的主题和图标设计,用户可以根据自己的喜好进行个性化设置。

增强的多任务功能。Windows 11 增强了多任务处理能力,如 Snap 布局和 Snap 组,方便用户同时处理多个任务,支持用户快速将应用程序窗口排列到不同的布局中。

安全性。Windows 11 加强了系统安全,包括 Windows Hello、设备加密和新的安全处理器要求。

兼容性。Windows 11 支持广泛的硬件配置,并提供了从 Windows 10 的平滑升级路径。

虚拟桌面。改进的虚拟桌面功能,允许用户为不同的任务和环境创建独立的桌面空间。

目前,Windows 11 功能更加稳定、用户不断增加。使用者可以通过本书的配套视频学习 Windows 11 的常用操作。

一、选择题

1.操作系统的主要功能包括(　　　)。

A. 运算器管理、存储管理、设备管理、处理器管理

B. 文件管理、处理器管理、设备管理、存储管理

C. 文件管理、设备管理、系统管理、存储管理

D. 处理器管理、设备管理、程序管理、存储管理

2.操作系统管理的计算机系统资源包括(　　　)。

A. CPU、输入/输出

B. 中央处理器、主存储器、输入/输出设备

C. 主机、数据、程序

D. 中央处理器、主存储器、外部设备、程序、数据

3.操作系统中存储管理是对(　　　)的管理。

A. 外存　　　　　　　B. CD-ROM　　　　　　　C. 内存　　　　　　　D. Cache

4.Windows 10 是一个(　　　)操作系统。

A. 单用户单任务　　　B. 多用户单任务　　　C. 单用户多任务　　　D. 多用户多任务

5.在计算机中,文件是存储在(　　　)的集合。

A. 磁盘上的一组相关数据　　　　　　　B. 内存中数据

C. 存储介质上一组相关信息　　　　　　D. 打印设备的一组数据

6.在 Windows 10 系统中,开始屏幕的作用是(　　　)。

A. 供执行程序用　　　　　　　　　　　B. 启动 Windows 10

C. 列出计算机功能　　　　　　　　　　D. 列出设备使用情况

7.在 Windows 10 系统中,下列说法错误的是(　　　)。

A. 文件名不区分字母大小写　　　　　　B. 文件名可以有空格

C. 文件可以没有扩展名　　　　　　　　D. 文件名可以用任意字符,包括 ＊、\等

8.Windows 操作系统（　　　）。

A. 允许同一文件夹中的两个文件同名，也允许不同文件夹中的两个文件同名

B. 不允许同一文件夹中的两个文件同名，也不允许不同文件夹中的两个文件同名

C. 允许同一文件夹中的两个文件同名，但不允许不同文件夹中的两个文件同名

D. 不允许同一文件夹中的两个文件同名，但允许不同文件夹中的两个文件同名

9.在"开始\\设置\\系统\\关于"窗口中，可以查看有关计算机的基本信息，无法得到（　　　）的信息。

A. 计算机名称　　　　　B. 内存容量　　　　　　C. 硬盘容量　　　　　D. CPU 型号

10.每个窗口有一个"标题栏"，把鼠标光标指向标题栏后"拖放"鼠标，则可以（　　　）。

A. 移动该窗口　　　　B. 放大该窗口　　　　C. 缩小该窗口　　　D. 关闭该窗口

11.当屏幕上有多个窗口，那么活动窗口（　　　）。

A. 可以有多个　　　　　　　　　　　B. 只能是一个固定的窗口

C. 是没有被其他窗口覆盖的窗口　　　D. 是标题栏颜色与众不同的窗口

12.要选定多个不连续的文件，要先按住（　　　），再选定文件。

A. Alt 键　　　　　　　B. Ctrl 键　　　　　　C. Shift 键　　　　　D. Tab 键

13.Windows 操作系统的"剪贴板"是（　　　）。

A. 硬盘上的一块区域　　　　　　　　B. U 盘上的一块区域

C. 高速缓存中的一块区域　　　　　　D. 内存中的一块区域

14.Windows 操作系统的"回收站"是（　　　）。

A. 硬盘上的一块区域　　　　　　　　B. U 盘上的一块区域

C. 内存中的一块区域　　　　　　　　D. 光盘中的一块区域

15.使用删除命令删除硬盘中的文件后，（　　　）。

A. 文件确实被删除，无法恢复

B. 在没有存盘操作的情况下，还可恢复，否则不可以恢复

C. 文件被放入回收站，可以通过"清空"回收站恢复

D. 文件被放入回收站，可以通过回收站操作恢复

16.在 Windows 10 中要移动文件，首先将文件剪切到剪贴板，要实现剪切功能应按（　　　）组合键。

A. Ctrl＋X　　　　　　B. Ctrl＋Z　　　　　　C. Ctrl＋V　　　　　D. Ctrl＋C

17.下列方法中，（　　　）不能运行一个应用程序。

A. 点击"开始"按钮，在所有应用列表中选择应用程序

B. 使用"Windows 系统"中的"运行"命令

C. 单击任务栏左侧相应的快速启动图标

D. 在"文件资源管理器"窗口单击该应用程序图标

18.在 Windows 10 中，运行一个应用程序会打开相应的窗口，关闭程序对应的窗口则（　　　）。

A. 使该程序转入后台运行

B. 该程序仍然继续运行，但无法控制该程序

C. 结束该程序的运行

D. 中断该程序的运行,可以随时恢复运行

19.单击窗口最小化按钮,窗口缩至最小,此时该窗口所对应的程序(   )。

A. 还在内存中运行　　　　　　　　　B. 停止运行

C. 正在前台运行　　　　　　　　　　D. 暂停运行,还原窗口后继续运行

20.桌面上的"快捷方式"图标代表到某对象的链接。在常规方式下,要启动该对象,只需要鼠标(   )该图标即可。

A. 单击　　　　　　B. 双击　　　　　　C. 右击　　　　　　D. 指向

21.下列打开"文件资源管理器"的方法中,错误的是(   )。

A. 执行"开始\\Windows 系统\\文件资源管理器"命令

B. 用鼠标单击"任务栏"的"文件资源管理器"图标

C. 用鼠标右击"任务栏"空白处,在快捷菜单中单击"文件资源管理器"

D. 用鼠标右击"开始",在快捷菜单中单击"文件资源管理器"

22.下列说法错误的是(   )。

A. 用户无法使用隐藏文件

B. 不能修改只读文件的内容,只能进行读出操作

C. 文件的扩展名可以不显示

D. 有时还可以在文件夹中看到隐藏文件

23.在"文件资源管理器"中双击一个文档即可打开,这是因为(   )。

A. 文档也是应用程序　　　　　　　　B. 文档被 Windows 系统打开

C. 文档与应用程序建立了关联　　　　D. 文档是应用程序的附属

24.通过文件资源管理器,用户不可以看到文件的(   )。

A. 存储位置　　　　B. 类型　　　　　　C. 修改时间　　　　D. 内容

二、上机操作题

1.启动 Windows 附件中的记事本程序,练习汉字和英文的混合输入。

2.进行记事本窗口的最大化、最小化和关闭等操作。

3.将打开的应用程序窗口以横向平铺方式排列。

4.将打开的应用程序窗口以分屏方式展示。

5.查找 C 盘中的所有文件名包含字符 a 且扩展名为.bmp 的文件。

6.调整桌面图标排列,按名字顺序重新排列各图标。

7.启动 Windows 10 文件资源管理器,浏览 C 盘,把文件及文件夹的显示改为"列表"方式并按时间顺序排序。

8.在 D 盘根目录下创建 ABC 文件夹。

9.复制 C:\\Windows 文件夹中的所有扩展名为.txt 的文件到 ABC 文件夹。

10.选择 ABC 文件夹中的某个文件,将其改为"隐藏"属性,并使其在文件夹中不可见。

11.选择 ABC 文件夹中的某个文件,将其重命名。

12.选择 ABC 文件夹中的某个文件,将其删除,再将其恢复。

13.在桌面上建立应用程序 Word 2016 的快捷方式图标。

14.利用"任务管理器"结束正在运行的某个应用程序。

15.更改用户账户密码和图片。

16.选择一组图片作为桌面背景。

17.设置屏幕保护程序。

18.将"计算器"固定到"开始"屏幕,从"开始"屏幕取消固定。

19.把"计算器"固定到任务栏,作为快速启动按钮;从任务栏取消固定。

20.利用"计算器"把二进制数 01011001 转换成十进制数、八进制数、十六进制数。

21.设置任务栏在桌面模式下自动隐藏。

22.设置任务栏在屏幕的不同位置。

23.用"截图工具"进行不同模式的截取操作。

第 3 章 Word 2016

3.1 概 述

Microsoft Office 是当前应用最广泛的办公自动化软件之一,它运行在 Windows 操作系统之上,包含 Word、Excel、Access、PowerPoint、Outlook、FrontPage 等组件。微软 1995 年推出 Office 95 之后,不断完善 Office 的功能,版本不断升级,本教材介绍的是 Office 2016。

Office 2016 功能强大,不仅提供适用于平板电脑操作的界面,较以前版本还增加了 OneDrive 同步、"告诉我您想要什么"等功能,用户可以随时随地轻松编辑文档。

使用 Office 2016,必须先启动它。启动 Office 即启动 Word、Excel、Access 等软件。单击"开始"按钮,再单击"所有应用"中的相应程序,例如 Word 2016,则启动了 Word 2016,显示"开始"屏幕。

在 Office 2016 中,Word、Excel、PowerPoint 有一些几乎相同的操作,例如,撤销、恢复、设置字体格式、插入图片、SmartArt 图形、屏幕截图、绘制图形、插入图表等。这些操作将会在 Word 2016 中详细介绍,其他软件中可以进行同样的操作。

3.1.1 Word 2016 窗口简介

Word 2016 是 Microsoft Office 2016 的一个重要组成部分。Microsoft Word 2016 中文版是目前最优秀的中文文字处理软件之一。

3.1.1

启动 Word 2016 后,单击"空白文档"图标,即可打开新建空白文档窗口,如图 3.1.1 所示。

Word 2016 把大部分命令组织在"文件""开始""插入""设计""布局""引用""邮件""审阅""视图"等选项卡中。单击各选项卡名,功能区中显示相应的命令,命令按类分布在若干组中,例如"开始"选项卡中的命令归类在"剪贴板""字体""段落""样式""编辑"等组中。

除了图 3.1.1 所见的选项卡外,还有上下文命令选项卡,上下文命令选项卡根据当前操作内容自动显示。例如操作表格时显示"表格工具"选项卡,操作图片时显示"图片工具"选项卡等。

有的选项卡的命令组右下角有一个 按钮,称为"对话框启动器",单击该按钮将打开该命令组的对话框,通过对话框可以使用命令的更多功能。

窗口左上角是快速访问工具栏,是一些最常用的命令,例如"保存""撤销""恢复""绘制表格"等。单击快速访问工具栏上的命令按钮,则执行该命令。单击右边的下拉按钮可以根据需要添加或删除快速访问工具栏上的命令。

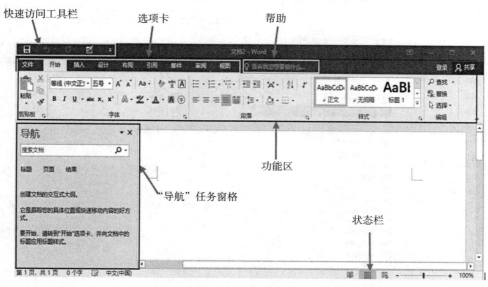

快速访问工具栏　　　选项卡　　　帮助

功能区

"导航"任务窗格

状态栏

图 3.1.1　Word 窗口

窗口左边显示"导航"任务窗格,导航任务窗格可以用不同方式导航浏览文档,包括浏览文档中的标题(即文档结构视图)、浏览页面和浏览搜索结果。如果"导航"任务窗格没有显示在窗口,可切换至"视图"选项卡,单击选中"显示"组中的"导航窗格"复选框,打开"导航"任务窗格。

"状态栏"上显示 Word 的当前状态。可以鼠标右击状态栏的空白处,在打开的"自定义状态栏"列表中选择状态栏的显示内容。

"告诉我您想要做什么"提供快捷帮助,输入想做的操作,在结果列表中选择相应项则可以直接执行该命令,或查看相关的帮助说明。

单击右上角的"登录"可以登录到 Office 账户,并将自动登录到 Office Online 或 OneDrive 之类的联机服务。登录后,用户可以从任何位置访问文档,随时随地开展工作。

 ### 3.1.2 Word 2016 选项

Word 2016 安装后,用户就可以在 Word 提供的默认环境中方便地进行文档编辑和格式化。用户还可以根据需要设置自己的工作环境。设置 Word 工作环境通过"Word 选项"对话框进行。在"文件"选项卡中,单击"选项"命令,即打开"Word 选项"对话框。

"Word 选项"对话框左窗格为导航窗格,右窗格为选项列表。Word 的全部选项按其功能划分为"常规""显示"等 11 类,图 3.1.2 是"快速访问工具栏"类的选项设置界面。

例 3.1.1　把"右对齐"等段落对齐命令添加到"快速访问工具栏"。

操作步骤如下:

①单击"文件"选项卡的"选项"菜单,打开"Word 选项"对话框;

②单击对话框左窗格的"快速访问工具栏";

③右窗格的左边列表框中是未放置于"快速访问工具栏"的命令,右边列表框中是已放置于"快速访问工具栏"的命令,如图 3.1.2 所示。选择左边列表框的右对齐命令,单击中间

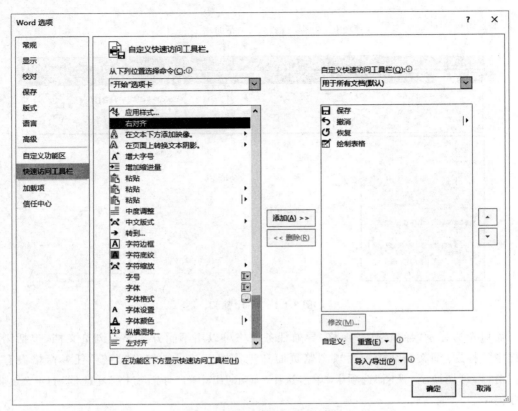

图 3.1.2 "Word 选项"对话框

的"添加"按钮；

④重复上一个步骤，添加其他对齐命令；

⑤选择右边列表框中的命令，单击"删除"按钮，则把选择的命令按钮从"快速访问工具栏"中移除，但该命令仍可通过选项卡使用。

3.1.3 文档管理

由 Word 2016 创建的文档称为 Word 文档，Word 文档的扩展名为 .docx。

3.1.3

创建新文档

（1）创建普通文档

Word 启动后，功能区下方的空白区域是 Word 自动创建的新文档。

如果已经打开 word 文档，需要再新建一个文档，可执行"文件"选项卡的"新建"菜单，在右边窗格显示的模板中（见图 3.1.3）选择"空白文档"，然后单击"创建"按钮。

（2）创建特殊文档

在 Word 中，每一个文档都是以模板为基础建立的。模板为新建文档提供模型，模板好像铸造的模具，利用模板创建新文档类似于用模具制造各种器皿。

Word 有许多模板，如信函、报告、简历、传真、书法字帖等。特殊文档模板中包含该类文档的一些共同的内容和格式，例如利用传真模板建立的传真文档，只需填写收件人、发件人等信息，格式已由模板提供；利用书法字帖模板，可以快速创建自己的字帖。

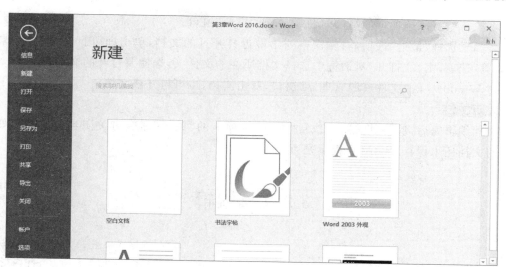

图 3.1.3　新建文档

创建特殊文档的操作类似于创建普通文档,只要选择合适的模板即可。

保存文档

编辑和格式化文档后,应将文档保存至磁盘,才能永久保存。保存文档的方法:单击快速访问工具栏上的"保存"按钮,或单击"文件"选项卡的"保存"菜单。

对于未保存过的新文档,保存时弹出"另存为"窗口(见图 3.1.4);单击"浏览"将弹出"另存为"对话框,选择文档希望放置的文件夹,在"文件名"文本框中输入新文件名(不用输入文档扩展名),默认的文件类型"Word 文档";最后单击"保存"按钮。

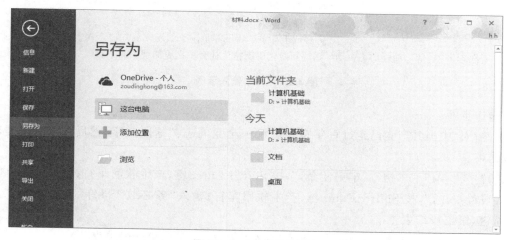

图 3.1.4　"另存为"窗口

如果文档已经保存过,保存文档时不会显示"另存为"窗口,只是用文档的新内容替代旧内容。

如果要将文档新内容保存到另一文档中,可单击"文件"选项卡上的"另存为"命令。

如果创建可在 Web 浏览器中显示的 Web 页,文件保存类型应选择"网页"。用 Word 还可创建其他文件格式的文档,只要在"保存类型"框中选择相应文件类型即可。

打开文档

已存盘的文档,可以打开重新编辑或浏览。打开文档的操作步骤:

①执行"文件"选项卡的"打开"命令,弹出"打开"窗口;

②如果选择"最近"选项,右侧窗格列出最近打开过的文档,单击即可打开文档;如果选择"浏览"选项,则在"打开"对话框中选择文档所在的文件夹,选择要打开的文档。

在 Windows 的"文件资源管理器"窗口,双击文档,也可打开该文档。

关闭文档

文档编辑完后,应将其关闭。执行"文件"选项卡的"关闭"命令可关闭当前文档。如果关闭的文档还未保存,Word 会提示是否保存。

3.2 文档编辑

 ## 3.2.1 输入文本

文档的主要内容是文本。为便于排版,输入文本时应注意:不要在文字之间随意加空格;不要手工调整字间距离,当输入内容满一行后,Word 会自动开始下一行;不要随意加"Enter"键,只有当段落结束时才按"Enter"键。

例 3.2.1 学习党的二十大报告,总结其中的"三个务必",并排版使其显示清晰,产生如图 3.2.1 的排版效果。

中国共产党已走过百年奋斗历程。我们党立志于中华民族千秋伟业,致力于人类和平与发展

崇高事业,责任无比重大,使命无上光荣。全党同志:

务必不忘初心、牢记使命,

务必谦虚谨慎、艰苦奋斗,

务必敢于斗争、善于斗争,

坚定历史自信,增强历史主动,谱写新时代中国特色社会主义更加绚丽的华章。

图 3.2.1 文本输入示例

操作步骤:

①输入"中国共产党已走过百年奋斗历程…全党同志:"这段文字,然后按 Enter 键,第一段结束。

②输入"务必不忘初心、牢记使命,",按 Shift+Enter 键,产生软回车符;输入"务必谦虚谨慎、艰苦奋斗,",按 Shift+Enter 键,产生软回车符;输入"务必敢于斗争、善于斗争,",按 Enter 键,第二段结束。

③输入"坚定历史自信…绚丽的华章。",然后按 Enter 键,第三段结束。

④把插入点置于第二段任一行文字内,单击"开始"选项卡"段落"组的"居中"按钮。

说明:第②步中,Shift+Enter 键实现段内换行(也称为软回车),不开始新段落,因此,第 3~5 行同属一个段落。第④步操作,设置第二段中任一行的段落格式,对 3 行都有效,同时居中。

 ## 3.2.2 选定文本

Word 大部分操作都是对选定的对象操作,例如移动选定的一行文字,删除

选定的一段文字等。因此执行操作命令之前，一般先选定操作对象。选定的文本以加灰底显示。对象选定操作见表 3.2.1。

表 3.2.1　对象选定操作

需选内容	操作
一个单词	双击该单词
一个句子	CTRL＋单击该句
一行文本	单击该行左端
任意行文本	在所选行左端拖动鼠标
任意矩形文本块	ALT＋单击所选文本第一个字，拖动鼠标到最后一列最后一个字后
一个段落	双击段落左端或在该段落中任何位置三击
全文档	三击文本左端

例 3.2.2　选定上例中的所有文字，结果如图 3.2.2 所示。

> 中国共产党已走过百年奋斗历程。我们党立志于中华民族千秋伟业，致力于人类和平与发展崇高事业，责任无比重大，使命无上光荣。全党同志：
> 　　　　务必不忘初心、牢记使命，
> 　　　　务必谦虚谨慎、艰苦奋斗，
> 　　　　务必敢于斗争、善于斗争，
> 坚定历史自信，增强历史主动，谱写新时代中国特色社会主义更加绚丽的华章。

图 3.2.2　文本选定示例

操作步骤如下：将光标放在"中国"前面，单击鼠标左键并按住不放拖至"华章。"之后。其中的所有文本被选定，突出显示。

说明：

①鼠标拖动方法可选定任意大小的文本。

②还可用键盘选定文本。将插入符移到欲选文本开始处，按下 shift 键，然后使用键盘上的上、下、左、右移动键将插入符移到欲选文本最后一个字符之后，则选定了插入符原来和现在位置之间所有文本。

3.2.3 剪辑文本

删除文本

用 Back Space 键或 Delete 键可以逐字删除文本。当要删除的文本较长时，则应先选定要删除的文本，然后按 Delete 键，所选内容可被一次性删除。

在预设状态下，选定文本后直接输入新文本，则用新文本替代选定文本。

移动文本

例 3.2.3　将图 3.2.3 中加下划线的文字移至最后。

操作步骤如下：

①选定要移动的文本；

②将光标指向所选区域，光标变为箭头时，按下左键并拖动鼠标，光标旁有一虚竖线随

《国风·周南·关雎》这首短小的诗篇，在中国文学史上占据着特殊的位置。它是《诗经》的第一篇，而《诗经》是中国文学最古老的典籍。↵

> 关关雎鸠，在河之洲。窈窕淑女，君子好逑。↵
> 参差荇菜，左右流之。窈窕淑女，寤寐求之。↵
> 求之不得，寤寐思服。悠哉悠哉，辗转反侧。↵
> 参差荇菜，<u>左右采</u>之。窈窕淑女，琴瑟友之。↵
> 参差荇菜，左右芼之。窈窕淑女，钟鼓乐之。↵

据说《诗经》中的诗，当时都是能演唱的歌词。↵

图 3.2.3　文本移动示例

光标移动；

③当虚竖线移到最后一段的回车符处，松开左键。带下划线的文字被移至最后。

也可"剪切"和"粘贴"命令配合使用，实现选定对象的移动。操作步骤为：

选定要移动的文本；单击"开始"选项卡"剪贴板"组的"剪切"按钮；将插入点移到目的位置；单击"开始"选项卡"剪贴板"组的"粘贴"按钮。

说明：

Word 2016 提供了选择性粘贴功能。在粘贴时，单击"粘贴"按钮下的箭头，在下拉菜单中选择"选择性粘贴"命令，打开"选择性粘贴"对话框。选中"粘贴"单选按钮，在"形式"列表框中选择相应的格式，单击"确定"后，可以将文本或表格粘贴为图片等其他格式。

复制所选文本

复制和移动的操作方法类似。当用鼠标拖动时要按下 Ctrl 键。也可用"复制"和"粘贴"命令配合实现复制。

 ## 3.2.4 基本编辑技术

3.2.4

插入特殊字符

在编辑文档时，有时需要输入特殊字符（如 §、β、¤ 等）。这些字符键盘上没有，除了应用中文输入法的软键盘外，还可使用 Word 提供的各种字符集。

例 3.2.4　输入图 3.2.4 中的一行文字，其中的℃和℉是特殊字符。

摄氏温度和华氏温度的关系 ：1℃ =(9/5+32)℉=33.8℉

图 3.2.4　加入特殊字符的文本

操作步骤如下：

①输入"摄氏温度和华氏温度的关系：1"；

②切换至"插入"选项卡"符号"组，单击"符号"按钮，在下拉菜单中单击"其他符号…"命令，打开"符号"对话框（如图 3.2.5）；

③选择对话框的"符号"选项卡，在"子集"中选择"类似字母的符号"；单击℃，然后单击"插入"按钮；单击"关闭"按钮，关闭对话框；

④继续输入后续文字，插入℉的方法与插入℃相同。

说明：

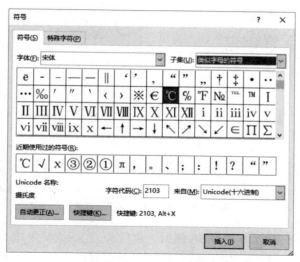

图 3.2.5 "符号"对话框

"符号"对话框中有"字体"和"子集"两个列表框,选取不同的字体和子集,符号窗口中将出现不同的字符集。有的符号字体没有子集。

"符号"对话框的"特殊字符"选项卡,提供了一些特殊字符,如长划线、段落标记、注册符、商标等。

撤销和恢复

Word 强大的编辑功能为你提供了一贴后悔药,当你误操作后,可使用"撤销"命令撤销以前的连续多次操作;当你误撤销后,又可使用恢复命令,回到原状态。

在"快速访问工具栏"上,单击"撤销"按钮,则撤销最后一次操作;单击"恢复"按钮,可取消刚刚的撤销操作。

Word 可撤销以前的上千次操作,但不能撤销文档上一次关闭前的操作。

查找和替换

有时文本中有多处同样错误需要修改,而文本又很长,要找出所有错误有如大海捞针。这时可利用 Word 的查找和替换功能。

(1)普通查找和替换

如果文本中有多处 tush 要替换为 Bush,操作步骤如下:

①在"开始"选项卡"编辑"组中,单击"查找"按钮,打开"导航"任务窗格;

②在"搜索"框中输入要查找的内容(如 tush);

③在"开始"选项卡"编辑"组中,单击"替换"按钮,打开"查找和替换"对话框,在"替换为"框中输入将替换的内容(如 Bush,见图 3.2.6);单击"替换"按钮则将找到的第一个 tush 替换为 Bush,单击"全部替换"按钮,选定区域内的所有 tush 被替换为 Bush。

(2)高级查找和替换

普通查找只能查找不带格式的普通字符文本,要查找特殊字符或带格式文本,就需用 Word 提供的高级查找和替换功能。

例 3.2.5 将全文中的段落标记删除。

操作步骤如下:

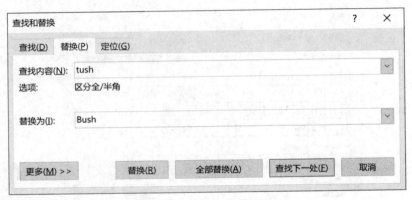

图 3.2.6 "查找和替换"对话框

①单击"导航"任务窗格"搜索"框右侧的下拉箭头,在下拉菜单中选择"高级查找",打开"查找和替换"对话框;单击"更多"按钮,展开高级对话框;

②选择"查找内容"框,单击"特殊格式"按钮,选择"段落标记",此时"查找内容"框内出现^p,它代表段落标记;

③单击对话框的"替换"选项卡,"替换为"框为空白,不输入内容(如图 3.2.7);

④单击"全部替换"按钮。

图 3.2.7 高级查找和替换

3.2.5 视　图

3.2.5

Word 在"视图"选项卡中提供了 5 种浏览文档的方式：草稿视图、web 版式视图、页面视图、阅读视图、大纲视图。除此之外，Word 还有受保护的视图、打印预览视图。在不同视图之下，同一文档的显示结果或编辑状态是不同的，用户可根据需要选用适当的视图。

在"视图"选项卡"视图"组中，单击各视图按钮，可在各种视图之间切换；也可在文档窗口的右下方单击各视图按钮选择视图。

"草稿"视图

在"草稿"视图中，将显示文档的标题和正文。用户可以输入文字并进行简单的格式排版，但不能显示和编辑图片、页边距、页眉、页脚、分栏等。

页面视图

在页面视图下，可以进行任何格式设置，并显示设置效果，是最接近打印效果的一种视图。一般采用页面视图编辑文档。

大纲视图

大纲视图用于浏览和调整标题的层次结构。在大纲视图下将按标题的出现顺序或级别缩进文档标题，通过移动标题可调整文档的组织结构（详见 3.4.3 小节）。

web 版式视图

web 版式视图方便使用者浏览联机文档。在 web 版式视图下，文档并不按实际打印效果显示，文字将变得更大，并自动按窗口的宽度回绕换行显示。

阅读版式视图

阅读版式视图的目标是增加可读性。在该视图下，将隐藏功能区，只显示阅读工具栏，以增大文本显示区域。文本以图书展开的方式显示。

除上述主要视图，还可启用"受保护的视图"，该视图仅用于查看文档，不允许修改。来自 Internet 和其他可能不安全位置的文件可能会包含病毒、蠕虫和其他恶意软件，当打开这些文档时，Office 会自动启用"受保护的视图"。例如，打开 E-mail 邮件的附件时，会自动进入"受保护的视图"。如果信任该文档，单击选项卡下的"启用编辑"按钮可以编辑文档。

3.3 文档格式化

3.3.1 字符格式化

3.3.1

字符格式化指设置字符的字体、大小、颜色等。

字符格式设置

例 3.3.1　编辑文本，使其第一段采用"标题 1"的样式；其余文字设置为楷体、四号字、加下划线、文字加灰色底纹。结果如图 3.3.1 所示。

操作步骤如下：

五帝本纪

<u>黄帝者，少典之子，姓公孙，名曰轩辕。生而神灵，弱而能言，幼而徇齐，长而敦敏，成而聪明。</u>

<u>轩辕之时，神农氏世衰。诸侯相侵伐，暴虐百姓，而神农氏弗能征。于是轩辕乃习用干戈，以征不享，诸侯咸来宾从。而蚩尤最为暴，莫能伐。</u>

图 3.3.1   字符格式化示例

①选定第一段文字；在"开始"选项卡"样式"组中，单击样式列表中"标题1"样式；

②选定其余文字，单击"字体"组中"字体"旁的下拉按钮，在列表中选择"楷体"；单击"字号"旁的下拉按钮，在列表中选择"四号"；单击"下划线"按钮，选择默认的下划线；单击"字符底纹"按钮，默认添加灰色底纹。

说明：

①应用标题样式后，单击标题，将看到一个小三角形◢。单击三角形可以折叠正文文本和下方的子标题，再次单击三角形可以重新展开该部分文档。

②字体下拉列表框列出了各种常用字体，中文名的字体对文档内汉语、日语和朝鲜语起作用，英文名的字体主要适用于西方语言。应根据文本内容选择所需的中文或英文名字体。

③"加粗"、"倾斜"和"下划线"三个按钮是开关按钮，单击一次，设置相应格式；再单击，取消相应格式。

④如果在设置字符格式时没有选定文本，Word将从当前光标所在处开始，对新输入的文本沿用新设置的字符格式，直到又一次更改字符格式处为止。

上标和下标设置

在数学公式中，经常出现上标和下标，例如 a^y、x_n 等。上标或下标用"字体"组中相应按钮设置。

例 3.3.2：在文本中输入 a^y、x_n。

操作步骤如下：

输入 ay、xn；然后选定 y，在"开始"选项卡的"字体"组中，单击"上标"按钮；选定 n，在"开始"选项卡的"字体"组中，单击"下标"按钮。

更改字符间距

通过"字体"对话框的"高级"选项卡调整选定文本的字符间距。

例 3.3.3   编辑例 3.3.1 中的文字，加宽带下划线的文字间的距离。

操作步骤如下：

①选定带下划线的文本。

②单击"开始"选项卡"字体"组右下角的"对话框启动器" ，打开"字体"对话框，选定对话框的"高级"选项卡（如图 3.3.2）；

③从"间距"下拉列表中选择"加宽"，再在其右边的"磅值"选项框内设置 6 磅，单击"确

定"按钮。

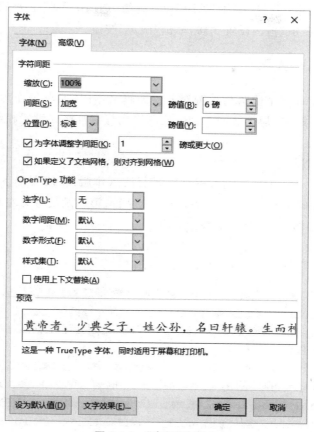

图 3.3.2　"高级"选项卡

说明："间距"下拉列表中："标准"指文档中正常使用的字符间距；"加宽"将在字符之右加上相应磅值的间距；"紧缩"将从字符之右减少相应磅值的间距。

字符缩放与升降

例 3.3.4　将例 3.3.3 中加下划线的文字放大一倍，"五帝"二字提升 3 磅。结果见图 3.3.3。

·五帝本纪·

图 3.3.3　字符缩放与提升示例

操作步骤如下：

①选定加下划线的文字；打开"字体"对话框的"高级"选项卡,在"缩放"下拉列表中选

择 200%，单击"确定"按钮。

②选定"五帝"二字；打开"字体"对话框的"高级"选项卡，从"位置"下拉列表中选择"提升"，再在其右边的"磅值"框内设置 3 磅，单击"确定"按钮。

3.3.2 段落格式化

3.3.2

段落排版以一个或多个段落为处理对象。编辑文本时，回车符作为段落结束标记，因此只能在段落末尾才按回车键。段落格式与字符格式设置相结合，将使文章格式更加完美。

段落对齐和缩进排版

例 3.3.5　对例 3.3.4 中加下划线的文字进行段落排版：将所有带下划线的段落设置为左缩进 5 个字符、右缩进 5 个字符、首行缩进 2 个字符；第一段设置为左对齐，第二段设置为居中对齐。结果应如图 3.3.4 中的效果。

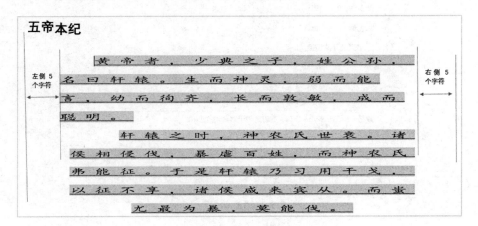

图 3.3.4　段落格式设置示例

操作步骤如下：

①选定所有带下划线的段落；

②单击"开始"选项卡"段落"组的"对话框启动器"，打开"段落"对话框，选中对话框的"缩进和间距"选项卡（见图 3.3.5）；

③在"缩进"的"左侧"框中设置 5 字符，"右侧"框中设置 5 字符；"特殊格式"中选择首行缩进，其右边的缩进值默认为 2 字符，单击"确定"按钮。

④选定带下划线的第一段，打开"段落"对话框，在"常规"类的"对齐方式"中选择左对齐，单击"确定"按钮。

⑤选定第二段，在"开始"选项卡上，单击"段落"组中"居中"按钮。

说明：

段落左侧缩进、右侧缩进即段落左、右边与页面左、右边距的距离（见图 3.3.4）。

段落对齐方式即当文本不足一行时如何排列。本例两个段落采用了不同的对齐方式，注意观察各段最后一行的对齐方式。

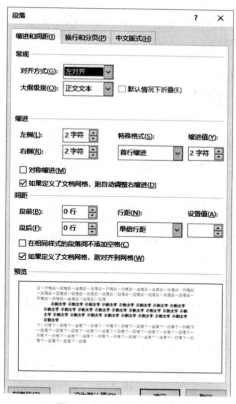

图 3.3.5　"段落"对话框

段落间距和行距

例 3.3.6　将上例中各段落间的间距设置为段前 2 行,段后 3 行,行距 2 倍。

选定二个段落;打开"段落"对话框;在"间距"类的"段前"选择 2 行,"段后"选择 3 行;在"行距"的下拉选项中选择 2 倍行距。

说明:

"段前"设置本段落与前段落之间间距;"段后"设置本段落与后段落之间间距。段内行之间距离可用"行距"中选项设置,它有六种选项。

设置段落边框和底纹

选定要设置格式的段落,在"开始"选项卡"段落"组中,单击"边框"按钮旁的下拉箭头,选择一种框线,将为段落添加边框;单击"底纹"将为段落添加底纹。

项目符号和编号

在编辑文档时,有时需在段落前加上编号或项目符号,使文档内容清晰醒目。

在"开始"选项卡"段落"组中,单击"编号"(或项目符号)按钮,选定的各段落前将按序添加编号(或项目符号)。再单击一次"编号"(或项目符号)按钮,将取消编号(或项目符号)。

还可在"编号"或"项目符号"库中选择喜欢的"编号"或"项目符号"。

例 3.3.7　学习党的二十大报告后,总结其中的若干要点。推进实践基础上的理论创新有"六个必须坚持",为了突出强调"六个必须坚持",请在其第二段至第七段前添加项目符号➤。效果如图 3.3.6 所示 。

继续推进实践基础上的理论创新，首先要把握好新时代中国特色社会主义思想的世界观和方法论，坚持好、运用好贯穿其中的立场观点方法。

- ➤ 必须坚持人民至上。
- ➤ 必须坚持自信自立。
- ➤ 必须坚持守正创新。
- ➤ 必须坚持问题导向。
- ➤ 必须坚持系统观念。
- ➤ 必须坚持胸怀天下。

图 3.3.6 添加项目符号的效果图

操作步骤如下：

①选定第二段至第七段；

②在"开始"选项卡"段落"组中，单击"项目符号"按钮旁的下拉箭头，打开"项目符号库"，选择➤符号。

说明：

在"开始"选项卡"段落"组中，单击"编号"按钮旁的下拉箭头，打开"编号库"，可以选择所需的编号。

Word 提供了自动续加编号（或项目符号）的功能。当在某段设置编号（或项目符号），按 Enter 键后，Word 将自动在下段段首添加后续的数字或字母编号（或项目符号）。如果下一段不再需要编号（或项目符号），可在回车后按 Back Space 键或再按一次回车键。

 ### 3.3.3 页面格式化

3.3.3

页面格式设置

页面设置就是设置整个文档或选定节的页边距、装订线、纸张大小、文字方向等。

（1）页边距设置

页边距指输入文字区域与纸张四周的距离，其设置步骤如下：

在"布局"选项卡"页面设置"组中，单击"页边距"按钮，选择"普通"下任一种默认的样式，或单击"自定义边距"命令，打开"页面设置"对话框（如图 3.3.7），在"上""下""左""右"各框中选择文本边距与页面相应边界的距离；单击"确定"按钮。

说明：默认对全文档设置相同的页边距。如果要对部分文本设置不同的页边距，可单击要设置新格式的文本起始位置，在"页面设置"对话框中设好新边距后，还需在"应用于"选择框中选择"插入点之后"。单击"确定"后，插入点之后采用新的页边距。

（2）纸张大小设置

在"布局"选项卡"页面设置"组中，单击"纸张大小"按钮，可设置打印纸大小（如 A4，B5，16K 等）。

分页、分节、分栏

（1）分页

当编辑的文档较长时，Word 可以根据字符格式、段落格式和页面设置情况自动分页。"草稿"视图下，页与页之间会出现一条虚线，即软分页符。当增删文本或文本格式变化时，

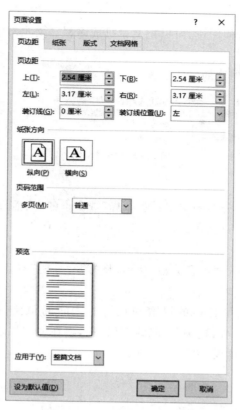

图 3.3.7　"页面设置"对话框

分页情况也随之改变,前一页排不下的内容自动移至后一页;反之,前一页多出的空间将由后一页的内容自动填补。

有时需要使某些文字从新的一页开始,而不管前一页是否写满。例如教材的各章都是从新的一页开始,此时可以人工强制分页。

插入强制分页的操作步骤如下:

将光标移至要新起一页的文字之前;在"插入"选项卡的"页面"组中,单击"分页";或在"布局"选项卡上的"页面设置"组中,单击"分隔符",打开"分隔符"下拉菜单,选择"分页符"。

说明:

①插入分页符后,分页符后文本从新的一页开始。

②在"草稿"视图下不能看见分页效果,切换至"页面视图"才可见分页效果。

③"开始"选项卡中"段落"组的"显示/隐藏编辑标记"按钮是开关按钮,单击一次可显示段落、分页符等编辑标记,再单击一次将隐藏这些标记。该按钮有效的前提是 Word 选项对话框的"显示"类中做了正确的设置,在"始终在屏幕上显示这些格式标记"组中"显示所有格式标记"必须处于选中状态。

单击"显示/隐藏编辑标记"按钮,在插入分页符处将出现一条横虚线,中间有分页符三个字,这是硬分页符。如果要取消分页,可以单击分页符上的虚线,按 Delete 键。

④不能删除 Word 自动插入的软分页符。可以删除手动插入的硬分页符。

(2)分栏

如果页面比较宽，为方便阅读，可以把文本排成多栏。文本填满一栏后再从下一栏开始填写，预设状态下页面只有一栏。

例 3.3.8 设置如图 3.3.8 的排版效果。

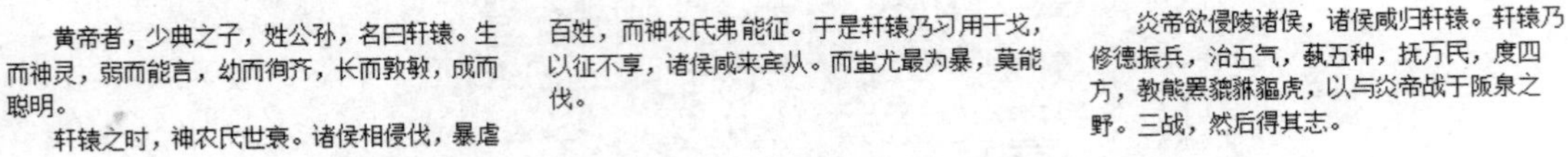

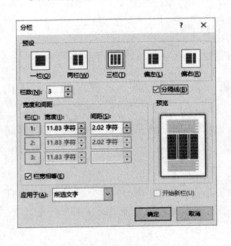

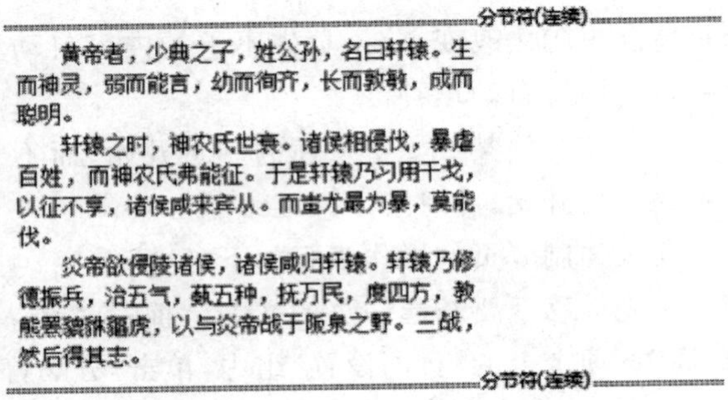

黄帝者，少典之子，姓公孙，名曰轩辕。生而神灵，弱而能言，幼而徇齐，长而敦敏，成而聪明。
轩辕之时，神农氏世衰。诸侯相侵伐，暴虐百姓，而神农氏弗能征。于是轩辕乃习用干戈，以征不享，诸侯咸来宾从。而蚩尤最为暴，莫能伐。
炎帝欲侵陵诸侯，诸侯咸归轩辕。轩辕乃修德振兵，治五气，蓺五种，抚万民，度四方，教熊罴貔貅貙虎，以与炎帝战于阪泉之野。三战，然后得其志。

图 3.3.8 分栏示例

操作步骤如下：

在页面视图下，选定要分栏的文字；在“布局”选项卡的“页面设置”组中，单击“分栏”，打开“分栏”下拉菜单，单击“三栏”按钮。

说明：

“分栏”下拉菜单中，单击“更多分栏”命令，将打开“分栏”对话框(如图 3.3.9)，在对话框中，还有更多的分栏设置选项：

“宽度和间距”中可选择各栏的栏宽和栏与栏之间的距离；选中“栏宽相等”复选框，Word 将自动使各栏宽度一样；选中“分隔线”复选框，将在栏与栏之间加垂直分隔线。

要取消分栏，只需在“预设”中选择“一栏”即可。

分栏
预设
一栏(O)
两栏(W)
三栏(T)
偏左(L)
偏右(R)
栏数(N): 3
分隔线(B)
宽度和间距
预览
栏(C): 宽度(I): 间距(S):
1: 11.83 字符 2.02 字符
2: 11.83 字符 2.02 字符
3: 11.83 字符
栏宽相等(E)
应用于(A): 所选文字
开始新栏(U)
确定
取消

图 3.3.9 “分栏”对话框

分节符(连续)
黄帝者，少典之子，姓公孙，名曰轩辕。生而神灵，弱而能言，幼而徇齐，长而敦敏，成而聪明。
轩辕之时，神农氏世衰。诸侯相侵伐，暴虐百姓，而神农氏弗能征。于是轩辕乃习用干戈，以征不享，诸侯咸来宾从。而蚩尤最为暴，莫能伐。
炎帝欲侵陵诸侯，诸侯咸归轩辕。轩辕乃修德振兵，治五气，蓺五种，抚万民，度四方，教熊罴貔貅貙虎，以与炎帝战于阪泉之野。三战，然后得其志。
分节符(连续)

图 3.3.10 分栏后的“草稿”视图

(3)分节

节是格式设置中的重要概念。针对一些格式(如分栏、页边距、纸张大小或方向、页面边框、页眉和页脚等)，节是可单独设置格式的最小单位，即同一节内这些格式是相同的。要在一篇文档中不同位置设置不同格式，必须分节。预设状态下，整个文档为一节。

例如要对文档的部分内容按多栏排版，必须将这部分内容单独设为一节，以便设置与其他部分(其他节)不同的栏格式。

完成例 3.3.8 操作后，切换到“草稿”视图，效果如图 3.3.10 所示。在“草稿”视图中可以看到 Word 自动添加的分节符号。因为部分内容设置成不同的页面格式(分栏)，系统自动进行分节。有时也可先手工添加分节符，再为各节设置不同的页面格式。操作步骤如下：

将光标移至要分节的位置;在"布局"选项卡的"页面设置"组中,单击"分隔符",打开下拉菜单,选择所需分节符。

页眉和页脚设置

页眉和页脚是打印在文档每页顶部或底部的相对固定内容,如章节标题、页码、公司标志等。页眉在页面顶部,页脚在页面底部,页眉页脚将和文档正文一起被打印。一般在页面视图下设置页眉和页脚。

（1）添加内置的页眉和页脚

内置的页眉页脚已设置了固定格式,用户只需填入适当内容即可。添加内置的页眉和页脚的操作步骤如下:

①在"插入"选项卡上的"页眉和页脚"组中,单击"页眉"（或"页脚"）,屏幕出现"页眉"（或"页脚"）下拉菜单;

②在"内置"下,单击要添加到文档中的页眉（或页脚）,此时,页面上方（或下方）出现一个虚线框,即页眉（页脚）编辑区,正文区变成灰色,窗口功能区增加了"页眉和页脚工具设计"选项卡;

③按提示输入页眉或页脚内容;

④单击"设计"选项卡的"关闭页眉和页脚"命令结束页眉页脚的编辑;或双击正文区,可返回文本区继续正文编辑。

（2）添加自定义的页眉或页脚

操作步骤和内置页眉页脚类似,在"页眉"（或"页脚"）下拉菜单中选择"编辑页眉"（或"编辑页脚"）命令。添加自定义的页眉页脚其实就是添加空白的页眉页脚,内容和格式由用户自己定义。

说明:

在任何一页创建了页眉和页脚,本节或本文档各页都具有相同的页眉和页脚。

"插入"选项卡"页眉和页脚"组中,单击"页码",选择位置,则可以将页码添加至页眉或页脚,插入的页码能自动编号。

创建好页眉和页脚后,如需要修改,可直接双击页眉或页脚区,进入页眉或页脚编辑。通过"设计"选项卡上的相应命令,还可以对页眉页脚进行各种设置:

选中"选项"组中"首页不同",则允许为首页及其余页设置不同的页眉页脚。

选中"选项"组中"奇偶页不同",则允许为奇数页及偶数页设置不同的页眉页脚。

（3）设置各节不同的页眉或页脚

添加分节符时,Word 自动继续使用上一节中的页眉和页脚。若要在某节使用不同的页眉和页脚,需要先断开各节之间链接。单击"设计"选项卡上"导航"组的"链接到前一条页眉"按钮,将断开和上一节的链接。

3.4 长文档编辑

3.4.1 样　式

样式是应用于文档中文本、表格等对象的一套格式,一种样式包含一组字符

3.4.1-3.4.2

和段落格式。Word 提供了一些内置样式，用户可以修改系统提供的内置样式，也可以自己定义样式。

应用样式设置格式的操作过程：选定要设置格式的对象；然后在"开始"选项卡的"样式"组中选定一种样式即可。如果未见所需的样式，可单击"其他"按钮▼以展开"快速样式"库，从库中选择所需的样式。

切换至"开始"选项卡的"样式"组，单击"对话框启动器"按钮，在 Word 窗口右边出现"样式"任务窗格，其中列出文档已使用的样式和 Word 自带的内置样式。当鼠标指向某一种样式，会出现下拉按钮，单击该按钮将展开命令菜单，使用其中命令可对样式进行修改。例如鼠标指向"标题 1"样式，单击下拉按钮，在快捷菜单中选择"修改"，打开"修改样式"对话框（如图 3.4.1）。单击对话框的"格式"按钮，可以分别修改样式中的字符格式、段落格式等。

样式是 Word 的重要概念，使用样式定义对象格式不仅操作简便，而且格式统一。文档中的目录自动生成、大纲编辑等都依赖于样式。

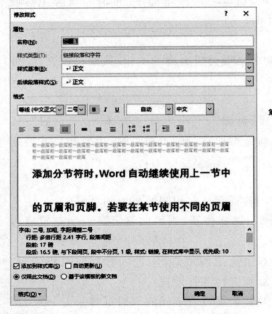

图 3.4.1 "修改样式"对话框

图 3.4.2 自动生成目录示例

 ### 3.4.2 目录自动生成

文档各级标题应用样式定义格式后，Word 就可以自动创建目录。

例 3.4.1　为文档自动创建目录，效果如图 3.4.2 所示。

操作步骤如下：

①将要在目录中出现的文字设置为各级标题样式。例如：章标题"第三章 Word 2016"设置为"标题 1"样式；节标题"3.1 概述"等设置为"标题 2"样式；小节标题"3.1.1 Word 2016 简介"等设置为"标题 3"样式。

②单击要插入目录的位置（目录一般放在文档最前面）。

③单击"引用"选项卡"目录"组的"目录"按钮，在命令列表中选择"自定义目录"命令，打

开"目录"对话框(如图 3.4.3);选择"目录"选项卡。Word 默认以"标题 1""标题 2""标题 3"样式产生三级目录;单击"确定"按钮。

说明:

如果目录不局限于默认的三种样式,则需要添加标题样式。例如,增加"标题 4"样式为第四级目录的操作步骤:打开"目录"对话框,单击"选项"按钮,弹出"目录选项"对话框(如图 3.4.4);在"有效样式"下"标题 4"旁的"目录级别"框内输入 4,单击"确定"。

在样式名右边的"目录级别"文本框的数字,表示该标题样式所对应的大纲级别。

如果要减少目录中的标题样式,只要删除"目录级别"中的数字。

图 3.4.3 "目录"对话框

图 3.4.4 "目录选项"对话框

3.4.3 大纲编辑

切换到大纲视图,功能区出现"大纲"选项卡,单击"大纲工具"组的"显示级别"右侧下拉按钮,选择要显示的大纲级别。通过大纲显示级别的控制,可以更清楚地看到文档的整体结构。

3.4.3-3.4.4

例 3.4.2 显示级别 2(节标题)以上的文档结构。

操作过程:切换到大纲视图,单击"显示级别"右侧的下拉按钮,选择 2 级。结果显示如图 3.4.5 所示。

说明:

①标题样式("标题 1"到"标题 9")设置对应于大纲级别(1 级到 9 级)。本例中显示大纲 2 级以上的标题,则只显示设置为"标题 1"和"标题 2"的文本。

②Word 按照标题级别缩进各级标题,标题依次缩进只在大纲视图中出现,与打印无关。

③使用"大纲工具"组中升级、降级按钮可以快速地改变标题的级别。"升级"按钮将光标所在的标题提升一个级别,即原大纲级别为 2 的升为 1,标题文本原应用"标题 2"样式变为应用"标题 1"样式。"降级"按钮则将光标所在的标题文本降低一个级别。

④在大纲视图中,单击"大纲工具"组中"上移" ▲ 或"下移" ▼ 按钮,可将大纲标题平级上、下移动,该级大纲下的所有文本(包括下级大纲)将随之移动。利用该功能可快速调整文档内容的排版顺序。

例 3.4.3 将上例中"3.5 表格"下移至"3.6 图片"之后。

操作过程:将光标放在"3.5 表格"上,然后单击"大纲工具"组中"下移"按钮。

说明:为看清楚下移操作后的结果,将"显示级别"设置为 3 级。操作结果如图 3.4.6 所示。可以看出,"3.5 表格"节内的所有文本随节标题一起移至"3.6 图片"节之后。

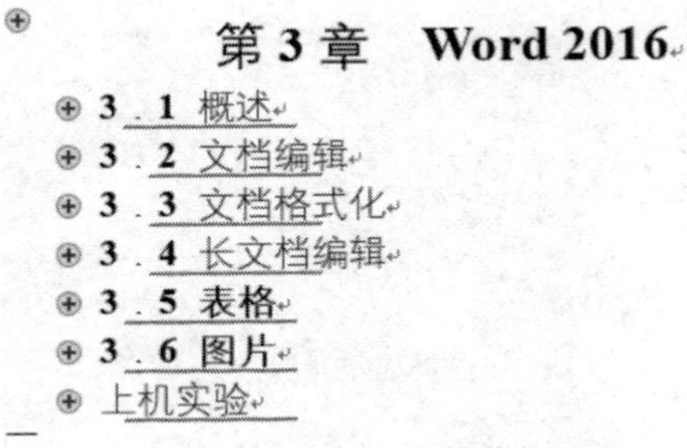

3.4.4 修　订

Word 具有自动标记修订过的文本内容的功能。也就是说可以将文档中修改过的文本以特殊的颜色显示或加上一些特殊标记,便于以后对修订过的内容作审阅。修订功能使文档作者和文档修改者的工作能够明确区分,特别适合于老师批改学生的作业,编审审核作者的论文等情况。

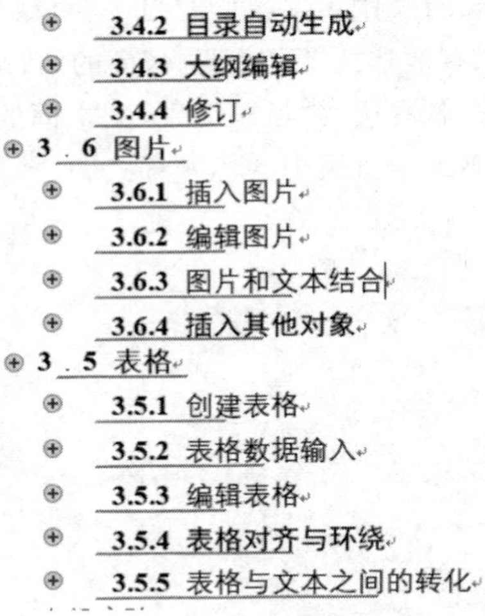

例 3.4.4 对例 3.3.1 中的文本进行格式与文字的修改,要求标注出修改信息。

操作步骤如下:

①单击"审阅"选项卡上"修订"组的"修订"按钮,进入修订标记状态。此时,对文档的任何修改都会用特殊的格式标注。

②设置所有段落间距为段前 0.5 行,段后 0.5 行;将标题"五帝本纪"设置为居中对齐。

操作结果如图 3.4.7 所示。在窗口右边的红线外记录了所做的格式修改。

说明:

如果不方便对文档做直接修改,可以单击"新建批注"按钮,在文档中插入批注。

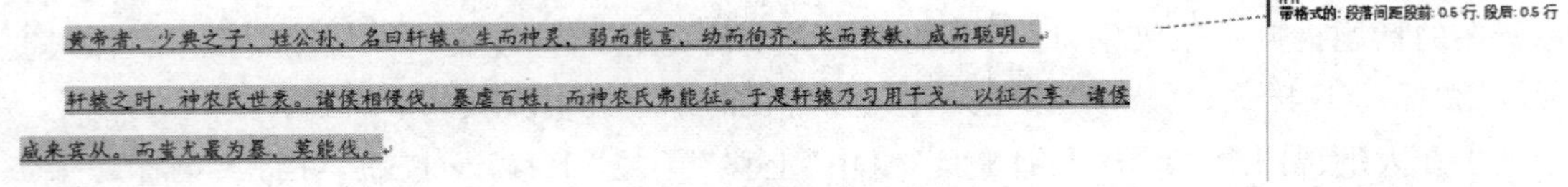

五帝本纪

黄帝者,少典之子,姓公孙,名曰轩辕,生而神灵,弱而能言,幼而徇齐,长而敦敏,成而聪明。

轩辕之时,神农氏世衰,诸侯相侵伐,暴虐百姓,而神农氏弗能征。于是轩辕乃习用干戈,以征不享,诸侯咸来宾从。而蚩尤最为暴,莫能伐。

图 3.4.7　修订示例

进入修订状态后,选择修订标记(示例中的红线外文字),单击"审阅"选项卡上"更改"组的"接受"或"拒绝"按钮,可以接受或拒绝选定的修改。单击"接受"按钮下方的下拉按钮,可以在命令列表中选择"接受所有修订"。同样也可以执行"拒绝所有修订"命令。

3.5 表　格

在日常工作中经常用表格表示有规则的数据。表格是由一些小方框纵横排列而成的,即表格由行和列组成,行和列相交形成的小方框称为单元格。单元格中可以填入文本、数字、图形或公式。

3.5.1 创建表格

创建表格时,一般先画出表格框架,然后往单元格中填入数据。

3.5.1

用命令插入表格

操作步骤如下:

①将插入符放在欲插入表格处;

②在"插入"选项卡的"表格"组中,单击"表格",弹出下拉菜单(见图 3.5.1);

图 3.5.1　确定表格的行列数

③拖动鼠标选择"插入表格"下的格子,以选定需要的行数和列数;或单击"插入表格…"命令,打开"插入表格"对话框,输入表格的行数和列数,单击"确定"按钮。

在插入符处将出现具有所选行数和列数的表格,新建的表格每列等宽,表格总宽度为页面宽度。

用鼠标绘制表格

操作步骤如下:

①将插入符放在欲插入表格处;

②在"插入"选项卡的"表格"组中,单击"表格",选择下拉菜单中的"绘制表格"。此时,鼠标变成铅笔状;

③在需插入表格处,按下鼠标左键向右下角方向拖动,松开鼠标后,出现以鼠标拖动线为对角线的矩形边框;从左边框拖动鼠标至右边框,可画出表格横线;从上边框拖动鼠标至下边框,可画出表格竖线;从单元格的一角拖动鼠标至另一角,可画出对角线。

注:步骤③之后,将出现"表格工具"选项卡,画横线和竖线之前可以在"表格工具—设计"选项卡"边框"组中先选定"笔样式"、"笔划粗细"和"笔颜色",以画出不同的表格线。单击"表格工具—布局"选项卡"绘图"组中"橡皮擦"按钮,使鼠标变成橡皮擦,在所需删除的框线上拖动鼠标,框线即被删除。擦除框线,实际起到合并单元格的作用。如果要使各行或列的间距均匀,可以选定表格,右击鼠标打开快捷菜单,然后执行"平均分布各行"或"平均分布各列"命令。

3.5.2 表格数据输入

3.5.2-3.5.4

在表格的单元格中,可以输入文本、数值、时间、日期、图形、计算公式或表格。

在表格内输入数据,需先将插入符移到单元格内。可用鼠标单击该单元格,也可用键盘的 Tab 键、shift+Tab 组合键或光标移动键把插入符移到指定的单元格,然后输入数据。

当输入内容填满单元格,Word 自动增加单元格的高度,继续输入的内容显示在本单元格的下一行。

每个单元格的内容是一个段落,可用编辑一般文本的方法编辑单元格内容。

3.5.3 编辑表格

对表格进行编辑要先选定编辑对象。鼠标选定操作方法如表 3.5.1 中的说明:

表 3.5.1　表格选定操作

选定	方法
一个单元格	将光标移至单元格左边界,当光标变成向右倾斜的黑箭头时,单击鼠标左键
一行	将光标移至该行左边界,当光标变成向右倾斜的空心箭头时,单击鼠标左键
一列	将光标移至该列上边界,当光标变成向下的箭头时,单击鼠标左键
多个单元格、多行、多列、整个表格	在要选定的单元格、行、列或表格上拖动鼠标

选定表格对象或光标在表格中,功能区会出现"表格工具—设计"选项卡和"表格工具—布局"选项卡。

调整表格行高和列宽

调整表格行高和列宽,可以直接用鼠标操作。将鼠标移至需调整表格的列(或行)分隔线上,当鼠标变成左右(或上下)双向箭头时,拖动鼠标至所需位置即可。拖动鼠标调整行高或列宽操作方便，但不够精确。要精确调整行高或列宽，可执行"表格工具—布局"选项卡上"表"组中的"属性"命令，打开"表格属性"对话框，在对话框中操作。

插入行或列

选中一行（或列），在"表格工具—布局"选项卡的"行和列"组中执行相应的命令，可以在所选行（或列）旁边插入行（或列）。

当插入符在表格的右下角单元格时，按 Tab 键也可以自动在表格底部增加一行。

删除表格、行、列、单元格

先选定要删除的行或列，然后在"表格工具—布局"选项卡的"行和列"组中单击"删除"按钮，在下拉菜单中执行相应的命令。

若要删除表格内文字，选定包括这些文字的单元格，然后按 del 键。

单元格的拆分与合并

拆分单元格可以把选定的单元格按多行或多列方式拆成多个单元格，操作步骤如下：

①选定要拆分的单元格；

②在"表格工具—布局"选项卡的"合并"组中单击"拆分单元格"，将打开"拆分单元格"对话框；

③在对话框中选择要拆成的行数和列数。

合并单元格可以把选定的多个相邻单元格合并成一个单元格。方法如下：

选定要合并的多个单元格，在"表格工具布局"选项卡的"合并"组中单击"合并单元格"命令。

表格的拆分与合并

拆分表格可把一个表格拆成上下两个表格。方法如下：

将插入点移至要拆分行，在"表格工具布局"选项卡的"合并"组中单击"拆分表格"命令。拆分后在两表之间有一段落结束符，删除它将把两表合并回原样。

设置表格的边框和底纹

有时为了美化表格，可以调整表格框线的线型、粗细和颜色。

操作步骤如下：

①选定要设置边框的单元格区域；

②在"表格工具—设计"选项卡的"边框"组中先选定"笔样式"、"笔划粗细"和"笔颜色"；在"边框"组中单击"边框"下拉按钮，弹出 13 种表格框线（如图 3.5.2），单击相应的框线。单击一次，将用选择的线样式绘制框线，再单击一次，则将删除框线。

在"表格样式"组中单击"底纹"下拉按钮，可设置表格底纹；单击系统提供的内置表格样式，可直接把样式应用于表格。

 ### 3.5.4 表格对齐与环绕

单元格内文字的对齐

一个单元格内文本是一个段落，可以进行字符格式化和段落格式化，操作方法和一般文本类似。在"布局"选项卡的"对齐方式"组中有专门设置单元格内文字的水平对齐与垂直对齐的按钮。

表格对齐

表格对齐是指调整表格在页面中的位置，操作步骤如下：

选定整个表格或将插入点放在表格中任意位置；在"布局"选项卡的"表"组中单击"属性"按钮，打开"表格属性"对话框（如图 3.5.3）；在"对齐方式"下选择一种，单击"确定"按钮。

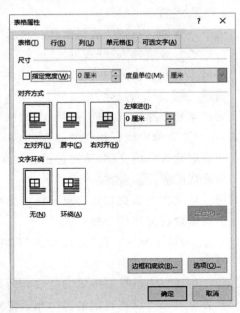

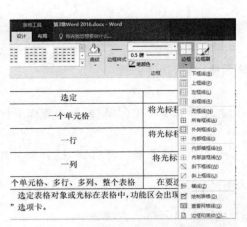

图 3.5.2 "边框"组中表格框线选择　　　　图 3.5.3 "表格属性"对话框

表格与文字的环绕

在 Word 2016 中，表格可以如图片一样，与文字环绕。设置步骤如下：

选定整个表格或将插入点放在表格中任意位置；打开"表格属性"对话框；单击对话框上"文字环绕"中的"环绕"，选择一种环绕方式，单击"确定"按钮。

3.5.5 表格与文本之间的转化

Word 2016 可将有规律的文本转换成表格形式，也可将表格转换成文本形式。

把文本转换成表格

如果要将文本转换成表格，文本必须按一定的格式排列。Word 将根据指定符号来确定各单元格的内容，如用制表符（按 tab 键产生）划分列，用段落结束符（回车键）确定行等。

例 3.5.1 将下面四行文字转换成表格（每行中间空格由 tab 键产生）。

歌唱者　　歌名

周华健　　风雨无阻

张信哲　　别怕我伤心

郑中基　　城堡

操作步骤如下：

①选定这些文本；

②在"插入"选项卡的"表格"组中，单击"表格"，然后单击"文本转换成表格"，打开"将文字转换成表格"对话框；

③在对话框的"文字分隔位置"选项组中选择制表符，单击"确定"按钮。

所选定文本将转换成表格(如图 3.5.4)。

歌唱者	歌名
周华健	风雨无阻
张信哲	别怕我伤心
郑中基	城堡

图 3.5.4　例 3.5.1 文字转成的表格

把表格转换成文本

把表格转换成文本,操作步骤如下:

①先选定表格;

②在"布局"选项卡的"数据"组中单击"转换为文本"命令;

③在弹出的"表格转换成文本"对话框中选择一种"文字分隔符",转换即完成。

了解这些功能后,我们可以先画好表格,再填入文字;也可以先写好文字,再转换成表格。

3.6 图　片

一篇漂亮、美观的文档,光有文字是不够的,时常要插入一些图形、图片、艺术字,使文档形象生动、美观。Word 2016 中提供了许多工具可以轻松地完成这些工作。

 ### 3.6.1 插入图片

3.6.1-3.6.2

Word 2016 可以将扩展名为.bmp、.gif、.jpg、.png、.jpeg 等类型的图片文件插入文档。

具体操作步骤如下:

将插入符置于插入图片的位置;在"插入"选项卡上的"插图"组中,单击"图片",打开"插入图片"对话框;按文件的存储位置找到图片文件;单击"插入"按钮。

说明:

Word 2016 可以调用微软公司的 Bing(必应)搜索引擎插入 Web 上的图片。先选择"插图"组的"联机图片",在"搜索必应"框中输入关键字,例如儿童画,回车后显示搜索结果(如图 3.6.1 所示),此时可以进一步限制搜索图像的尺寸、类型、颜色。

Word 2016 具有屏幕截图并插入截图的功能,单击"插图"组的"屏幕截图",打开下拉菜单。如果要插入窗口的截图,请在"可用的视窗"中单击对应窗口的缩略图;如果要捕获并添加屏幕的一部分,请选择"屏幕剪辑"。

 ### 3.6.2 编辑图片

Word 可以对插入的图片进行编辑。

图 3.6.1　"必应图像搜索"界面

图片的选定

对图片进行操作,应先选定图片。鼠标单击图片可选定该图片。选定的图片四周出现 8 个尺寸控点。

图片复制和移动

插入图片后,可能位置不很理想,可以对其进行移动。

图片选定后,按住鼠标左键,可把图片拖到合适位置。在拖动鼠标的同时按住 ctrl 键, 可以实现图片复制。

也可以使用"复制""剪切""粘贴"等命令实现图片的复制和移动。

图片放大与缩小

用鼠标拖动缩放图片:选定要缩放的图片,这时图片周围出现八个尺寸控点;如果要横向或纵向缩放图片,将鼠标指针移动到图片四边中间的任何一个尺寸控点上,当光标变为双箭头时,按住鼠标左键拖动;如果要横纵等比例缩放图片,将鼠标指针移动到图片四个角的任何一个尺寸控点上,当光标变为双箭头时,按住鼠标左键拖动。

用"图片工具格式"选项卡相关命令缩放图片:选定图片;单击"图片工具格式"选项卡, 在"大小"组输入"高度"或"宽度"的值,则图片的大小按指定值改变。

用"布局"对话框缩放图片:单击"大小"组的"对话框启动器",打开"布局"对话框;在"缩放"栏内的"宽度"和"高度"框中输入缩放比例,则图片的宽度和高度按输入的比例缩放。

如果选中"锁定纵横比"复选框,则设置的纵向、横向缩放比例会自动相等。

单击"重置"按钮,无论图形改变了多少次,都将恢复到原始状态。

裁剪图片

裁剪操作通过减少垂直或水平边缘来删除或屏蔽不希望显示的图片区域。

裁剪图片有两种方法。

（1）使用"设置图片格式"对话框裁剪图片

操作步骤如下：

①右击要裁剪的图片；在快捷菜单上单击"设置图片格式"，打开"设置图片格式"任务窗格，单击窗格上"图片"按钮（如图 3.6.2）；

②在"裁剪位置"下，输入"宽度"和"高度"数值，则将图片从左上角裁剪为指定尺寸。

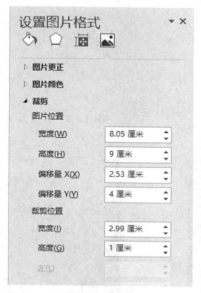

图 3.6.2　"设置图片格式"任务窗格

图 3.6.3　"裁剪"下拉菜单

（2）用鼠标拖动裁剪图片

①选择要裁剪的图片，在"图片工具格式"选项卡上的"大小"组中，单击"裁剪"。

若要裁剪某一侧，请将鼠标移至该侧的中间裁剪控点，当鼠标变成与控点形状相同时，向里拖动；若要同时均匀地裁剪图片两侧，需按住 Ctrl 键的同时将任一侧的中间裁剪控点向里拖动；若要同时均匀地裁剪全部四侧，需按住 Ctrl 键的同时将一个顶角裁剪控点向里拖动。

②裁剪完成后，按 Esc 键，结束裁剪状态。

（3）裁剪形状的调整

可以使用"裁剪"下拉菜单（见图 3.6.3）将图片裁剪为特定形状、特定的纵横比，调整图片与图片区域的填充方式。

例 3.6.1　插入一幅"儿童画"图片（见图 3.6.4），将其裁剪为"心形"形状；然后按纵横比 1∶1 再进行裁剪；最后进行填充与调整。

操作步骤如下：

①插入并选定图片，在"图片工具格式"选项卡的"大小"组中，单击"裁剪"按钮下的下拉按钮，打开"裁剪"下拉菜单；

②鼠标指向"裁剪为形状"，然后选择基本形状中的"心形"，结果如图 3.6.5 所示；

③鼠标指向"纵横比"，然后单击 1∶1，结果如图 3.6.6 所示，亮色部分为裁剪后的图片；

④选择"填充"，用上步骤裁剪后的图片来填充 1∶1 的裁剪框，结果不变。

⑤选择"调整",将保留原始图片的纵横比,按原始图片的纵横比进行再裁剪,结果见图3.6.7,亮色部分为裁剪后的图片。

图 3.6.4　插入"儿童画"

图 3.6.5　裁剪为"心形"

图 3.6.6　"纵横比"为 1∶1

图 3.6.7　"调整"为原始图片的纵横比

(4)删除图片的剪切区域

裁剪图片某部分后,被裁剪部分仍作为图片文件的一部分保留。选定图片后,在"图片工具格式"选项卡的"大小"组中,单击"裁剪",可以看到被裁剪部分的图片。在文档中删除图片被裁剪部分可以减小文档存储容量。

操作步骤如下:

①选定要删除剪切区域的图片;

②在"图片工具格式"选项卡的"调整"组中,单击"压缩图片"命令,打开"压缩图片"对话框;

③选中"删除图片的剪切区域"复选框。

若仅要删除文件中选定图片的裁剪部分,请选中"仅应用于此图片"复选框,否则删除应用于整个文档。在压缩前,用户还可以恢复裁剪范围外的图片信息;压缩后,裁剪范围外的信息就再也不能恢复了。

图像效果调整

(1)调整图片的模糊度、亮度和对比度

通过调整图片的模糊度,可以锐化图片上的细节或柔化图片上的多余斑点;通过调整图片亮度可以使曝光不足或曝光过度图片的细节得以充分表现;通过提高或降低对比度可以更改明暗区域的分界。

通过"图片工具格式"选项卡的"调整"组的"更正"命令,可以快速进行图像效果调整。单击"更正"下拉菜单中"图片更正选项"命令,打开"设置图片格式"任务窗格,可以进行精确的图像效果调整。

(2)更改图片颜色、对图片重新着色

更改图片颜色指更正图片的饱和度、色温。饱和度是颜色的浓度。饱和度越高,图片色彩越鲜艳;饱和度越低,图片越黯淡。当图片出现色偏时,则可以通过提高或降低色温来调整。

Word 2016 内置了一些特殊风格的颜色效果,可以将这些效果应用于图片,改变图片的外观。通过"设置图片格式"任务窗格的"图片颜色"类的功能,可以改变图片颜色。

设置图片样式

可以给图片加边框,添加阴影、三维效果等样式,使图片在文档中更加美观。

此功能也可通过"图片工具格式"选项卡的"图片样式"组中的相应命令设置,或通过"设置图片格式"任务窗格设置。

 ### 3.6.3　图片和文本结合

3.6.3

图片可以与文档中的文字同层、在文字之上或之下。

"嵌入型"环绕方式设置图片与文字同层,把图片看作一个文字来排版,设置段落格式的命令适用于"嵌入型"图片。

"四周型"、"紧密型"和"穿越型"环绕方式设置文字环绕在图片的四周。

"衬于文字下方"环绕方式使图片作为文字的背景。

"浮于文字上方"环绕方式使图片覆盖于文字之上。

插入文档中的图片默认为"嵌入型",要改变图片和文字之间的组合关系,可通过"图片工具格式"选项卡"排列"组的"文字环绕"下拉菜单中选择。若选择"其它布局选项",可打开"布局"对话框。

例 3.6.2　把图片设置为文字的背景。效果如图 3.6.8 所示。

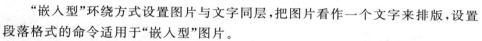

图 3.6.8　设置图片背景

操作步骤如下:

①选定背景图片,打开"布局"对话框的"文字环绕"选项卡;

②选择环绕方式中的"衬于文字下方";单击"确定"按钮;

③将图片拖至文字之下。

也可使用快捷菜单设置图片环绕方式。

例 3.6.3 修改例 3.6.2 中文字与图片的关系，文字紧密环绕在图片周围，且图片两端都有文字。效果如图 3.6.9 所示。

操作步骤如下：

①右击图片，在快捷菜单中单击"大小和位置"命令，显示"布局"对话框的"大小"选项卡，在"缩放"栏的高度框输入 50％。

②单击"布局"对话框的"文字环绕"选项卡，"环绕方式"栏中选择"紧密型"，"环绕文字"栏中选择"两边"；单击"确定"按钮。

儿童画由表面看来是不讲什么技法的，不讲"画

理"、"画   法"，逾越

了透视、   解剖、构

图等一般   常规，是

非"学院"派的画派。在造型上儿童画常常不按

图 3.6.9　设置图片环绕

3.6.4 插入其他对象

3.6.4

文本框

"文本框"是一种容器，"文本框"中可以放置文本和图片。文本框可以看作特殊的图片对象，通过文本框可以用处理图片的方法处理文本。

插入文本框的操作步骤如下：

①在"插入"选项卡的"文本"组中，单击"文本框"，打开下拉菜单，选择"绘制文本框"命令；

②将鼠标指针移动到文档中要添加文本框的地方，鼠标指针将变成"十"字形状。拖动鼠标，鼠标拖动位置将出现一个方框，当方框达到预定大小时，松开鼠标左键。

③单击文本框内部的空白处，将插入点放置在文本框里，然后输入文本或插入图片。

如果在步骤①中选择的是"绘制竖排文本框"命令，则文本框中输入的文字纵向排列，这样可以获得在文档中局部竖排文本的效果。

选定框内文本，可以进行字符格式化、对齐方式设置等。单击文本框之外的任何地方，即结束对文本框内容的编辑。

若要选定文本框，则单击文本框边框。如果单击文本框内部，则选定文本框的内容。

要删除文本框，先选定文本框，然后按 Delete 键。

绘制形状图形

不仅可以在 Word 文档中插入图片，通过 Word 提供的绘图工具，用户还可以直接在文档中绘制图形。

（1）绘制形状图形

Word 2016 提供了一系列的形状图形，利用形状图形可以方便地绘制各种几何形状。

具体操作步骤如下：

①在"插入"选项卡的"插图"组中，单击"形状"，打开下拉菜单；

②单击所需形状，这时光标呈"十"字形；

③拖动鼠标使图形达到所需大小后，松开鼠标。

选中所绘的形状，会出现尺寸控点与旋转控点，某些形状有黄色控点。用鼠标拖动黄色控点，可调整图形的形状。用鼠标拖动旋转控点，可以旋转图形。

选中所绘的形状，在"绘图工具格式"选项卡上可以设置形状图形的大小、样式、文字环绕、编辑形状等。

（2）多个图形的编辑

当绘制了多个图形，它们默认都是浮在文字上方。它们之间也存在着层次关系。如果拖动鼠标左键使它们叠放在一起，可以看到，先画的图形在下面，后画的图形在上面。

按住 Shift 键的同时单击各形状、图片或其他对象，可以同时选定这些形状、图片或对象。

如果图形较多且较集中，可以单击"开始"选项卡上"编辑"组的"选择"下拉按钮，在下拉菜单中单击"选择对象"。此时，在要选定对象的左上角按下鼠标左键，并向右下角拖动，拖动时会出现一个方框，释放鼠标左键，则框内的所有对象都被选定。

在"绘图工具格式"选项卡的"排列"组中，使用其中的命令可以改变图形对象的叠放顺序、组合多个图形对象、对齐图形对象等。

绘制 SmartArt 图形

SmartArt 图形以图片、标题、文字结合的直观方式表达信息，用户可以从多种不同布局样式中选择。

插入 SmartArt 图形的操作步骤如下：

①在"插入"选项卡的"插图"组中，单击"SmartArt"，打开"选择 SmartArt 图形"对话框；

②单击所需的类型和布局，例如选择"流程"类的"圆箭头流程"，即在文档中插入相应的流程图；

③单击图形中的"［文本］"窗格，然后键入文本。例如在三个"［文本］"窗格中分别输入：春、夏、秋，结果如图 3.6.10 所示。

图 3.6.10　圆箭头流程

说明：

①在"选择 SmartArt 图形"对话框中，选择"图片"类的布局样式，则 SmartArt 图形中可以添加图形、照片，也可以添加文本。

②单击 SmartArt 图形，在"SmartArt 工具设计"选项卡的"创建图形"组中，单击"添加

形状"下的箭头,可以添加形状。例如,上例中少了"冬",可以再添加一圆箭头形状。单击要删除的形状,然后按 Delete 键,可以减少形状。

艺术字

艺术字是一种特殊的图形。使用艺术字,可以对文档的文字形状进行艺术修饰,以产生精美的艺术效果。

下面以"计算机基础"这几个字为例,讲述艺术字的制作步骤。

①在"插入"选项卡的"文本"组中,单击"艺术字",弹出样式列表;

②选择一种喜欢的样式;

③在文档中出现一个文字输入框,输入要设为艺术字的文本,如"计算机基础";

④单击框外任何部分。

Word 按照选择的艺术字样式和内容生成艺术字的图形对象。

首字下沉

在一些报刊中经常出现首字下沉的排版格式,Word 可以创建出这样的效果。

例 3.6.4 将"儿童"设置为首字下沉三行的格式,效果如图 3.6.11。

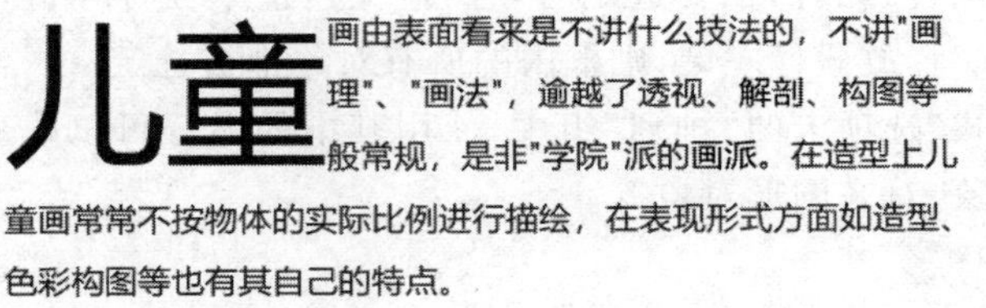

儿童 画由表面看来是不讲什么技法的,不讲"画理"、"画法",逾越了透视、解剖、构图等一般常规,是非"学院"派的画派。在造型上儿童画常常不按物体的实际比例进行描绘,在表现形式方面如造型、色彩构图等也有其自己的特点。

图 3.6.11 首字下沉示例

操作步骤如下:

①选择"儿童"二字;

②在"插入"选项卡的"文本"组中,单击"首字下沉",弹出下拉菜单;单击"首字下沉选项"命令,打开"首字下沉"对话框;

③在"位置"中选择"下沉",在"下沉行数"框中设置 3;单击"确定"按钮。

在"首字下沉"下拉菜单中,直接单击"下沉"或"悬挂"命令,将以默认值设置首字下沉。

3.7 上机实验

实验一 文档格式化

示例 用五号宋体字输入如图 3.7.1 的文本,然后进行格式设置,设置结果如图 3.7.2 所示。

格式设置操作步骤如下:

①设置纸张大小:在"布局"选项卡"页面设置"组中,单击"纸张大小"按钮,在下拉列表中选择"32 开"。

②设置页边距:单击"页面设置"组右下角的"对话框启动器",打开"页面设置"对话框;在"页边距"中,上、下、左、右边距分别设置为 2 cm,按"确定"按钮关闭对话框。

操作系统 Windows10

作者：胡编

电话号码：9876543

操作系统是计算机系统中最重要的系统软件。用户通过操作系统管理和使用计算机的各种软、硬件资源。因此，要想熟练使用计算机，就应该首先熟悉计算机的操作系统。

Windows 系列操作系统是当今绝大多数微机首选的操作系统。我们选择 Windows 10 作为本章的教学内容，通过本章的学习，读者应达到以下基本要求：

了解 Windows 10 的基本常识

掌握 Windows 10 的基本操作

掌握 Windows 10 的磁盘和文件管理

掌握 Windows 10 应用程序的使用

了解 Windows 10 的系统设置

第一章内容：

Windows 发展概况

Windows 10 主要特点

Windows 10 的启动和关闭

图 3.7.1　输入文本

③设置标题样式与对齐：

选定第一段（标题），单击"开始"选项卡"样式"组的"标题 1"，然后单击"开始"选项卡"段落"组的"居中"按钮。

设置"作者…"居中对齐：选定第二段，设置为五号楷体字，然后单击"开始"选项卡"段落"组的"居中"按钮。

设置"电话…"右对齐：选定第三段，设置为六号宋体字，然后单击"开始"选项卡"段落"组的"右对齐"按钮 ≡。

④在第六段的段落前插入项目符号"●"，并为段落内容加下划线：置插入点于第六段，单击"段落"组的"项目符号"按钮 ≔ ▾；选定第六段，单击"字体"组的"下划线"按钮 U。

⑤把第六段的格式复制到第七至第十段：选定第六段，单击"开始"选项卡"剪贴板"组的"格式刷"按钮 ✦，鼠标符号变成格式刷形状；用鼠标左键从第七段拖动到第十段，鼠标拖动过的段落具有第六段的格式。

⑥在最后三段前插入项目编号 1. 2. 3.：选定最后三段，设定为小四号字，再单击"段落"组的"编号"按钮 ≔ ▾。

⑦ 增加第六至第十段落的左缩进：选定第六至第十段的所有内容，单击"段落"组的"增加缩进量"按钮 ≣。

⑧ 设置页眉和页脚：

A.在"插入"选项卡"页眉和页脚"组中，单击"页眉"按钮，在下拉列表中选择"编辑页眉"命令，进入页眉/页脚编辑状态。

B.输入页眉内容：在"页眉和页脚工具设计"选项卡上，单击"插入"组的"日期和时间"按钮 ，在打开的"日期和时间"对话框中选择第三种样式；再键入"操作系统 Windows 10"。

C.设置页眉为右对齐：选定页眉的所有内容，单击"开始"选项卡"段落"组的"右对齐"按钮。

D.由页眉编辑切换至页脚编辑:在"页眉和页脚工具设计"选项卡上,单击"导航"组的"转至页脚"按钮。

E.输入页脚内容:在"页眉和页脚工具设计"选项卡上,单击"页眉和页脚"组的"页码"按钮 页码▼,选择"页面底端"的"普通数字1"样式。

F.把页脚设置为居中对齐:选定页码,单击"开始"选项卡"段落"组的居中按钮≡。

⑨双击正文,结束页眉页脚编辑。

⑩将文档保存为"lx1.docx"文件。

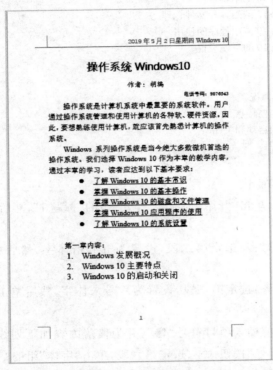

图 3.7.2　格式设置效果

实验二　创建和编辑表格

示例　在 lx1.docx 文档中加入以下成绩表:

姓名	考试成绩			总分
	数学	语文	英语	
张山	90	86	93	269
李思	75	88	95	258
王舞	92	90	84	266
赵柳	85	75	80	240

操作步骤如下:

①打开 lx1.docx 文档。

②确定表格的插入位置:按 Ctrl＋End 组合键,置插入点于文档末尾;在"插入"选项卡

"页面"组中,单击"分页",另取一页。

③创建空表:在"插入"选项卡的"表格"组中,单击"表格",弹出下拉菜单;单击"插入表格…"命令,打开"插入表格"对话框,输入表格的行数(6)和列数(5),按"确定"按钮。

④调整表格的列宽:先选定表格,在"表格工具布局"选项卡"单元格大小"组中,"表格宽度"框输入 1.5,把表格各列的宽度调整为 1.5 cm。

⑤合并单元格:选定第一列前 2 个单元格,在"表格工具布局"选项卡"合并"组中,单击"合并单元格",然后输入"姓名"。

采用同样方法把第一行第 2、3、4 单元格合并,把第五列第 1、2 单元格合并。

⑥ 在表格的各单元格中录入文字或数值("总分"列除外)。

⑦表格居中对齐(把表格置于页面的中央):单击表格左上角的 ⊞ 图标,可以选定整个表格,单击"开始"选项卡"段落"组的"居中"按钮。

⑧各单元格的内容居中对齐:用鼠标从表格的左上角单元格拖到右下角单元格,选定表格内文字(不包括表格外的回车符),单击"开始"选项卡"段落"组的"居中"按钮。

⑨计算总分:单击第三行第五列单元格(即张山的总分),在"表格工具布局"选项卡"数据"组中,单击"公式"按钮,显示"公式"对话框。

在对话框的"公式"文本框中输入"=SUM(left)",按"确定"按钮。该公式将其左边的所有数字求和,并把和填入当前单元格。

类似步骤⑨,计算出其他人的总分。

实验三　图片插入与编辑

示例　在文档 lx1.docx 中插入联机图片,并设置为如图 3.7.3 所示的格式。

漫画可以把各种绘画的形式、技法拿来为己所用。在绘画工具和物质材料的使用上没有专一的选择,在造型手段上也没有什么限制,这主要取决于作者自己的特长以及内容、用途的需要。漫画作为绘画作品经历了一个发展过程,从最初作为少数人的兴趣爱好,已成为人们的普遍读物,更是学生的最爱,并成为了漫画控。近年的作品主导一般为日本漫画和美国漫画。

图 3.7.3　图片插入效果图

操作步骤如下:

①打开文件 lx1.docx,在文档的末尾输入图中的文字,把插入点至于本段文字的开始处。

②在"插入"选项卡上的"插图"组中单击"联机图片";在"搜索必应"框中输入"漫画",回车后弹出搜索对话框;"尺寸"选择小,"类型"选择照片,"颜色"选择粉,在搜索结果中可见需要的图片;选中图片左上角的复选框,单击"插入"按钮。

③编辑图片:右击图片,在快捷菜单中单击"大小和位置"命令,显示"布局"对话框。在"大小"选项卡上,把"缩放"栏的"高度"由 100% 改为 230%,并选定"锁定纵横比"复选框。

设定图片的插入方式为紧密型：选定图片，在"图片工具格式"选项卡上，单击"排列"组的"环绕文字"，下拉列表中选择"紧密型环绕"。然后选定图片，单击选项卡"图片样式"组样式的"其他"按钮，下拉列表中选择"柔化边缘椭圆"。

④设定图片位置：选定图片，单击"图片工具格式"选项"大小"组的对话框启动器，显示"布局"对话框；单击其中的"文字环绕"选项卡，在"环绕文字"栏中选择"只在右侧"，单击"确定"。

习题

一、选择题

1.在编辑 Word 文档时，为便于排版，输入文字时应（　　）。

A. 每行结束键入回车　　　　　　　　B. 整篇文档结束键入回车

C. 每段结束键入回车　　　　　　　　D. 每句结束键入回车

2.在 Word 2016 窗口中，单击"文件\\打开"时，右边列出一些文件名，这些是（　　）。

A. 最近用 Word 处理过的文档

B. 目前 Word 正处理的文档

C. 目前已被 Word 关闭的文档

D. 机器上所有扩展名为.docx 的文档

3.打开 Word 文档一般是指（　　）。

A. 显示并打印出指定文档的内容

B. 把文档的内容从内存中读入，并显示出来

C. 把文档的内容从磁盘调入内存，并显示出来

D. 为指定文档开设一个新的空文档窗口

4.在编辑 Word 文档时，可使用（　　）选项卡下的"符号"命令来输入特殊符号，如输入∑。

A. 开始　　　　　　B. 视图　　　　　　C. 引用　　　　　　D. 插入

5.在 Word 文档中，要把多处相同的错误一起更正，正确的方法是（　　）。

A. 使用"撤销"和"恢复"命令

B. 使用"开始"选项卡中的"替换"命令

C. 使用"审阅"选项卡中的"拒绝"命令

D. 使用"导航"任务窗格中的"搜索"命令

6.在 Word 文档中，段落缩进后文本相对打印纸边界的距离等于（　　）。

A. 页边距　　　　　　　　　　　　　B. 页边距＋段落缩进距离

C. 段落缩进距离　　　　　　　　　　D. 由打印机控制

7.如果一篇 Word 文档内有 3 种不同的页边距，则该文档至少有（　　）。

A. 3 章　　　　　　B. 3 节　　　　　　C. 3 栏　　　　　　D. 3 段

8.有关页眉和页脚的叙述，（　　）是正确的。

A. 页眉与纸张上边的距离不可改变

B. 修改某页的页眉，则同一节所有页的页眉都被修改

C. 不能删除已编辑的页眉和页脚中的文字

D. 页眉和页脚具有固定的字符和段落格式,用户不能改变

9.关于分栏的叙述,正确的是( )。

A. 页面最多可分为 4 栏　　　　　　　　B. 各栏的宽度必须相同

C. 各栏之间的距离是固定的　　　　　　D. 不同的段落可以有不同的分栏数

10.如果要对多个图形对象同时改变大小,可以先使用"绘图工具格式"选项卡上的( )命令,将它们作为一个对象处理。

A. 叠放次序　　　　B. 对齐文本　　　　C. 旋转　　　　D. 组合

11.在 Word 文档中,( )可以和文字重叠显示。

A. 图片　　　　B. 绘制的图形　　　　C. 艺术字　　　　D. 以上三项都可以

12.在 Word 中,在"文件\\选项\\高级"中设置( )选项后,可在保存文档时,既保存修改后的新文档,又保存修改前的旧文档。

A. 草稿保存　　　　　　　　　　　　B. 自动恢复信息时间间隔

C. 始终创建备份副本　　　　　　　　D. 允许后台保存

13.在 Word 中,关于文本框的叙述,( )是错误的。

A. 利用文本框可以使文档中部分文字竖排

B. 文本框中即能放文字,也能放图片

C. 通过文本框,可以用处理图片的方法处理文字

D. 文本框中文字的大小会随文本框大小的变化而变化

14.关于 Word 视图的叙述,( )是错误的。

A. 文档中原有图形,但再次打开文档时图形不见了,可能是采用了"草稿"视图

B. 在页面视图中所见即打印所得

C. 大纲视图中可以显示文档的标题,但不能显示文档的正文

D. 显示比例可以改变

15.如果文档已经设置过页眉和页脚,只有在( )方式才能显示出来。

A. 草稿视图　　　　　　　　　　　　B. 页面视图

C. 大纲视图　　　　　　　　　　　　D. WEB 版式视图

16.在文档编辑过程中,如果出现了误操作,最佳的补救方法是( )。

A. 单击快速访问工具栏的"撤销"按钮

B. 按键盘的"Delete"键

C. 关闭文档并放弃存盘,然后再打开文档

D. 单击快速访问工具栏的"恢复"按钮

17.在文档的编辑过程中,当选定一个句子后,继续输入文字,则输入的文字( )。

A. 插入到选定的句子之前　　　　　　B. 插入到选定的句子之后

C. 插入到插入点之后　　　　　　　　D. 代替选定的句子

18.若要对文档中的图片或表格进行处理,应选择( )。

A. 草稿视图　　　　　　　　　　　　B. 大纲视图

C. 页面视图　　　　　　　　　　　　D. 打印预览视图

二、上机操作题

1.将下段设置为黑体、二号字、加粗、左缩进 3 字符、右缩进 2 字符、首行缩进 2 字符。

Visual Basic 本身没有多媒体的处理功能,需要通过 Windows 多媒体系统,才能施展其多媒体的特色。波形音频、MIDI 和 CD 音频是三种最常见的声音格式,了解它们的组成和特点后便于具体使用。

2.将下段落设置为悬挂缩进 3 字符、段前间距 2 行、段后间距 3 行、段落行间距为 2 倍行间距。

CD 音频本质上仍是波形音频。当声卡的采样频率达到 44.1kHz、采用 2 字节的 16 位波值记录波形音频时,我们把此时的音频称为 CD 音频,也是最佳音质。

3.下面段落左缩进 2 厘米、右缩进 2 厘米、首行缩进 1.25 厘米,分别设置为两端对齐、居中对齐、右对齐、分散对齐、左对齐;观察有何区别?

"自由自在的贫穷"胜过"担惊受怕的富裕",其实这是一种生活方式的选择,不过,如果为了享受富裕而失去自由或生命,那么这种富裕又有何用?人免不了会有所期待,当然有时会如愿以偿,但有时会落空,一旦落空,便为自己增加烦恼,保持平常心,做所该做的。

4.将下一段落首字"人"下沉 3 行。

人往往在危难的时候才会痛定思痛,但危难一过,安逸的日子来到,便忘记了当时所吃的苦,所下的决心。痛定思痛是不得已,但有时候已来不及,因此最好能居安思危,为未来日子作打算。

5.为下面段落添加项目编号 A)、B)、C)、D)。

注意安全

积极锻炼

学习知识

勤于思考

6.创建以下表格,要求:

姓名	老虎	
年龄	10	照片
单位	动物园	

(1)上、下边框粗 3 磅;

(2)第 2 列列宽 3 cm;

(3)单元格文字"中部居中"对齐;

(4)表格设置为文字环绕、"居中"对齐。

7.图片格式设置。在文本中分别插入两幅图片,按要求设置图片,结果如图 3.8.1 所示:

(1)第一幅图片为嵌入型,将其单独成一段,设置为居中对齐;

(2)第二幅图片为紧密型环绕,环绕文字只在左侧;

(3)调整第一幅图片的对比度为 10%,并应用图片样式"透视阴影,白色"。

(4)将第一幅图片复制一份放在该图片后,并应用图片样式"柔化边缘椭圆",然后将复制的图片裁剪只留上半部分。

漫画可以把各种绘画的形式、技法拿来为己所用。在绘画工具和物质材料的使用上没有专一的选择，在造型手段上也没有什么限制，这主要取决于作者自己的特长以及内容、用途的需要。漫画作为绘画作品经历了一个发展过程，从最初作为少数人的兴趣爱好，已成为大众读物，更是学生的最爱。

图 3.8.1　格式设置效果

8.按图 3.8.2 中格式编辑文档：正文分两栏显示，标题在两栏的中间（提示：标题放在竖排文本框中，文本框的环绕方式为"四周型"）。

1. 课程基本信息

2. 课程性质、类别与任务

"计算机基础"是一门计算机应用的入门课程，属于公共基础课程，是为非计算机专业类学生提供计算机一般应用所必需的基础知识、能力和素质的课程，旨在使学生掌握计算机、网络及其它相关信息技术的知识，培养学生运用计算机技术分析问题、解决问题的意识和能力，提高学生计算机应用方面的基本素质，为将来运用计算机知识和技能，使用计算机系统作为工具解决本专业实际问题打下坚实的基础。

随着计算机的日益普及，中学、小学甚至幼儿园也开设了计算机课程，一些学生很小就接触计算机，对计算机知识具有相当的了解，但一些来自农村或贫困家庭的学生进入大学之前并没有什么机会接触计算机。有的学生虽然来自城市，来自重点中学，但因为平时学习紧张，忙于应付高考，也没有什么时间

络基本概念、Internet 基本应用、创建 Web 网站，设计静态网页。其中红字内容对文科院系的学生不作基本要求。

（7）了解多媒体技术：掌握多媒体概念、了解常用多媒体软件的基本使用操作。

课程针对教学内容按照知识点开展教学，主要体现在以下方面：

第一单元 计算机基础知识

计算机概念与发展简史、计算机硬件系统的组成和功能、CPU、存储器（ROM、RAM、外存）、常用的输入输出设备、总线、微型计算机系统的配置及主要技术指标、计算机软件系统、系统软件、应用软件、程序设计语言、信息与数据、计算机中的信息编码（计数制、二/十进制数之间的转换、ASCII 码，汉字的输入码，机内

"计算机基础"课程教学大纲和教学

图 3.8.2　文档排版效果

9.完成 1～8 题后，保存至 word1.docx。将文档页眉设置为"上机操作"，在页面底端中间插入页码。

第 4 章　Excel 2016

Excel 是一款应用广泛的数据处理和数据分析软件,其功能强大,操作界面友好,易学易用。Excel 的主要功能可概括如下:

①强大的制表功能。Excel 可以自动生成规范的表格,也可以根据用户的要求生成复杂的表格,表格编辑方便快捷。

②强大的数据处理功能。Excel 除了可以通过在单元格中建立公式实现数据自动处理外,还提供大量函数实现财务、数学、工程等方面的计算和分析。

③较强的数据共享能力。Excel 可以与其他应用程序相互交换数据、共享工作成果。

④便捷的图表生成功能。Excel 提供各种图表,用户可在图表向导指引下,通过改变向导选项获得直观的图表。

⑤强大的数据分析与管理功能。可以通过排序、筛选、分类汇总等操作进行数据分析。数据透视表也是 Excel 强有力的数据分析工具之一,通过数据透视表,可以显示出一个表中不同数据之间的关系。

4.1 Excel 基本概念

4.1

4.1.1 工作簿

工作簿也称 Excel 文档,扩展名为.xlsx。每个工作簿可以包含多个工作表。启动 Excel,单击"空白工作簿",系统自动创建一个默认名为"工作簿 1"的空白工作簿,包含 1 个工作表,工作表默认名称为"Sheet1",名称显示在工作表下端的标签上 Sheet1 ,可以重命名工作表、添加或删除工作表。

工作表也称电子表格,是 Excel 存储数据的容器,通过工作表可对数据进行组织和分析。

工作表由排成行和列的单元格组成,单元格是工作表的基本单元。单元格通过名称(列标加行号)引用,例如单元格 D6 表示 D 列与第 6 行相交的单元格。活动单元格是当前用户可操作的单元格,用户的各种操作都是在当前工作表的活动单元格中进行的。活动单元格被一个黑框框住,该黑框称为单元格指针。可以通过鼠标单击单元格使其成为活动单元格。在新建的工作表中,默认活动单元格为 A 列和第 1 行的交点,其名称为 A1。

单元格可以存储两类数据,即常量和公式。常量指文本、数字、日期和时间等数据。公式则表示数据运算,公式以"="号开头,后跟一个表达式。

4.1.2 选项卡

Excel 选项卡包括"文件""开始""插入""页面布局""公式""数据""审阅""视图"等。单击各选项卡,将显示相应的命令按钮,用户只要选中命令按钮即可完成相应的操作。随着操作对象的变化,窗口中选项卡数量和内容也会发生相应变化。

4.1.3 选定活动单元格

鼠标单击目标单元格即可选定该单元格。Excel 每个工作表有 256 列和 65536 行,屏幕上只是显示工作表的左上角部分。如果要显示其他单元格,可以用鼠标移动水平滚动条或垂直滚动条。

也可以使用键盘上的光标移动键(→、←、↑、↓)、PageUp(向上移动一屏)、PageDown(向下移动一屏)、Home(移到当前行的第 1 个单元格)、Ctrl＋Home(移到当前工作表的左上角单元格)、Ctrl＋End(移到当前工作表中刚使用过的最后一个单元格)等。

此外,可使用"名称框"确定活动单元格。在编辑栏左侧的"名称框"中输入目标单元格名称(例如:H100),然后按 Enter 键,即可使该单元格成为活动单元格。

4.1.4 单元格区域

多个单元格称为单元格区域。有些操作不是针对单元格,而是针对单元格区域,例如对单元格区域中的数据进行复制、删除、设置格式、打印等。选定单元格区域和在 Windows 中选定多个文件的操作方法类似,主要有以下方法。

用 Shift 键选定相邻的单元格区域:鼠标单击单元格区域的左上角单元格,按住 Shift 键不放,再用鼠标单击单元格区域的右下角单元格。

用鼠标拖动选定相邻的单元格区域:按住鼠标左键从单元格区域的左上角拖到单元格区域的右下角。

选定不相邻的单元格区域:按住 Ctrl 键不放,然后用鼠标拖动选定各单元格区域。

4.2 编辑和格式化工作表

4.2

4.2.1 输入数据

从键盘输入的数据,将同时出现在活动单元格和编辑栏中(如图 4.2.1)。输入过程中可单击编辑栏旁的"取消"按钮 ✕ ,或按下"Esc"键取消输入。若单击编辑栏旁的"输入"按钮 ✓ ,或按"Enter"键、"Tab"键、光标移动键,则可确认并输入。

(1)输入文本

文本包括汉字、英文字母、特殊符号、数字符号、空格以及其他能从键盘输入的符号。例如学生的名称、学号、电话号码、身份证号码等。如果要输入的文本由纯数字组成(如学号:05010001),输入时应在文本前加入单引号,即输入 '05010001,否则 Excel 把它当作数值,前

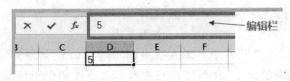

图 4.2.1　编辑栏

面的 0 字符会被舍弃。也可先把活动单元格的数据格式设置成文本型后再输入,输入时就不用再加入单引号了。

（2）输入数值

数值是一种特殊的文本,如考试成绩、商品库存数量等。可以对数值进行各种算术运算。在 Excel 中,除下面的字符外,

0 1 2 3 4 5 6 7 8 9 — ( ) . , / $ ￥ % E e

数值不能包含其他符号,而且数值组成要符合数学要求,否则输入结果会被当作文本。例如 1e5 是符合数学要求的浮点表示法,表示数值 100000,而 1e5.0 不符合数学要求,被当作文本数据。

（3）输入分数

分数是特殊格式的数值,其格式为"整数　分子/分母",例如三又二分之一的输入为"3 1/2"。而日期的输入方法也是以斜杠分隔年月日。因此 Excel 规定:在输入纯分数时,须在分数前输入"0",并且"0"和分子之间用空格隔开。例如,要输入分数"3/4",须输入"0 3/4",然后再按 Enter 键。如果没有输入"0"和一个空格,Excel 会把该数据作为日期处理,认为是"3 月 4 日"。

（4）输入日期

日期和时间本质上也是数值。用户可以使用多种格式来输入一个日期,可以用斜杠"/"或"—"来分隔日期的年、月、日。传统的日期表示方法是以两位数表示年份,如 04-8-8 表示 2004 年 8 月 8 日,也可以直接输入 4 位数字表示年份,如 1998/9/8 表示 1998 年 9 月 8 日。

（5）输入时间

时间输入方式有两种,即按 12 小时制和按 24 小时制输入。如果按 12 小时制输入时间,要在时间数字后加一空格,然后输入 a 或 p,字母 a 表示上午(AM),p 表示下午(PM)。例如,晚上 8 时 20 分 10 秒的输入格式为:8:20:10 p。而如果按 24 小时制输入时间,则 8:0:0 表示上午 8 点,而 20:0:0 表示晚上 8 点。输入时间时,秒可以省略。

（6）输入序列

Excel 系统预定义了一些序列符号。执行"文件"选项卡中的"选项"命令,打开"Excel 选项"对话框,单击对话框左侧的"高级"选项,在右侧窗格单击"常规"中"编辑自定义列表"按钮,将弹出"自定义序列"对话框,可以看到已定义的序列。利用已定义的序列能自动产生序列,例如在当前单元格中输入"甲",然后鼠标指向当前单元格的右下角,使鼠标符号变成"＋"形,然后往下或往右拖动鼠标,鼠标经过的单元格的内容将分别是"乙""丙"等。用户也可以自己添加新序列。

如果序列为数值,应先输入序列的前 2 个数值,然后选定已输入数字的两个单元格,用鼠标指向单元格区域的右下角,使鼠标符号变成"＋"形,然后往下拖动鼠标。例如在 A1 单元格中输入 1,在 A2 单元格输入 2,然后选定 A1 和 A2 单元格区域,再把鼠标指向 A2 的右

下角,拖动鼠标到 A5,则 A3 的值是 3,A4 的值是 4,A5 的值是 5。

4.2.2 编辑单元格数据

当要重新输入某个单元格的数据时,单击该单元格,接着输入新的数据,新数据将会覆盖旧数据,按 Enter 键确认输入。

当要编辑某个单元格中的部分数据时,双击该单元格,此时可在单元格中移动光标,以编辑原数据。也可单击单元格,然后在编辑栏中修改数据。

4.2.3 数据的移动、复制、删除和清除

(1) 单元格区域中数据的移动

使用鼠标拖放移动数据:选定要移动的单元格区域,将鼠标指针指向所选区域的边框,使鼠标指针变为十字箭头形状,按住鼠标左键不放,拖动鼠标到目标位置。

使用剪贴板移动数据:选定要移动的单元格区域,选择"剪切"命令,或按 Ctrl+X 组合键,选定的单元格区域被动态虚框包围。单击目标单元格区域的左上角单元格,然后选择"粘贴"命令,或按 Ctrl+V 组合键,即可完成移动操作。

(2) 单元格区域中数据的复制

Excel 的复制功能比较丰富,可以只复制单元格的数据或只复制单元格的格式,也可以把单元格的数据和格式一起复制,还可以把单元格和单元格中的数据一起复制。

使用鼠标拖放方法复制数据:选定要复制的单元格区域,将鼠标指针指向所选区域的边框,使鼠标指针变为"+"形状。按住 Ctrl 键和鼠标左键不放,拖动鼠标到目标位置。用鼠标拖动方式复制的是单元格中的数据及数据格式,即单元格的"全部"内容。

使用鼠标拖放方法复制相邻单元格的数据:选定要复制的单元格区域,鼠标指向单元格区域的右下角,当鼠标符号变成"+"形状,按下鼠标左键向目标单元格拖动。

使用剪贴板复制数据:选定要复制的单元格区域,选择"复制"命令,或按 Ctrl+C 组合键,此时,选定的单元格区域被动态虚框包围。单击目标单元格区域的左上角单元格,然后选择"粘贴"命令,或按 Ctrl+V 组合键,即可完成复制操作。如果执行"复制"命令后,单击"开始"选项卡"剪贴板"组"粘贴"命令的下拉按钮,则可以有选择地粘贴值或公式等。

(3) 删除和清除单元格区域中的数据

在 Excel 中,"删除"和"清除"是不同的命令,删除命令的功能是删除选定的单元格区域,包括单元格和单元格中的内容,因此,删除操作会引起表中其他单元格位置的变化。但清除操作后,单元格还在。

单击"开始"选项卡"单元格"组的"删除"命令的下拉按钮,则可以选择删除单元格、工作表行、工作表列或工作表。

单击"开始"选项卡"编辑"组的"清除"按钮,可以选择清除全部或格式(只清格式,内容还在)或内容或批注等。也可以选定单元格区域后按"Delete"键清除内容。

4.2.4 插入单元格、行或列

创建工作表之后,如果遗漏了某些内容,可以在遗漏处插入空单元格后再输入数据。单

击"开始"选项卡"单元格"组的"插入"下拉按钮,选择插入单元格、工作表行、工作表列或工作表。

（1）插入单元格

在要插入单元格的位置选定单元格或单元格区域,单击"开始"选项卡的"插入"下拉按钮,在下拉列表中选择"插入单元格"命令,打开"插入"对话框,根据需要选择相应的选项,单击"确定"按钮。插入单元格会使表中原有单元格的位置发生变化。

（2）插入行

鼠标在行标题上拖动,选定要插入的位置和行数（插入的行数等于所选的行数）,单击"开始"选项卡的"插入"下拉按钮,在下拉列表中选择"插入工作表行"命令,即可在选定的行之前插入空白行。

（3）插入列

鼠标在列标题上拖动,选定要插入的位置和列数,单击"开始"选项卡的"插入"下拉按钮,在下拉列表中选择"插入工作表列"命令,即可在选定列前插入空白列,插入的列数与选定的列数相同。

 ### 4.2.5 设置数据格式

改变数据格式只是改变它们在单元格的显示方式,并不会改变它们在编辑栏中的显示方式,当然也不会改变数据的存储方式。

单元格中可存储文本、数值、日期、时间、序列等数据。如前面所述,数值是特殊的文本,日期、时间是特殊的数值,所以对文本的格式设置也适用于数值、日期和时间。

设置文本的字体、字形、字号、颜色、加删除线、上标、下标等,可以使用"开始"选项卡"字体"组的相应按钮。此外,"设置单元格格式"对话框包含更多的格式设置命令。

选定要设置格式的单元格区域,然后通过单击"开始"选项卡的"数字"组或"字体"组右下角的按钮,打开"设置单元格格式"对话框,如图 4.2.2 所示,单击相应的选项卡,选项卡上有各类的设置命令。

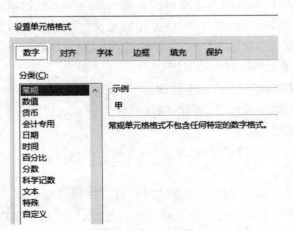

图 4.2.2　"设置单元格格式"对话框"数字"选项卡

4.2.6 设置数据的对齐方式

数据的对齐方式包括水平对齐和垂直对齐。水平对齐方式包括左对齐、右对齐和居中对齐。垂直对齐方式包括靠上、居中和靠下对齐。"开始"选项卡提供了水平对齐命令按钮。

Excel 默认文本数据左对齐,数值数据(包括日期和时间)右对齐。使用水平对齐工具按钮可以重新设置水平对齐方式。

要设置垂直对齐方式,可单击"设置单元格格式"对话框中的"对齐"选项卡的"垂直对齐"下拉按钮,选择所需的对齐方式,单击"确定"按钮。

在 Excel 中,用户还可以将单元格的文本旋转任意角度。选定需要设置文本方向的单元格区域,在"对齐"选项卡的"度"文本框中输入需要旋转的角度,单击"确定"按钮。

4.2.7 设置行高和列宽

在默认状态下,Excel 工作表的每一个单元格具有相同的行高和列宽,但输入到单元格中的数据长短不一,字体大小不同,因此用户有时需要自己设置单元格的行高和列宽,以便能更好地显示单元格中的数据。设置行高可以使用鼠标拖动或使用"行高"命令。使用鼠标拖动操作快捷但只能粗略地设置行高,而使用"行高"命令则可以进行精确的设置。

使用鼠标拖动设置行高:鼠标在行号上拖动选定要设置的行,将鼠标指向设置行行号下端的行分隔线,此时鼠标指针变为双箭头"+"形,上下拖动鼠标将行高调整至所需的大小。

使用命令设置行高:选定要设置的行,单击"开始"选项卡"单元格"组的"格式"下拉按钮,选择"行高"命令,打开"行高"对话框,输入所需的行高值,按"确定"按钮。

设置列宽的方法与设置行高的方法相似。

4.2.8 合并单元格

有的表格结构比较复杂,需要将跨越几行或几列的相邻单元格合并为一个单元格。合并单元格后,只保留原单元格区域左上角单元格的数据,其他单元格的数据丢失。

选定要合并的单元格区域,打开"设置单元格格式"对话框,选择"对齐"选项卡,选中"文本控制"选项组中的"合并单元格"复选框,单击"确定"按钮。

也可以使用"开始"选项卡"对齐方式"组的"合并后居中"按钮实现单元格的合并。

4.2.9 设置单元格边框

Excel 为工作表提供了网格线,以方便用户编辑单元格。打印工作表时,默认情况下网格线不打印。为了形成实际意义上的"表格",可以在单元格的四周设置边框。

要设置单元格边框,可以使用"设置单元格格式"对话框的"边框"选项卡设置:选定要设置边框的单元格或单元格区域,打开"设置单元格格式"对话框,选择"边框"选项卡,根据需要进行适当的设置,最后单击"确定"按钮。

4.3 公式和函数

公式就是对工作表中的数据进行计算的表达式。利用公式可以进行加、减、乘、除等简单计算,也可以完成如财务统计等复杂计算。函数是系统预定义的公式,通过输入函数参数,系统按预定义的计算方法对参数进行计算,得到函数值。

4.3.1 公式与运算符

4.3.1-4.3.3

Excel 可以创建各种公式。公式由运算符和运算数构成,运算数可以是常量、单元格、单元格区域或函数,公式的构成方法和数学公式一样。下面介绍的是 Excel 运算符。

(1)算术运算符

算术运算符用来完成算术运算,Excel 中可用的算术运算符有:＋、－、＊、/、^、％,分别表示加、减、乘、除、乘幂和百分号运算。

(2)比较运算符

比较运算符用来比较两个值,其结果是逻辑值 TRUE(真)或 FALSE(假)。Excel 中可用的比较运算符有:＝、＞、＜、＞＝、＜＝、＜＞,分别表示等于、大于、小于、大于或等于、小于或等于、不等于。

(3)文本运算符

文本运算符只有一个,即"＆"。＆用来连接两个文本。如:"中国"＆"厦门",这个表达式的运算结果是:"中国厦门"。

(4)引用运算符

引用运算符用于表示单元格区域。表 4.3.1 中列出了 Excel 可用的引用运算符。

表 4.3.1   引用运算符

引用运算符	含义	示例
:(冒号)	区域运算符,产生对包含在两个引用之间的所有单元格的引用	A3:B8 表示以单元格 A3 为左上角,以单元格 B8 为右下角的矩形单元格区域中的所有数据
,(逗号)	联合运算符,将多个引用合并为一个引用	SUM(B6:B12,D6:D12)表示计算从单元格 B6 到单元格 B12 以及从单元格 D6 到单元格 D12 中的所有单元格数据的总和
(单个空格)	交叉运算符,表示几个单元格区域所共有的那些单元格	B7:D7 C6:C8 表示这两个单元格区域交叉的所有单元格,即 C7

(5)公式中的运算顺序

公式中同时用到多个运算符,如果两个运算符的级别相同,则从左到右依次运算。如果运算符的运算级别不同,则按表 4.3.2 优先级别从高到低依次进行计算。

表 4.3.2   运算符优先顺序

:	空格	,	－(负号)	%	^	* 和/	＋和－	&	=,<,>,<=,>=,<>

（6）输入公式

输入公式的操作类似于输入文本，但在输入公式时应以等号"＝"开头，表明之后的字符为公式内容，例如："＝80＋58＊9"。

在单元格中输入公式，操作步骤为：选定要输入公式的单元格；在单元格中输入等号"＝"；然后输入公式的内容，再按回车。

 ### 4.3.2 单元格的引用

工作表由单元格组成。Excel 用列标（从 A 到 IV）和行号（从 1 到 65536）表示单元格，这种表示方法也称为单元格引用。例如：

B8　　　　　表示 B 列第 8 行的单元格。

A5:C20　　　表示在 A 列第 5 行到 C 列第 20 行之间的单元格区域。

非当前工作表中单元格或单元格区域的引用方法是在单元格区域之前加上工作表的名称和"!"号。例如：

Sheet2！D4　　　　表示 Sheet2 工作表中的 D4 单元格

Sheet3！D3:E7　　　表示 Sheet3 工作表中的 D3:E7 单元格区域

非当前工作簿中某工作表的单元格或单元格区域的引用方法是：［工作簿名称］工作表名称！引用位置。例如：

［Book1］Sheet1！B1　表示 Book1 工作簿中的 Sheet1 表中的 B1 单元格

（1）公式中的相对单元格引用

公式中的相对单元格引用是指以公式所在单元格为基准来确定公式中的单元格位置。如果公式所在单元格的位置改变，公式所引用的单元格列标或行号也随之改变。例如在单元格 B3 中包含公式"＝B1＊B2"，如图 4.3.1 左图所示，编辑栏显示公式，B3 中显示运算结果。当把单元格 B3 中的公式复制到单元格 D3 时，公式的内容变成"＝D1＊D2"，如图 4.3.1 右图所示。由于公式从单元格 B3 复制到单元格 D3，其位置向右移动了两列，因此，公式中单元格的地址也发生相应的改变，由"＝B1＊B2"变成了"＝D1＊D2"，其运算结果为 40。

同样，如果公式位置向上下方向移动，公式中单元格地址行号也会发生相应的改变。

公式中的单元格引用随着公式位置变化而变化的引用方式称为相对引用。

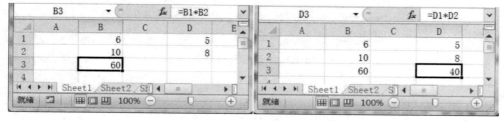

图 4.3.1　相对引用示例

（2）公式中的绝对单元格引用

有时，公式的位置改变后，并不希望公式中的单元格引用改变。这时，公式中的单元格要使用"绝对引用"。即在单元格的列标或行号前面加上符号 $。例如把图 4.3.1 中单元格 B3 的公式改为"＝$B$1＊B2"（见图 4.3.2 左图），然后将该公式复制到单元格 D3，结果如图 4.3.2 右图所示。

从图 4.3.2 中可以看出,由于 B1 使用了绝对引用,B2 使用了相对引用,因此将单元格 B3 中的公式复制到单元格 D3 时,公式的内容变为"= $B$1 * D2",其运算结果为 48。如果将单元格 B3 中的公式改为"= $B$1 * $B$2",那么将它复制到单元格 D3 时,公式的内容仍然为"= $B$1 * $B$2",因为公式中的单元格都是绝对引用,不管把公式复制到什么位置,公式的内容不变,其运算结果都为 60。

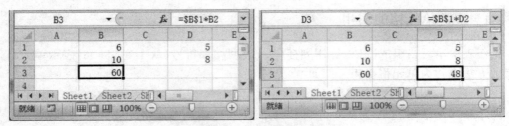

图 4.3.2　绝对引用示例

（3）公式中的混合单元格引用

混合单元格引用具有绝对列和相对行,或是绝对行和相对列。如:$A1、$B2 或 A$1、B$2 等形式。如果公式所在单元格的位置改变,则公式中单元格相对引用改变,而绝对引用不变。

例如把图 4.3.1 中单元格 B3 的公式改为"= $B1 * B$2",然后将其复制到单元格 D4,结果如图 4.3.3 所示。由于单元格 B3 公式中的 B1 和 B2 使用了混合引用,当复制到单元格 D4 时,加 $ 的编号未变,未加 $ 的列标和行号则会相应变动,公式内容变为"= $B2 * D$2",其运算结果为 80。

可见,公式中使用单元格的相对引用或绝对引用,会影响到复制后公式的内容。如果不进行公式复制,不管使用相对引用或绝对引用,公式的计算结果都一样。

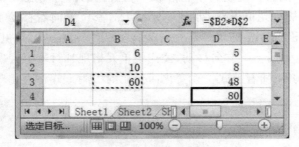

图 4.3.3　混合引用示例

 ### 4.3.3 公式的复制

复制单元格时,如果该单元格存储的是公式,则可以复制单元格的值(即公式的计算结果),也可以复制单元格中的公式。当公式被复制到新的单元格时,公式的内容可能产生变化(如果公式中使用了相对单元格引用)。

除了可以使用"复制/粘贴"命令实现公式的复制外,还经常使用鼠标拖动的方法实现相邻单元格的公式复制。

例 4.3.1　如图 4.3.4 所示的"房号""上月电表读数""本月电表读数"已经输入,要求计算当月各用户的用电量及金额。其中,用电量=本月电表读数-上月电表读数;金额=单价*用电量。

操作过程如下:

选中单元格 D3,输入公式"=C3-B3",按回车。将鼠标置于 D3 的右下角,当鼠标形状变为"+"时,按住鼠标左键往下拖,拖至 D10。则把 D3 单元格中的公式复制到鼠标拖过的所有单元格。

要计算总金额的值,选中单元格 E3,输入公式"=＄B＄1*D3",按回车。将鼠标置于 E3 的右下角,当鼠标形状变为"+"时,按住鼠标左键往下拖,拖至 E10。则鼠标拖过的所有单元格复制了 E3 单元格的公式。结果如图 4.3.4 所示。

在计算用电量的公式中,利用单元格的相对引用,使各房号能用各自的电表数据计算用电量;而在计算总金额的公式中,"单价"单元格使用绝对引用,使各房号用相同的单价计算电费。如果把 E3 的公式改为"=B1*D3",然后进行公式复制,请思考会产生什么结果?

E3		▼	fx	=$B$1*D3	
	A	B	C	D	E
1	单价:	0.3			
2	房号	上月电表读数	本月电表读数	用电量	总金额
3	101	1020	1078	58	17.4
4	102	789	1000	211	63.3
5	103	456	900	444	133.2
6	104	102	204	102	30.6
7	105	8956	9013	57	17.1
8	106	1236	2000	764	229.2
9	107	4523	4700	177	53.1
10	108	4444	4560	116	34.8

图 4.3.4　公式复制示例

 ### 4.3.4 使用函数

4.3.4

函数是系统预定的数据处理过程,它以参数作为运算对象,函数调用将得到一个数据。在函数中,参数可以是数字、文本、单元格引用或其他函数。Excel 提供了数百种函数,表4.3.3是一些较常用的函数。

表 4.3.3　部分常用函数

函数	语法	作用
SUM	SUM(number1,number2,…)	返回参数(单元格区域)中所有数值的和
AVERAGE	AVERAGE(number1,number2,…)	返回参数的算术平均值
COUNT	COUNT(value1,value2,…)	返回参数中所包含的数值个数
MAX	MAX(number1,number2,…)	返回参数中的最大值
MIN	MIN(number1,number2,…)	返回参数中的最小值
IF	IF(logical_test,value1,value2)	如果 logical_test 的值为真,返回 value1 的值,否则返回 value2 的值
HYPERLINK	HYPERLINK(link_location,friendly_name)	创建一个超级链接,用来打开存储在网络服务器或 Internet 中的文件

下面通过实例说明函数的使用方法。

例 4.3.2 计算某电脑公司前四个月的销售总计。数据如图 4.3.5 所示。

	A	B	C	D	E	F
1		电脑公司销售情况				
2	分类	一月	二月	三月	四月	总计
3	台式机	200	500	1000	1500	=SUM(B3:E3)
4	便携机	100	200	450	235	
5	工作站	250	200	100	435	
6	打印机	120	450	230	41	
7	扫描仪	500	800	900	700	
8	平均值					

图 4.3.5　计算总计示例

操作步骤如下：选定 F3 单元格；键入公式："＝SUM(B3:E3)"；按回车；将鼠标移至单元格 F3 的右下角，当出现"＋"时，按住左键，拖至 F7，则在 F4，F5，F6，F7 复制了公式。

也可以使用"开始"选项卡的"自动求和 Σ"按钮对数字自动求和。具体操作步骤如下：

选定要存放求和结果的单元格 F3，单击"自动求和 Σ"按钮，此时将自动打开求和函数 SUM()并自动确定求和数据区域。如果出现的求和数据区域是用户所需的，可按 Enter 键；如果出现的求和数据区域是错误的，可以直接在公式中输入正确的求和数据区域或用鼠标选定正确的求和数据区域，然后按 Enter 键。

可以使用"开始"选项卡的"自动求和 Σ"的下拉按钮对数值求平均值、计数、最大值、最小值等。操作方法同自动求和。

也可以使用"插入函数"对话框插入函数，该方法更适合初学者。

例 4.3.3 计算各月份销售的平均值。

操作步骤如下：选定 B8 单元格，单击"编辑栏"左边的"插入函数 f_x"按钮；或者选定 B8 单元格，单击"公式"选项卡的"插入函数"按钮，在出现的"插入函数"对话框中选择求平均函数"AVERAGE"，单击"确定"按钮，选择要计算的单元格区域 B3:B7(使用默认区域)；单击"确定"，则平均值出现在 B8 单元格里。将鼠标移至 B8 的右下角，鼠标形状变成"＋"时，按住鼠标左键不放，拖至 F8，则在 C8、D8、E8、F8 复制了 B8 公式的内容。计算结果如图 4.3.6 所示。

	A	B	C	D	E	F
1		电脑公司销售情况				
2	分类	一月	二月	三月	四月	总计
3	台式机	200	500	1000	1500	3200
4	便携机	100	200	450	235	985
5	工作站	250	200	100	435	985
6	打印机	120	450	230	41	841
7	扫描仪	500	800	900	700	2900
8	平均值	234	430	536	582.2	1782.2

图 4.3.6　计算总计及平均值

4.4 管理数据清单

数据清单是指有规则的表格或单元格区域。所谓有规则是指在该单元格区域中每列的数据类型相同,单元格区域的第一行是列标记,也称为字段名。字段名是一个文本,如"学号""姓名"等。单元格区域的每一列称为一个字段,每一行(第一行除外)称为一个记录。如图 4.4.1 所示的"成绩表"是一个数据清单。

	A	B	C	D	E	F
1	成绩表					
2	学号	姓名	数学	语文	英语	总分
3	10001	赵柳	86	92.2	69.3	247.5
4	10002	张杉	77	84.3	66.7	228
5	10003	王舞	68	81.6	73.8	223.4
6	10004	李诗	84	60.9	80.7	225.6
7	10005	钱其	84	69.9	71.7	225.6

图 4.4.1　成绩表

在一个工作表中最好只建立一个数据清单。如果在一个工作表中建立多个数据清单,那么各数据清单之间要以空白行或空白列分隔。

4.4.1　排序数据清单

排序是指根据某些字段的值重新排列数据清单的行。排序分为单列排序和多列排序。单列排序指根据数据清单中某一列的数据对整个数据清单所有记录重新进行升序或降序排列。例如以"总分"列作为排序依据降序排列成绩表,其操作步骤如下:

选定数据清单中"总分"列的任意一个单元格,单击"开始"选项卡的"编辑"组的"排序和筛选"按钮,选择"降序"命令,则按"总分"列降序排序成绩表。

多列排序是根据数据清单中多列的数据对所有记录重新排列。

例 4.4.1　对成绩表排序,先按总分降序排列;如果某些记录总分相同,则按数学成绩降序排列;如果这些记录的数学成绩也相同,则按语文成绩降序排列;如果语文成绩也相同,则按英语成绩降序排列。

操作步骤:选择数据清单的任意单元格;单击"数据"选项卡的"排序"按钮,打开"排序"对话框(如图 4.4.2 所示);在"排序"对话框的"主要关键字"右边的列表中分别选择"总分"、"数值"和"降序";单击"添加条件"按钮添加次要关键字,在本例中分别添加数学、语文、英语作为次要关键字,最后单击"确定"按钮。排序结果如图 4.4.3 所示。

列	排序依据	次序
主要关键字　总分	数值	降序
次要关键字　数学	数值	降序
次要关键字　语文	数值	降序
次要关键字　英语	数值	降序

图 4.4.2　排序对话框

	A	B	C	D	E	F
1	成绩表					
2	学号	姓名	数学	语文	英语	总分
3	10001	赵柳	86	92.2	69.3	247.5
4	10002	张杉	77	84.3	66.7	228
5	10005	钱其	84	69.9	71.7	225.6
6	10004	李诗	84	60.9	80.7	225.6
7	10003	王舞	68	81.6	73.8	223.4

图 4.4.3　成绩表排序结果

对于包含公式行的数据清单,排序时应该把公式行排除在外。若公式中含相对引用,排序后随公式位置的改变,将出现非预料的计算结果。例如,图 4.3.6 的电脑公司销售情况表,排序时就不应该包含"平均值"行。

例 4.4.2　对公司销售情况表按总计值降序排列,总计相同的,按四月销售值降序排列。

选定除平均值以外的所有数据行,即 A2:F7 单元格区域,单击"数据"选项卡的"排序"按钮,打开"排序"对话框,选择主要关键字为"总计",降序排列,单击"添加条件"按钮,添加次要关键字"四月",降序排序,单击"确定"按钮,排序结果如图 4.4.4 所示。

1	电脑公司销售情况					
2	分类	一月	二月	三月	四月	总计
3	台式机	200	500	1000	1500	3200
4	扫描仪	500	800	900	700	2900
5	工作站	250	200	100	435	985
6	便携机	100	200	450	235	985
7	打印机	120	450	230	41	841
8	平均值	234	430	536	582.2	1782.2

图 4.4.4　排序结果

 ## 4.4.2 筛选数据

4.4.2

在很多情况下,用户只需要数据清单中的某些数据,以方便查看、分析或打印,这时就需要对数据清单中的数据进行筛选。通过对数据清单的筛选,可以在数据清单中只显示符合条件的数据行,而将不符合条件的数据行隐藏起来。Excel 提供了两种筛选方法:自动筛选和高级筛选。自动筛选是针对简单条件的筛选方法,而高级筛选可构造复杂的筛选条件。

(1) 自动筛选

单击数据清单中任一单元格,单击"开始"选项卡的"排序和筛选"按钮,选择"筛选"命令,这时数据清单中的每个列标记边都插入了一个下三角按钮,单击要作为筛选条件的数据列,会出现一个下拉列表,选择"数字筛选",则出现数字的比较运算,单击某个比较运算,如"大于",则弹出"自定义自动筛选方式"对话框,根据对话框的提示操作即可。

例 4.4.3　筛选成绩表中总分 225 至 230 之间的所有记录:打开"自定义自动筛选方式"对话框;在对话框的第一行选择"大于或等于",输入"225";在对话框的第二行选择"小于或等于",输入"230";选择"与"单选按钮设置两个条件为并且关系,如图 4.4.5 所示。单击"确定"按钮,则只显示总成绩介于 225 至 230 之间的记录。

如果要选取最大或最小的几个记录,可单击筛选列标题旁的下拉按钮,选择"数字筛选"

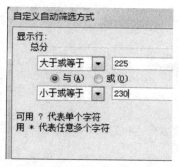

图 4.4.5　"自动筛选"对话框

图 4.4.6　显示前几项

列表中"前 10 项……"命令。

　　例如在成绩表中筛选出总分最小 2 个记录,操作步骤如下:

　　在"数字筛选"列表中选择"前 10 项……",打开如图 4.4.6 所示的对话框。单击"最大"右边的 ▼ 按钮,选择"最小";调整"10"右边的微调按钮 ,选择 2,或直接键入 2;按"确定"按钮,则只显示总分最小的 2 个记录。

　　(2) 高级筛选

　　使用"高级筛选"功能可以完成较复杂的数据筛选。进行高级筛选前需要构造一个筛选条件。

　　例 4.4.4　在成绩表中筛选出"数学"或"语文"或"英语"成绩小于 67 分的记录。

　　其操作步骤如下:

　　将数据清单的字段名一行复制到空白单元格中,例如复制到第 9 行。在字段名下分别输入条件,如图 4.4.7 所示。当几个条件写在同一行时,表示几个条件是"与"的关系,当几个条件写在不同的行,则表示它们之间是"或"的关系。本例三个条件之间是"或"关系。

◢	A	B	C	D	E	F
8						
9	学号	姓名	数学	语文	英语	总分
10			<67			
11				<67		
12					<67	

图 4.4.7　输入筛选条件

　　单击"数据"选项卡"排序和筛选"组的"高级"按钮,打开"高级筛选"对话框,在对话框的列表区域框中输入筛选数据所在的地址($A$2:$F$7);在条件区域中输入条件所在的地址($A$9:$F$12),如图 4.4.8 所示。也可用鼠标拖动选择数据区域和条件区域。单击"确定"按钮,则在原有数据区域显示筛选结果。

　　若要在筛选时复制筛选结果,可在高级筛选对话框中选择"将筛选结果复制到其他位置"单选按钮,在"复制到"文本框中输入目的地单元格的地址,例如$A$14,单击"确定"按钮,则筛选结果显示到 A14 开始的单元格区域。

　　若要取消高级筛选,可单击"数据"选项卡的"清除"按钮。

　　注:不能通过"自动筛选"方法实现,在自动筛选中,各列的筛选条件之间是"与"的关系。

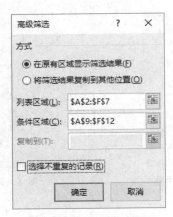

图 4.4.8　高级筛选对话框

4.4.3 分类汇总数据

在对数据进行统计和分析时，分类汇总是强有力的工具。分类汇总就是对数据清单中某类记录（某字段值相同的记录）进行求和、求平均值等计算，并且将计算结果分级显示。

在执行分类汇总命令之前，必须先对数据清单进行排序，以保证字段值相同的记录相邻。

要进行分类汇总，数据清单的第一行必须是列标记（即字段名）。

例 4.4.5　在如图 4.4.9 所示的"奖金发放情况"表中，以"部门"字段的值作为汇总依据，求各部门的奖金发放总和。其操作步骤如下：

单击"部门"字段中的任一单元格，单击"数据"选项卡的升序按钮 ，则数据清单以"部门"字段升序排列；单击"数据"选项卡"分级显示"组的"分类汇总"按钮，打开"分类汇总"对话框（如图 4.4.10 所示）；在"分类字段（A）："列表框中选择"部门"。在"汇总方式（U）"列表框中选择"求和"，在"选定汇总项（D）"列表中选择"奖金"；单击"确定"按钮，结果如图 4.4.11所示。

	A	B	C	D
1	季度	部门	姓名	奖金
2	1	财务部	王新	500
3	1	财务部	张伟	880
4	1	销售部	李小力	1000
5	1	销售部	林磊	1200
6	2	财务部	王新	1500
7	2	财务部	张伟	1200
8	2	销售部	李小力	2000
9	2	销售部	林磊	1800
10	3	财务部	王新	700
11	3	财务部	张伟	1000
12	3	销售部	李小力	500
13	3	销售部	林磊	800
14	4	财务部	王新	800
15	4	财务部	张伟	1000
16	4	销售部	李小力	900
17	4	销售部	林磊	800

图 4.4.9　"奖金发放情况"表

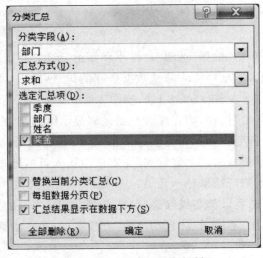

图 4.4.10　"分类汇总"对话框

图 4.4.11　分类汇总结果

图 4.4.12　折叠分类汇总结果

如果只想查看汇总数据,可单击行号左边的"－"按钮,将数据折叠起来(如图 4.4.12 所示)。

除了可以对字段求和之外,还可以求平均值、计数、最大值、最小值、乘积等,只要在"分类汇总"对话框中的"汇总方式"下选择相应的选项即可。

单击"分类汇总"对话框中的"全部删除",可取消分类汇总。

 ### 4.4.4　数据透视表

数据透视表是用于快速汇总大量数据的交互式数据分析报表,通常在汇总大批量数据,对数据进行多种角度的比较时使用。数据透视表主要应用于以下几个方面:

①对数值数据进行分类汇总和聚合,按分类和子分类对数据进行汇总。

②展开或折叠分类汇总结果的数据级别,查看感兴趣的区域中摘要数据的明细。

③将行移动到列或将列移动到行,以查看源数据的不同汇总结果。

④对关注的数据子集进行筛选、排序、分组和有条件地设置格式,使用户能够关注所需的信息。

(1)创建数据透视表

例 4.4.6　创建"奖金发放情况"表的数据透视表,显示每人各季度的奖金,按部门筛选出"财务部"的数据。

选中"奖金发放情况"表中的任意一个单元格,单击"插入"选项卡的"表格"组中的"数据透视表"按钮,打开"创建数据透视表"对话框(如图 4.4.13 所示)。选中"请选择要分析的数据"组中"选择一个表或区域"单选按钮,在其下的文本框中输入或用鼠标选择数据区域,这里输入＄A＄1:＄D＄17。在"选择放置数据透视表的位置"组中,如果选中"新工作表"单选按钮,则将创建好的数据透视表放在新的工作表中;如果选中"现有工作表"单选按钮,则需要在下面的"位置"文本框中输入存放数据透视表的单元格区域左上角的地址。这里选中"新工作表"单选按钮。单击"确定"按钮,生成一个空的"数据透视表"工作表,如图 4.4.14 所示。

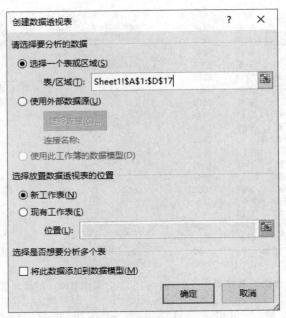

图 4.4.13 "创建数据透视表"对话框

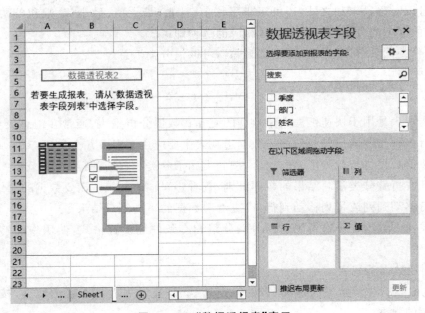

图 4.4.14 "数据透视表"窗口

在窗口右侧显示"数据透视表字段"任务窗格。默认情况下,"数据透视表字段"上半部分为字段部分,显示在数据透视表中已用和可用的字段;下半部分为布局部分,用于布局字段在透视表的位置。布局部分由四个区域组成,分别是"筛选器"、"行"、"列"和"值"。

将"部门"字段拖至"筛选器"区域,将"姓名"字段拖至"行"区域,将"季度"字段拖至"列"区域,将"奖金"字段拖至"值"区域。数据透视表如图 4.4.15 左图所示。

单击透视表中"部门"右边的下拉按钮,选择"财务部",则筛选出财务部的奖金发放情况,透视表如图 4.4.15 右图所示。

部门	(全部)	▼			
求和项:奖金	列标签	▼			
行标签 ▼	1	2	3	4	总计
李小力	1000	2000	500	900	4400
林磊	1200	1800	800	800	4600
王新	500	1500	700	800	3500
张伟	850	1200	1000	1000	4050
总计	3550	6500	3000	3500	16550

部门	财务部	▼			
求和项:奖金	列标签	▼			
行标签 ▼	1	2	3	4	总计
王新	500	1500	700	800	3500
张伟	850	1200	1000	1000	4050
总计	1350	2700	1700	1800	7550

图 4.4.15　数据透视表

说明:

放在"筛选器"区域的字段用于从数据源中选择或者筛选数据行;

放在"行"区域中的字段将以行的形式显示在数据透视表的左边;

放在"列"区域中的字段将以列的形式显示在数据透视表的顶部;

放在"值"区域中的字段被汇总显示在数据透视表的主体部分。

通常非数值字段拖到"行"区域,数值字段拖到"值"区域,而日期和时间字段则拖到"列"区域。

如果要改变数据透视表布局,可以单击布局区域中某个字段右边的下三角箭头,在弹出的下拉菜单中重新选择该字段放置的区域,或直接用鼠标在布局区域之间拖动字段。例如将"部门"与"季度"位置对调,数据透视表如图 4.4.16 所示。

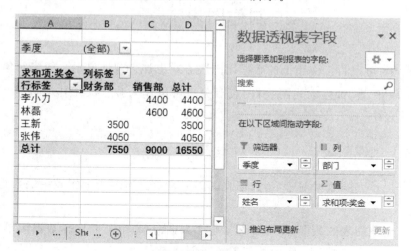

图 4.4.16　数据透视表

(2) 修改分类汇总方式

在使用数据透视表对数据进行分类汇总时,用户可以根据需要设置分类汇总的方式。当创建数据透视表时,Excel 自动使用"求和"函数汇总数据。如果要进行其他的汇总,可以修改汇总方式。

选中要修改汇总方式的数据所在区域中的任意一个单元格,单击"数据透视表工具分析"选项卡的"活动字段"组中的"字段设置"按钮,弹出"值字段设置"对话框,选择对话框中的"值汇总方式"下的"计算类型",如"平均值",单击"确定"按钮。

也可以右键单击数据透视表中的值所在的单元格,在弹出的快捷菜单中选择"值汇总依据"下的计算类型。

（3）设置数据透视表的数据格式

如果要设置数据透视表中数据的格式，可以单击"数据透视表工具分析"选项卡的"活动字段"组中的"字段设置"按钮，在弹出的"值字段设置"对话框中单击左下方的"数字格式"按钮，弹出"设置单元格格式"对话框，在该对话框中可以设置数据格式。

（4）更新数据透视表中的数据

数据透视表是根据数据清单中的数据源创建起来的。当修改了数据源，数据透视表中的数据并不会自动更新。如果用户希望在更改数据源的同时更新数据透视表中的相应数据，则必须使用刷新命令。操作如下：

选中数据透视表中的任意一个单元格，单击"数据透视表工具分析"选项卡的"数据"组中的"刷新"按钮。或者右键单击数据透视表中的任意一个单元格，在弹出的快捷菜单中选择"刷新"选项，得到更新数据后的数据透视表。

（5）删除数据透视表

创建了数据透视表后，不允许删除数据透视表中的数据，只能删除整个数据透视表。删除数据透视表的操作步骤如下：

选中数据透视表中的任意一个单元格。单击"数据透视表工具分析"选项卡的"操作"组中的"清除"下拉按钮，选择"全部清除"命令。

4.5

4.5 制作图表

在 Excel 中，可以将工作表上的数据用图表方式更加直观地显示。图表对象可以嵌入到数据源所在的工作表，即嵌入式图表；图表对象也可以作为独立的工作表，和数据源分别存放在两个工作表中。

 ### 4.5.1 创建图表

图表根据工作表的数据创建，是数据表的图形表示。当改变工作表中的数据时，图表也会随之改变。

选定用于创建图表的数据源，可以选择整个数据清单，也可以选择数据清单中的部分数据。通过"插入"选项卡"图表"组中的相关按钮创建图表。

例 4.5.1　为"成绩表"（见图 4.4.1）创建"簇状柱形图"图表。

选择成绩表中的所有数据，即 A2:F7 单元格区域。单击"插入"选项卡"图表"组中"插入柱形图或条形图"旁下拉按钮，选择二维柱形图中的"簇状柱形图"，即在工作表中插入了一个图表，如图 4.5.1 所示。

选定新创建的图表，Excel 窗口多了"图表工具"选项卡，包括"设计"和"格式"子选项卡，可以利用这些选项卡上的按钮对图表进行设置或修改。

 ### 4.5.2 图表类型

在 Excel 中内置了 15 种图表类型，每种图表类型中又包含若干种子类型。在创建图表

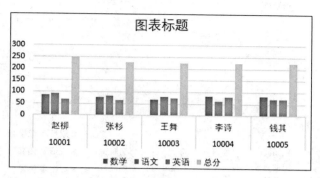

图 4.5.1　以成绩表为数据的柱形图

时,可以根据需要选择合适的图表类型,各种图表类型在表现数据时有各自的特点。下面介绍常用的 11 种图表类型:

柱形图:柱形图是 Excel 默认的图表类型,它用柱子的长短表示数据的值。柱形图主要用于表示同类数据各数据项之间的比较。

条形图:条形图类似于柱形图,是横向的柱图。

折线图:折线图将同一系列的数据在图中表示成点并用直线连接起来,可以显示随时间变化的连续数据,适用于显示在相等时间间隔下的数据变化情况及变化的趋势。

饼图:饼图把一个圆面划分为若干个扇形面,每个扇面代表一项数据值。饼图只适用于单个数据系列间各数据的比较,显示数据系列中每一项数据占该系列数据总和的比例关系。

XY 散点图:XY 散点图用于比较几个数据系列中的数值,或者将两组数据值显示为 XY 坐标系中的一个系列。它可按不等间距显示出数据。

面积图:面积图将每一系列的数据用直线段连接起来,并将每条线以下的区域用不同的颜色填充。面积图用于强调累积和时间之间的关系,通过显示所绘面积的总和,说明部分和整体的关系。

圆环图:圆环图是一种特殊的饼图,位于饼图类别中。圆环图也用来显示部分与整体的关系,但圆环图可以包含多个数据系列,它的每一环代表一个数据系列。

雷达图:雷达图是由一个中心向四周辐射出多条数值坐标轴,每个分类都有自己的坐标轴,并由折线将同一系列中的值连接起来。

曲面图:曲面图在寻找两组数据之间的最佳组合时很有用。它类似于拓扑图形,曲面图中的颜色和图案用来指示在同一取值范围内的区域。

气泡图:气泡图是一种特殊类型的 XY 散点图。气泡的大小可以表示数据组中数据的值。气泡越大,数据值就越大。

股价图:股价图通常用来描绘股票价格的走势,也可以用于处理其他数据,例如随温度变化的数据等。

 ### 4.5.3 图表元素

图表建立好之后显示的效果有可能不理想,此时就需要对图表进行适当的编辑。对图表编辑就是对图表中的各个元素进行修饰或修改。因此,编辑图表之前必须先熟悉图表的组成并了解选择图表元素的方法。下面对图 4.5.2 所示的图表组成对象进行介绍。

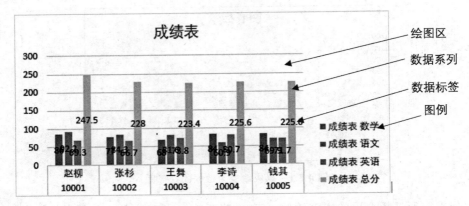

图 4.5.2　图表组成对象

（1）图表元素

图表区域：整个图表及图表中的数据称为图表区域。

绘图区：绘图区在二维图表中是以坐标轴为界并包含所有数据系列的区域；在三维图表中是以坐标轴为界并包含数据系列、分类名称、刻度线标签和坐标轴标题的区域。

数据系列：图表中的条形、柱形、折线、饼图或圆环图的扇面、圆点和其他符号，代表来自数据表单元格中的单个数据的值，相同颜色的数据组成一个数据系列。

数据标签：数据标签就是为数据标记提供附加信息（数值显示）的标签。

图例：用于标识图表中的数据系列所指定的图案或颜色。

图表标题：是说明性的文本，可以自动与坐标轴对齐或在图表顶部居中。

坐标轴：一般情况下，图表有两个用于对数据进行分类和度量的坐标轴，即分类（X）轴和数值（Y）轴。三维图表有第三个（Z）轴。饼图和圆环图没有坐标轴。

（2）选定图表元素

与单元格的操作一样，如果要编辑图表或图表元素，必须先选定各种图表元素。

当鼠标指针停放在图表区 1 至 2 秒后，就会出现一个说明框，说明鼠标指针所在的位置。先将鼠标放在图表元素上，单击鼠标，即可选定该图表元素。

 ### 4.5.4 编辑图表

（1）更改图表类型

单击要更改类型的图表，使其处于被激活的状态；单击"图表工具设计"选项卡"类型"组的"更改图表类型"按钮，打开"更改图表类型"对话框，也可以右击图表，在弹出的快捷菜单中选择"更改图表类型"命令；在"更改图表类型"对话框中选择需要的图表类型。

（2）向图表添加或删除数据

图表中的数据来自工作表，创建好图表后，如果改变数据源的值，图表会随之改变，如果工作表中删除了某些数据，图表也会随之改变。但是在工作表中添加数据行或列，图表不会变化。如果用户要添加或删除图表中数据，需要重新设置图表的数据源。

修改图表数据源的操作步骤如下：选定要更新数据的图表；单击"图表工具设计"选项卡上"数据"组中的"选择数据"按钮，打开"选择数据源"对话框；用鼠标重新选择图表的数据源单元格区域;单击"确定"按钮。

　　例 4.5.2　修改"学生成绩表"的图表(图 4.5.1),使图表中只显示学生的总分。

　　操作步骤如下:选定图表;单击"图表工具设计"选项卡"数据"组中的"选择数据"按钮,打开"选择数据源"对话框(如图 4.5.3 所示),在其中的"图表数据区域"文本框中显示的是目前的数据区域,可以拖动鼠标重新选择数据源或在文本框中直接输入新的数据区域。例如用鼠标选择"姓名"和"总分"两列($B$2:$B$7,$F$2:$F$7),单击"确定"按钮,则图表的数据源只包含姓名和总分两个数据系列,如图 4.5.4 所示。

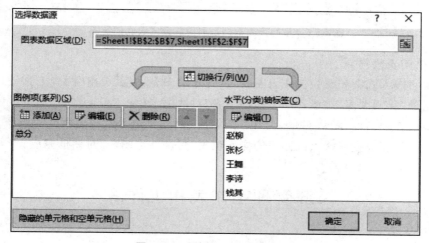

图 4.5.3　"选择数据源"对话框

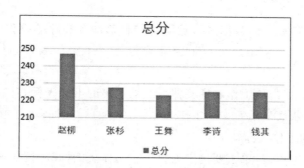

图 4.5.4　包含姓名和总分的成绩表柱形图

　　减少图表中显示的数据可以直接在图表操作。本示例也可以先选择"数学"数据系列(数据柱子)、"语文"数据系列和"英语"数据系列,然后按 Delete 键,这三个系列将从图表上删除,只留"总分"系列。

　　删除图表或图表中的数据系列,并不影响工作表中的数据。

　　(3) 切换行/列

　　在图 4.5.3"选择数据源"对话框的"图例项(系列)"框中列出了当前图表产生方式,即按列产生系列,只有总分一个系列。可以单击"切换行/列"按钮(或单击"图表工具设计"选项卡的"切换行/列"按钮),切换成按行产生数据系列。单击"确定"按钮后返回。结果如图 4.5.5所示。

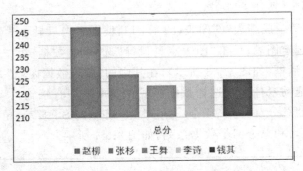

图 4.5.5 按行产生数据系列的总分成绩表柱形图

（4）更改图表位置

如果要将嵌入式图表改为工作表图表,首先选定图表,然后单击"图表工具设计"选项卡上"位置"组的"移动图表"按钮,打开"移动图表"对话框。单击"新工作表"单选按钮,在文本框中输入新工作表名称(默认 Char1),单击"确定"按钮,则嵌入式图表就变为工作表图表。

把图表工作表改变成嵌入式图表的操作也是通过"移动图表"对话框完成。

4.6 管理工作表和工作簿

4.6.1 选定工作表

如果要对某个工作表中的数据进行编辑、复制、移动和删除等操作,必须先选定该工作表,使它成为活动工作表。用户可以根据需要选定一个工作表,也可以同时选定多个工作表。

选定一个工作表:单击该工作表标签即可。被选定的工作表标签以白底显示,而没有被激活的工作表标签以灰底显示。如果工作表标签栏中的标签很多,可单击标签滚动按钮◀或▶来选择看不见的工作表标签。

选定多个相邻的工作表:单击要选定的第 1 个工作表的标签,按住 Shift 键的同时,单击最后一个工作表的标签。

选定多个不相邻的工作表:按住 Ctrl 键的同时,分别单击要选定的工作表标签。

要取消工作表的选定:单击工作表标签中的任意一个没有被选定的工作表标签。

4.6.2 插入、删除和重命名工作表

（1）插入工作表

当工作簿中的工作表不够用时,可以插入新的工作表。在工作簿中插入工作表的方法是:选定一个工作表,在"开始"选项卡"单元格"组中选择"插入"下拉按钮,然后执行"插入工作表"命令,此时一个新工作表被插入到当前活动工作表的前面。

（2）删除工作表

单击要删除的工作表标签,使其成为当前工作表。在"开始"选项卡"单元格"组中选择

"删除"下拉按钮，然后执行"删除工作表"命令即可。

（3）重命名工作表

双击需要重命名的工作表标签，输入新的工作表名称，按 Enter 键确定。

上述操作也可通过快捷菜单完成。右击工作表标签，在弹出的快捷菜单中选择插入、删除、重命名等命令。

 ### 4.6.3 移动和复制工作表

在管理工作表的过程中，用户可以在工作簿中移动工作表，或将工作表移到其他工作簿中；也可以根据需要在工作簿中复制工作表，或将工作表复制到其他的工作簿中。

（1）在同一个工作簿中移动工作表

单击选定工作表标签，按住鼠标左键不放，此时鼠标指针下出现小白纸的图标，同时，在标签栏上方出现一个小黑三角形，沿着工作表标签栏拖动鼠标指针，使小黑三角形指向目标位置，松开鼠标即可。

（2）在不同的工作簿之间移动工作表

打开要移入工作表的目标工作簿；切换到包含要移动工作表的工作簿，右键单击要移动的工作表，选择"移动或复制"命令，打开"移动或复制工作表"对话框，如图 4.6.1 所示。单击"工作簿"下拉列表框右边的下三角按钮，在打开的下拉列表框中选择目标工作簿，单击"确定"按钮。

（3）复制工作表

复制工作表和移动工作表的操作方法很相似，也分两种情况，即在同一个工作簿中复制工作表和在不同的工作簿之间复制工作表。

在同一个工作簿中复制工作表：复制时按住 Ctrl 键，其他操作方法同工作表的移动。

在不同的工作簿之间复制工作表：操作方法同工作表的移动，但必须选中"移动或复制工作表"对话框的"建立副本"复选框。

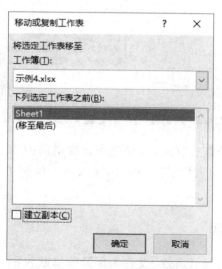

图 4.6.1　"移动或复制工作表"对话框

4.6.4 隐藏和保护工作表

（1）隐藏工作表

如果当前工作簿中的工作表数量较多，用户可以将暂时不用的工作表隐藏起来，这样不但可以减少屏幕上的工作表数量，而且可以防止工作表中重要数据因错误操作而丢失。工作表被隐藏以后，如果想对其编辑，可以恢复其显示。

右键单击要隐藏的工作表标签，选择"隐藏"命令，即可隐藏工作表。

右键单击任一工作表标签，选择"取消隐藏"命令，打开"取消隐藏"对话框，在该对话框中选择要恢复显示的工作表，单击"确定"按钮，即可显示被隐藏的工作表。

（2）保护工作表

在完成工作表的编辑后，如果用户不希望自己制作的工作表被其他用户修改，则可以设置密码将工作表保护起来。

右键单击要保护的工作表标签，选择"保护工作表"命令，打开"保护工作表"对话框，如图 4.6.2 所示。在"取消工作表保护时使用的密码"文本框中输入密码。单击"确定"按钮，打开"确认密码"对话框，如图 4.6.3 所示。在"重新输入密码"文本框中再次输入同一密码，单击"确定"按钮。

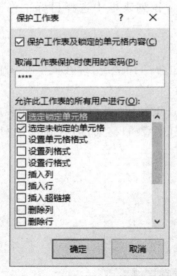

图 4.6.2 "保护工作表"对话框

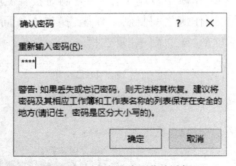

图 4.6.3 "确认密码"对话框

撤销对工作表保护的操作过程是：右键单击要撤销保护的工作表标签，选择"撤销工作表保护"命令，打开"撤销工作表保护"对话框，输入建立保护工作表时所设置的密码，单击"确定"按钮。

4.6.5 保护工作簿

用户可以设置工作簿为只读属性、设置工作簿的修改权限和设置以密码打开工作簿等方法来保护工作簿。

（1）将工作簿设置为只读属性

在 Windows 的资源管理器中鼠标右击工作簿文件图标，在弹出的快捷菜单中选择"属性"命令，打开"属性"对话框，在"常规"选项卡中选中"只读"复选框，然后单击"确定"按钮。

（2）设置工作簿的修改权限

单击"审阅"选项卡，单击"更改"组的"保护工作簿"命令按钮，打开"保护结构和窗口"对话框，如图 4.6.4 所示。如果选中"结构"复选框，可保护工作簿的结构，这样就不能对工作簿中的工作表进行移动、删除、隐藏、取消隐藏或重新命名等操作，也不能插入新的工作表；如果选中"窗口"复选框，可保护工作簿的窗口不被移动、缩放、隐藏、取消隐藏或关闭。

如果在密码文本框中输入密码，取消工作簿保护时必须输入相同的密码。

选择所需的选项，然后单击"确定"按钮。

图 4.6.4　"保护工作簿"对话框

（3）设置以密码方式打开工作簿

通过设置密码保护方式，可保证工作簿不被未授权的用户查看和编辑。

单击"文件"选项卡，再单击"信息"菜单列表中"保护工作簿"按钮，选择"用密码进行加密"，在出现的加密文档对话框中输入密码。保存文件，下次打开文件时，就会提示输入密码。

4.7 打印工作表

4.7

工作表在打印之前一般要进行页面设置，以获得较好的打印效果。单击"页面布局"选项卡上"页面设置"组的相应按钮，就可以对页面进行设置。"页面设置"组中包含 7 个按钮，分别是：

"页边距"：设置页面四周的空白部分。

"纸张方向"：切换页面的纵向或横向布局。

"纸张大小"：选择当前页面的纸张规格。

"打印区域"：标记要打印的工作表区域。

"分隔符"：在所选内容的左边和上方插入分页符。

"背景"：选择一幅图像，作为工作表的背景。

"打印标题"：指定在每个打印页重复出现的行和列。

4.7.1 设置页眉和页脚

页眉位于页面的顶端,而页脚则位于页面的底端,它们都不占用正常的文本空间。页眉和页脚用于显示每个页面重复的信息。可直接利用 Excel 的内置页眉和页脚,也可自定义页眉和页脚。

设置工作表的页眉和页脚是在"页面设置"对话框的"页眉/页脚"选项卡中进行。

单击"页面布局"选项卡的"页面设置"组右下角对话框启动按钮,打开"页面设置"对话框,在对话框中单击"页眉/页脚"选项卡。

(1)使用内置页眉和页脚格式

操作步骤如下:

在"页面设置"对话框中单击"页眉/页脚"选项卡,单击"页眉"下拉列表框右边的下三角按钮,在打开的下拉列表中选择内置的页眉格式;单击"页脚"下拉列表框右边的下三角按钮,在打开的下拉列表中选择内置的页脚格式。

设置完成后,单击"确定"按钮。

(2)自定义页眉和页脚

在"页面设置"对话框中单击"页眉/页脚"选项卡,然后单击"自定义页眉"按钮,打开"页眉"对话框,如图 4.7.1 所示。

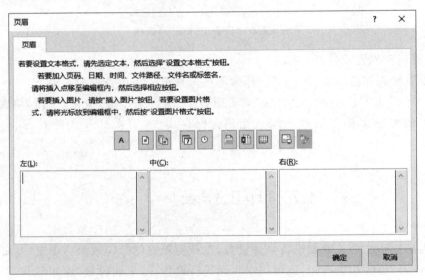

图 4.7.1 "自定义页眉"对话框

在该对话框中,各选项的功能说明如下:

在"左"编辑框中插入的内容将出现在每一页面的左上角。

在"中"编辑框中插入的内容将出现在每一页面的正上方。

在"右"编辑框中插入的内容将出现在每一页面的右上角。

将插入点移至对应的编辑框内,单击其上的相应按钮可以插入页码、页数、日期、时间、文件路径、文件名、标签名、图片,并设置文本与图片的格式。

设置完成后,单击"确定"按钮,返回"页面设置"对话框,再单击"确定"按钮,即可完成页眉的个性化设置。

如果要删除内置的页眉或页脚,在"页眉"或"页脚"下拉列表框中选择"无"选项即可。如果要删除自定义的页眉或页脚,可单击"自定义页眉"或"自定义页脚"按钮,然后删除编辑框中的内容。

4.7.2 设置工作表

通过"页面设置"对话框的"工作表"选项卡(如图 4.7.2 所示),可以对工作表进行各种设置。

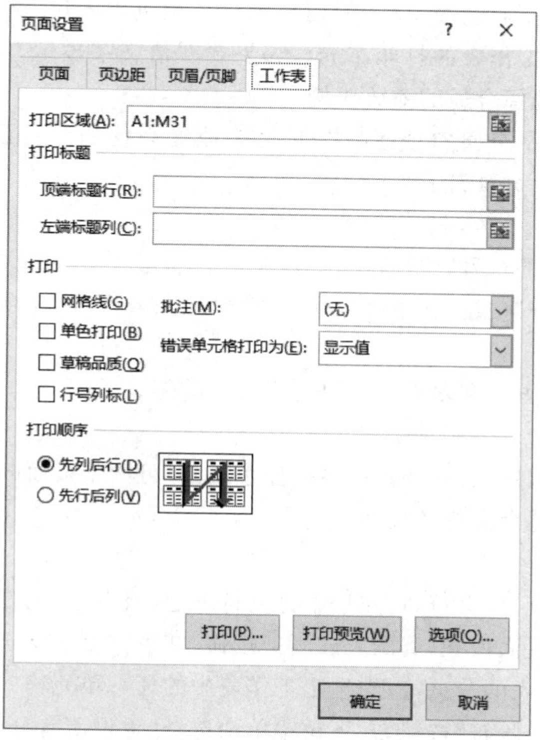

图 4.7.2　"工作表"选项卡

"打印区域"设置:如果用户只想打印工作表的部分数据,可以定义打印区域。单击"打印区域"右边的文本框,然后通过鼠标拖动选定工作表的打印区域或在文本框中直接输入打印区域。

"打印标题"设置:该选项组包括"顶端标题行"和"左端标题列"。当一个工作表的内容较多、数据较长时,需要分页打印。为了能看懂第 2 页及后续各页中各列或各行所表示的数据含义,往往需要在每一页第一行打印行标题或第一列打印列标题。单击"顶端标题行"文本框,选择工作表的一行作为标题行,使用同样的方法可设置列标题。

"网格线"设置:选中该复选框,打印时工作表带有网格线。

"单色打印"设置:选中该复选框,打印时将不考虑工作表的背景颜色与图案。

"草稿品质"设置:选中该复选框,则不会打印网格线及大部分图形。

"行号列标"设置:选择该复选框,打印时在工作表中加上行号和列标。

"打印顺序"设置：当工作表中的数据不能在一页中完整打印时，可用此选项组控制打印顺序和页码的编排顺序。单击"先列后行"单选按钮后，可由上向下再由左至右打印；单击"先行后列"单选按钮后，可由左向右再由上至下打印。

4.7.3 分页设置

如果需要打印的工作表内容不止一页，Excel 会自动在工作表中插入分页符，将工作表分成多页，分页符的位置取决于纸张大小、页边距、字体大小以及设定的缩放比例等。

选择状态栏右侧的"分页预览"视图按钮，可以从工作表的普通视图切换到分页预览视图，从中可以看到分页符（蓝色线条）。但切换到分页预览视图后，文字显示不清，用户只能通过分页预览视图了解工作表的打印布局。如果要看清文字显示，可以拖动窗口状态栏右边的"显示比例"滑标，选择合适的缩放比例。

用户可通过插入水平分页符或垂直分页符来改变系统的分页设置。在分页预览视图中，用户可以移动或删除分页符。

（1）插入分页符

单击要插入分页符的行号，或选定该行最左边的单元格，然后单击"页面布局"选项卡上"页面设置"组的"分隔符"按钮，在下拉菜单中选择"插入分页符"选项，在选定行的上方将出现分页符。

垂直分页符的插入方式和水平分页符插入方式类似。

（2）移动分页符

在分页预览视图中，用鼠标拖动分页符（蓝色线条）可调整页面的打印区域。Excel 会自动调整字体大小，设置适合的打印页面。

（3）删除分页符

要删除水平（或垂直）分页符，首先选中分页符下边（或右边）的任意一个单元格，然后单击"页面布局"选项卡"页面设置"组的"分隔符"按钮，在下拉菜单中选择"删除分页符"选项。

如果要删除所有插入的分页符，先选定工作表中的任一单元格，然后单击"页面布局"选项卡"页面设置"组的"分隔符"按钮，在下拉菜单中选择"重设所有分页符"选项。

注：用户插入的分页符为蓝色实线，Excel 自动插入的分页符为蓝色虚线。

4.7.4 打印工作表

（1）打印预览

正式打印之前，应先预览打印效果，以免浪费打印纸。

要查看工作表的打印效果，应切换到打印预览窗口。通过打印预览，用户可以看到逼真的打印效果，其中包括页眉、页脚和打印标题等。

单击"文件"选项卡的"打印"命令，打开"打印预览"窗口。在窗口右侧的窗格中显示打印预览的结果。

"打印预览"窗口提供一些下拉列表框，通过这些控件可以直接调整版面布局和设置打印选项，窗口底部的状态栏显示当前的页码和工作表的总页数。

若要预览下一页和上一页，可单击"打印预览"窗口底部的"下一页"按钮▶和"上一页"

按钮 ◀，还可以利用窗口右侧的上下滚动条，滚动显示多页工作表。

（2）设置打印选项

在"打印预览"窗口的左侧就是"打印选项设置"窗格，在其中可以设置以下项目：

更改打印机：单击"打印机"项的下拉框，选择所需的打印机。

更改页面设置：在"设置"选项组下选择所需的选项进行重新设置，否则应用默认设置。

选择打印内容：单击"打印活动工作表"下拉框，从中选择相应的选项。如果选中"打印选定区域"，则打印当前工作表中选定区域范围中的数据；如果选中"打印活动工作表"，则打印当前工作表；如果选中"打印整个工作簿"，则可以打印工作簿的所有工作表，如果工作簿中某工作表已定义打印区域，Excel 将仅打印该区域；如果不想打印定义的打印区域，就选中下方的"忽略打印区域"复选框。

缩放整个工作表以适合单页打印：单击缩放选项下拉框中的选项。

单击"打印"按钮，就可以开始打印。如果要打印多份工作表，选择相应的份数选项。如果选择"调整"选项，可以设置第一份工作表全部打印完后再打印第二份，或多份工作表的第一页全部打印完后再打印第二页。

4.8 外部数据导入

Excel 外部数据导入是一个强大的功能，用户可以轻松地将其他程序或系统中的数据导入 Excel 中，以便进一步地分析、处理。

下面以导入 stock0.txt 中的两列数据（如图 4.8.1 所示）至 Excel 为例，说明从文本文件导入数据的操作步骤。

单击"数据"选项卡的"获取和转换"组的"获取外部数据"下拉按钮，在弹出的子菜单中单击"自文本"按钮，选择文本文件 stock0.txt，单击"导入"；在打开的"文本导入向导"第 1 步确认数据有分隔符，第 2 步确认分隔符是"Tab 键"，第 3 步设置列数据格式为"常规"，单击"完成"；然后在"导入数据"对话框中选择数据的放置位置（如图 4.8.2 所示），单击"确定"，文本文件中的数据即导入 Excel 中。

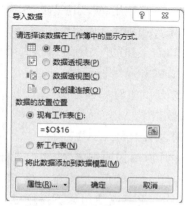

图 4.8.1　文本文件中的数据　　　　图 4.8.2　导入数据选项卡

"获取外部数据"下拉按钮的子菜单中有更多选项，若单击"自 Access"按钮，选择需要导入的数据库及表格的名称,即可将 Access 数据库的数据导入 Excel 中;若单击"自网站"按钮,在地址栏中输入网站地址,即可将网站中的可导入的数据导入;若单击"现有连接"按钮,选择需要导入的"连接"或"表格",则可从现有连接导入数据;若单击"自其他来源"按钮,根据数据来源的不同,选择不同的选项,各数据源按照"数据连接向导"逐步设置导入数据。

不同的外部数据源和数据格式可能需要不同的导入设置和步骤。在导入过程中,Excel 可能会根据数据的特性自动进行格式调整,但有时候也可能需要将某些数字型数据手动调整为文本格式或其他格式。此外,导入大量数据时,可能需要一些时间来处理和转换数据。建议在进行外部数据导入前,先备份好原始数据,以防导入过程中出现问题导致数据丢失。

4.9 上机实验

实验一　创建和保存工作簿

示例 1　创建如图 4.9.1 所示工作簿,并保存在 D 盘的文件夹 lx 中,文件名为"销售明细表.xlsx"。

①启动 Excel,在"Sheet1"工作表的 A1 单元格中输入"捷迅公司月份产品销售明细表(2012.1)",按 Enter 键。

②在 A2~F2 单元格分别输入"序号"等字符串,一个单元格输入完成后按 Tab 键,一行输入完成后按 Enter 键。

③在 A3 单元格输入"1",在 A4 单元格输入"2"。

④选定 A3,A4 单元格区域;鼠标指向 A4 单元格右下角的填充柄(鼠标符号变成小"十"字),拖动鼠标经过 A5 直到 A13 单元格,A5:A13 单元格分别被填入序号"3"至"11"。

⑤选定 B3 为活动单元格,输入"1-1",按 Enter 键;同样方法,输入 B4:B12 中各单元格中的日期数据。

⑥输入 C3:C12 及 B13 中各单元格中的字符串。

⑦选定 D3 单元格,输入数值 2,类似地输入 D4:D12,E3:E12 中各单元格数据。

⑧鼠标双击工作表 Sheet1 的标签,输入"一月份销售明细表",按 Enter 键。

⑨单击"文件"选项卡的"保存"命令,在"另存为"对话框中将文件保存在"D:\lx"文件夹中,文件名为"销售明细表.xlsx"。

⑩单击窗口右上角的"关闭"按钮,关闭窗口,退出 Excel。

实验二　公式和函数的使用

示例 1　打开由实验一创建的"销售明细表.xlsx"工作簿,在工作表中填入"销售金额"列各单元格的数据。

①打开"销售明细表.xlsx"工作簿。

②选定"一月份销售明细表"为当前工作表。

③计算 F3 单元格的值:单击单元格 F3;由键盘输入公式"=D3*E3",单击名称框右边的输入按钮"√"。也可以使用如下操作过程:输入"=",单击 D3 单元格,然后输入"*",单击 E3 单元格,单击"√"按钮。

④公式复制:鼠标指向 F3 单元格右下方的填充柄,按住鼠标左键拖动到 F12 单元格,即

把计算公式分别复制到 F4:F12 中各单元格,如图 4.9.2 所示。

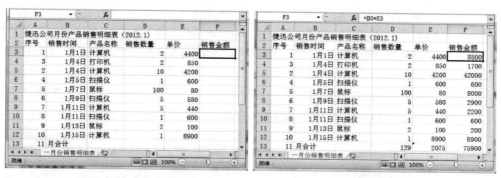

图 4.9.1　销售明细表的输入　　　　图 4.9.2　销售明细表的计算

示例 2　计算"销售明细表"的"销售数量"合计、"销售金额"合计和"单价"平均值。

①计算销售数量合计:单击 D13 单元格;单击"开始"选项卡的求和按钮"∑";单击"√"按钮。

②用同样方法计算 F13 单元格的值。

③计算平均单价:单击 E13 单元格;单击求和按钮"∑"右边的下拉按钮,在出现的下拉列表框中选择"平均值";按 Enter 键。操作结果如图 4.9.2 所示。

实验三　工作表的格式化操作

示例 1　对"销售明细表"进行格式设置。格式化结果如图 4.9.3 所示。

①边框设置:选定 A2:F13 单元格区域;单击"开始"选项卡"单元格"组的"格式"下拉按钮,选择"设置单元格格式"命令,打开"设置单元格格式"对话框,单击"边框"标签;在"线条"样式列表框中选择一条细线;单击"内部"⊞按钮,则该细线作为表格内部的分隔线;再在"线条"样式列表框中选择一条粗线;单击"外边框"□按钮;单击"确定"按钮,则该粗线作为表格外部的边线。

②行高的设置:选定 A1:F1 单元格区域;选择"开始"选项卡上"单元格"组的"格式"下拉菜单中的"行高"命令;输入"行高"值 30;单击"确定"按钮。

③ 单元格合并:选定 A1:F1 单元格区域;打开"设置单元格格式"对话框的"对齐"标签;选定"文本控制"中的"合并单元格"选项;单击"确定"按钮,把 A1:F1 合并成一个单元格。B13:C13 单元格区域合并操作类似。

④ 标题的对齐和字体设置:选定 A1 单元格;打开"设置单元格格式"对话框的"对齐"标签;在"水平对齐"列表框中选定"居中",在"垂直对齐"列表框中也选定"居中";单击"字体"标签;在"字体"列表框中选定"华文彩云";在"字号"列表框中选定"18";单击"确定"按钮。

⑤ 列宽的设置:选定 A2:F13 单元格区域;选择"开始"选项卡上"单元格"组的"格式"下拉菜单中的"自动调整列宽"命令。

⑥ 字体的设置:选定 A2:F2 单元格区域,按住 Ctrl 键再单击 B13 单元格;在"开始"选项卡的"字体"组中,单击"字体"列表框中的"华文行楷",单击"字号"列表框中的"12";单击"开始"选项卡"对齐方式"组中"居中"按钮。

⑦ 把 A 列的单元格设置成水平居中:选定 A3:A13 单元格区域;单击"居中"按钮。

⑧设置 B 列的对齐格式和日期格式:选定 B3:B12 单元格区域;单击"左对齐"按钮;打

开"设置单元格格式"对话框的"数字"标签;单击"分类"列表框中的"日期";单击"类型"列表框中的"2012/3/14";单击"确定"按钮。

⑨设置 F 列的货币格式:选定 F3:F13 单元格区域;打开"设置单元格格式"对话框的"数字"标签;单击"分类"列表框中的"货币";选择"货币符号"列表框中的"¥";单击"负数"列表框中的"¥-1,234.10";单击"确定"按钮。

按照以上步骤操作,B 列和 F 列的部分单元格中会出现一串"♯"号,这是因为单元格的列宽不够所致。正确的操作应该把列宽设置(步骤⑤)放在最后进行。

图 4.9.3　销售明细表的格式化　　　　图 4.9.4　修改后的销售明细表

实验四　工作表的编辑

示例 1　对"销售明细表"进行修改,形成如图 4.9.4 所示的结果。

①在工作表的左边插入一空列:鼠标右击 A 列标;单击快捷菜单的"插入"命令;鼠标指向列标 A 和列标 B 之间的竖线,当鼠标变为双箭头时,按下鼠标并左右拖动可调整 A 列的宽度,直到满意为止。

②删除"序号"列:选定 B2:B13 单元格区域;在"开始"选项卡"单元格"组中单击"删除"下拉按钮;选定"右侧单元格左移";单击"确定"按钮。

③把"产品名称"和"销售时间"两列的位置对调:选定 B2:B12 单元格区域;单击"开始"选项卡"剪贴板"组的"剪切"按钮;单击 H2 单元格,单击"开始"选项卡的"粘贴"按钮,把 B 列的内容暂时移动至 H 列;用类似的操作,把 C2:C12 单元格区域的内容移动至 B2:B12 单元格区域;再把 H2:H12 单元格区域的内容移动至 C2:C12 单元格区域。

④调整单元格的列宽:选定 B2:F13 单元格区域;选择"开始"选项卡"单元格"组的"格式"下拉框中"自动调整列宽"命令。

⑤删除 G 列:鼠标单击 G 列列标,单击"开始"选项卡"单元格"组中单击"删除"下拉按钮,选择"删除工作表列"命令;单击"确定"按钮。

示例 2　创建"学生成绩表"工作簿,其中包括"数学成绩表"、"语文成绩表"、"英语成绩表"和"学生成绩登记表",分别如图 4.9.5 和图 4.9.6 所示。

①创建空白工作簿:执行"文件"选项卡的"新建"命令;双击"空白工作簿"按钮。

②重命名工作表:双击"sheet1"标签,把工作表名称改为"数学";

③添加新工作表:单击"新工作表" ⊕ 按钮,添加 sheet2 工作表;双击"sheet2"标签,把工

<table>
<tr><td colspan="4">数学成绩登记表</td></tr>
</table>

	A	B	C	D
1		数学成绩登记表		
2	姓名	平时成绩	期末成绩	最终成绩
3	张山	67	88	81.7
4	李斯	98	92	93.8
5	王舞	78	84	82.2
6	赵柳	84	76	78.4
7	钱起	61	54	56.1

图 4.9.5　数学考试成绩表

	A	B	C	D	E
1		学生成绩登记表			
2	姓名	数学	语文	英语	总成绩
3	张山	81.7	91.7	84.3	257.7
4	李斯	93.8	43.9	86.1	223.8
5	王舞	82.2	69.1	56.9	208.2
6	赵柳	78.4	67.9	95.7	242.0
7	钱起	56.1	90.0	93.0	239.1

图 4.9.6　学生成绩登记表

作表名称改为"成绩登记表";

④编辑"数学"表:单击"数学"标签,按图 4.9.5 要求的内容输入数据和设置格式,其中"最终成绩"利用公式计算,最终成绩=0.3 * 平时成绩+0.7 * 期末成绩。

⑤将"数学"工作表复制两份:鼠标右击"数学"标签;在快捷菜单中单击"移动或复制"命令;在对话框中选定"建立副本"选项;选定副本的位置;单击"确定"按钮。即复制了"数学"工作表的副本"数学(2)"。同理可复制"数学(3)"工作表。

⑥将工作表"数学(2)"和"数学(3)"名字分别改成"语文"和"英语"。

⑦编辑"语文"和"英语"工作表:选定"语文"为当前工作表;双击 A1 单元格,把"数学"改成"语文";选定 B3:C7 单元格区域,鼠标右击选定区域,在快捷菜单中单击"清除内容"命令,即清除 B3:C7 单元格区域的全部内容;按实际数据(成绩数据由你自己假定)输入各学生的语文平时成绩和期末成绩。同理编辑"英语"工作表。

⑧编辑"成绩登记表"工作表:

A.选定"成绩登记表"为当前工作表;在 A1 单元格输入标题"学生成绩登记表";在 B2:E2 单元格区域分别输入"数学"、"语文"、"英语"和"总分";

B.将"数学"表中的学生"姓名"复制到"成绩登记表"中:选定"数学"表的 A2:A7 单元格区域;单击"复制"按钮;选定"成绩登记表"的 A2 元格;单击"粘贴"按钮;

C.将"数学"表中的"最终成绩"导入"成绩登记表"中:单击"成绩登记表"的 B3 单元格;输入"="符;单击"数学"表的 D3 单元格;单击"√"按钮;

D.将"语文"表中的"最终成绩"导入"成绩登记表"中:单击"成绩登记表"的 C3 单元格;输入"="符;单击"语文"表的 D3 单元格;按 Enter 键;

E.将"英语"表中的"最终成绩"导入"成绩登记表"中:单击"成绩登记表"的 D3 单元格;输入"="符;单击"英语"表的 D3 单元格;按 Enter 键;

F.计算"成绩登记表"的"总分":选定"成绩登记表"的 B3:E3 单元格区域;单击"开始"选项卡的"∑"按钮;

G.将 B3:E3 单元格区域的内容分别复制到第 4～7 行:选定 B3:E3 单元格区域;鼠标指向 E3 单元格右下角的填充柄;拖动到 E7 单元格。

⑨按图 4.9.6 样式格式化"成绩登记表"工作表(要求画表格边框、单元格内容居中对齐、成绩保留一位小数点)。

⑩以"学生成绩表"为文件名存盘并关闭 Excel 窗口。

示例 2 操作要点:成绩登记表中的所有课程成绩必须通过公式导入。

实验五 数据管理

示例 1 对"学生成绩表"工作簿的"成绩登记表"进行排序。即以"总分"为关键字,按"降序"的规则排序。

①打开"学生成绩表.xlsx"工作簿,选择"成绩登记表"工作表;

②单击 E3 单元格(或单击 E3～E7 中任一单元格);

③单击"开始"选项卡"编辑"组的"排序和筛选"下拉列表框中"降序"按钮。

示例 2 在"成绩登记表"工作表中增加"平均成绩"行。然后以"总成绩"为主要关键字,以"数学"为次要关键字进行降序排序。排序结果如图 4.9.7 所示。

①在 A8 单元格中输入"平均成绩";

②计算各课程的平均成绩:选定 B3:E8 单元格区域;单击"开始"选项卡的求和按钮"∑"右边的下拉按钮 ▼,在出现的下拉列表框中选择"平均值"。

③排序:选定 A2:E7 单元格区域;单击"数据"选项卡的"排序"命令,打开"排序"对话框;选中"数据包含标题"复选框;在"主要关键字"行选择"总成绩"和"降序";单击"添加条件"按钮,在增加的"次要关键字"行选择"数学"和"降序";单击"确定"按钮(如图 4.9.8 所示)。

图 4.9.7 多重排序结果   图 4.9.8 "排序"对话框

示例 3 筛选"学生成绩表"工作簿的"成绩登记表"工作表,要求显示"总成绩"的值小于或等于 230 的数据行。

①打开"学生成绩表"工作簿,选择"成绩登记表"工作表;

②单击 A2:E7 单元格区域中的任意单元格;

③单击"数据"选项卡的"筛选"按钮,"成绩登记表"工作表如图 4.9.9 所示;

④单击"总成绩"单元格右边的小三角形按钮,在出现的下拉列表框中选择"数字筛选"中的"小于或等于"命令,出现如图 4.9.10 所示的"自定义自动筛选"对话框;

图 4.9.9 带筛选标记的工作表   图 4.9.10 自定义自动筛选对话框

⑤在对话框的小于或等于右边输入"230",表示以"总成绩＜＝230"作为筛选的条件。

⑥单击"确定"按钮。

说明：如果要取消"自动筛选"功能，可再一次单击"数据"选项卡的"筛选"命令。

示例 4　以"销售明细表"的"产品名称"分类，对"销售数量"及"销售金额"进行汇总。分类汇总后的结果如图 4.9.11 所示。

①打开"产品销售明细表"。

②选定数据清单：选择 A2:F12 单元格区域。

③按"产品名称"排序：单击产品名称列中任一单元格，执行"数据"选项卡的"升序"命令，以"产品名称"为主要关键字，对选定的数据行进行升序排序。

④分类汇总：执行"数据"选项卡的"分类汇总"命令；在"分类汇总"对话框中，"分类字段"选择"产品名称"；"汇总方式"选择"求和"；"选定汇总项"分别选择"销售数量"和"销售金额"；最后单击"确定"按钮。

图 4.9.11　分类汇总后的产品销售明细表

习题

一、选择题

1.Excel 的主要功能是（　　　）。

A. 处理文字　　　　B. 处理数据　　　　C. 管理资源　　　　D. 演示文稿

2.工作簿是由（　　）组成。

A. 单元格　　　　B. 单元格区域　　　　C. 工作表　　　　D. 数据行

3.下列关于工作簿和工作表的叙述中，错误的是（　　　）。

A. 工作簿中的工作表可以添加或删除　　　B. 工作簿中的工作表可以移动或复制

C. 可以将工作簿或工作表隐藏　　　D. 每张工作表都是独立的文件

4.在公式计算中，如果要表示以 B2 单元格为左上角，E6 单元格为右下角的单元格区域，正确的表示方法是（　　）。

A. B2:E6　　　　B. ）B2,E6　　　　C. B2～E6　　　　D. B2-E6

5.要选定不连续的若干个单元格,可按住(　　　)键的同时依次单击各个单元格。

A. Alt　　　　　　　　B. Ctrl　　　　　　　　C. Shift　　　　　　　　D. Tab

6.下列计算公式中,表示绝对引用的是(　　　)。

A. = $A3　　　　　　B. =A3　　　　　　C. =A$3　　　　　　D. = $A$3

7.工作表 sheet1 的 A1 单元格的完整地址表示为(　　　)。

A. Sheet1:A1　　　　　　　　　　B. sheet1! A1

C. sheet1→A1　　　　　　　　　　D. sheet1+A1

8.在 Excel 活动单元格中输入 4/2 并单击√按钮,单元格显示的是(　　　)。

A. 2　　　　　　　　B. 4/2　　　　　　　　C. 4月2日　　　　　　　　D. 出错

9.要将活动单元格的内容复制到相邻的单元格,一种操作方法是:鼠标指向活动单元格的(　　　),然后拖动鼠标到目的单元格。

A. 左下角　　　　　　B. 右下角　　　　　　C. 左上角　　　　　　D. 右上角

10.设 D2 单元格的值为1,D3 单元格的值为3,选定 D2 和 D3,鼠标指向 D3 单元格的填充柄并拖动到 D5,则 D4 和 D5 单元格的值分别为(　　　)。

A. 1和1　　　　　　B. 1和3　　　　　　C. 3和3　　　　　　D. 5和7

11.如果没有设置工作表的对齐方式,则系统默认为(　　　)。

A. 文本左对齐、数值右对齐　　　　　　B. 文本右对齐、数值左对齐

C. 二者均居中对齐　　　　　　　　　　D. 二者均左对齐

12.工作表中没有看到 B 列标,则意味着(　　　)。

A. B 列已被删除　　　　　　　　　　B. B 列已被清除

C. B 列已被隐藏　　　　　　　　　　D. 该工作表没有定义 B 列

13.删除工作表中指定的单元格,则(　　　)。

A. 原有单元格的下方单元格上移

B. 原有单元格位置还在,内容被删除

C. 原有单元格的右方单元格左移

D. 可选择原有单元格的下方单元格上移或右方单元格左移

14. Excel 公式中必不可少的符号是(　　　)。

A. +　　　　　　　　B. −　　　　　　　　C. =　　　　　　　　D. ?

15.Excel 中,输入函数需要以符号(　　　)开头。

A. (　　　　　　　　B. =　　　　　　　　C. $　　　　　　　　D. @

16.Excel 在执行分类汇总命令之前,需要对数据清单进行的操作是(　　　)。

A. 排序　　　　　　　　　　　　　　B. 筛选

C. 设置数据对齐方式　　　　　　　　D. 单元格合并

17.在 Excel 工作簿中,创建图表是以(　　　)的数据为基础。

A. 整个工作簿　　　　　　　　　　　B. 整个工作表

C. 指定单元格区域　　　　　　　　　D. 指定单元格

18.关于 Excel 的打印功能,叙述正确的是(　　　)。

A. 只能打印整张工作表,不能打印工作表的一部分

B. 行号和列标无法打印出来

C. 各工作表的页眉和页脚可以不同

D. 表格的大小尺寸不能改变

19. 以下不能作为外部数据导入 Excel 的是（　　　）。

A. Access

B. 文本文件

C. XML 文件

D. PowerPoint

二、操作题

1. 创建以下数据表

姓名	英语	数学	政治	计算机	总分
刘伟	72	88	65	67	
郑东	75	89	67	75	
王强	78	78	74	86	
李斌	85	65	79	89	
全班平均					

要求：总分和全班各课程平均分必须用公式计算，按总分降序排序，如果总分相同，则按英语成绩降序排列。

2. 创建以下数据表

计算机销售	
国家	销售额
加拿大	88845
美国	98679
中国	96940
日本	87850
印度	86360

要求：

① 合并单元格 A1 和 B1，并使"计算机销售"居中排列；

② 将销售额中的数字用货币格式表示，货币符为"US＄"；

③ 根据"图家"和"销售额"两列数据制作两个图表，图表样式分别为"柱形图"和"折线图"；

④ 将图表中的标题设为："计算机销售情况表"。

⑤ 从表中筛选出"销售额"大于 90000 的国家。

3. 党的二十大报告指出，十年来，我们坚持马克思列宁主义、毛泽东思想、邓小平理论、"三个代表"重要思想、科学发展观，实现一系列突破性进展。报告中的多组数据彰显了新时代的非凡成就。

以报告中的数据建立如下的数据表，并计算数据表中"十年增长率％"的值（不保留小数），其计算公式是：十年增长率％＝（2022 年数据－2012 年数据)/2012 年数据，将"十年增长率％"列中的数字用百分比表示。数据表保存在 sheet1 工作表中。

	A	B	C	D
1	经济指标	2012年	2022年	十年增长率%
2	国内生产总值（万亿元）	54	114	
3	全社会研发经费支出（万亿元）	1	2.8	
4	人均国内生产总值（万元）	3.98	8.1	
5	居民人均可支配收入（万元）	1.65	3.51	

选择"经济指标"和"十年增长率%"两列数据,创建"簇状条形图"图表,图表标题为"非凡十年（党的二十大报告）",设置分类（水平）轴为"十年增长率%",图例在右侧。效果见图4.10.1。将 sheet1 更名为"经济实力跃升"。

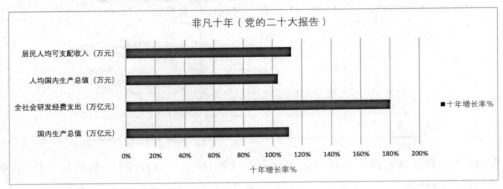

图 4.10.1　图表设计效果

4.输入下表内容

	A	B	C	D	E
1	单价:	0.3			
2	房号	上月电表读数	本月电表读数	用电量	金额
3	101	1020	1078		
4	102	789	1000		
5	103	456	900		
6	104	102	204		
7	101	1500	1600		
8	102	1460	1500		
9	103	1580	1600		
10	104	1300	1500		

要求:
①利用公式计算用电量,用电量＝本月电表读数－上月电表读数;
②利用公式计算金额,金额＝用电量＊单价,要求公式中必须使用单元格引用,不能使用常量;
③将金额列中的数字用人民币符"￥"表示,保留一位小数;
④将"房号"作为主要关键字对数据清单进行排序;
⑤将相同房号的数据进行分类汇总,计算各"房号"的"金额"的总和;
⑥以分类汇总后的各房号及其对应的金额之和为数据源设置图表,图表类型为三维簇状柱形图,图表标题设置为"用电金额汇总",在底部显示图例。
5.打开实验四创建的"学生成绩表",按以下要求操作:
①在工作簿中插入一张"计算机"成绩表,样式和"数学"成绩表相同;
②在"成绩登记表"的"英语"列后增加"计算机"列,成绩由"计算机"表导入;
③在"成绩登记表"中增加"平均成绩"行;
④以"总分"为关键字重新排列各行;
⑤筛选出所有考试不及格的学生(不管几科不及格都要选出)。

第 5 章　PowerPoint 2016

PowerPoint 是 Office 系列产品中用于制作和演示幻灯片的软件。它集成了文本、图形、照片、视频、动画、声音等形式,可以将用户所要表达的信息组织在一组图文并茂的画面中,设计出具有视觉震撼力的演示文稿,广泛应用于演讲报告、商务演示、产品推广、多媒体教学等方面。

5.1 认识 PowerPoint

5.1

5.1.1 PowerPoint 工作界面

(1)PowerPoint 工作界面

PowerPoint 启动后,窗口如图 5.1.1 所示。左侧可以看到最近使用的文档,方便快速打开相应文档。右侧列出可以使用的模板和主题,也可以搜索联机模板和主题。

图 5.1.1　PowerPoint 2016 的启动窗口

在 PowerPoint 中创建的文档称为"演示文稿",它由若干张幻灯片组成。用户可以借助本地或联机模板和主题,创建不同风格的演示文稿,也可以从"空白演示文稿"模板开始创建文档。

单击"空白演示文稿",进入如图 5.1.2 所示的工作界面。

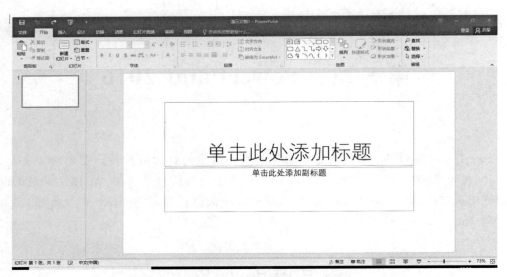

图 5.1.2 PowerPoint 2016 的工作界面

幻灯片编辑区:也称为工作区,显示当前幻灯片,用户可对其内容进行编辑。幻灯片编辑区是进行幻灯片处理和操作的主要区域。它的左侧显示了幻灯片的缩略图。

状态栏:位于窗口的最底部,显示当前的状态信息,如演示文稿包含的幻灯片总张数、当前幻灯片编号。状态栏一般包括以下对象:

视图快捷方式按钮:用于在不同的视图之间切换。

显示比例:用于设置工作区的显示比例,用户通过拖动滑块进行调整。

缩放至合适尺寸按钮:用于调整窗口中的幻灯片大小,以便与窗口大小相适应,达到最佳效果。

PowerPoint 2016 状态栏新增了"备注"和"批注"两个按钮。若需要在状态栏显示其他信息,可以用鼠标右击状态栏的空白处,在打开的项目列表中勾选。

备注区:用于添加与幻灯片内容相关的注释和说明,供演讲者演示文稿时参考。单击状态栏"备注"按钮,将显示备注区。

(2)自定义工作界面

用户可以根据自己的使用习惯,把 PowerPoint 2016 工作界面设置成自己习惯的模式。

单击"文件"选项卡,单击下面的"选项"按钮,打开"PowerPoint 选项"对话框,如图 5.1.3所示。所有工作界面的定义都可在"PowerPoint 选项"对话框中完成。

其中,单击"保存",可以自定义文档保存方式,例如设置演示文稿默认的保存格式和位置,将字体嵌入文件等。

单击"自定义功能区",可创建自定义选项卡和自定义选项卡中的命令组,包含用户的常用命令。可以隐藏选项卡、删除自定义选项卡、更改选项卡或组的顺序等。

此外,在编辑演示文稿时,为了使幻灯片的显示区域更大些,可以单击标题栏右侧的"功能区显示选项"按钮,设置自动隐藏功能区或者只显示选项卡。

5.1.2 PowerPoint 视图

PowerPoint 中的文档视图包括:普通视图、大纲视图、幻灯片浏览视图、备注页视图、幻

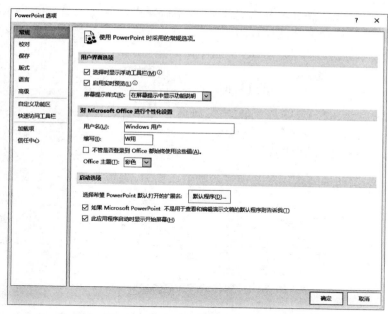

图 5.1.3　"PowerPoint 选项"对话框

灯片放映视图、阅读视图、母版视图（幻灯片母版、讲义母版和备注母版）。每种视图都有其特定的显示方式，用户可根据需要选用不同的视图用于编辑、打印或放映演示文稿等。

切换文档视图可单击"视图"选项卡的相应按钮，也可通过窗口状态栏右边的视图快捷方式按钮进行。

用于编辑演示文稿的视图

普通视图是主要的编辑视图，用于撰写或设计演示文稿。在该视图中，可以看到当前编辑的整张幻灯片。左侧窗格用于对幻灯片的操作，如插入、删除和移动幻灯片等；幻灯片工作区用于对当前幻灯片的编辑，如在当前幻灯片中添加文本、插入图片、表格、SmartArt 图形、图表、图形对象、文本框、电影、声音、超链接和动画等。

大纲视图的左侧窗格显示文档的大纲。

幻灯片浏览视图用于显示演示文稿所有幻灯片的缩略图，可以全面、清楚地看到幻灯片的整体外观，在浏览视图下可以进行添加、删除和移动幻灯片等操作，但不能编辑幻灯片中的具体内容。

备注页视图用于编辑演讲者的备注信息。在 PowerPoint 中，每张幻灯片都可以有一个备注，可以在普通视图下的备注窗格直接添加文本备注，也可在备注页视图中，根据需要移动备注页的文本框边界，以添加文本、图表、图片、表格或其他图形。

母版视图包括幻灯片母版视图、讲义母版视图和备注母版视图。母版用于存储演示文稿基本格式，包括背景、颜色、字体、效果、占位符大小和占位符位置等。使用母版视图编辑母版，然后把母版应用于幻灯片，可使幻灯片具有统一格式。

用于放映演示文稿的视图

幻灯片放映视图用于向观众放映演示文稿，放映视图占据整个计算机屏幕，可以看到图形、计时、视频、动画和切换在实际演示中的具体效果。可以单击鼠标右键，在快捷菜单中选择"结束放映"或按键盘上的"Esc"键退出放映。

阅读视图供自己在计算机查看演示文稿,如果需要更改演示文稿,可以随时通过视图快捷方式按钮从阅读视图切换至其他视图。

5.2 制作简单的演示文稿

5.2.1 演示文稿制作流程

设计演示文稿的主要步骤如图 5.2.1 所示。

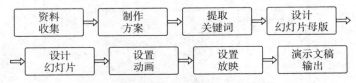

图 5.2.1 制作演示文稿的主要步骤

根据演示文稿的应用目的,收集相关资料;根据资料内容和形式,制定演示文稿的总体方案(基本样式、色调、风格);从资料中提取出关键词,确定主要幻灯片内容;根据总体设计方案,确定幻灯片的版式,设计幻灯片母版;详细设计每张幻灯片,包括编辑并格式化文本、编辑表格、制作图表、插入和编辑各种多媒体对象等;对幻灯片内容设置动画,使演示文稿播放具有动态效果;如果需要,可以录制旁白,排练计时;设置演示文稿的放映方式,是自动播放还是手动播放;根据需要打印幻灯片以便分发给听众,或者打包成 CD,以便在没有安装 PowerPoint 的系统上播放或者便于刻录到 CD 上。

5.2.2 创建有效演示文稿

制作引人注目的演示文稿,应考虑下列提示:

最大限度地减少幻灯片数量。要吸引观众的注意力,把信息清楚准确地传递给听众,以最大限度地减少幻灯片数量,使演示文稿短而精。

选择对观众友好的字号。选择最佳的字号有助于传达信息。观众必须能够在一定距离阅读幻灯片。一般说来,观众可能很难看到字号小于 30 磅的文字。

幻灯片文本应简洁。听众主要是听讲演,而不是阅读屏幕上的信息。使用项目符号或项目编号,尽量避免大段的文字。某些投影仪会裁剪掉幻灯片边缘,因此长句可能会被裁剪。

使用多媒体增强视觉效果。图片、图表、图形和 SmartArt 图形提供的视觉效果可以使观众铭记于心。和文本一样,也应避免在一个幻灯片中包含太多的多媒体对象。

图表和图形的标签应易于理解。使用合适的文本使图表或图形中的标签元素易于阅读和理解。

合适的幻灯片背景。选择适当的模板,幻灯片背景颜色尽量柔和,背景图片不要太花哨,以免分散观众对幻灯片内容的注意力。

适当设置动画。动画设置使得幻灯片内容能动态播放,吸引听众的注意力,使听众的听觉和视觉效果一致。

检查拼写和语法。可用"审阅"选项卡上的功能检查演示文稿中的拼写和语法。

5.2.3 制作简单演示文稿

一般的演示文稿包含标题页、正文页和结束页等几类幻灯片。

启动 PowerPoint,应用程序中有众多的模板和主题可以使用,也可以搜索联机的模板和主题,帮助用户设计出专业的演示文稿。

假设已经做好素材收集工作,我们以制作"厦门大学学校概况"演示文稿为例,介绍简单演示文稿的制作过程。

(1)演示文稿的创建

①新建空白文档

单击"文件"菜单,单击"新建";选择"空白演示文稿"。空白演示文稿应用"office 主题",没有配色方案和动画方案,但空白演示文稿留给用户最大限度的设计空间。

②标题幻灯片的制作

空白演示文稿的第一页(第一张幻灯片)默认创建"标题幻灯片"版式的空白幻灯片,单击工作区中的标题占位符,输入标题文本"厦门大学学校概况",选中输入的文本,利用"开始"选项卡的"字体"组中的相关命令,完成对标题文本的字体、字号、字型、颜色等格式设置。

单击副标题占位符,输入副标题文本"Xiamen University"(副标题一般显示作品制作人、制作单位等信息,当然也可以没有副标题),仿照主标题的方法设置副标题的格式。

标题幻灯片制作完成,效果如图 5.2.2 所示。

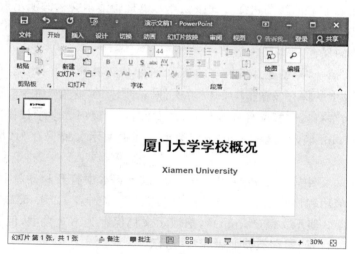

图 5.2.2　标题幻灯片

③正文幻灯片的制作

新建一张幻灯片。单击"开始"选项卡,单击幻灯片组中的"新建幻灯片"按钮。新建的幻灯片在当前幻灯片之后。

新建的幻灯片默认采用"标题和内容"版式,用户可以通过单击"新建幻灯片"图标右下角的箭头打开版式窗格,从中选择合适的版式,如图 5.2.3 所示。

图 5.2.3　幻灯片版式选择

将文本或其他内容添加到幻灯片中，并进行相关格式设置。

反复上面的操作，完成后续各正文幻灯片的制作。

④结束页幻灯片的制作

结束页幻灯片的制作类似于标题幻灯片，只是内容有所不同，一般是结束语、致谢词、口号或提议等，应力求简洁明了。

所有幻灯片制作完毕，可以单击快速访问工具栏上的按钮，从头开始放映幻灯片（或者按 F5 键或单击状态栏的视图快捷方式按钮），以检验演示文稿的演示效果，通过反复演示和调整，直至获得效果满意的演示文稿。

（2）演示文稿的保存

和创建其他文档一样，创建并编辑好的演示文稿，应为其命名并保存。保存文稿可单击"快速访问工具栏"上的保存按钮，或选择"文件"选项卡的"保存"命令。第一次保存文稿时，会出现"另存为"窗口，选择文件保存位置，取文件名为"厦门大学学校概况"，演示文稿默认保存为"PowerPoint 演示文稿（＊.pptx）"类型。即把演示文稿保存为"厦门大学学校概况.pptx"文件。

类型为.pptx 的文件只能在 PowerPoint 2007 以上版本中打开和播放，如果要在早期版本的 PowerPoint 应用程序中打开，请在"保存类型"下拉列表（如图 5.2.4 所示）中，选择"PowerPoint 97-2003 演示文稿（＊.ppt）"，把演示文稿保存为.ppt 类型，但有可能会失去部分新功能或效果。常用的保存类型如表 5.2.1 所示。

表 5.2.1　PowerPoint 中常用的保存类型

保存类型	扩展名	用途
演示文稿	.pptx	应用程序默认的保存类型
模板	.potx	模板用以制作相同风格的演示文稿
主题	.thmx	保存一组颜色、字体和视觉效果的组合
放映	.ppsx	可以不借助于 PowerPoint 程序，在任意环境中播放演示文稿

续表

保存类型	扩展名	用途
大纲 RTF 文件	.rtf	可以在 word 等文字编辑软件中打开 rtf 文件
Web 页格式	.html	便于在网络浏览器中直接浏览演示文稿

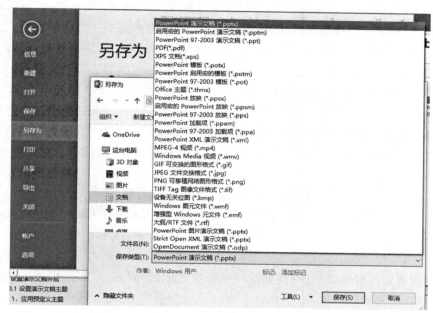

图 5.2.4　"保存类型"下拉列表

5.2.4 幻灯片操作

演示文稿由多张幻灯片组成,幻灯片的操作包括选择幻灯片、插入幻灯片、移动幻灯片、复制幻灯片以及删除幻灯片等。

(1)插入幻灯片

默认情况下,新建的空白演示文稿中只有一张幻灯片。要添加新幻灯片,可以用以下方法之一:

①在"开始"选项卡的"幻灯片"组中,单击"新建幻灯片"按钮；

②在普通视图左侧的"幻灯片"窗格中,右键单击幻灯片,在打开的快捷菜单中选择"新建幻灯片"命令；

③在普通视图左侧的"幻灯片"窗格中,选定某幻灯片,然后按回车键。

④选定某幻灯片,然后按快捷键 Ctrl+M；

上述方法可在当前幻灯片之后插入一张新幻灯片。新插入的幻灯片通常采用系统默认的版式,即"标题和内容"版式。如果这种版式不符合实际需要,可以通过单击"开始"选项卡"幻灯片"组中的"版式"图标,在打开"版式"列表中选择合适的版式。

(2)选择幻灯片

对演示文稿中的幻灯片进行编辑之前,应先选择幻灯片,可以在普通视图的"幻灯片"窗格中选择幻灯片,或在浏览视图中选择幻灯片。可以选择单张幻灯片,也可以选择多张连续或不连续的幻灯片。

选择单张幻灯片:鼠标单击该幻灯片;

选择多张连续的幻灯片:单击第一张幻灯片,按住 Shift 键不放,再单击最后一张幻灯片,两张幻灯片之间的所有幻灯片均被选中;

选择多张不连续的幻灯片:在"幻灯片"窗格或在"幻灯片浏览"视图中,单击需选择的第一张幻灯片,然后按住 Ctrl 键不放,依次选择其他的幻灯片。

按下 Ctrl+A 键可以选择演示文稿中的所有幻灯片。

(3)移动幻灯片

如果某幻灯片的位置需要调整,可以移动该幻灯片到合适位置。有三种方法:

①用鼠标把幻灯片直接拖到目标位置;

②选择要移动的幻灯片,执行"剪切"命令,选定目标位置,执行"粘贴"命令;

③选择要移动的幻灯片,按下 Ctrl+X 键,选定目标位置,按下 Ctrl+V 键。

(4)复制幻灯片

①按住"Ctrl"键的同时用鼠标把幻灯片直接拖到目标位置;

②选定要复制的幻灯片,执行"复制"命令,选定目标位置,执行"粘贴"命令;

③选择要复制的幻灯片,按下 Ctrl+C 键,选定目标位置,按下 Ctrl+V 键。

(5)删除幻灯片

对于不需要的幻灯片,可以将其删除。在普通视图的"幻灯片"窗格中或"幻灯片浏览"视图中,选择要删除的幻灯片,按下 Delete 键。

移动、复制或删除幻灯片后,PowerPoint 将自动重新对各幻灯片进行编号。

5.3 设置演示文稿外观

 ### 5.3.1 设置演示文稿主题

主题是 Office 中一组预定义的颜色、字体和视觉效果,应用于文档以具有统一、专业的外观。对于 PowerPoint 而言,主题中还包括背景样式。Office 中有多种内置主题供用户选用,默认情况下,PowerPoint 将"Office 主题"应用于空白演示文稿。

5.3.1

(1)应用预定义主题

打开"厦门大学学校概况.pptx"演示文稿,在"设计"选项卡的"主题"组中,单击其他按钮,展开主题样式库(如图 5.3.1 所示),从中选择需要的主题样式。在应用主题前,只要将鼠标指针悬停在主题库的某缩略图上,就显示该主题名称,同时用户可以看到该主题的实时预览。使用实时预览,可以比较各种主题应用于幻灯片的效果,直至找到合适的主题。图 5.3.2 是选择"丝状"主题的应用效果。

单击某个主题默认将该主题应用于演示文稿的所有幻灯片。如果希望只对选定的幻灯片应用主题,则应先选择幻灯片,然后在打开的主题样式库中右键单击要应用的主题,在快捷菜单中执行"应用于选定幻灯片"命令。

图 5.3.1　主题样式库

图 5.3.2　应用主题

用户可以自己设定默认主题。在主题样式库中选择一个主题，右键单击该主题缩略图，在快捷菜单中执行"设置为默认主题"命令，该主题在应用到幻灯片的同时，被设置为"默认主题"。以后新建演示文稿，默认情况下该主题将被应用到新建演示文稿的所有幻灯片中。

（2）自定义主题

如果对 PowerPoint 内置的主题样式不满意，可以对选定的主题进行更改。包括对主题颜色、主题字体、主题效果、图形外观效果等进行重新设置，让演示文稿的外观更具有个性。

①更改主题颜色

更改主题颜色，可以选择内置的配色方案或者自定义颜色。单击"设计"选项卡，单击"变体"组中的其他按钮▽，在下拉列表中单击"颜色"，打开内置的主题颜色列表，每种主题颜色均有名称。更改主题颜色前可以实时预览，观察幻灯片的颜色变化情况，以便选择一组颜色作为当前的主题颜色。右键单击某种主题颜色，可以选择应用于演示文稿的所有幻灯片，或者只应用于所选幻灯片，如图 5.3.3 所示。

在打开的主题颜色列表下面，单击"自定义颜色…"命令，弹出"新建主题颜色"对话框，如图 5.3.4 所示。单击需要更改颜色的下拉按钮，打开"主题颜色"调色板，选择需要使用的颜色，可以在"示例"区域看到更改效果，在"名称"框中可以为自定义的主题颜色键入适当的名称，然后单击"保存"按钮。如果要将所有主题颜色元素恢复为原始主题颜色，请在单击

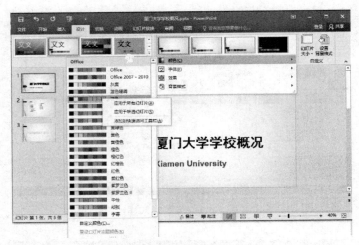

图 5.3.3　更改主题颜色

"保存"按钮之前单击"重设"按钮。

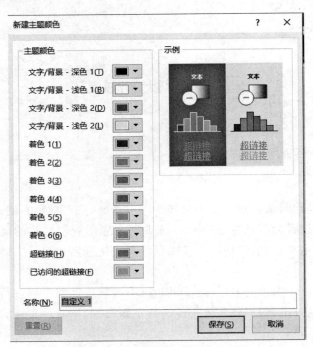

图 5.3.4　新建主题颜色对话框

每一个主题颜色方案实际上都是由一组包含 12 种颜色的配置所组成。这 12 种颜色所构成的配色方案决定了幻灯片中的文字、背景、图形、图表和超链接等对象的默认颜色。内置的配色方案只能应用不能更改，自定义颜色可以更改颜色的构成。

②更改主题字体

主题字体包含标题字体和正文字体。更改主题字体，可以选择内置的字体方案或者自定义字体。单击"设计"选项卡，单击"变体"组中的其他按钮🔽，在下拉列表中单击"字体"，打开字体列表，可以看到每种内置主题字体的标题字体和正文字体的名称，用户可以将其中一组应用到幻灯片中。也可以通过单击"自定义字体…",在打开的"新建主题字体"对话框中自定义主题字体。

③选择主题效果

主题效果是线条与填充效果的组合。虽然无法创建自己的主题效果集,但是可以选择演示文稿主题中使用的效果。单击"设计"选项卡,单击"变体"组中的其他按钮 ☑,在下拉列表中单击"效果",从中选择要使用的效果即可。

④保存主题

保存对现有主题的颜色、字体或者线条与填充效果做出的更改,以便可以将该主题应用到其他演示文稿。单击"设计"选项卡,单击"主题"组中的其他按钮 ☑,在列表框中单击"保存当前主题…",在"文件名"框中,为主题键入适当的名称,然后单击"保存"按钮。修改后的主题在本地驱动器上的 Document Themes 文件夹中保存为 ∗.thmx 文件,并将其自动添加到"设计"选项卡"主题"组中的自定义主题列表中。

使用主题可以简化演示文稿的创建过程,并能使各种文档具有统一的风格。

(3)设置背景样式

每个主题方案都提供了相应的背景样式。单击"设计"选项卡,单击"变体"组中的其他按钮 ☑,在下拉列表中单击"背景样式",可以看到内置的 12 种背景样式,单击可以直接应用于当前演示文稿的所有幻灯片,右键单击可以选择不同的应用方式。

除了在给定的背景样式中选择,用户也可以自己设定背景。单击"背景样式"里面的"设置背景格式…"或者单击自定义组中的"设置背景格式"按钮,打开如图 5.3.5 所示的设置背景格式任务窗格。可以设置颜色填充、图案填充和图片填充等,还可以隐藏背景图形。设置时注意观察当前幻灯片背景格式的实时变化,不断调整直到满意为止。

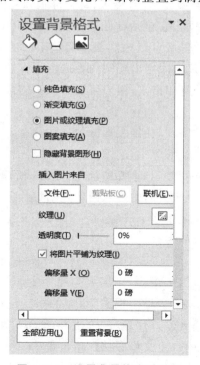

图 5.3.5 设置背景格式对话框

如果更改后的幻灯片背景不符合要求,可以单击"设置背景格式"任务窗格中的"重置背景"按钮,即可快速还原幻灯片的背景。而单击"全部应用"按钮,会将相关背景格式设置应用于当前演示文稿的所有幻灯片,被"全部应用"的背景格式无法重置,但可以利用快速访问工具栏上的撤销命令 ,撤销相关设置。

5.3.2 设置幻灯片母版

(1)母版及其类型

5.3.2

幻灯片母版用于存储有关幻灯片主题和版式的信息,包括幻灯片背景、颜色、字体、效果、占位符大小和占位符位置等。使用幻灯片母版可以对演示文稿中的幻灯片进行统一的样式更改,减少重复性工作,提高工作效率。

每个演示文稿至少使用了一种幻灯片母版,每种母版可能包含多个不同的幻灯片版式。

幻灯片版式包含要在幻灯片上显示的全部内容的格式设置、位置和占位符。每个版式有不同的名称和布局,适用对象也不同。通常默认母版中的内置版式包括"标题幻灯片"、"标题和内容"、"两栏内容"、"图片与标题"和"空白"等。

占位符是版式中的容器,可容纳如文本(包括标题文本和正文文本)、表格、图表、SmartArt 图形、影片、声音、图片等内容,并规定了这些内容默认放置在幻灯片页面上的位置和面积。占位符中有相关提示信息,比如"单击此处编辑母版标题样式""编辑母版文本样式"等。

占位符是规范和统一幻灯片版式及字体的重要工具。各类占位符的不同排版布局,构成了各种不同的幻灯片版式。

PowerPoint 有 3 种母版类型:幻灯片母版、讲义母版和备注母版。

幻灯片母版是最常用的母版,它包括标题区、内容区、日期区、页脚区和数字区,这些区域实际上就是占位符。幻灯片母版可以控制演示文稿中的所有幻灯片,保证整个演示文稿风格统一,并且能将每张幻灯片中固定出现的内容进行一次性编辑。

讲义母版用于控制讲义的打印格式,用户可以将多张幻灯片制作在同一个页面中,以节省打印纸资源。

备注母版用于设置备注的格式,让绝大部分的备注具有统一的外观。

(2)母版和版式的基本操作

Office 主题的幻灯片母版包含 11 种版式,如图 5.3.6 所示。在"幻灯片母版"视图的左侧幻灯片缩略图窗格中,第一张较大的幻灯片图像是幻灯片母版,位于其下方的较小图像是相关版式。一个演示文稿可以使用多个母版,而一个母版又与一组版式相关联,母版与版式的关系其实就是包含与被包含的关系。

①添加母版和版式

要使演示文稿包含两个或更多主题,则需要为每个主题分别设置一个幻灯片母版。具体操作为:单击"视图"选修卡,单击"母版视图"组中的"幻灯片母版",在"幻灯片母版"选项卡的"编辑母版"组中,单击"插入幻灯片母版"按钮,系统将自动在当前母版中最后一个版式的下方插入新的母版,新插入的自定义母版也默认自带 11 种版式。

要在母版中增加版式,先选择要添加版式的插入位置,然后在"编辑母版"组中单击"插

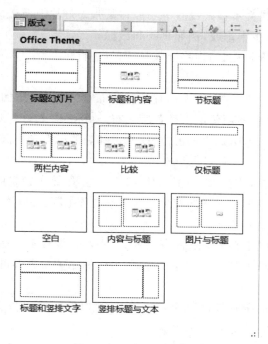

图 5.3.6　各种内置版式

入版式"按钮。插入的新版式其实是原版式的复制品,需要对增加的版式做适当设置,才有实际使用价值。

②复制母版和版式

如果要创建的母版或版式和已经存在的布局结构基本相同,则可以复制已有的母版和版式,然后对复制品稍加改动,即可得到新的母版和版式。具体操作为:进入"幻灯片母版"视图,右键单击待复制的幻灯片母版,从弹出的快捷菜单中单击"复制幻灯片母版"命令,在左侧缩略图窗格中可以看到复制出新母版。同理可以复制版式。

③重命名母版和版式

在添加了母版和版式后,可以根据需要为母版和版式命名。进入"幻灯片母版"视图,右键单击需要重命名的母版,从弹出的快捷菜单中单击"重命名母版"命令,弹出"重命名版式"对话框,在"版式名称"文本框中输入母版名称,单击"重命名"按钮即可。同理右键单击需要重命名的版式,选择"重命名版式"命令可以实现版式重命名。

④删除母版和版式

如果在演示文稿中创建了过多的母版和版式,容易造成混乱,可以将不用的母版和版式删除。进入"幻灯片母版"视图,选择需要删除的母版,在"编辑母版"组中单击"删除"按钮即可。右键单击需要删除的版式,从弹出的快捷菜单中单击"删除版式"命令即可删除相应版式。

（3）设置母版

最好在创建幻灯片之前设置好幻灯片母版,这样添加到演示文稿中的所有幻灯片都可以选用该幻灯片母版和相关联的版式。

如果在创建了演示文稿的幻灯片之后再设置幻灯片母版,则幻灯片上的某些项目可能不符合幻灯片母版的设计风格。

可以使用背景设置或文本格式设置等功能在某张幻灯片上覆盖幻灯片母版已定义的内容，但有些内容必须在母版中修改，例如页脚和徽标等。

创建和编辑幻灯片母版在"幻灯片母版"视图下进行。

①设置版式

Office 主题的幻灯片母版中，各版式有特定的布局，用户新添加的版式或复制的版式，要重新设置版式布局，才有使用价值。设置版式布局可使用"幻灯片母版"选项卡的"母版版式"组中的相关命令，例如为版式添加占位符、显示和隐藏标题和页脚占位符等。

②应用主题

单击"幻灯片母版"选项卡的"编辑主题"组的某个主题，该主题将应用于当前母版，观察随着主题的改变，母版下的版式也会随之变化。右键单击某主题，可以添加特定主题的母版。

③设置背景

如果希望版式有不同于整个母版的背景样式，则可以设置某个版式的背景，只需选定该版式，然后使用"幻灯片母版"选项卡下的"背景"组中的相关命令即可。

④设置母版格式

如果希望为母版中的所有版式设置共同的外观和结构，则可以在幻灯片的母版中直接设置，例如设置版式字体、设置文本样式、统一页脚信息等。

具体操作为：进入"幻灯片母版"视图，在左窗格中选择母版（第一个缩略图），可以对其中占位符以及占位符中文本进行设置，对母版的操作类似于对演示文稿中幻灯片的操作，只不过前者应用于所有幻灯片，而后者只针对操作的幻灯片。

5.3.3 创建和使用模板

当创建好主题、版式和背景统一的演示文稿后，可以将设置的母版保存为模板文件，以后新建演示文稿时套用该模板文件，就可以方便快捷地创建外观一致独具特色的演示文稿了。具体操作过程如下：单击"文件"选项卡，单击"另存为"命令，弹出"另存为"对话框，在"保存类型"列表中选择"PowerPoint 模板（＊.potx）"，在"文件名"文本框中输入名称，单击"保存"按钮，即在默认的模板文件夹中创建了自定义的模板。

创建自定义模板后，在新建演示文稿时即可直接套用该模板。具体操作过程如下：单击"文件"选项卡，单击"新建"命令，然后在"个人"下选择相应模板即可使用自定义模板创建演示文稿。

用户除了创建自己的自定义模板外，还可以获取多种不同类型的 PowerPoint 内置模板，也可以在 Office.com 和其他合作伙伴网站上获取各种免费模板。

5.4 制作幻灯片

5.4.1 添加文本

5.4.1-5.4.2

演示文稿由若干张幻灯片组成，幻灯片的内容可以包括文本、图片、表格、图表、声音和视频等元素,其中文本是最基本元素,简洁而富有感染力的文本是优秀幻灯片的前提。

制作 PowerPoint 幻灯片时,可以在文本占位符中编辑文本,也可以在文本框中编辑文本。占位符是一种带有虚线边缘的框,大部分幻灯片版式都有占位符。文本占位符是存放文本的容器。

(1)在文本占位符中编辑文本

标题幻灯片版式中含有两个文本占位符,即标题占位符和副标题占位符。单击标题占位符,其中示例文本消失,占位符内将会出现光标(即插入点),即可在其中输入文本、编辑文本及格式化文本。在文本占位符中对文本进行编辑和格式化,其操作方法如同 Word 文档中处理文本。

在版式为"标题和内容"的幻灯片中,当鼠标单击内容占位符,在输入的文本前会自动设置项目符号,如果不需要项目符号,可以通过"开始"选项卡"段落"组中的命令取消。若文本内容超出占位符空间,则文本字体自动缩小,同时在占位符的左下角出现"自动调整更正选项"按钮，单击该按钮展开命令列表(如图 5.4.1 所示),单击"停止根据占位符调整文本"命令,占位符中的文本就不会根据占位符大小自动设置字体大小。当占位符中输入文本过多时,执行命令列表中相应命令可以将文本拆分到两个幻灯片中。

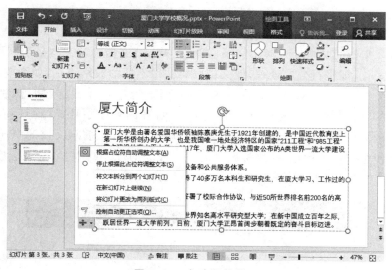

图 5.4.1　自动调整更正

(2)使用文本框输入文本

文本框是一种可移动、可调大小的文字或图形容器,使用文本框,可以在幻灯片的任意位置设置多个文字块。

在"插入"选项卡中,单击"文本"组中的"文本框"下三角按钮,在展开的下拉列表中可以选择"横排文本框"或"竖排文本框",此时在幻灯片的适当位置按下鼠标左键拖动就可绘制出需要的文本框,然后可以在文本框中输入文本并对其格式化。

设置文本框对象格式的方法:选定文本框,在"绘图工具格式"选项卡中可完成对文本框的相关设置,如填充、样式、旋转等,还可以把文本转换成艺术字,如图 5.4.2 所示。

在幻灯片普通视图中对文本占位符的编辑及格式化和对文本框的操作类似,区别在于文本占位符由版式提供,而文本框由用户直接添加。

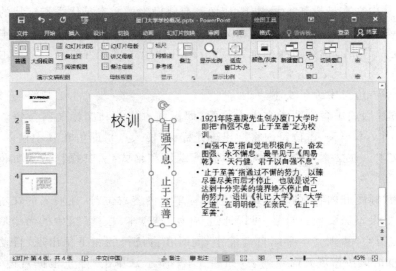

图 5.4.2 　文本框效果图

　　如果在幻灯片母版视图中插入文本框，则在幻灯片普通视图中不可编辑文本框中的文本。

　　(3)从 Word 文档中导入文本

　　要把 Word 文档的文本导入演示文稿，要求在 Word 文档中的文本必须利用 Word 内置的标题样式格式化，即进行分层处理，使文档内容获得不同的大纲级别，如图 5.4.3 所示。

　　把 Word 文档导入 PowerPoint 演示文稿的操作步骤为：单击"开始"选项卡，在"幻灯片"组中，单击"新建幻灯片"图标右下角的箭头，在打开的列表中选择"幻灯片(从大纲)…"命令，打开"插入大纲"对话框，找到 Word 文档插入即可。导入演示文稿的 Word 文档，每个一级标题作为一张幻灯片标题，一级标题下的文本成为幻灯片的内容，二级标题成为幻灯片内容的项目，三级标题成为幻灯片内容的子项目。以此类推。

图 5.4.3 　在 Word 中的大纲

5.4.2 添加图片

图片是组成幻灯片的重要元素,通过在幻灯片中使用图片,可以增强幻灯片的视觉效果,使演示文稿图文并茂。

（1）插入图片

为幻灯片插入的图片,可以是本地计算机上的图片文件,也可以是来自网络的联机图片,还可以插入屏幕截图。

插入来自计算机的图片,单击"插入"选项卡,在"图像"组中,单击"图片"按钮,在"插入图片"对话框中,找到目标文件即可插入。也可以通过占位符按钮插入,一些幻灯片的版式中预设了插入图片的占位符,可以直接单击占位符中的"图片"按钮插入图片文件。

例 5.4.1　在"厦门大学学校概况.pptx"演示文稿中,制作一张"校主生平"幻灯片,效果如图 5.4.4 所示。

操作步骤:新建一张版式为"两栏内容"的幻灯片,在标题栏中输入文本"校主生平"并格式化;在左边内容栏中点击"图片"按钮,选择预备的图片插入;在右边内容栏中输入介绍校主的文本。

图 5.4.4　插入来自文件的图片　　　　　图 5.4.5　插入屏幕截图

屏幕截图可用于捕获已在计算机上打开的程序或窗口的快照。单击"屏幕截图"按钮时,打开的程序窗口在"可用的视窗"中显示为缩略图。可插入整个程序窗口,也可使用"屏幕剪辑"工具选择部分窗口,但是该功能只能捕获未被最小化到任务栏的窗口。

例 5.4.2　在"厦门大学学校概况.pptx"演示文稿中,制作一张"欢迎访问厦大主页"幻灯片。

操作步骤:通过浏览器打开厦门大学主页,然后在"厦门大学学校概况.pptx"演示文稿中新建一张版式为"仅标题"的幻灯片,在标题栏中输入文本"欢迎访问厦大主页"并格式化;然后单击"插入"选项卡,在"图像"组中,单击"屏幕截图",在"可用的视窗"中选择打开的厦大主页,效果如图 5.4.5 所示。

用户也可以直接在 PowerPoint 中查找来自网络的联机图片并插入。

此外,在 PowerPoint 中可以制作由一系列照片组成的演示文稿。其操作:单击"插入"选项卡,在"图像"组中,单击"相册"按钮,打开"相册"对话框。单击"文件/磁盘",在"插入新图片"对话框中,找到存储图片的位置,然后选择要包含的所有图片。单击"插入"按钮,所选的所有图片将按字母顺序列在"相册中的图片"框中。在对话框底部的"相册版式"下,从"图片版式"和"相框形状"选项中进行选择,单击"创建"按钮,PowerPoint 将创建一个具有通用标题幻灯片的全新演示文稿,其中的幻灯片包含相册中所有图片。

(2)设置图片格式

插入幻灯片的图片,可以对其进行编辑,例如调整图片位置、裁剪图片、调整图片大小、旋转图片、删除图片背景、添加艺术效果、调整图片的叠放次序以及组合图片等,这些操作通过"图片工具格式"选项卡的相关命令完成。当选定幻灯片中的图片,窗口自动增加"图片工具格式"选项卡。

可以用"图片样式"组中各种样式对图片做特效美化,加上特定颜色和线型的边框等。

单击"图片工具格式"选项卡的"调整"组中的"颜色",可以调整选定图片的饱和度,以及重新着色;单击"艺术效果",可以将特定效果应用到图片上。

设置图片格式的方法与 Word 相同。

5.4.3-5.4.5

5.4.3 添加 SmartArt 图形

使用 SmartArt 图形可以直观地表现各种层次关系、循环关系、递进关系和流程关系等,获得更加美观的视觉效果,为幻灯片增加魅力。

除了使用与 Word 相同的方法插入 SmartArt 图形外,还可以通过占位符按钮插入。在某些幻灯片的版式中预设了"插入 SmartArt 图形"的占位符,直接点击"插入 SmartArt 图形"占位符按钮，可以打开"选择 SmartArt 图形"对话框,然后选择所需的类型和布局。

SmartArt 图形中每个形状都是独立的图形对象,它们都具有图形对象的特点,可以旋转、调整大小等。添加、删除形状的方法同 Word。

设置好形状后,用户可以在"[文本]"占位符中输入和编辑 SmartArt 图形中的文字。如图 5.4.6 所示。

图 5.4.6 编辑 SmartArt 图形中的文字

PowerPoint 提供了预设的配色方案和 SmartArt 样式，用户可以在"SmartArt 工具设计"选项卡的"SmartArt 样式"组中，通过"更改颜色"命令更改图形的配色方案，或在 SmartArt 样式库中重新选择样式。

PowerPoint 演示文稿通常包含带有项目符号列表的幻灯片，用户可直接将幻灯片文本转换为 SmartArt 图形。操作过程：单击要转换的幻灯片文本占位符，单击"开始"选项卡，在"段落"组中，单击"转换为 SmartArt"；在图形库中，单击所需的 SmartArt 图形布局，即可将幻灯片文本转换为 SmartArt 图形，如图 5.4.7 所示。

可以将图片转换为 SmartArt 图形，操作步骤：选择要转换为 SmartArt 图形的所有图片，在"图片工具格式"选项卡的"图片样式"组中，单击"图片版式"，在下拉列表中，单击所需的 SmartArt 图形布局，即可将幻灯片中的图片转换为 SmartArt 图形，如图 5.4.8 所示。

图 5.4.7　将文本转换为 SmartArt 图形

图 5.4.8　将图片转换为 SmartArt 图形

5.4.4　表格和图表

数字化的表格和图形化的图表有时比文字更具表达能力，更容易给观众留下深刻印象，可以加强演示文稿的说服力。

（1）添加表格

在幻灯片中添加表格，有两种方式：通过 PowerPoint 直接创建表格，或者从 Word 或 Excel 复制和粘贴表格。

直接在幻灯片中创建表格的方法：选择要添加表格的幻灯片，在"插入"选项卡的"表格"组中，单击"表格"按钮，移动鼠标指针以选择所需的行数和列数，然后单击鼠标将表格添加到幻灯片中。

或者在"插入"选项卡的"表格"组中，单击"表格"按钮，单击"插入表格"命令，然后在"插入表格"对话框中设置好"列数"和"行数"。

或者在包含表格内容版式的占位符中，单击"插入表格"的图标▦，然后在"插入表格"对话框中设置好"列数"和"行数"。

当直接插入的表格不符合要求时，还可以使用手动绘制表格功能，即在"插入"选项卡的"表格"组中，单击"表格"按钮，从展开的下拉列表中单击"绘制表格"选项。使用该功能可以帮助用户在表格中绘制斜线或一些不规则的表格。

创建表格后，可根据需要输入表格内容。使用"表格工具布局"选项卡可以修改表格的结构,如插入行或列、删除行或列、合并和拆分单元格、调整行高和列宽等。使用"表格工具设计"选项卡可以更改表格的样式、边框或颜色。例如可以应用或清除表格样式,擦除单元格、行或列中的线条,更改表格的边框或更改表格的背景色等。类似于 Word 中表格的操作。

从 Excel(或 Word)复制和粘贴表格:在 Excel(或 Word)中复制好表格,在 PowerPoint 中,单击要在其中粘贴表格的幻灯片,在"开始"选项卡上的"剪贴板"组中,单击"粘贴"下方的箭头。在"粘贴选项"下,将鼠标指针移动到每个"粘贴"选项上以查看其外观的预览,选择表 5.4.1 所示选项之一:

表 5.4.1 粘贴选项

	使用目标样式:使用演示文稿的格式将数据复制为 PowerPoint 表格
	保留源格式:使用工作表(或 Word 表格)格式将数据复制为 PowerPoint 表格
	嵌入:将数据作为可在 Excel (或 Word)中编辑的信息进行复制
	图片:将数据复制为图片
	仅保留文本:将所有数据复制为单个文本框

上述方式粘贴到幻灯片中的表格不会随着工作表的数据变化而自动更新。如果希望粘贴到幻灯片中的表格能够随着原始 Excel 文档中数据的变化而及时更新,可以采用"粘贴链接"的方式在幻灯片中粘贴表格,就会保留此表格与 Excel 文档之间的关联关系。

(2)添加图表

在 PowerPoint 中创建图表的操作步骤:在"插入"选项卡的"插图"组中,单击"图表",或在包含图表内容版式的占位符中,单击"插入图表"的图标▮。在"插入图表"对话框中,选择所需图表的类型,然后单击"确定",在 Excel 中编辑数据,然后关闭 Excel。效果如图 5.4.9 所示。

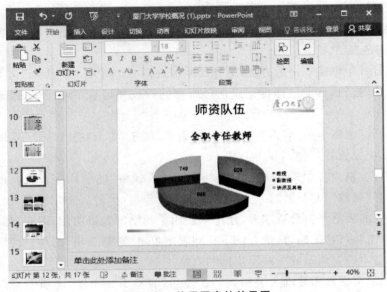

图 5.4.9 使用图表的效果图

PowerPoint 中的图表和 Excel 中的图表一样,用户可以任意更改图表的类型、数据源、图表布局或图表样式。这些操作都可以通过"图表工具设计"选项卡的各组命令完成。

通过"图表工具格式"选项卡的相应命令,可以对图表进行修饰,例如使用形状样式美化图表元素、使用艺术字样式美化图表中的文本等。

5.4.5 添加多媒体

随着多媒体技术的发展,越来越多的影音效果可以利用。将适当的视觉和听觉效果整合到幻灯片中,这样的多媒体演示文稿更具感染力。

(1)插入视频

插入幻灯片中的视频可以来自 PC 上的视频或者来自联机视频,其中插入 PC 上的视频又分为嵌入视频或链接到视频。嵌入视频时,不必担心在移动演示文稿时会丢失视频文件,因为视频文件已经嵌入演示文稿中。如果要限制演示文稿文件的存储容量,可以链接到本地驱动器上的视频文件或网站的视频文件。

①在幻灯片中嵌入视频。

PowerPoint 可以将来自文件的视频直接嵌入幻灯片中。操作步骤:在"普通"视图下,选择要嵌入视频的幻灯片;单击"插入"选项卡,在"媒体"组中,单击"视频"下的箭头,然后单击"PC 上的视频…";在"插入视频文件"对话框中,找到要嵌入的视频文件,然后单击"插入"按钮。

在"内容"版式的幻灯片中,单击"插入媒体文件"图标，也可以插入视频文件。

②从幻灯片链接到视频。

用户可以从 PowerPoint 幻灯片链接到外部视频文件。通过链接视频,可以减小演示文稿的存储容量。

在幻灯片中添加指向视频链接的操作步骤:在"普通"视图下,选择要添加视频的幻灯片;单击"插入"选项卡,在"媒体"组中,单击"视频"下方的箭头;单击"PC 上的视频…",找到并单击要链接到的文件;单击"插入"按钮上的下拉箭头,然后单击"链接到文件"。最好先将视频复制到演示文稿所在的文件夹中,然后再链接到视频。

在幻灯片上选择视频后,视频下方将出现工具栏,包含播放/暂停按钮、进度条、向前移动/向后移动按钮、音量控制等。单击工具栏左侧的"播放"按钮预览视频。

(2)调整视频效果

调整视频画面效果包括调整视频画面的色彩、标牌框架以及视频样式、形状与边框等。

使用"视频工具格式"选项卡的"大小"组中的"高度"和"宽度"以及"裁剪"按钮对视频文件的画面大小进行调整与裁剪。

设置视频画面样式时,可以直接对视频画面应用预设的视频样式,也可以使用"视频样式"组中的"视频形状"、"视频边框"和"视频效果"命令自定义视频画面样式,与自定义图片样式类似。

调整视频画面色彩时,可通过"视频工具格式"选项卡的"调整"组中的"更正"命令,设置视频画面的亮度和对比度;可以通过"颜色"命令更改画面颜色。

PowerPoint 增加了标牌框架功能,标牌框架就是视频的预览图像,相当于视频封面,如图 5.4.10 所示。可帮助观众预测 PowerPoint 演示期间将显示的视频内容。默认情况下,以

图 5.4.10　设置了标牌框架的画面

视频文件第一帧为视频封面,如果要播放完,则有可能以最后一帧为视频封面。

　　用户可以从视频捕获某一帧或者使用已有的图像文件作为视频封面。单击"播放"以播放视频,直至看到要用作标牌框架的框架,然后单击"暂停"。在"视频工具格式"选项卡上的"调整"组中单击"标牌框架",在下拉列表中单击"当前框架",则当前帧作为视频封面。如果单击"文件中的图像…",则从文件中插入图片来代表视频。

　　(3)设置视频播放

　　PowerPoint 中视频文件的剪辑和书签功能,能直接剪裁视频的多余部分以及设置视频播放的起止点。

　　①剪辑视频。

　　通过指定开始时间和结束时间剪辑视频,操作步骤:选择幻灯片中的视频文件,在"视频工具播放"选项卡中,单击"编辑"组中的"剪裁视频"按钮,打开"剪裁视频"对话框;向右拖动左侧的绿色滑块,可以设置视频播放的开始时间;向左拖动右侧的红色滑块,可以设置视频播放的结束时间,单击"确定"。选中视频文件,单击播放控制条上的"播放"按钮,可以看到剪辑效果。

　　书签用于标识要播放到的位置,在视频文件中添加书签可以快速切换至需要的位置。操作步骤:选中要添加书签的帧,在"视频工具播放"选项卡中,单击"书签"组的"添加书签"按钮。播放视频时,可按 Alt+Home 或 Alt+End 组合键进行跳转。

　　②设置视频的淡入、淡出时间。

　　视频的淡入、淡出时间是指在视频文件开始和结束的几秒内使用淡入、淡出效果。为视频文件添加淡入、淡出时间能让视频与幻灯片切换结合更完美。操作步骤:选择幻灯片中的视频文件,在"视频工具播放"选项卡的"编辑"组的"淡入"和"淡出"文本框中输入相应的时间。

　　③设置视频播放选项。

通过"视频工具播放"选项卡的"视频选项"组的相关命令,可以设置幻灯片中视频的开始播放方式,可以"自动"开始播放视频或"单击时"开始播放视频,还可以设置视频文件"全屏播放"。

（4）音频插入和播放

音频也是幻灯片中很常见的一种媒体。给幻灯片的放映添加一段背景音乐,或是给幻灯片增加一段语音解说,都可以借助插入音频来实现。在幻灯片中可以插入 PC 上的音频文件,还可以插入自己录制的音频。PowerPoint 支持很多音频格式,如常见的 WAV、WMA、MP3、MIDI 等。

①插入音频。

选择需要添加音频的幻灯片,在"插入"选项卡的"媒体"组中,单击"音频"按钮,选择"PC 上的音频…",在"插入音频"对话框中,找到要插入的音频文件,然后单击"插入"按钮。

插入音频后,幻灯片上显示表示音频文件的图标，选择该声音图标,窗口的功能区出现"音频工具"选项卡。通过"音频工具格式"选项卡中的命令,可以对声音图标进行类似图片的设置。

②设置音频播放。

在"音频工具播放"选项卡中,可以预览音频,设置音频的播放选项,可以设置在幻灯片放映时隐藏音频图标等。

和播放视频文件一样,音频文件也可以设置成"自动"开始播放或"单击时"开始播放。若要在演示文稿切换到下一张幻灯片时继续播放音频文件,应在"音频工具播放"选项卡的"音频选项"组选择"跨幻灯片播放"。如果音频文件较短,可以选中"循环播放,直到停止"复选框。

（5）屏幕录制

在 PowerPoint 中录制屏幕

用户可以录制计算机屏幕以及相关的音频,然后将其嵌入 PowerPoint 幻灯片或保存为单独的文件。

插入屏幕录制的操作:打开想要放置屏幕录制内容的幻灯片,在"插入"选项卡上"媒体"组中,选择"屏幕录制",将弹出控制面板（如图 5.4.11）。单击"选择区域"（Windows 徽标键+Shift+A）,则会看到十字光标＋;单击并拖动光标,选择要录制的屏幕区域;单击"录制"（Windows 徽标键+Shift+R）。录制时控制面板自动隐藏,通过快捷键可以结束录制。

默认状态下,PowerPoint 会自动录制音频和鼠标指针,若要将其关闭,请单击控制面板上的按钮。在控制录制过程中:单击"暂停"可暂时停止录制（Windows 徽标键+Shift+R）;单击"录制"可恢复录制;单击"停止"可结束录制（Windows 徽标键+Shift+Q）。

图 5.4.11　"屏幕录制"控制面板

完成录制后,录制内容现已嵌入选择的幻灯片上。

若要将录制内容本身保存为计算机上的单独文件,右键单击幻灯片上代表该录制内容的图片,然后选择"将媒体另存为…"。在"将媒体另存为…"对话框中,指定文件名和文件夹位置,然后单击"保存"。默认的视频保存格式为 MP4。

5.4.6 插入链接

(1)添加超链接

超链接是指和特定位置或文件之间形成的一种连接方式,利用超链接可以从当前位置跳转到另一张幻灯片,或连接到电子邮件地址,或打开文件、网页。在幻灯片中适当插入超链接可以增强演示文稿与观众的交互能力。

幻灯片中可显示的对象都可以作为超链接的载体,添加或修改超链接的操作一般在普通视图中进行。

插入超链接的操作步骤:选择文本或图片作为超链接的载体,在"插入"选项卡的"链接"组中单击"超链接",或者右键单击选中的对象,在弹出的快捷菜单中选择"超链接"命令,打开"插入超链接"对话框,如图 5.4.12 所示,在"链接到"框中可以设置下列几种连接方式:

①现有文件或网页:连接到现有文件或网站上的网页;

②本文档中的位置:连接到同一演示文稿中的幻灯片;

③新建文档:连接到新建文件;

④电子邮件地址:连接到电子邮件地址。

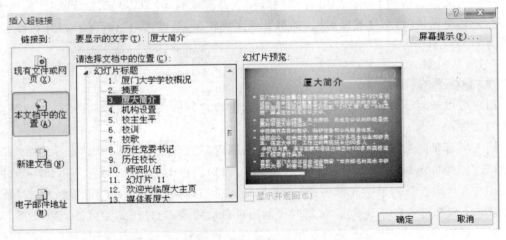

图 5.4.12 "插入超链接"对话框

创建超链接后,可以重新设置链接的目标地址或将其删除。操作步骤:在幻灯片中选中已添加超链接的对象,单击"插入"选项卡的"链接"组中的"超链接"按钮,在弹出的"编辑超链接"对话框中修改或清空"地址"框中内容。

在"编辑超链接"对话框中单击"屏幕提示"按钮,可以为超链接添加屏幕提示,用户只要将鼠标指针指向超链接载体,即可显示目标位置的提示信息。

超链接只有在幻灯片放映时才被激活,在编辑状态下不起作用。幻灯片放映时,当鼠标移至超链接载体时,鼠标指针会变为 形状,文本载体的超链接会显示下划线及不同的文字颜色。

只有幻灯片中的对象才能添加超链接,备注、讲义等内容不能添加超链接。

(2)添加动作按钮

有时要插入超链接而没有合适的载体,可以使用动作按钮作为超链接载体。

动作按钮是一种形状对象,可为动作按钮指定一个操作,当单击该按钮时便执行相应操作。动作按钮除了有超链接载体功能外,还可以执行其他动作。

在 PowerPoint 中预置了一组带有特定动作的图形按钮,位于"插入"选项卡的"插图"组的"形状"库的最下方,如图 5.4.13 所示。

图 5.4.13　动作按钮

单击要添加的按钮,在幻灯片上选择合适位置后拖动鼠标,便绘制出所选中的按钮形状。同时自动弹出"操作设置"对话框,如图 5.4.14 所示,在"操作设置"对话框中可以进行相关动作的设置。

除了应用动作按钮外,用户也可以为文本、图片等对象定义动作。操作步骤:选中要添加动作的对象,单击"插入"选项卡的"链接"组的"动作"按钮★,弹出如图 5.4.14 所示的"操作设置"对话框,在其中进行相关动作的设置即可。

 ### 5.4.7 插入页眉和页脚

可以利用 PowerPoint 提供的页眉页脚功能,为每张幻灯片添加相对固定的信息,如在幻灯片的页脚处添加页码、时间、公司名称等内容。

在"插入"选项卡的"文字"组中,单击"页眉和页脚"按钮,弹出"页眉和页脚"对话框,如图 5.4.15 所示,选择对话框的"幻灯片"选项卡,可以为幻灯片设置"日期和时间"、"幻灯片编号"和"页脚"等内容。若单击"应用",将设置应用到当前幻灯片;若单击"全部应用",则将设置应用到演示文稿中的所有幻灯片。要删除相关设置,只需取消相应复选框即可。

图 5.4.14　"操作设置"对话框

图 5.4.15　"页眉和页脚"对话框

单击"页眉和页脚"对话框上的"备注和讲义"选项卡,可以为幻灯片备注页添加页眉、页脚内容。当添加了页眉或页脚时,将应用于所有备注和讲义,同时应用于打印大纲中。

5.4.8 让演示文稿动起来

5.4.8(1)

PowerPoint 提供了丰富的动画效果,用户可以为幻灯片中的对象添加视觉或声音效果,也可以为幻灯片之间切换选择不同的方式。

(1)为对象添加动画

用户可以为幻灯片中的文本、文本框、图片、形状、表格、SmartArt 图形等对象添加动画效果,赋予它们进入、退出、大小或颜色变化等视觉效果。

PowerPoint 中有以下动画效果:

"进入":对象以某种方式进入幻灯片放映视图中;

"退出":对象以某种方式从幻灯片放映视图中退出;

"强调":对象在幻灯片放映视图中的变化方式;

"动作路径":和上述效果一起使用,指定对象的运动轨迹。

为对象添加动画效果的操作步骤:选择要设置动画的对象,在"动画"选项卡的"动画"组中,单击其他按钮 ⌄ ,然后选择所需的动画效果。如果没有看到需要的动画效果,可以单击"更多进入效果"、"更多强调效果"、"更多退出效果"或"其他动作路径",打开相应对话框,从中获得更多的动画效果。

对文本占位符中的文本设置动画,以一个段落作为一个对象。只要把插入点置于占位符中,所设置的动画对占位符中的所有段落有效。

将动画应用于对象后,对象旁边会出现编号标记,编号标记表示各动画发生的顺序。

一个对象可以设置一种动画,也可以将多种效果组合在一起,例如一个对象分别设置"进入"、"强调"和"退出"的动画效果。对同一对象设置多个动画效果,可以通过"动画"选项卡的"高级动画"组的"添加动画"命令,选择所需的动画效果依次添加。

选中添加了动画的对象,单击"动画"选项卡"动画"组的"效果选项"按钮,从打开的下拉列表中选择动画播放方向和播放形状。

单击"动画"选项卡"高级动画"组的"动画窗格"按钮打开动画窗格,窗格中依次列出本幻灯片已设置的动画。选定某动画后单击右侧的下拉按钮或直接右击某动画,打开一个功能菜单。通过菜单命令可以设置动画的开始方式(单击开始、从上一项开始或从上一项之后开始);执行"效果选项…"命令,可以设置声音效果、播放后的效果等;执行"计时…"命令,可以设置动画的延迟时间、播放的重复次数等。这些操作也可以通过"动画"选项卡的"计时"组中的相关命令完成。

选定"动画窗格"的某个动画,通过"动画"选项卡的"计时"组的"向前移动"和"向后移动"命令,可以对选定的动画重新排序。

通过"动画"选项卡的"高级动画"组的"动画刷"命令,可以快速复制动画效果。动画刷是 PowerPoint 中复制动画的格式刷。借助动画刷,可以把一个对象的动画效果复制到另一对象中,或复制到一批对象中。方法同 Word 的格式刷。

(2)在幻灯片之间添加切换效果

幻灯片切换效果是指在幻灯片演示期间从一张幻灯片过渡到下一张幻灯片时出现的动

画效果。PowerPoint 提供了多种类型的幻灯片切换效果,可以控制切换速度、添加声音等。

①向幻灯片添加切换效果。

选择某幻灯片,在"切换"选项卡的"切换到此幻灯片"组中,单击要应用于该幻灯片的切换效果。若要查看更多切换效果,可以单击"其他"按钮,从"切换到此幻灯片"库中选择切换效果(如图 5.4.16 所示)。

如果要向演示文稿中的所有幻灯片应用相同的幻灯片切换效果,则添加切换效果后,在"切换"选项卡的"计时"组中,执行"全部应用"命令。

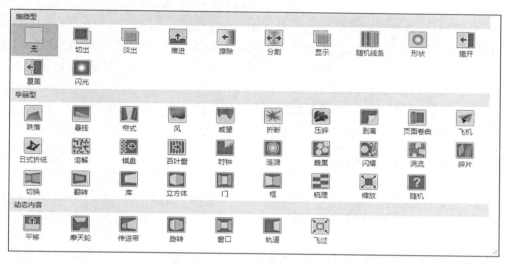

图 5.4.16　"切换到此幻灯片"库

②设置切换效果的计时。

在"切换"选项卡上"计时"组中的"持续时间"框中键入时间,可设置上一幻灯片与当前幻灯片之间切换效果的持续时间。

通过"切换"选项卡的"计时"组中的命令,还可以指定当前幻灯片切换到下一张幻灯片的换片方式,可以设定为单击鼠标换片或经过指定时间后换片。

③为切换效果添加声音。

选择要添加切换效果声音的幻灯片,在"切换"选项卡的"计时"组中,单击"声音"右边列表框下拉按钮,在列表中选择一种声音。

如果要添加自己的声音,选择列表中"其他声音"命令,在对话框中找到要添加的声音文件,然后单击"确定"按钮。

④删除切换效果。

选择某幻灯片,在"切换"选项卡的"切换到此幻灯片"组中,单击"无"按钮。

要删除演示文稿所有幻灯片的切换效果,首先删除当前幻灯片的切换效果,然后在"切换"选项卡上的"计时"组中,单击"全部应用"命令。

 ### 5.4.9 制作备注页和讲义

在 PowerPoint 中制作备注页可以帮助演讲者在演示时有更详细的参考信息,制作讲义则可以设置全部演示文稿的打印排版。

（1）制作备注页

备注页内容在幻灯片放映时不会显示，但可以在备注视图或打印的备注页中查看。添加备注的方法：选择要添加备注的幻灯片，单击幻灯片下方的备注区域，输入备注信息。如果备注区域不可见，可以点击状态栏的 备注 按钮，使其显示。

也可在"视图"选项卡的"演示文稿视图"组中选择"备注页"，在"备注页"视图中可见幻灯片的缩略图和相应的备注文本，此时也可编辑备注。

（2）制作讲义

单击"文件"菜单，选择"打印"，在打印菜单的"设置"组界面中，可以选择"讲义"作为打印布局。讲义可以选择每页打印 1、2、3、4、6 或 9 个幻灯片。

单击"打印"的"设置"组右下方的"编辑页眉和页脚"，打开"页眉和页脚"对话框；单击"备注和讲义"选项卡，勾选其中的"日期和时间""页码""页眉""页脚"复选框，可以设置讲义的日期和时间、页码、页眉和页脚等。

"打印"的"设置"组也可以选择颜色和灰度打印选项，以及幻灯片的排列方向等。

设置好讲义的布局和选项后，单击"打印"按钮打印讲义。

5.4.10 按节组织幻灯片

在 PowerPoint 中，按节组织幻灯片可以有效地管理演示文稿的内容和结构，帮助观众更好地理解和跟踪演讲的流程。

（1）创建节

在幻灯片浏览器视图中，可以创建节来分组相关的幻灯片。首先选择想要作为节开始的幻灯片。然后右键单击该幻灯片，选择"新增节"选项。即可创建一个新的节。

（2）重命名节

新创建的节可能是一个无标题节，为了更好地识别和引用节，应该给每个节命名。可以通过右键单击节名称，选择"重命名节"选项来编辑节名称。输入一个描述性的名称，以便清楚地了解该节包含的内容。

（3）移动和复制幻灯片到节

可以将幻灯片拖放到不同的节中，以便组织内容。如果需要复制一组幻灯片到一个新的节，可以先选择这些幻灯片，然后右键单击并选择"复制"，接着在目标节中右键点击并选择"粘贴"。

（4）展开和折叠节

在幻灯片浏览器视图中，可以通过点击节名称旁边的三角图标（◢）和（▷）来折叠或展开节。这有助于在编辑时保持幻灯片的整洁和有序。

当将节折叠时，右键单击节名，选择"向上移动节"或"向下移动节"，可以同时上移或下移整节的所有幻灯片。

（5）删除节

右键单击节名称，可以选择"删除节"或"删除节和幻灯片"或"删除所有节"，删除对应的内容。注意，"删除节和幻灯片"将同时删除该节中的所有幻灯片。

（6）利用节进行导航

在演讲时，单击节名称可以快速跳转到相应的幻灯片组，帮助我们更快地导航到演示文稿的不同部分。

5.5 输出演示文稿

 5.5.1 放映演示文稿

在完成演示文稿内容的编辑和幻灯片中对象的动画设置后，就可以放映演示文稿。放映演示文稿指将演示文稿内容动态地展示出来。

（1）放映前的准备工作

①隐藏幻灯片。

通过隐藏某些幻灯片，使不同的观众看到不同内容的演示文稿。隐藏幻灯片并非将幻灯片从演示文稿中删除，而是在放映时不显示这些幻灯片。可以在普通视图下查看隐藏的幻灯片。

选择要隐藏的幻灯片，在"幻灯片放映"选项卡的"设置"组中，单击"隐藏幻灯片"按钮即可。也可通过在"幻灯片浏览窗格"中右键单击需要隐藏的幻灯片，从弹出的快捷菜单中执行"隐藏幻灯片"命令，实现幻灯片的隐藏。

被隐藏的幻灯片编号上会出现一条斜线 ，表示该幻灯片已被隐藏。如果需要取消对幻灯片的隐藏，再次单击"隐藏幻灯片"按钮，即可取消幻灯片的隐藏，幻灯片的编号恢复正常。

②排练计时。

排练计时就是将每张幻灯片的播放时间记录下来，以便自动放映。

在"幻灯片放映"选项卡的"设置"组中，单击"排练计时"按钮，进入幻灯片放映视图，从第一张幻灯片开始放映演示文稿并弹出"录制"工具栏（如图 5.5.1 所示）。在"录制"工具栏中，自动显示当前幻灯片的放映时间和累计的放映时间。如果当前幻灯片的放映时间不符合要求，可以单击工具栏的"重复"按钮 ，将该幻灯片的排练计时归零并重新播放。单击鼠标或单击"下一项"按钮切换到下一个播放对象，直至演示文稿放映完毕。放映结束后，系统弹出提示框，显示文稿放映的总时间，单击提示框的"是"按钮，可将排练时间保存。切换到幻灯片浏览视图，在幻灯片缩略图下方显示每张幻灯片的放映时间。

图 5.5.1　"录制"工具栏

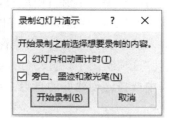

图 5.5.2　"录制幻灯片演示"对话框

当系统记录了演示文稿的排练时间，可以采用自动放映演示文稿，系统按照排练时间自动放映各幻灯片。

除了自动排练计时外，用户也可以手动设置各幻灯片的播放时间。若已知当前幻灯片的播放时间,可以直接在"录制"工具栏的"计时"文本框中输入播放时间,然后按下 Enter 键即可跳转到下一张幻灯片。

在普通视图下,也可实现手动设置幻灯片的播放时间。在"切换"选项卡的"计时"组的"换片方式"下,选中"设置自动换片时间"复选框,然后输入当前幻灯片在屏幕上显示的秒数,对每张幻灯片重复此操作。

③录制幻灯片演示。

在 PowerPoint 中新增了"录制幻灯片演示"功能,它相当于以往版本中的"录制旁白"功能,记录为演示文稿添加的旁白并记录幻灯片的播放时间。

在"幻灯片放映"选项卡的"设置"组中,单击"录制幻灯片演示"下三角按钮,从下拉列表中单击"从头开始录制"选项或"从当前幻灯片开始录制"选项,弹出"录制幻灯片演示"对话框(如图 5.5.2 所示),单击"开始录制"按钮,进入幻灯片放映视图并弹出"录制"工具栏。与排练计时的"录制"工具栏不同,该"录制"工具栏中不能手动设置幻灯片播放时间。和实际放映演示文稿的操作相同,录制幻灯片演示也可以通过超链接跳转幻灯片、添加墨迹等。当完成幻灯片演示的录制后,切换到幻灯片浏览视图,可见每张幻灯片中添加声音图标,在其下方显示幻灯片的播放时间。

如果对录制的幻灯片演示不满意,可以将所有幻灯片或当前幻灯片的计时或旁白清除。

在演示文稿中选择添加了计时或旁白的幻灯片,在"设置"组中单击"录制幻灯片演示"下三角按钮,从展开的下拉列表中单击"清除"中的"清除当前幻灯片中的计时"选项,即可清除当前幻灯片的计时。同理可以清除当前幻灯片的旁白,以及所有幻灯片的计时或旁白。

为演示文稿添加旁白可以实现自动播放演示文稿。为演示文稿添加旁白需要为计算机配备声卡和麦克风设备。

④设置幻灯片放映方式。

幻灯片的放映方式包括幻灯片放映类型、幻灯片放映范围、幻灯片放映选项、幻灯片的换片方式以及设置绘图笔的默认颜色等。

在"幻灯片放映"选项卡的"设置"组中,单击"设置幻灯片放映"按钮,弹出"设置放映方式"对话框(如图 5.5.3 所示),可以在对话框中进行相关的设置。

"放映类型"组中包含了三种放映方式单选按钮,用于确定演示文稿的放映方式。"演讲者放映(全屏幕)"用于全屏显示演示文稿,是 PowerPoint 默认放映方式;"观众自行浏览(窗口)"将演示文稿内容在一个小窗口中放映,在该窗口中可以使用鼠标拖动滚动条进行翻页,使用菜单命令实现幻灯片的跳转,观众可以控制演示文稿的播放进度;"在展台浏览(全屏幕)"用于自动放映演示文稿,无需人员监管。

"放映幻灯片"选项组用于设置幻灯片放映的范围,如果选中"自定义放映"单选按钮,则可以在下拉列表中选择已创建好的自定义放映。该单选按钮必须在演示文稿中创建了自定义放映才可用。

(2)放映及过程控制

①放映演示文稿。

完成演示文稿放映前的准备工作后,就可以放映演示文稿了。放映演示文稿通常分为一般放映和自定义放映两种。

一般放映可以"从头开始"或"从当前幻灯片开始"放映,通过单击"幻灯片放映"选项卡

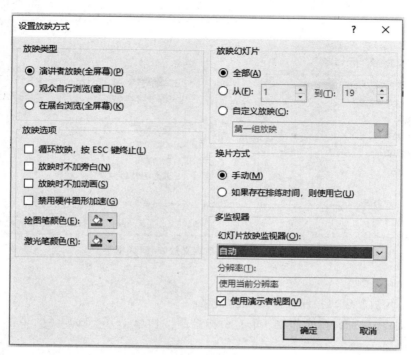

图 5.5.3　"设置放映方式"对话框

的"开始放映幻灯片"组中的相应按钮进入幻灯片放映视图。在"手动"换片方式下,每单击鼠标或按下键盘的"→"、"↓"、"空格"、"Enter"等键,即顺序放映下一张幻灯片,每按下"←"或"↑"键,即放映上一张幻灯片。如果需要中途结束幻灯片放映,按键盘的"Esc"键,或单击鼠标右键,在快捷菜单中执行"结束放映"命令。

通过设置幻灯片的自定义放映,可以放映演示文稿的一部分幻灯片或调整幻灯片的放映顺序,以满足不同场合的观众需求。

在"幻灯片放映"选项卡的"开始放映幻灯片"组中,单击"自定义幻灯片放映"下拉按钮,执行"自定义放映"命令,打开"自定义放映"对话框(如图 5.5.4 所示)。当演示文稿没有创建自定义放映时,"自定义放映"对话框中只有"新建"按钮可用。单击"新建"按钮,打开"定义自定义放映"对话框(如图 5.5.5 所示),在"幻灯片放映名称"文本框中输入该自定义放映的名称,将所需自定义放映的幻灯片添加到右侧的列表框中,并调整好各幻灯片的播放顺序,编辑完后单击"确定"按钮,即完成自定义放映的创建。

如果已经在演示文稿中创建了自定义放映,"自定义放映"对话框中的所有操作按钮就都可用,可以对已创建的"自定义放映"进行相关编辑操作,单击"放映"按钮,即可运行自定义幻灯片的放映。

图 5.5.4　"自定义放映"对话框

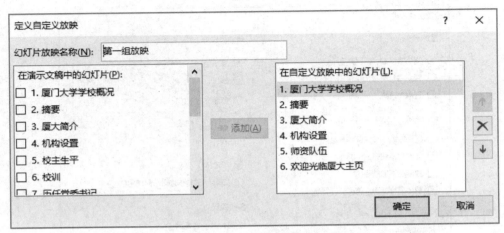

图 5.5.5　"定义自定义放映"对话框

②放映过程控制。

利用幻灯片放映窗口按钮控制幻灯片放映：

A.演示文稿放映后，在屏幕左下角有一排控制按钮 ◁ ▷ ⬠ 🖺 🔍 ⬩⬩⬩ ，单击相应按钮可以进行放映控制。

B.在幻灯片上做墨迹标记。

在演示文稿的放映过程中，可以在需要的地方做标记，就像用粉笔在黑板上圈点、注释重要内容一样。为幻灯片中的重点内容添加标记后，还可以将标记保留在演示文稿中，方便日后查看。

在幻灯片放映过程中，单击屏幕左下角的 ⬠ 按钮，打开命令列表。可以在命令列表中选择笔或荧光笔，选择墨迹颜色（如图 5.5.6 所示）。在需要添加墨迹标记的位置拖动鼠标，即可在幻灯片上绘制墨迹标记。如果添加的墨迹不符合要求或不再需要该墨迹标记，可以选择"橡皮擦"命令，将已添加的墨迹清除。

图 5.5.6　设置墨迹颜色

在幻灯片中完成墨迹标记后，若继续播放幻灯片，需要将鼠标指针更改为箭头状。可以单击 ⬩⬩⬩（更多幻灯片放映选项），在命令列表中，单击"箭头选项"下的"可见"，退出墨迹标记绘制状态。在墨迹标记的过程中，也可以随时按下 Esc 键，退出墨迹标记状态。

　　结束幻灯片放映后,将弹出对话框询问是否保留墨迹注释,用户可根据需要选择"保留"或"放弃"。在幻灯片中保留墨迹,再次放映幻灯片时将不能清除幻灯片中的墨迹注释,但可以将其隐藏。

　　此外,在新版的 PowerPoint 中,有了局部放大的功能,在播放状态下,单击左下角的放大镜按钮,就可以应用到需要放大的地方了。

　　也可以在播放的时候,打开"演示者视图",其中显示下一个动画所在的幻灯片的预览、演讲者备注、计时器等等。在放映幻灯片时,单击左下角的"更多幻灯片放映选项",在命令列表中,单击"显示演示者视图",打开的演示者视图如图 5.5.7 所示。

图 5.5.7　演示者视图

 5.5.2 打印和共享演示文稿

(1)打印演示文稿

演示文稿除了可以用于放映外,还可以将其打印出来。

①设置幻灯片大小。

　　在"设计"选项卡的"自定义"组中,单击"幻灯片大小"下拉按钮,选择"自定义幻灯片大小…",打开"幻灯片大小"对话框,如图 5.5.8 所示,在该对话框中可以对幻灯片页面大小、方向和幻灯片编号等进行设置。

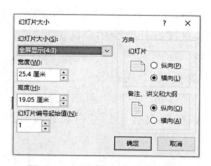

图 5.5.8　"幻灯片大小"对话框

②添加页眉和页脚。

　　在"文件"选项卡下单击"打印",单击"打印"窗格下面的"编辑页眉和页脚"链接,打开

"页眉和页脚"对话框。在"幻灯片"选项卡上,可以设置添加日期和时间、幻灯片编号、页脚。

③设置演示文稿打印选项。

设置打印选项,包括打印份数、打印机属性、打印范围、每页幻灯片数、颜色选项等。

在"文件"选项卡下单击"打印",在"打印"的"份数"框中,输入要打印的份数;在"打印机"下,选择要使用的打印机;在"设置"下的第一个选项中可以看到默认"打印全部幻灯片",单击其右侧的下三角按钮,可以重新选择打印范围;在"幻灯片"下可以选择一个页面打印的幻灯片张数。

完成上述的设置工作,单击"打印"窗格中的"打印"按钮,即可按照相关设置进行打印。

(2)共享演示文稿

若要在 PowerPoint 中与其他人共享演示文稿,操作过程:

①首先打开 PowerPoint 演示文稿将其保存到 OneDrive 上。

②然后单击右上角的"共享"。在"邀请他人"框中,键入你想要与之共享文件的人员的电子邮件地址。

③执行下列操作之一:选择"可编辑",使收件人能够编辑该文件。选择"可查看",使收件人能够查看,但不能编辑该文件。

在"包括消息(可选)"框中,为收件人键入简短消息,告知他们这是什么文件以及他们应对文件执行什么操作。

④单击"共享"按钮。收件人将收到一封电子邮件,其中包含指向该文件的链接。

5.5.3 导出演示文稿

导出可将演示文稿更改为其他格式文档,如 PDF、视频或基于 Word 的讲义。

(1)将演示文稿另存为 PDF 文件

将演示文稿导出为 PDF 文件时,其会冻结格式和布局。用户即使没有 PowerPoint 也可查看幻灯片,但不可对其进行更改。

具体操作:在"文件"选项卡下单击"导出",单击"创建 PDF/XPS 文档",然后单击"创建 PDF/XPS"按钮。

在"发布为 PDF 或 XPS"对话框中,选择要保存该文件的位置及设置文件名;还可以通过单击"选项"来设置演示文稿如何导出为 PDF,比如设置幻灯片的范围、发布选项、是否包括非打印信息等,设置好后单击"确定";返回到"发布为 PDF 或 XPS"对话框,单击"发布"。默认状态下,创建完 PDF 文档,直接打开便于用户浏览。

(2)将演示文稿转换为视频

用户可以将演示文稿导出为视频文件格式。

具体操作:在"文件"选项卡下单击"导出",单击"创建视频"。在"创建视频"窗格中,可以进行相关设置,比如选择视频质量、是否包括旁白和计时、设置每张幻灯片花费的时间等,设置好后,单击"创建视频"。

在"另存为"对话框中,选择要保存该文件的位置及设置文件名,然后单击"保存"。

窗口底部的状态栏显示创建视频的进度,这可能需要很长时间。

创建好的视频可以通过双击播放,也可以发布到网上。

（3）将演示文稿打包成 CD

可以为演示文稿创建程序包，并将其保存到 CD，方便演示文稿的分发或转移到其他计算机上进行演示。

具体操作：在"文件"选项卡下单击"导出"，单击"将演示文稿打包成 CD"，然后单击"打包成 CD"。弹出"打包成 CD"对话框，当前打开的演示文稿自动显示在"要复制的文件"列表中，如果添加其他文件，单击"添加"按钮，然后按提示操作即可。如果将演示文稿复制到本地磁盘驱动器，单击"复制到文件夹"按钮，输入文件夹名称和位置，然后单击"确定"按钮。如果将演示文稿复制到 CD，单击"复制到 CD"按钮。在"将 CD 命名为"文本框中输入打包后的文件名称。若要包括辅助文件（如 TrueType 字体或链接的文件），可以单击"选项"进行设置。

（4）创建讲义

用户可以从 PowerPoint 打印讲义，但是如果想要使用 Word 的编辑和格式设置功能，可以在 Word 中创建讲义。

在打开的演示文稿中，执行下列操作：在"文件"选项卡下单击"导出"，单击"创建讲义"。在"在 Microsoft Word 中创建讲义"窗格中，单击"创建讲义"。弹出"发送到 Microsoft Word"的对话框，单击所需的页面布局，然后执行下列操作之一：

①单击"粘贴"，则原始 PowerPoint 演示文稿中的内容更新时 Word 内容保持不变。

②单击"粘贴链接"，则原始 PowerPoint 演示文稿的任何更新均反映在 Word 文档中。

演示文稿在新窗口中打开为 Word 文档。用户可以编辑、打印或另存为任何 Word 文档。

用户还可以将演示文稿保存为其他格式文件，供其他软件使用，以满足不同用途的需要。

5.6 上机实验

实验一　创建演示文稿和设置主题及母版

示例　创建如图 5.6.1 所示的演示文稿，文件名为"lx1.pptx"

操作步骤如下：

①启动 PowerPoint，单击"空白演示文稿"，默认情况下，第一张幻灯片的版式是"标题幻灯片"。在标题占位符内输入"计划报告"，在副标题占位符内输入"销售部"。

②添加第二张幻灯片：单击"开始"选项卡"幻灯片组"中的"新建幻灯片"右下角的 ▾，在列出的各种版式中选择"标题和内容"版式；标题占位符内输入"上年度总结"，内容占位符内输入"电器销售情况""水果销售情况""日用品销售情况""运动器械销售情况"。

类似地，添加后续的幻灯片。最后一张幻灯片用以致谢。

③设置主题：单击第一张幻灯片，单击"设计"选项卡"主题"组右侧的"其他"按钮 ▾，从列出的所有主题中右键单击"环保"主题，选择"应用于选定幻灯片"；选定第 2～4 张幻灯片，单击"设计"选项卡"主题"组右侧的"其他"按钮，右键单击"回顾"主题，选择"应用于选定幻灯片"。

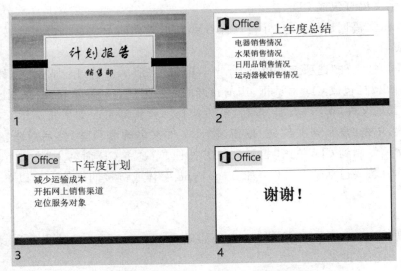

图 5.6.1　演示文稿 lx1.pptx 的浏览视图

④设置"回顾"主题的母版：单击"视图"选项卡的"母版视图"组中的"幻灯片母版"，在左侧窗格选定"回顾"主题的第一张幻灯片母版；单击"插入"选项卡下的"图片"，选择 office.png（❑Office图片文件），将图片拖动至母版的左上角。

⑤关闭母版视图：单击"幻灯片母版"选项卡"关闭"组上"关闭幻灯片母版"按钮，则返回"普通"视图，可见"回顾"主题的所有幻灯片左上角都有 Office 图片。

实验二　插入各种对象

示例　创建如图 5.6.2 所示的演示文稿。要求：输入各幻灯片的内容；设置第 2 张幻灯片上的超链接；设置第 3 张幻灯片上的"动作按钮"超链接到第 2 张标题为"目录"的幻灯片。

操作步骤如下：

①插入表格：添加一张"标题和内容"版式的幻灯片，键入标题"产品销售情况表"，单击内容占位符中的"插入表格"，设置 4 行 3 列，输入表格中内容。

②添加第二至第四张幻灯片，选择"标题和内容"版式，输入文字。

③设置超链接：选定第二张幻灯片中的文本"操作题 1"，单击右键，选择"超链接……"；在"插入超链接"对话框中，单击左侧"本文档中的位置（A）"，再选择"3.操作题 1"，单击"确定"按钮。

类似地，将"操作题 2"链接到第四张幻灯片。

④设置超链接的颜色：单击"设计"选项卡，单击"变体"组的"其他"按钮，单击"颜色"下拉菜单中的"自定义颜色"，打开"新建主题颜色"对话框；单击"超链接"右边颜色下拉按钮，选择第 1 行第 7 个"橄榄色 个性 3"；单击"已访问的超链接"右边颜色下拉按钮，选择第 1 行第 10 个"橙色 个性 6"。

⑤插入动作按钮：选择第三张幻灯片，单击"插入"选项卡，单击插图组的"形状"按钮，选择动作按钮中最后一个"自定义"，弹出"操作设置"对话框；选中"超链接到"单选按钮，单击下拉列表中"幻灯片…"，弹出"超链接到幻灯片"对话框；在"幻灯片标题"列表框中选择"目录"幻灯片，单击"确定"。

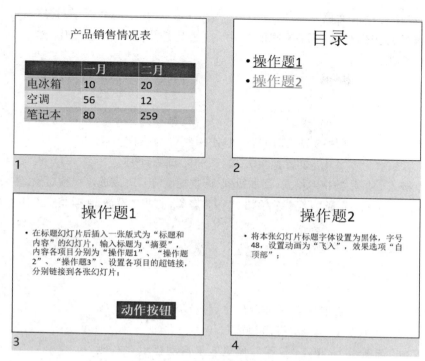

图 5.6.2　实验二示例设置效果图

习题

一、选择题

1. PowerPoint 默认的文件扩展名是（　　）。

A. .potx　　　　　　B. .ppta　　　　　C. .pptx　　　　　　D. .ppsx

2. 用户编辑幻灯片的主要视图是（　　）。

A. 普通视图　　　　　　　　　　　B. 幻灯片浏览视图

C. 备注页视图　　　　　　　　　　D. 幻灯片放映视图

3. 下列操作中，（　　）用于插入新幻灯片。

A. 单击"插入"选项卡的"幻灯片编号"。

B. 单击"开始"选项卡的"新建幻灯片"。

C. 单击"插入"选项卡的"添加新幻灯片"。

D. 单击"文件"选项卡的"新建"按钮。

4. PowerPoint 主题包含以下三个关键元素（　　）。

A. 一组特殊颜色，字体，阴影。

B. 彩色纹理，字体，阴影和映像。

C. 配色方案，协调字体，特殊效果（阴影、发光等）。

D. 以上都不对。

5. 在幻灯片中，超链接所链接的目标不能是（　　）。

A. 另一个演示文稿　　　　　　　　B. 演示文稿中的另一张幻灯片

C. 其他应用程序的文档　　　　　　　　D. 幻灯片中的另一个对象

6.不连续的几张幻灯片可以被同时选中,方法是选中第一张幻灯片,然后按下(　　)键,继续选择其他幻灯片。

　　A. Alt　　　　　　　　B. Shift　　　　　　　C. Tab　　　　　　　　D. Ctrl

7.Smart 图形不包含(　　)。

　　A. 流程图　　　　　　　B. 图表　　　　　　　C. 循环图　　　　　　D. 层次结构图

8.为了精确控制幻灯片的放映时间,一般使用(　　)操作。

　　A. 设置切换效果　　　B. 设置换页方式　　　C. 排练计时　　　　　D. 设置换页时间

9.要设置嵌入幻灯片的视频格式(添加边框、调整亮度等),应该选定视频对象,然后(　　)。

　　A. 右击视频对象,选择"设置视频格式…"菜单;打开"设置视频格式"任务窗格进行设置。

　　B. 应用 PowerPoint 主题。

　　C. 设置切换方式。

　　D. 以上说法都正确。

10.在打印演示文稿之前一般先进行预览,(　　)。

　　A. 在"开始"选项卡上,单击"打印预览"。

　　B. 在"文件"选项卡上,单击"打印",预览效果自动显示在右侧。

　　C. 在"文件"选项卡上,单击"打印",单击"打印预览"。

　　D. 以上都不对。

11.若要在幻灯片放映视图中结束幻灯片放映,应(　　)。

　　A. 按键盘上的 Esc 键。

　　B. 单击右键并选择"结束放映"。

　　C. 继续按键盘上的向右键,直至放映结束。

　　D. 以上说法都正确。

二、上机操作题

1. 打开"PowerPoint 操作练习题.pptx",文件内有 4 张幻灯片,内容见图 5.7.1。

要求完成下面操作:

①在标题幻灯片后插入一张版式为"标题和内容"的幻灯片,输入标题为"摘要",内容各项目分别为"操作题 1"、"操作题 2"、"操作题 3";设置各项目的超链接,分别链接到标题为"操作题 1"、"操作题 2"、"操作题 3"的幻灯片;设置"摘要"幻灯片的背景样式为"样式 6",设置"操作题 1"幻灯片的背景为"草皮"图案填充,其他幻灯片的背景不变。

②将"操作题 2"幻灯片标题字体设置为黑体,字号 48,设置动画为"飞入",效果选项"自顶部";将其和下一张幻灯片对调;在幻灯片的右下角插入形状(动作按钮,自定义),单击鼠标链接到"摘要"幻灯片。

③将"操作题 3"幻灯片的切换方式设置为"推进"(效果选项:自底部);在幻灯片中插入图片,图片来自文件"skating.png",并将图片放置在左上角;设置幻灯片的背景格式,用纯色填充,填充颜色为"浅绿";在幻灯片中插入"幻灯片编号",并应用于所有幻灯片,其中标题幻灯片不显示;将"离子会议室"主题应用于所有幻灯片。

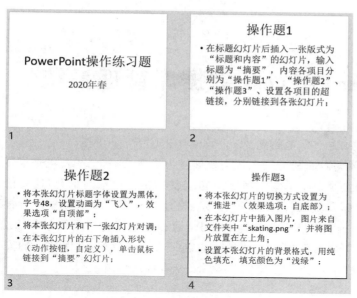

习题二

图 5.7.1　上机操作题内容

完成后,演示文稿视觉效果见图 5.7.2。

图 5.7.2　演示文稿视觉效果

2. 收集相关资料,制作一份以"我的校园生活"为主题的演示文稿。内容可包括学习、生活、兴趣爱好、团体活动或者个人风采展示等。尽量使用多种数据对象,要求图文并茂,有较好的视觉和听觉效果。

3. 收集"党的二十大报告"中的数据,制作一份以"数读党的二十大报告"为主题的演示文稿。内容可包括十年来国内生产总值、居民人均可支配收入的变化、改造农村危房数等。要求数据丰富、图文并茂,有较好的视觉效果。

第 6 章　Access 数据库管理系统

　　数据库(database)技术是计算机应用领域中发展较为成熟的一个分支,也是很多计算机应用的基础。数据库实质上是一个汇集了特定主题或目标相关信息的集合,这些信息被结构化地存储在计算机的存储介质上,使得用户能够轻松地对数据库中的数据进行管理与使用。而数据库的创建、日常运作以及后续的维护,则是通过数据库管理系统(DBMS)来完成的。数据库管理系统不仅可以帮助用户方便高效地定义与操作数据,确保数据的安全性和完整性,还支持多用户并发访问,以及在发生故障后安全有效地恢复数据。

6.1 数据库的基本概念

6.1.1 数据库概述

　　在数据库技术领域中,"数据模型"一直扮演着重要角色,它们为数据的存储、管理和查询提供了坚实的基础。其中,层次数据模型、网状数据模型和关系数据模型是三种最为经典且广泛应用的数据模型。

　　层次数据模型采用树型结构来描述数据实体之间的关系。在这种模型中,数据被组织成类似树状的结构,每个节点代表一个数据实体,节点之间的连线表示它们之间的关系。这种模型直观且易于理解,但在处理复杂关系时可能会显得不够灵活。

　　网状数据模型则采用网状结构来描述数据实体间的关系。在网状模型中,数据实体之间关系更加复杂和灵活,可以形成多对多的关系。这种模型适用于处理复杂的数据结构,但在数据维护和查询方面可能相对烦琐。

　　关系数据模型则采用二维表结构来描述数据实体间的关系。这种模型将数据组织成一系列的表,这些表被称为"关系",每个表包含多个字段,字段之间通过关系键进行关联。关系数据模型具有高度的数据独立性和严格的数学理论基础,使得数据的存储、查询和维护变得更为高效和便捷。此外,关系数据模型还可以提供结构化的数据管理和查询语言,使得用户可以更加方便地操作数据。

　　关系数据模型凭借这些优势,在众多的现代数据库系统之中得到广泛的应用。业界领先的数据库产品,如 SQL Server、MySQL、Access、GaussDB 等,均采用与关系数据模型高度兼容的架构设计。这些数据库系统在现代信息体系中扮演着中心角色,无论是大型企业还是个人用户,都能够借助它们高效地构建和维护各类数据集合。

　　关系数据模型主要包括以下几个概念,他们之间的关系如图 6.1.1 所示。

　　数据元素:数据元素是构成数据的基本单位,是数据集合的个体。在关系数据模型中,数据元素被存储在字段中。每个字段都代表了一种特定的数据属性,如姓名、年龄、性别等。字段不仅为数据元素提供了一个明确的标识,还定义了数据元素的名称、类型、大小和其他相关属性。

　　数据元组:数据元组则是由多个数据元素组成的集合。在关系数据模型中,一个数据元组对应着数据表的一行记录,所以数据元组也通常被称为"记录"。每个数据元组都包含了数据表中所有字段的值,这些值共同描述了某个具体实体的信息。例如,在一张学生信息表中,一个数据元组可能包含了某个学生的学号、姓名、性别、年龄等字段的值,完整地描述了该学生的信息。

　　数据表:数据表是由多个字段(列)和相应的数据元组(行)组成的。每个字段定义了数据表中的某一类数据属性,而数据元组则是这些字段值的集合,代表了具体的实体或记录。通过组合多个字段和相应的数据元组,数据表能够清晰地表示实体之间的关系,并支持各种复杂的数据查询和操作。

　　数据库:在关系数据模型中,数据表作为核心承载着存储具体数据的使命,而数据库则是由这些数据表构成的集合,它不仅为数据提供了一个集中的存储场所,更提供了强大的管理和检索功能。这些功能使得用户能够轻松地执行各种数据操作,如存储、查询、更新和删除等。

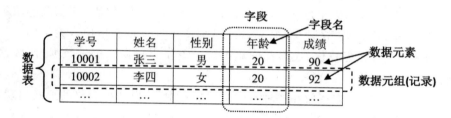

图 6.1.1　关系模型的主要概念

　　目前常见的基于关系数据模型理论的数据库系统有:

　　Oracle Database:由甲骨文公司(Oracle Corporation)开发,Oracle Database 是一个高性能的企业级数据库解决方案,以其强大的数据管理能力和广泛的平台支持而著称。

　　Microsoft SQL Server:由微软公司开发,SQL Server 是一个功能丰富的关系型数据库平台,支持广泛的业务智能(BI)和数据分析应用。

　　MySQL:MySQL 是一个开源的关系型数据库管理系统,由瑞典 MySQL AB 公司开发,后被甲骨文公司收购。它以其轻量级、高性能、易用性,受到开发者和企业的青睐。

　　Microsoft Access:Access 是一款功能丰富的数据库管理软件,属于 Microsoft Office 套件的一部分。它允许用户创建和管理数据库,用以存储、查询和分析各种类型的数据。通过直观的界面和强大的查询工具,Access 使得数据管理变得简单高效,适合小型企业和个人用户使用。

　　SQLite:SQLite 是一个轻量级的开源数据库引擎,它不需要单独的服务器进程,所有数据都可以存储于同一个文件中,通常用于移动应用、桌面应用和小型网站。

　　TiDB:由 PingCAP 公司研发的开源分布式 HTAP(hybrid transactional and analytical processing)数据库,兼容 MySQL,支持水平扩展,具备强一致性和高可用性。TiDB 特别适合处理大数据量下的高并发实时写入、查询和统计分析需求。

OpenGauss：基于 PostgreSQL 内核的企业级开源关系型数据库，融合了华为在数据库领域多年的研发经验，提供高性能、高可用、高安全性和低运维成本的解决方案。

OceanBase：由蚂蚁集团自研的原生分布式关系数据库软件，深耕金融行业，提供金融级高可用、HTAP 混合负载、超大规模集群水平扩展等特性。

达梦数据库（DM）：由达梦公司推出的具有完全自主知识产权的高性能数据库管理系统，对国产服务器和操作系统兼容性好，运维成本低，操作简单。

6.1.2 Access 数据库

Microsoft Access 是一款功能强大的关系型数据库管理系统，支持包括文本、数字、日期等多种数据格式，并通过表、查询、表单和报表等模块实现了对数据的收集、整理和分析。此外，Access 具备高效的数据导入导出能力，能够无缝对接 Excel、SharePoint 等平台，实现数据的互通有无，它还能构建功能丰富的数据库应用程序，特别适合中小型企业和个人用户进行高效的数据管理。

Access 支持用户创建和管理 Access 数据库实例。一个 Access 数据库实例通常存储为一个.accdb 文件或.mdb 文件（Access 2003 及之前版本的数据库）。由于这种单文件的设计，Access 数据库也被称为单文件数据库。

Access 的各种实体被统称为对象，其中包括表、查询、窗体、报表、宏以及模块等。表对象对应于关系数据模型中的数据表，在 Access 数据库中处于核心地位。无论用户是进行数据输出、查询还是其他数据操作，最终都依赖于表对象作为数据源提供数据，而数据输入也是将数据存储到表对象中。

Access 数据库中的数据存放在各种不同结构的表中，表以数据表格的形式出现，每个表都拥有自己的表名、表结构和表记录数据，如图 6.1.2、图 6.1.3 所示。

学号	姓名	性别	出生年月	入学成绩	保送生	Email	备注	相片
10001	王伟中	男	2000/2/10	656	☐			
10002	刘明仁	男	2000/3/20	0	☑			
10003	李海英	女	2000/5/8	697	☐			
10004	张可钦	女	2000/5/4	694	☐			
10005	赵南起	男	2000/9/8	689	☐			

图 6.1.2 "学生档案"表

学号	姓名	年级	学期	课程名	成绩	学分
10001	王伟中	1	1	英语	90	4
10002	刘明仁	1	1	英语	92	4
10001	王伟中	1	1	计算机应用基础	89	3
10002	刘明仁	1	1	计算机应用基础	90	3
10001	王伟中	1	2	英语	83	4
10002	刘明仁	1	2	英语	88	4
10001	王伟中	1	2	C程序设计	98	4
10002	刘明仁	1	2	C程序设计	93	4

图 6.1.3 "学生成绩"表

Access 数据表中的列称为字段，字段是 Access 信息的基本载体。表中的每个字段有唯一的数据类型（如短文本型、数字型、货币或日期/时间型等）。表中第一行为字段名，其余行是记录,每个记录表示一个独立实体的信息。

在 Access 数据表中,主键是一个或多个字段的组合,其值能唯一标识表中的一行记录,即每一行记录的主键值均不相同。主键在数据库设计中具有非常重要的地位,利用主键可以更好建立各表之间的关系,从而得到综合数据。

此外,Access 可以对数据表中的字段定义索引,以提高对表中数据的查询速度。

6.2 数据库的创建

设计合理的数据库才能让用户访问到准确的信息。要获得一个既满足当前需要又适应将来发展的数据库,应遵守数据库设计的一般规则。数据库设计基本步骤包括:

①确定创建数据库的目的。这一步涉及对业务需求进行深入分析,理解用户希望通过数据库实现的功能和目标,以及他们希望从数据库中获得哪些信息,从而确定需要用什么主题来保存有关的数据库对象。

②确定数据库中的表。每个表应该专注于一个特定的主题或实体,并包含与该主题相关的所有必要信息。这种设计原则有助于简化数据模型,提高数据维护的效率,并降低不同主题之间可能产生的相互影响。

③确定各表中的字段。字段是构成表的基本单位,每个字段都代表了与表主题相关的一个具体属性或特性。尽量不要把同一个字段同时放置在多个表中,以避免出现数据冗余。

④确定表的主键。通过定义主键,我们可以确保表中数据的唯一性和完整性,并方便地连接保存在不同表中的信息。

⑤确定表之间的关系。在将信息分配到各个表并定义了各表的主键之后,我们需要确定表之间的关系,以便能够正确地进行数据查询和操作。

⑥输入数据。表结构设计完成以后,就可向表中添加数据。输入数据是数据库设计过程中的重要环节,为后续的数据查询、分析和处理奠定了基础。

⑦创建其他数据库对象。创建了数据表之后,通常需要基于这些表来构建其他数据库对象,以便更好地管理和使用数据。这些对象包括查询、窗体、报表、宏和模块等,它们共同构成了完整的数据库应用。

要做出优秀的数据库设计,需要深厚的专业知识作为支撑。在本章中,我们将重点关注在数据库的顶层设计已经清晰明确后,如何利用 Access 这一高效工具来构建一个真实的数据库实例,其中包括在 Access 中创建数据库和表、构建表之间的关系、创建查询和窗体等对象以及学习结构化查询语言 SQL 的基础知识。

 ### 6.2.1 创建数据库

6.2.1

Access 提供了两种建立数据库的方法:使用模板创建数据库和创建空白桌面数据库。

通过模板可以快速创建数据库,但创建的数据库具有相对固定的模式,使用模板创建的数据库具有局限性。

创建空白桌面数据库就是创建没有对象和数据的数据库。创建空白桌面数据库后,根据实际需要添加所需要的表、查询、窗体、报表等对象。这种创建方法灵活,可以创建出符合需要的各种数据库,数据库的所有对象存储在一个以 .accdb 为扩展名的数据库文件中。

创建空白桌面数据库的操作步骤:

在 Access 窗口中单击"新建"—"空白桌面数据库"按钮。出现如图 6.2.1 所示的窗口,显示默认的数据库文件名"Database1.accdb",这里把它修改为"学生管理",单击"创建"按钮。系统默认将数据库文件保存在"我的文档"文件夹下,单击文本框右边的 📁 按钮可以改变文件的保存位置。

新创建的空白桌面数据库包含了一个名称为"表1"的空数据表,默认以"数据表视图"打开这个数据表。

单击数据库窗口左窗格(也称导航窗格)的下拉列表按钮,可打开数据库的导航项,通过导航窗格可以显示各种对象。

图 6.2.1　创建空白桌面数据库窗口

创建数据库一般从创建表对象开始,可以在数据表视图中直接进行数据表的快速设计;也可以利用数据表设计视图,设计表的结构后再输入数据记录。

 ### 6.2.2 创建表

6.2.2

表由表结构和表数据两部分组成。表结构包含表的字段,各字段的数据类型、属性等。表数据指的是表的内容,是实际存储数据的记录。创建表是指创建表的结构和输入表的内容,可以通过"数据表视图"创建表,也可以通过表的"设计视图"先创建表的结构,然后再输入数据。

使用"数据表视图"创建表的方法操作简单,适用于创建字段少、字段属性简单的表。通过表的"设计视图"既可以修改已有的表,也可以建立新表,这种建表方法最灵活,也最常用,较为复杂的表都要在设计视图中创建。

单击"开始"选项卡"视图"组的"视图"按钮,可以在"数据表视图"与表的"设计视图"之间切换。若当前是"数据表视图",单击"视图"按钮,则切换至表的"设计视图",反之亦然。

创建表结构

在 Access 中,通过表的设计视图创建新表的主要步骤如下:

①在菜单栏上点击"创建"选项。这通常会显示一系列可用于创建新数据库对象的工具,包括表、查询、表单等。

②点击"表格"组中"表设计"按钮。打开一个新表的"设计视图"窗口,可以在其中定义新表的结构。

③表的"设计视图"分上下两大部分,上半部分是字段输入区,下半部分是字段属性区。在字段输入区的"字段名称"列中,输入想要创建的字段的名称。在"数据类型"列中,为每个字段选择合适的数据类型。数据类型定义了字段中可以存储的数据种类。在字段属性区中设置字段其他属性,如字段大小、字段格式、是否允许为空、默认值、有无约束等。

④点击工具栏上的"保存"按钮。在弹出的对话框中,输入新表的名称,并选择保存的位置。点击"确定"或"保存"按钮,Access 将保存创建的新表结构。

如果想修改已有的表结构,只要在 Access 左侧的对象导航窗口中,鼠标右键单击要修改的表,选择"设计视图"命令,打开该表的设计视图后修改表结构。

或者在数据库窗口中,鼠标左键双击想要修改的表。此时,Access 会以默认的"数据表视图"打开选中的表。然后单击"开始"选项卡"视图"组的"视图"按钮,进入该表的设计视图后修改表结构。

下面通过实例介绍使用设计视图创建表。

例 6.2.1　在"学生管理"数据库中创建"学生档案"表,表结构如表 6.2.1 所示。

表 6.2.1　"学生档案"表结构

字段名	数据类型	字段大小	备注
学号	短文本	5	主键
姓名	短文本	5	
性别	短文本	1	
出生年月	日期/时间		
入学成绩	数字	整型	
保送生	是/否		
Email	超链接		
备注	长文本		
相片	OLE 对象		

操作步骤如下:

①打开"学生管理"数据库,在"创建"选项卡的"表格"组中,单击"表设计"按钮,打开表的设计视图。

②按照"学生档案"表结构要求,在"字段名称"列中输入字段名称;在"数据类型"列中选择相应的数据类型;然后,把光标放在"学号"字段,单击"表格工具"—"设计"选项卡的"主键"按钮,将学号设置为主键。设置完成后,在"学号"字段左边出现钥匙图形,表示学号为主键(如图 6.2.2 所示)。

③选定"学号"字段,在"常规"属性窗格中设置该字段的大小为 5,其他属性均为默认值即可(见图 6.2.3)。

④重复步骤③,完成所有字段的属性设置。单击"保存"按钮,更改表名称为"学生档案"。

字段名称	数据类型
学号	短文本
姓名	短文本
性别	短文本
出生年月	日期/时间
入学成绩	数字
保送生	是/否
Email	超链接
备注	长文本
相片	OLE 对象

图 6.2.2 学生档案表设计视图

常规 查阅	
字段大小	5
格式	
输入掩码	
标题	
默认值	
验证规则	
验证文本	
必需	是
允许空字符串	否
索引	有(无重复)
Unicode 压缩	是
输入法模式	开启
输入法语句模式	无转化
文本对齐	常规

图 6.2.3 学号字段的属性设置

定义字段

(1)字段名称

表中各字段名称应互不相同,字段名称应该尽量使用便于理解和记忆的汉语或英文单词。

字段命名应遵守以下规则:

①字段名最长可达 64 个字符。

②字段名可以包含字母、数字、空格和特殊字符(句号（.）、感叹号（！）、重音符（`）和方括号（[ ]）除外)。

③不能用空格作为字段名的第一个字符。

④不与 Access 使用的属性或其他元素的名称重复,避免数据库在运行时产生意外行为或冲突。

⑤避免使用保留字。Access 和其他数据库系统都有一些保留字或关键字,用于定义数据库的结构和功能。命名字段应避免使用这些保留字,以免引发错误或混淆。

(2)字段的数据类型

在表中同一列数据必须有相同的数据特征,称为字段的数据类型。在设计表结构时,必须定义表中字段的数据类型（类型含义如表 6.2.2 所示）。

(3)字段的常规属性

在"设计视图"窗口下半部的"常规"选项卡中可设置字段的常规属性。

表 6.2.2　数据类型说明

数据类型	可存储的数据	大小
短文本	保存文本或不需要算术运算的数字。如：姓名、身份证号码、邮编	最长为 255 个字符（一个汉字或一个字母均为 1 个字符）
数字	可进行算术运算的数值。如：成绩，工资等。数字类型还可进一步设置为字节、整型、单精度、双精度等	1、2、4、8 或 16 个字节
日期/时间	日期或日期时间值	8 个字节
货币	货币值。精度为小数点前 15 位数，小数点后 4 位数	8 个字节
自动编号	在添加记录时自动插入序号（1,2,3,…）	4 个字节
是/否	逻辑值。如：是/否、真/假、On/Off	1 个字节
长文本	长度不好确定或长度较长的文本。如个人简历、备注说明等	根据需要自动分配空间，最多约 1 GB，但显示长文本的控件限制为显示前 64000 个字符。
OLE 对象	由其他使用 OLE 程序创建的对象，如：Word 文档、Excel 电子表格、图像、声音或视频等	最大可为 2 GB
超级链接	互联网、局域网或本地计算机上的文档或文件的链接地址。	最多 8192 个字符（超链接数据的每个部分最多可包含 2048 个字符）。
查阅向导	创建字段，该字段将允许使用组合框来选择另一个表或一个列表中的值。从数据类型列表中选择此选项，将打开向导进行定义	取决于查阅字段的数据类型。

①"字段大小"属性。

只有当字段数据类型为"文本"或"数字"时，这个字段的"字段大小"属性才可设置。对于短文本字段，"字段大小"可以设置为 1 到 255 之间的任何值，表示该字段可以存储的字符数（不是实际存储的字节数），默认值是 255。这里的字符可以是汉字、字母、数字或者其他多字节字符。例如，短文本字段的大小为 8，则可以存储 8 个汉字或者 8 个英文字母。如果存储的字符数量可能超过 255 个，需要使用"长文本"类型。对于数字字段，可在"字段大小"的下拉列表中选择一个子类型，如表 6.2.3 所示。

表 6.2.3　数字数据类型属性说明

可设置值	说明	小数位数	存储大小
字节	保存 0～255 之间的整数	无	1 个字节
整型	保存 −32768～32767 之间的整数	无	2 个字节
长整型	保存 −2147483648～2147483647 之间的整数	无	4 个字节
单精度型	保存 −3.402823E38～3.402823E38 之间的实数	7	4 个字节
双精度型	保存 −1.79769313486232E308～1.79769313486232E308 之间的实数	15	8 个字节

②"格式"属性。

该属性决定了数字、日期、时间和文本数据在打印或屏幕上的显示方式。

对于"数字"型字段,"常规"格式通常按照最简洁的方式显示数字,"标准"格式根据数字的位数或特定业务规则来显示。此外,还有货币格式、百分比格式等。

对于"日期/时间"型字段,"常规日期"按照默认的日期格式来显示,"长日期"则会显示更加详细的日期信息,包括年、月、日等。同样,"长时间"会显示包括小时、分钟和秒的时间信息。某种日期的具体显示格式可能会随操作系统的设置而改变。

值得注意的是,设置"格式"属性并不会改变数据的实际存储方式,这保证了数据的完整性和准确性,同时允许用户根据不同的需求来灵活地调整数据的显示方式。

③"输入掩码"属性。

该属性允许数据库设计者为字段定义特定的输入格式和长度,以确保用户按照指定的格式输入数据。这对于邮政编码、电话号码、身份证号码等需要固定格式和长度的字段尤其有用。

掩码中的每个字符都有特定的含义,用于指示用户在该位置应输入什么类型的数据。例如,掩码设置为(999)9999999,其中 9 表示对应位可输入数字或不输入。如果掩码是(000)00000,其中 0 表示必须输入数字且不能省略。如果是♯号,则可以输入一个数字、空格、加号或减号,如果跳过,Access 会输入一个空格。

设置输入掩码后,在输入数据时会有相应的可视化提示。

④"小数位数"属性。

对于"数字"型或"货币"型字段可以根据需要选择小数位数。该属性只改变显示方式,并不影响数据的实际存储精度。

⑤"标题"属性。

如果在"标题"文本框中输入了文本,Access 将使用该文本来标识数据表视图中的字段,也用它来标识窗体和报表中的字段,如果"标题"文本框空着,Access 将用字段名来标识字段。

⑥"默认值"属性。

该属性决定了在新记录被添加到表中时自动填充的值,默认值可以是与字段数据类型相匹配的任何值。

⑦"验证规则"属性。

该属性允许数据库设计者定义数据输入时必须满足的条件(即规则),Access 会在用户尝试输入或修改数据时验证该规则,只有符合规则的数据才能输入。

例如在某数字型字段的"验证规则"属性中输入">18",则输入该字段的值必须大于 18,否则会出现一个警告框,并要求重新输入。除了基本的比较运算符(如>、<、=等)外,还可以使用 AND 和 OR 运算符组合多个条件来创建更复杂的规则。

⑧"验证文本"属性。

该属性允许数据库设计者为字段自定义一段文字作为警告信息。当输入的数据违反"验证规则"时,Access 显示"验证文本"中的内容作为警告信息。如果没有设置"验证文本",则使用系统默认的警告信息。

⑨"必需"属性。

如果在"必需"属性框中选择"是",用户在添加或修改记录时,该字段必须输入一个有效值。如果选择"否",则该字段可以不输入内容。

当一张表的某字段存在空值,修改该字段的"必需"属性为"是",则在保存表结构更改时可能会遇到失败的情况。此时必须先处理空值,再修改"必需"属性。

⑩"索引"属性。

数据库索引是一种重要的数据结构,它通过对字段进行排序和快速定位,可以显著提高查询性能,在处理大量数据时作用尤为明显。

通过字段的"索引"属性可以设置是否对该字段添加索引。当一个字段被设置为索引时,Access 会在该字段上创建一个索引结构,并占用额外的存储空间来保存索引信息。在插入、删除或更新记录时,索引结构也需要进行相应的维护,这可能会降低这些操作的速度。

因此,对于经常需要查询的字段,尤其是数据量较大的字段,才需要考虑设置索引。

"索引"属性有如下内容供选择:

有(有重复):选择该选项后,将对该字段添加索引,而且字段值可重复。

有(无重复):选择该选项后,将对该字段添加索引,但字段值不能重复。

无:选择该选项后,该字段不被索引。

在表的"设计视图",单击"表格工具"—"设计"选项卡"显示/隐藏"组中"索引"命令,可查看一个表中所有索引字段清单。

(4)字段的添加、删除和移动。

添加字段步骤如下:

①打开表的设计视图。

②在表的字段列表上单击鼠标右键,在菜单中选择"插入行"。这将在当前选中的字段上方添加一个新的空字段行。

③在新添加的字段行中,输入字段名称、数据类型和其他相关属性。

④保存并关闭表设计视图,也可切换至"数据表视图"。

删除字段步骤如下:

①打开表的设计视图。

②鼠标右键单击要删除的行,选择"删除行"命令;在删除确认提示框中,点击"是"完成删除;保存并关闭表设计视图。

此外,也可以在"数据表视图"中右击字段名,选择"插入字段"或"删除字段"完成字段的添加和删除。

调整字段的先后顺序,步骤如下:

①打开表的设计视图,找到想要移动的字段所在的行。

②单击该行左侧的行号或字段名,选中整行。

③按住鼠标左键不放,拖动选中的行到想要的位置;释放鼠标左键,字段行将被放置到新的位置;保存并关闭表设计视图。

请注意,在修改表结构时,特别是删除字段或更改字段的数据类型时,要确保这些更改不会影响到已有的数据或与其他表之间的关系。

定义主键

主键由一个或多个字段组合构成,它使记录具有唯一性。虽然主键对一个表来说并不是必需的，但当一个表定义了主键之后，才能和数据库的其他表建立关系。定义主键的操作步骤如下：

①在表设计视图中单击要定义为主键的字段名或选定多个字段名；

②单击"表格工具"—"设计"选项卡的主键"🔑"按钮。

如果在创建新表时没有定义主键，Access 在保存表时会询问是否要定义主键。单击"是"按钮，将在表中自动添加一个名为"ID"、数据类型为"自动编号"的主键字段。

在表中定义主键的目的是保证表中所有记录都是唯一可识别的，以便建立数据库中各表之间的关系。表的主键字段会自动被设置为索引字段，可以加快查询速度。

增加新记录时，主键字段不允许是空（Null）值，也不允许在主键字段出现重复值，即两个记录的主键值不能相同。

例如，在"学生档案"表中可以定义"学号"字段为主键，因为在该表中各学生的学号是唯一的。而在"学生成绩"表中，就应该把主键定义为"学号"、"姓名"、"年级"、"学期"和"课程名"组成的字段集。因为在"学生成绩"表中，"学号"字段的值不是唯一的，"课程名"等字段的值也不是唯一的。

6.2.3 建立表间关系

在 Access 数据库中，数据往往被组织成多个表，这些表代表了不同的数据集合，通过特定的关联规则相互联系。这种设计允许数据库在保持数据结构清

6.2.3

晰的同时，能够处理复杂的数据关系。以学生档案表和学生成绩表为例，学生档案表包含了学生的个人基本信息，如学号、姓名、性别和籍贯，而学生成绩表则记录了学生的学号以及各学期的成绩。这两个表虽然独立存储，但它们之间存在明显的联系——学生的学号。两个表通过学号字段建立关系，使得我们可以将一个学生的个人基本信息与其成绩数据关联起来。

为了更好地管理和应用这种数据关联性，Access 允许用户创建数据表之间的"关系"，这种关系建立在不同表中具有相关性的字段之上。为了保持关系的完整性和数据的准确性，相关性字段在数据类型和值上必须保持一致，但名称可以不同。

Access 中的表关系类型主要有以下几种：

一对一关系：这种关系类型不常见，但在某些情况下，一个表中的记录只能与另一个表中的一个记录相关联，反之亦然。例如，一个员工表中的员工记录与一个员工车辆表中的车辆记录——对应。

一对多关系：最常见的关系类型。一个表中的记录与另一个表中的多个记录相关联。

例如，学生档案表和学生成绩表通过学号字段将数据关联在一起，其中学生档案表是主表，学生成绩表是子表。学生档案表和学生成绩表之间是一对多关系，即对于学生档案表的每一条记录，学生成绩表中有多个记录和它关联（也可能没有记录关联）；反之，对于学生成绩表的每一条记录，学生档案表中有且只有一条记录和它关联。

多对多关系：虽然 Access 不直接支持多对多关系，但可以通过创建一个中间表（也称为联接表）来实现。例如，一个学生表和一个课程表可以通过一个选课表来建立多对多的关系。

建立关系

打开"学生管理"数据库，在"数据库工具"选项卡中，单击"关系"按钮，显示"关系工具"

选项卡。在"关系"组中，单击"显示表"按钮，打开"显示表"对话框，单击"添加"按钮，将"学生档案"和"学生成绩"表添加到关系窗口中。选择需要建立关系的字段，按住鼠标左键不放将其拖到另一个表中相关联的字段，在出现的对话框中选择"创建"，就建立了如图 6.2.4 所示的关系。单击工具栏上的"保存"按钮，或者单击"关系"窗口上的"关闭"按钮，在出现的对话框中单击"是"按钮，即可保存表间的关系。

修改已有的关系

在"关系"窗口中双击要修改的关系连接线，打开"编辑关系"对话框，修改已有的关系后，单击"确定"按钮。如果要删除已有的关系，只需在"关系"窗口中单击要删除的关系连接线，然后按 Delete 键，再单击"是"按钮。或鼠标右击关系连接线，选择"删除"命令即可。

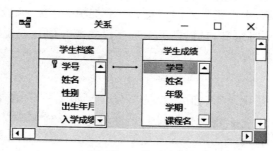

图 6.2.4　关系窗口

查看子数据表

在建立了一对多关系后，在主表的数据表视图中，每个记录最左边显示一个"＋"号，这表明该表和数据库的另一个表存在一对多的关系。单击"＋"按钮，可以看到与该记录对应的子数据表的全部记录，如图 6.2.5 所示。

图 6.2.5　查看子数据表

6.3 编辑数据表

 ## 6.3.1 编辑记录

在 Access 数据库中，数据表视图为用户提供了一个直观的界面用于编辑和

6.3

管理数据表内容。这种视图以经典的二维表格形式呈现数据,每一行象征着数据库中的一条独立记录,每一列则对应数据表的一个特定字段。通过这种方式,用户可以轻松地查看、更新或删除记录,或对字段进行增加或修改。

为了浏览和查看数据表中的所有记录,窗口的右侧配备了一个"记录滚动条",用户可以轻松地滚动到任一记录处。此外,窗口底部的左侧提供了"记录浏览按钮组",它包含一系列控制按钮,这些按钮允许用户快速地移动和定位记录。按钮组中还包含一个"记录号"文本框,在此输入记录号,按 Enter 键可以快速定位到该记录。

如果数据表中的字段数量过多,超出了屏幕的显示范围,窗口底部的右侧会出现"字段滚动条"。在水平方向上拖动滚动条,可以查看窗口中未显示的字段。

状态行位于屏幕底部,提供了额外的信息,如当前选中记录的记录号以及字段说明。字段说明通常在建立表结构时定义,它提供了关于字段的额外信息或说明文本,有助于用户理解每个字段的用途和内容。

添加新记录

单击数据表底部的"尾记录"按钮 ▶,把光标定位到最后一条记录的第一个字段处。输入数据后,按"Tab"键或"Enter"键或用光标移动键将光标移到下一字段,继续输入下一字段的数据。

保存记录

每当把光标移动到不同的记录或关闭数据表时,所编辑的记录值自动保存到表中。

修改记录

将光标移到待修改记录的待修改字段处,输入新的数据,即用新数据替代旧数据。修改过程中可单击工具栏上的"撤消"按钮或"ESC"键取消对当前字段的修改。当光标移到别的记录后,就不能撤销对当前记录所作的修改。

查找与替换

单击"开始"选项卡"查找"组的"查找"按钮可实现对字段的数据进行"查找"或"替换"操作。在"查找和替换"对话框中的"查找内容"文本框中输入要查找的信息。如果不完全知道要查找的内容,可以使用通配符实现模糊查找。通配符的使用见表 6.3.1。

表 6.3.1 通配字符

通配符	用法	示例
*	与任何数量的任意字符匹配,可用于字符串中	Wh * 可以找到 What,Why 等
?	与任何单个字符匹配	B? ll 可以找到 Ball,Bell 等
[]	与方括号内的任何单个字符匹配	B[ae]ll 可以找到 Ball,Bell 等
!	匹配任何不在括号内的字符	B[! ae]ll 可以找到 Bill,Bull 等
—	与范围内的任何一个字符匹配。必须以递增排序次序来指定区域(A 到 Z)	B[a—c]d 可以找到 Bad,Bbd 等
#	与任何单个数字字符匹配	1#3 可以找到 103,113,123 等

单击"查找范围"下拉按钮,选择在整个文档或当前字段中进行查找。单击"匹配"下拉按钮,有 3 个选项供选择:"字段任何部分"表示"查找内容"文本框中的文本可包含在字段的

任何位置；"整个字段"表示字段内容必须与"查找内容"文本框中的文本完全符合；"字段开头"表示字段必须是以"查找内容"文本框中的文本开头，后面的文本可以是任意的。单击"查找下一个"按钮，开始进行查找，当找到匹配的字段时，该条目高亮显示。

删除记录

单击记录的最左端灰色矩形块，可以选定整条记录。删除记录的方法是：选定需要删除的记录，按 Delete 键或单击"开始"选项卡"记录"组的"删除"按钮。

 6.3.2　格式化数据表

在数据表视图中，可以调整行高与列宽，也可以调整显示的字段顺序，固定或隐藏列，还可以设置字体并决定是否要保留网格线。

改变行高/列宽：将鼠标指向记录左边的分界处，鼠标符号变成上下双箭头形状，按住鼠标左键上下拖动，直到满意的行高。改变列宽的方法与改变行高的方法类似。

改变字段顺序：数据表中字段的排列顺序不影响对表中数据的操作，有时因为视觉上的方便，需要改变字段的排列顺序。在数据表视图中，选中要移动的字段，鼠标指向字段名，然后将字段用左键拖到需要的新位置。

隐藏字段：右键单击要隐藏的字段名，在快捷菜单中选择"隐藏字段"命令。

显示字段：右键单击字段名，在快捷菜单中选择"取消隐藏列"，在出现的对话框中选中字段名前面的复选框，单击"关闭"按钮。

冻结字段：当面对长记录而无法在屏幕上一次性查看所有字段时，可以考虑使用"冻结字段"功能，以确保某些重要字段始终处于可视范围内。其操作过程非常简单，选中希望保持显示的字段，接着右键点击字段名，并在弹出的快捷菜单中选择"冻结字段"选项。完成这些步骤后，即使在移动字段滚动条浏览其他字段时，被冻结的字段仍会稳定地停留在数据表视图左侧，为用户提供了一个连续不断的参考点。这样的功能不仅优化了用户与数据的交互，还增强了在处理复杂数据时的效率和便捷性。

解除冻结：右键单击字段名，在快捷菜单中选择"取消对所有列的冻结"命令。

设置字体格式：在数据表视图中，用户可改变数据的字体、字号、字形等。选择要改变字体的行，在"开始"选项卡的"文本格式"组中，选择所需的字体格式。

如果需要对整个表进行字体格式设置，请单击数据表左上角的小方块，选定数据表视图中的所有数据，然后再进行字体格式设置。

 6.3.3　排序和筛选记录

排序

打开数据表，Access 自动以表中的主键值升序显示各记录。如果数据表没有定义主键，则按照记录在数据表的物理位置显示记录。要改变记录的显示顺序，需要在数据表视图中对数据表的记录进行排序。

将光标移到作为排序依据的字段，单击"开始"选项卡"排序和筛选"组的"升序"或"降序"按钮，Access 将快速进行排序，并在数据表视图中按新的排序结果显示各纪录。

还可以按多个字段的值对记录排序。当按多个字段排序时，首先按照第一个字段的值进行排序。当某些记录第一个字段的值相同时,这些记录再按照第二个字段进行排序,依此类推,直到按全部指定字段排序。在进行多字段排序时。如果两个字段并不相邻,需要调整字段位置,而且要把第一排序字段置于最左侧。选中要排序的多个字段,单击"开始"选项卡上的"升序"或"降序"按钮,即实现多字段升序或降序排列。

筛选记录

利用"开始"选项卡的"查找"命令,可以在数据表中浏览满足指定条件的一个记录。而利用"开始"选项卡"排序和筛选"组的相关命令,可以显示满足指定条件的所有记录。

(1)按选定内容筛选

按选定内容筛选使数据表只显示特定内容的记录。例如,先选择"学生档案"表中"性别"字段的"男",再单击"排序和筛选"组"选择"下拉按钮的"等于'男'"选项,执行后只显示"性别"为"男"的记录。要取消筛选,可以单击"切换筛选"或"高级"下拉按钮的"清除所有筛选器"命令。

(2)使用筛选器筛选

筛选器提供了一种灵活的筛选方式。在数据表视图中,单击字段右侧的三角箭头,将弹出筛选器;也可先选定数据表的某字段或选择该字段的某数据,单击"排序和筛选"组的"筛选器"命令,弹出筛选器。筛选器上选定的字段所有不重复值以列表方式显示出来,用户可以在列表中勾选需要内容,或在其上相关筛选器命令的二级菜单中自定义筛选条件,单击"确定"应用筛选。

(3)按窗体筛选

按窗体筛选是一种快速的筛选方法。单击"高级"下拉按钮的"按窗体筛选"命令,打开"按窗体筛选"界面(如图6.3.1),在条件字段列的下拉列表中选择筛选项,或输入筛选条件,然后单击"高级"下拉按钮的"应用筛选/排序"命令。图例中设置的筛选条件为:性别="女"并且入学成绩>650。

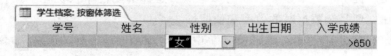

图 6.3.1 "按窗体筛选"界面

(4)高级筛选/排序

可使用"高级"下拉按钮的"高级筛选/排序"命令,同时完成筛选与排序。执行该命令打开"高级筛选"窗口,单击窗口下方网格中的"字段"行,选择用作筛选条件和排序的字段,在"条件"行输入比较运算符和比较值;在"排序"行选择"升序"或"降序"。图6.3.2中设置的筛选条件为:性别="女"并且入学成绩>650,按学号升序排列。

单击"高级"下拉按钮的"应用筛选/排序"命令,即可得到筛选与排序的结果。单击"高级"下拉按钮的"清除所有筛选器"命令,可以取消筛选。

图 6.3.2　"高级筛选"界面

6.4

6.4 数据的导入和导出

Access 提供数据导入和导出功能以实现数据共享。通过导入功能,可以把其他数据库的数据或其他存储格式的数据导入本数据库。通过导出功能,可以把本数据库的数据导出到其他数据库或备份成其他格式的文件。

由于外部数据源的数据格式和 Access 数据库的数据格式存在差异,执行数据导入操作前应当对数据源做适当调整。

 6.4.1 导入数据

可以导入数据库的数据包括其他 Access 数据库(可以是不同版本)的数据表、ODBC 数据源的表、Excel 工作表、文本文件、XML 文件等。

打开数据库,单击"外部数据"选项卡下"导入并链接"组中要导入的文件类型,选择导入的文件,按导入数据向导执行可实现数据的导入。

导入数据库的外部数据可以成为数据库的一个新数据表,或者追加到数据库的某数据表中,或者在数据库中创建一个链接表。如果是后者,对数据源所做的更改将反映到链接表中,但不能在 Access 数据库内更改数据源。

例:在"学生管理"数据库中导入"学生成绩表.xlsx"。

打开"学生管理"数据库,单击"外部数据"选项卡的"导入并链接"组中的"Excel"按钮,在出现的对话框中单击"浏览"按钮,选择要导入的 Excel 文件"学生成绩表.xlsx",在"向表中追加一份记录的副本"中选择要导入的表"成绩登记表"表,单击"下一步"按钮,直到完成。

说明:要导入数据库中的数据应该是结构化的。例如 Excel 表的第一行应该是字段名,且各列的数据类型应该相同;文本文件中数据应该具有表格的行列特征,各数据之间有相同的分隔符。

如果把数据源追加到数据库的数据表中,数据源的数据应该和接收数据的表具有相同的字段名和字段类型。

6.4.2 导出数据

导出数据,就是把 Access 数据库的表作为一个备份传送到其他数据库或其他格式的文件中。Access 数据库的数据表可以导出到其他数据库、Excel 工作表、文本文件、XML 文件、FDP/XPS 文件和其他应用程序中。

导出数据的操作步骤:打开数据库,打开要导出的数据表,单击"外部数据"选项卡的"导出"组中的文件类型按钮,选择导出文件的位置及文件名,然后在打开的向导对话框中做适当操作,最后单击"确定"即可。

6.5 数据查询

Access 数据库的查找和筛选功能通常仅限于单个数据表的操作,而且这些操作的过程与结果往往并不能保存。用户每次使用都必须打开相应的数据表重新设置才能进行查找和筛选,这种直接操作的方式可能对数据库的数据安全带来潜在风险,因为误操作或不当的筛选条件可能会导致数据的不当修改或泄露。如果数据表中的数据量很大,其执行效率也不高。而数据检索又是数据库系统中至关重要的功能,用户经常需要通过自定义各种条件从一个或者多个关联的表中提取相关信息并组合成一个逻辑上统一的表格,从而实现更为复杂的数据分析和处理。

因此,Access 数据库特别设计了"查询"对象,这一对象作为强大的工具,赋予了用户实现多种数据操作和分析功能的能力。通过执行查询对象,用户可以轻松检索、筛选、联接、计算和汇总数据库中的数据,从而满足各种复杂的数据处理和分析需求。这一特性使得 Access 数据库在数据处理方面更加灵活、高效,为用户提供了极大的便利。

需要注意的是查询对象和表对象的区别,表对象主要用于存储和管理数据,而查询对象则是以表或其他查询的结果作为数据源,对数据进行检索、计算和分析。查询对象本身并不存储数据,而是基于数据源动态地生成结果。

根据功能的不同,Access 查询对象支持以下几种查询类型:

选择查询:这是最常见的查询类型,它允许用户从一个或多个表中检索数据。用户还可以设置一定的限制条件,以筛选出符合要求的记录。当需要查看满足特定条件的数据集,或者创建报表和表单的数据源时,选择查询是理想的选择。

交叉表查询:这种查询类型可以用一种紧凑的、类似于电子表格的方式显示数据。它能够将表中某个字段的合计值、计算值、平均值等进行分组并显示,一组列在数据表的左侧,一组列在数据表的上部,为用户提供一种直观的数据展示方式。

参数查询:在执行参数查询时,系统会弹出对话框提示用户输入必要的信息(即参数)。然后,查询会根据这些用户输入的参数来执行,从而获取相应的数据。参数查询在构建窗体和报表时尤为有用,因为它可以根据用户的输入动态地调整查询结果。

操作查询:操作查询主要用于在一个操作中更改许多记录。它又可以细分为四种类型:删除查询、更新查询、追加查询和生成表查询。删除查询用于从一个或多个表中删除一组记录;更新查询用于修改表中的现有记录;追加查询可以将新记录添加到表中;生成表查询则可以根据一个或多个表中的全部或部分数据新建表。

SQL 查询：这是使用 SQL 语句创建的查询。SQL（结构化查询语言）是一种强大的数据库编程语言，通过 SQL 查询，用户可以执行复杂的数据检索、插入、更新和删除等操作。

其中，操作查询、交叉表查询和参数查询都可以在选择查询的基础上创建。此外，查询可以以一个表或多个表为数据源创建，称为"单表查询"或"多表查询"，但它们并不是 Access 中独立的查询类型。在查询过程中，用户还可以进行各种统计计算，如求和、平均值、最大值和最小值等，这类的查询也被称为"汇总查询"。

同大多数数据库一样，Access 数据库的查询对象内部存储的是一段由 SQL（结构化查询语言）书写的查询命令。当用户进行查询时，Access 会自动执行这段 SQL 查询命令，并根据查询命令中指定的条件，在作为数据源的数据表中进行查询、计算、修改、插入和删除等操作，并将结果以逻辑表或者其他形式返回给用户。

在 Access 数据库中与查询相关的视图包括"数据表视图"、"SQL 视图"和"设计视图"，数据表视图主要用于显示查询的结果，SQL 视图可以显示和修改查询对应的 SQL 语句，设计视图提供了一个图形化的工具帮助用户设计查询对象。通过设计视图，用户无须编写 SQL 语句，就能够轻松地定义数据源、查询条件以及查询结果的格式，Access 会自动将这些图形化操作转换为相应的 SQL 查询命令。

为了符合 Access 的命名习惯，在后续的章节里我们将"查询对象"简称为"查询"。

6.5.1 在设计视图中创建查询

6.5.1

使用查询的"设计视图"可以创建各种查询。下面举例说明利用查询设计视图创建选择查询的操作过程。

例 6.5.1　基于数据表"学生档案"和"学生成绩"，创建两表查询，显示出学号、姓名、性别、课程名、成绩、学分等信息。

在"创建"选项卡的"查询"组中单击"查询设计"按钮，切换到查询的"设计视图"并出现"显示表"对话框。

在"显示表"对话框中显示了数据库所有的表和查询，用户可以从中选择表或查询作为数据源，这里选择"学生档案"和"学生成绩"作为数据源。可以选择某表后单击"添加"按钮或直接双击要选用的表，将其添加到查询设计视图中；单击"关闭"按钮，关闭"显示表"对话框。

分别依次双击表中的学号、姓名、性别、课程名、成绩、学分等字段，这些字段将出现在查询设计网格中，如图 6.5.1 所示。

单击"查询工具设计"选项卡的"运行"按钮，即可看到查询结果。

在查询设计视图中，用户可以随时单击"查询工具"—"设计"选项卡上"查询设置"组的"显示表"按钮，打开"显示表"对话框，把表添加到查询设计视图中。若想从查询设计视图删除某个表，可选择该表，然后按 Delete 键。

查询设计视图由上下两部分组成。上半部为"对象"窗格，下半部为"查询设计"网格。"对象"窗格中放置查询所需的表或查询。"查询设计"网格由若干行组成，其中包括"字段""表""排序""显示""条件""或"以及若干空行。

若想把"对象"窗格中需要的字段显示到"查询设计"网格中，可在"对象"窗格中双击该

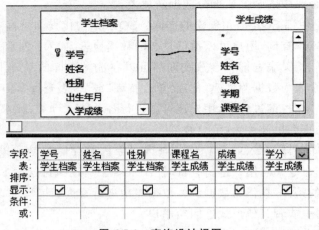

图 6.5.1　查询设计视图

字段,或在字段行的下拉列表中选择该字段。如果要将表中的全部字段添加到查询设计网格,可双击该表的标题栏,选中表中的全部字段,然后鼠标指向选定区域并把它们拖到查询设计网格上。

查询设计网格中各选项的作用:

字段:选自对象窗格中的字段或字段表达式,作为查询操作的字段。

表:表示本字段所属的表。

排序:查询结果是否以本字段的值排序。

显示:本字段是否作为查询结果显示。它以复选框形式出现,当复选框被选中时,该字段显示在查询结果中,否则,该字段不显示。

条件:用于输入查询条件。"与"关系的条件输入在同一行,"或"关系的条件输入在不同行。

或:当与本字段有关的条件多于一个,且它们之间是逻辑"或"的关系时,输入另一个条件。

查询结果由查询字段和查询条件确定,即查询结果来自满足查询条件的记录。

条件设置方法:

在查询设计视图中设置查询条件与在数据表设计视图中设置字段验证规则的方法相似。

如果表示某个字段为某一特定值,只要将此特定值键入该字段对应的"条件"栏即可。

如果这个字段是文本型的,则输入的特定值需要用引号定界,如果没有加引号,系统会自动加引号(注意:引号必须是英文引号)。

如果要表示某字段的几个特定值,就要在此字段对应的"条件"栏内输入这几个特定值,第一个值输入该字段的"条件"栏,第二个值则输入其下的"或"栏,第三个值输入第二个"或"行。

查询条件一般用条件表达式表示,条件表达式包括运算符和值,值的数据类型应和本字段的类型相同。运算符及其作用如表 6.5.1 所示(注意:所有的非文字符号均为英文符号):

表 6.5.1　运算符号列表

算术运算符	运算	比较运算符	运算	逻辑运算符	运算	其他运算符	运算
^	幂、乘方	<	小于	Imp	包含	&	串连接
*	乘法	<=	小于或等于	Eqv	相等	Between	指定范围的值
+	加法	>	大于	Or	或	!	标识符之间的分割
-	减法	>=	大于或等于	And	与	In	指定值的列表
/	除法	<>	不等于	Not	非	Is	和 Null 一起使用
Mod	取模	=	等于	Xor	异或		
\	整除	Like	字符串比较				

　　例如要查询"学生成绩"表中"成绩"在 80 到 90 之间的记录，可以在"成绩"字段的条件行上输入 Between 80 and 90，它等价于＞＝80 And ＜＝90。Between 运算符主要用于数字型、货币型、日期型字段。

　　要查询"学号"为"10001"或"10002"的记录，可以在"学号"字段的条件上输入 In（"10001"，"10002"）；它等价于"10001"Or"10002"；或在"条件"行输入"10001"，在"或"行输入"10002"。

　　运算符 Like 用于查找指定模式的字符串。在字符串中允许使用通配符（＊和?）。例如：like"????1"表示查找最后一个字符为 1 的、长度为 5 的字符串。

　　在条件表达式中使用日期/时间时，必须在日期值两边加上"♯"以表示其中的值为日期。以下写法都是允许的，如♯Feb 12,98♯、♯2/12/98♯、♯80-3-20♯ 等。

　　Access 还提供了一些内部函数，用户可以直接调用，例如 Date()-10 表示当前系统日期的前 10 天。

　　例 6.5.2　查询"学生档案"表中 2000 年 2 月 10 日出生的学生记录。

　　操作过程如下：

　　单击"创建"选项卡的"查询设计"按钮，添加"学生档案"表。

　　在字段行添加学号、姓名、性别、出生年月、入学成绩和保送生等字段，在"出生年月"字段的条件行中输入 2000/2/10，Access 会自动在日期的左右两端加上♯号，如图 6.5.2 所示。

　　运行查询，即可看到查询结果。其中条件"♯2000/2/10♯"是"＝♯2000/2/10♯"的简写，即条件表达式中的等号可以省略。

　　如果要查询 2000 年及以后出生的学生，条件表达式应为＞＝♯2000/1/1♯，而不是＞＝2000。

字段	学号	姓名	性别	出生年月	入学成绩	保送生
表	学生档案	学生档案	学生档案	学生档案	学生档案	学生档案
排序						
显示	☑	☑	☑	☑	☑	☑
条件				#2000/2/10#		
或						

图 6.5.2　"查询设计"网格

如果直接在条件行输入查询条件不方便，可以利用系统提供的"表达式生成器"生成条件表达式。用鼠标右击"条件"行，在弹出的快捷菜单中执行"生成器"命令，打开"表达式生成器"对话框（见图 6.5.3 的上图）。

对话框上部是一个文本框，用于显示已生成的表达式；下部是 3 个分级列表框，提供表达式的各种元素。左边列表框给出了表达式所能用到的全部元素大类，包括数据库对象、内置函数、常量、运算符等。当选中左列表框的某项目时，被选中项所含内容将显示于中间的列表框。同样，中间列表框中被选中项的具体内容显示于右边列表框中，选中适当的内容后双击鼠标，即可将其输入上部的表达式文本框中。表达式生成后，按"确定"按钮，将关闭表达式生成器并把表达式插入"条件"行（见图 6.5.3 的下图）。

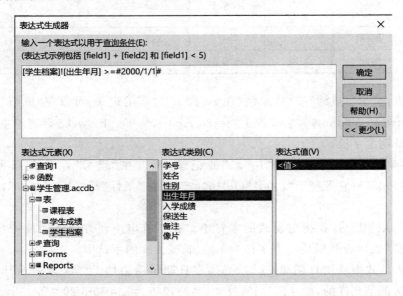

字段:	学号	姓名	性别	出生年月		入学成绩	保送生
表:	学生档案	学生档案	学生档案	学生档案		学生档案	学生档案
排序:							
显示:	☑	☑	☑	☑		☑	☑
条件:				[学生档案]![出生年月]>=#2000/1/1#			

图 6.5.3　"表达式生成器"对话框（上）与条件中插入表达式（下）

 ### 6.5.2　查询对象的运行、保存和编辑

6.5.2

运行查询

当查询设计完成后，就可以运行查询，从而获得查询结果。要运行查询，可采用下列操作方法之一：

①在查询设计视图中单击"查询工具设计"选项卡上"结果"组的运行按钮❗。

②在查询设计视图中单击"查询工具设计"选项卡上"结果"组的"视图"按钮▦，将打开数据表视图并显示查询结果，这种方式仅适用于选择查询。

③如果查询已经保存，在数据库窗口左边的导航框中双击要运行的查询对象。

保存查询

单击"保存"按钮,在出现的对话框中输入查询名称,单击"确定"按钮。如果查询没有保存,当关闭查询时,系统会提示是否要保存已修改过的查询。

查询可以和表一样作为其他对象的数据源。例如查询的数据可以来自另一个查询对象;窗体、报表的数据源可以是表,也可以是查询。故查询也称为逻辑表。

编辑查询

Access 允许对于已经创建并保存的查询进行修改,修改查询也是在查询设计视图中进行。在窗口左边的导航框中选择要修改的查询对象,单击视图下拉按钮,选择"设计视图",则打开该查询的设计视图;或者直接双击查询对象,打开查询的数据表视图,再单击查询视图按钮 ，切换到查询设计视图。

(1)改变字段顺序

将鼠标指针移到查询设计网格的字段选择器上(字段名上方),此时鼠标指针变为一个向下箭头,单击鼠标左键选择该列,如果要选择多列,则按住鼠标左键不放并拖动选择其他的列,选中的列变成黑色。鼠标指向选定列的字段名(鼠标指针成为左斜箭头),然后将其拖到需要的位置。

(2)删除字段

在查询设计网格中选定要删除的字段,再按 Delete 键。

(3)添加字段

在查询设计视图的对象窗格中选择要插入的字段,然后将其拖动到查询设计网格指定的列上。

(4)重命名字段

一般在查询中出现同名字段或出现字段表达式,需要对字段重命名。单击查询设计网格中要重新命名的字段,在原字段名左侧输入新的名字,然后在新名与原字段名之间再输入一个英文冒号作为间隔。运行查询后,查询结果中对应的字段名就会显示为新名。例如,若要把查询结果中"姓名"字段名更改为"name",则在查询设计网格中,将"字段"行的"姓名"修改为"name:姓名"。

如果熟悉 SQL 语言,也可以直接在查询的 SQL 视图中修改 SQL 命令。

 ### 6.5.3　创建汇总查询

有时,用户需要对查询的结果进行汇总,例如在"学生成绩"表中,不但要查询学生所有课程及其成绩,还要查询各学生的总成绩、平均成绩等。要想获得这些汇总数据,就应该使用汇总查询。

6.5.3

汇总查询也属于选择查询,建立汇总查询一般使用查询设计视图。

在查询设计视图中单击"查询工具"—"设计"选项卡"显示/隐藏"组的"汇总"按钮,Access 就会在查询设计网格中增加"总计"行,"总计"行用于设置汇总选项。

设计汇总查询,必须为每个字段从"总计"行的下拉列表中选择一个选项。"总计"行共有如下选项供选择:

Group By:指定本字段为分组字段,即以本字段值相同的记录作为分组依据。它是总计行的默认选项。注意,如果想进行汇总查询,必须至少指定一个分组字段。

合计:求每一组中字段值之和。

平均值:求每一组中字段的平均值。

最小值:求每一组中字段的最小值。

最大值:求每一组中字段的最大值。

计数:求每一组中的记录个数。

StDev:计算每一组中本字段所有值的统计标准差。如果该组只包括 1 个记录行,返回 Null 值。

First:输出每一组中第一个记录的值。

Last:输出每一组中最后一个记录的值。

Expression:用该选项可以在查询设计网格的字段行中建立计算字段。

Where:用这个选项可以限定表中哪些记录可以参加分组汇总。例如在查询设计视图中,对"学生成绩"表的"成绩"字段设置 Where 选项,并在下面的"条件"行输入>60,那么只把成绩高于 60 的记录进行分组汇总。

上述选项中,合计、平均值、最大值、最小值及 StDev 只能用于"数字"、"日期/时间"、"自动编号"及"是/否"数据类型的字段,其他选项能用于任何类型的字段。

例 6.5.3 以"学生成绩"表为数据源建立汇总查询。按学号分组,统计出各学生的平均成绩、最高成绩和最低成绩;查询结果按学号升序排列。

操作过程如下:

①打开查询设计视图,添加"学生成绩"表;

②依次双击"学生成绩"表的学号、成绩、成绩、成绩字段;

③单击"设计"选项卡的"汇总"按钮;

④在"总计"行上,"学号"字段取 Group By 选项,三个"成绩"字段分别取"平均值"、"最大值"和"最小值"选项,如图 6.5.4 所示。

⑤在"排序"行上,"学号"字段取"升序"。

⑥单击"运行"按钮,显示各学号的平均成绩,最高成绩和最低成绩(如果 6.5.5 所示)。

字段	学号	成绩	成绩	成绩
表	学生成绩	学生成绩	学生成绩	学生成绩
总计	Group By	平均值	最大值	最小值
排序	升序			
显示	☑	☑	☑	☑
条件				
或				

图 6.5.4 汇总查询设计视图

学号	成绩之平均值	成绩之最大值	成绩之最小值
10001	90	98	83
10002	90.75	93	88

图 6.5.5 汇总查询运行结果

6.5.4 使用参数查询

6.5.4

当查询条件需要根据每次使用的不同情况进行调整时,手动修改查询可能会显得烦琐。为了解决这个问题,Access 引入了参数化查询的概念,使得查询更加灵活和友好。

　　参数查询,或称作带参数的查询,赋予用户在构建查询条件时灵活运用参数的能力。在查询设计界面中,为清晰区分参数与固定的查询条件,参数名需置于方括号内。例如,若用户期望创建一个能基于特定日期筛选记录的查询,其可将查询条件设定为"＞＝[选定日期]"。当执行此查询时,系统将弹出提示框要求用户输入"选定日期",并以用户提供的日期值替换查询条件中的参数(含方括号),实现查询条件的动态调整。这里的参数名称应为易于理解的一串文字,旨在为用户提供输入时的明确指引。重要的是,参数名应避免与现有字段名称相同,以免造成混淆。

　　例 6.5.4　查询"学生档案"表中指定姓名的学生记录。

　　设计查询时,无法事先确定要查找的学生姓名,因此将要查找的学生姓名设置为参数,即在查询设计视图中把"姓名"字段的"条件"设置为[请输入姓名:]。

　　运行查询时将出现"输入参数值"对话框,要求用户输入参数的值。如图 6.5.6 所示。当用户输入"王伟中"并按"确定"按钮后,Access 接受参数值,并把它赋给参数[请输入姓名:]。相当于执行了条件为姓名＝"王伟中"的查询。

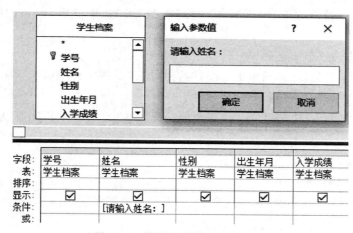

图 6.5.6　根据姓名执行参数查询

　　用户还可以设置多参数查询。例如,把"入学成绩"字段的"条件"设置为:"Between[请输入最小值]and[请输入最大值]",运行查询后,会依次显示两个对话框,分别供用户输入入学成绩的最小值和最大值。

　　参数查询也属选择查询,只不过是在条件中使用了参数。参数名可以是一般字符串,但必须用方括号定界。

6.5.5 建立操作查询

6.5.5

　　前面介绍的选择查询主要用于从数据库表中检索数据,但不会对数据进行修改,运行结果以表的形式显示出来(但并没有创建新的表),所以有时也把选择查询称为"逻辑表"。此外,Access 还支持操作查询,操作查询包括生成表查询、更新查询、追加查询和删除查询。生成表查询是把选择查询的结果以数据表的形式存储在数据库中,即把选择查询的结果生成一个新表。更新查询、追加查询和删除查询是对已有数据表的数据进行修改、插入和删除。

需要特别注意的是，操作查询的运行结果并不会以表的形式显示出来，而且操作查询只有在运行之后才会修改表中的数据，仅仅创建、修改或保存操作查询并不会触发对数据的修改。一般情况下最好不要重复运行操作查询，以避免对数据的重复修改。

生成表查询

生成表查询允许用户根据查询结果创建一个全新的表。这个新生成的表可以被视为查询结果的备份，它与原始数据表相互独立，因此在修改时两者互不干扰。这种独立性使得生成表查询在多种场景中非常有用。例如，用户可以将其他应用程序所需的数据单独生成一张表，以避免暴露原始数据表可能带来的安全风险。此外，将查询结果生成新表还有助于提高基于查询的窗体和报表的运行效率。由于查询结果已经被保存为一个独立的表，窗体和报表每次使用数据时可以直接访问这个表，而无需反复执行复杂的查询操作，大大减少了数据准备时间，从而提升了用户体验和整体性能。

创建生成表查询的操作过程：

①先按创建选择查询的方法在查询设计视图创建查询；

②单击"查询工具"—"设计"选项卡"查询类型"组的"生成表"按钮，打开"生成表"对话框；

③在对话框中输入新表名称，单击"确定"按钮；

④单击"查询工具设计"选项卡的"运行"按钮，Access 提示将向新表粘贴记录；

⑤单击"是"按钮，则生成新的表。

例 6.5.5 由"学生成绩"表生成"优秀名单"表。成绩大于或等于 90 的为优秀学生。

操作过程如下：

①打开查询设计视图；

②添加"学生成绩"表；

③依次双击"学生成绩"表的学号、姓名、课程名和成绩字段；

④在"条件"行的"成绩"字段输入 ＞＝90；

⑤单击"查询工具设计"选项卡"查询类型"组的"生成表"按钮，打开"生成表"对话框；

⑥输入新表的名称"优秀名单"，按"确定"按钮（如图 6.5.7 所示）；

⑦单击"结果"组的"运行"按钮，运行查询，在出现的对话框中单击"是"按钮，则生成名为"优秀名单"的数据表。

运行生成表查询，屏幕上并没有显示运行结果，可以打开"优秀名单"表，查看表中的数据。

更新查询

更新查询可以借助于查询对表中部分记录的部分字段值进行更改。虽然直接打开数据表视图也可以进行数据更改，但如果想进行批量修改或者避免不小心误改数据，最好还是使用更新查询。

更新查询的操作过程是：按创建选择查询的方法在查询设计视图创建查询，然后单击"查询工具设计"选项卡"查询类型"组的"更新"按钮，在查询设计网格中增加"更新到"行，同时"排序"行和"显示"行消失。可以在"更新到"行设置更新该字段值的表达式。

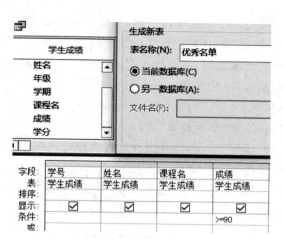

图 6.5.7　生成表查询的设计

字段	学号	姓名	课程名	成绩
表	学生成绩	学生成绩	学生成绩	学生成绩
排序				
显示	☑	☑	☑	
条件				>=90
或				

例 6.5.6　将"学生成绩"表中年级为"1",学期为"1",课程名为"英语"的记录的成绩加 5 分。

操作过程如下:

①打开查询设计视图,添加"学生成绩"表;

②依次双击"学生成绩"中的年级、学期、课程名和成绩字段;

③在年级、学期、课程名字段的"条件"行分别输入"1","1","英语";

④单击"查询类型"组的"更新"按钮,出现"更新到"行;

⑤在"成绩"字段的"更新到"行输入"[成绩]+5",如图 6.5.8 所示。

⑥运行查询,在出现的对话框中单击"是"按钮,则满足上述条件的记录的英语成绩都加了 5 分。

字段	年级	学期	课程名	成绩
表	学生成绩	学生成绩	学生成绩	学生成绩
更新到				[成绩]+5
条件	"1"	"1"	"英语"	
或				

图 6.5.8　更新查询

运行更新查询,屏幕上并没有显示运行结果,可以打开"学生成绩"表,观察更新查询运行前后表中数据的变化情况。

说明:

在"更新到"行中,"[成绩]+5"的成绩左右两端一定要加[ ]符号,代表成绩字段的数据。所有引用字段名称时,都要在字段两端加上[ ]符号。

用"生成器"可以更方便地输入含字段名的复杂公式。在"更新到"行指定字段右击鼠标,在快捷菜单中选择"生成器…",打开"表达式生成器"对话框(见图 6.5.3),在"表达式元素"框中双击展开数据库、表,在"表达式类别"框中双击需要的字段名,则表达式中的字段名以正确的格式输入,其余的运算符与数字从键盘输入。

删除查询

删除查询可以借助于查询删除数据表中满足条件的一组记录。注意,删除查询只能删除整条记录,如果只想清除记录中部分字段的值,应使用更新查询。

例 6.5.7 删除"学生档案"表中学号为"10001"的学生记录。

在删除之前,请使用生成表查询,将该学生记录生成一个名为"10001"的表,其结构与源表相同。"10001"表将在例 6.5.8 中使用。

删除记录操作过程如下:

①打开查询设计视图,添加"学生档案"表;

②双击"学生档案"的"学号"字段,使其出现在查询设计网格中;

③在"学号"字段的"条件"行输入"10001";

④单击"查询工具"—"设计"选项卡"查询类型"组的"删除"按钮,查询设计网格中出现"删除"行,如图 6.5.9 所示;

图 6.5.9　删除查询

⑤单击"查询工具设计"选项卡的"运行"按钮,在出现的对话框中选择"是"按钮,则将学号为"10001"的记录从"学生档案"表中删除。

追加查询

追加查询可以借助于查询把一张表中符合条件的记录插入另一张表中。其中,记录所在的表称为源表,被插入记录的表称为目的表。源表和目的表可以在同一个数据库中,也可以在不同的数据库中。

创建追加查询时,应注意以下几点:

①源表和目的表结构不一定相同,但追加的数据应符合目的表中对应字段的限制。

②如果目的表定义主键字段,则源表的对应字段不能为空值或与目的表主键值相同。

③如果目的表有"自动编号"类型的字段,则源表不能包含该字段,否则将出现两个记录有相同的自动编号,使自动编号字段失去意义。如果源表不包含该"自动编号"型字段,则目的表新添加的记录将自动编号。

④可指定源表和目的表中字段的对应关系,即源表的哪个字段对应目的表的哪个字段。

⑤如果追加记录到另一个数据库,必须指明目标数据库的位置和名字。

例 6.5.8 将"10001"表中的记录追加至"学生档案"表中。

追加记录操作过程如下:

①打开查询设计视图,添加"10001"表;

②双击"10001"表的标题,将字段拖到网格中,使其所有字段出现在查询设计网格中;

③单击"查询工具设计"选项卡的"追加"按钮,打开"追加"对话框,选择"学生档案"表,如图 6.5.10 所示;

④单击"确定"按钮,返回查询设计视图;

⑤单击"查询工具设计"选项卡的"运行"按钮,在出现的对话框中选择"是"按钮,则将学

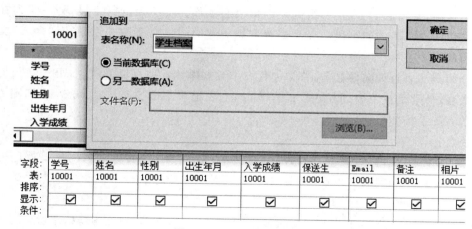

图 6.5.10　追加查询设计

号为"10001"的记录追加到"学生档案"表中。打开"学生档案"表,查看查询运行结果。

　　注意:追加之前必须把"学生档案"表中学号为"10001"的记录删除掉,否则会出现主键字段值重复的错误信息。

6.5.6 使用"查询向导"创建查询

使用"查询向导"可以创建选择查询。

简单查询向导

①在"创建"选项卡中单击"查询向导"按钮;

②在"新建查询向导"对话框中选择"简单查询向导"选项,单击"确定"按钮;

③在"简单查询向导"对话框中选择用于建立查询的表;

④在"可用字段"列表框中选择用于查询的字段,单击">"按钮将选择的字段添加到"选定字段"列表框中,如果单击" >> "按钮,则选择并添加表中所有的字段;

⑤如果查询的数据来自多个表,可再次单击"表/查询"下拉按钮,选择其他的表,并按照上述方法将所需字段添加到"选定字段"列表框中;

⑥单击"下一步"按钮,选择"明细"或"汇总"选项,如果选择"明细"选项,单击"下一步",再单击"完成",则显示查询结果;

⑦如果选择"汇总"选项,可对数值型字段进行"汇总",汇总包括总计、平均值、最大值、最小值等。

例如在"学生管理"数据库的"学生成绩"表中查询各学生的平均成绩,操作过程如下:

①在"学生管理"数据库中单击"创建"—"查询向导",选择"简单查询向导";

②打开"简单查询向导"对话框,在对话框的"表/查询"下拉列表框中选择"学生成绩"表;在"可用字段"列表框中双击"学号"和"成绩"字段。

③单击"下一步"按钮,在对话框中选中"汇总"单选按钮;单击"汇总选项"命令按钮。

④在对话框中勾选"平均"复选框;按"确定"按钮。

⑤按"完成"按钮。

交叉表查询向导

使用交叉表查询可以简化数据分析,交叉表查询计算数据的总和、平均值、计数或其他类型的总计值,并将它们分组,一组列在数据表左侧作为交叉表的行字段,另一组列在数据表的顶端作为交叉表的列字段。交叉表查询用于解决在一对多的关系中,对"多方"实现分组求和的问题。

在介绍交叉表查询向导之前,首先创建一个数据库,名为"百货公司.accdb",在数据库中创建三个表,分别是员工表、商品表、销售单,三个表记录如图 6.5.11、图 6.5.12 和图 6.5.13所示。各表的结构如下:

①表名:员工表。

字段:员工号(主键,短文本,2),姓名(短文本,4),性别(短文本,1),出生日期(日期/时间),工作日期(日期/时间),电话(短文本,11),照片(OLE 对象)。

②表名:商品表。

字段:商品号(主键,短文本,5),商品名称(短文本,10),部门(短文本,5),单价(数字,单精度型)。

③表名:销售单。

字段:销售单号(主键,自动编号),员工号(短文本,2),商品号(短文本,5),数量(数字,整型),销售日期(日期/时间),销售金额(数字,单精度)。

员工号	姓名	性别	出生日期	工作日期	电话	照片
01	李伟强	男	1961/8/10	1999/5/8	1234567	
02	张欣	女	1978/4/8	2000/3/6	1234567	
03	黄新	男	1980/4/8	2001/5/9	1234568	
04	林磊	男	1983/4/7	2002/5/8	1234568	
05	李心	女	1985/3/8	2002/7/5	1234569	
06	王静	女	1986/4/3	2002/3/8	1234569	

记录:第 7 项(共 7 项) 无筛选器 搜索

图 6.5.11 员工表

商品号	商品名称	部门	单价	单击以添
10001	32彩电	家电	1300	
10002	影碟机	家电	566	
10003	西装	服装	188	
10004	衬衫	服装	56	
10005	毛衣	服装	36	
			0	

记录:第 1 项(共 5 项) 无筛选器 搜索

图 6.5.12 商品表

销售单	员工号	商品号	数量	销售日期	销售金额
1	03	10001	1	2018/3/6	
2	04	10002	2	2018/3/6	
3	02	10004	1	2018/3/6	
4	01	10005	2	2018/3/6	
5	04	10002	1	2018/3/7	
6	02	10003	1	2018/3/7	
7	02	10004	5	2018/3/7	
8	01	10005	6	2018/3/7	
9	05	10001	2	2018/3/8	
10	06	10002	1	2018/3/8	
(新建)					0

记录:第 1 项(共 10 项) 无筛选器 搜索

图 6.5.13 销售单

接着在三个表之间建立关系,如图 6.5.14 所示。

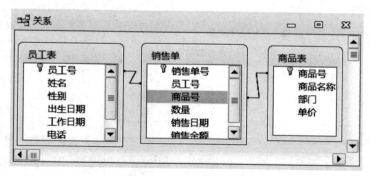

图 6.5.14　关系对话框

按"6.8 上机实验"中"示例 2"的方法计算销售单中的销售金额。

使用交叉表查询可以实现对一个表或多个表的数据分析。

例 6.5.9　使用交叉表查询对销售单表进行数据分析。

单击"创建"—"查询向导",打开"新建查询"对话框,选择"交叉表查询向导",单击"确定"按钮。在打开的交叉表查询向导对话框中选择"销售单",单击"下一步",在可用字段中将"员工号"添加到选定字段,单击"下一步",在"请确定用哪个字段的值作为列标题"中选择"商品号",单击"下一步",在"请确定为每个列和行的交叉点计算出什么数字"中选择字段"销售金额",并在右边的函数中选择"总数",单击"下一步",单击"完成",查看查询,结果如图 6.5.15 所示。从图中可以看出,每个员工的销售总金额及对应的商品号。

员工号	总计 销售金	10001	10002	10003	10004	10005
01	288					288
02	524			188	336	
03	1300	1300				
04	1698		1698			
05	2600	2600				
06	566		566			
07	1300	1300				

图 6.5.15　销售单交叉表查询

例 6.5.10　使用交叉表查询对员工表、商品表和销售单三表进行数据分析。

要对三个表进行数据分析,首先要创建基于三表的查询。

单击"创建","查询设计",在显示表对话框中添加员工表、商品表和销售单,单击"关闭"按钮。在查询设计视图中添加员工号、姓名、商品号、商品名称和销售金额,并按员工号升序排列,如图 6.5.16 所示。保存查询名称为"三表查询",运行查询。

关闭查询,接着单击"创建","查询向导",选择"交叉表查询向导",在对话框的视图中选择"查询",并在弹出的查询列表中选择"三表查询",如图 6.5.17 所示。

单击"下一步",在可用字段中将员工号和姓名移到选定字段中,单击"下一步",在"请确定哪个字段的值作为列标题"中选择"商品名称",单击"下一步",在"请确定为每个列和行的交叉点计算出什么数字"中选择字段"销售金额",并在右边的函数中选择"总数",单击"下一步",单击"完成",查看查询,结果如图 6.5.18 所示。

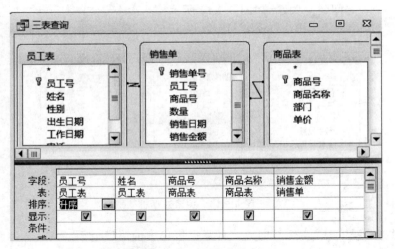

图 6.5.16　三表查询

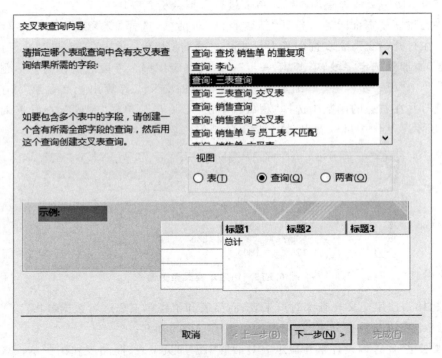

图 6.5.17　选择三表查询

员工号	姓名	总计 销售	32彩电	衬衫	毛衣	西装	影碟机
01	李伟强	288			288		
02	张欣	524		336		188	
03	黄新	1300	1300				
04	林磊	1698					1698
05	李心	2600	2600				
06	王静	566					566

图 6.5.18　三表交叉表查询结果

查找重复项查询向导

对于一个设置了主键的表,由于主键值不能重复,因此可以保证记录的唯一性,也就避免了重复值的出现。但是对于非主键字段就不能避免重复值的出现。"查找重复项查询向导"查询就是用来检查非主键字段是否存在重复值。

例 6.5.11 使用"查找重复项查询向导"查询销售单表中的员工号和商品号重复的记录。

图 6.5.19 查找员工号和商品号重复的记录

单击"创建","查询向导",打开"新建查询"对话框,选择"查找重复项查询向导",单击"确定"按钮。在打开的查找重复项查询向导对话框中选择"销售单",单击"下一步",在可用字段中将"员工号"和"商品号"添加到选定字段,单击"下一步",在"请确定查询是否显示除带有重复值的字段之外的其它字段"中将"销售金额"字段添加到"另外的查询字段"列表框中。单击"下一步",指定查询名称为"查找 销售单 的重复项",单击"完成",查看查询,结果如图 6.5.19 所示。

查找不匹配项查询向导

在关系数据库中,当建立了一对多的关系后,通常在"一方"表的每一个记录,与"多方"表的多个记录相匹配。但是也可能存在在"多方"表中的记录找不到与"一方"表相匹配的记录。例如,在销售单表中,有可能员工号输错了,输入"07"号员工,实际上,在员工表中没有这个员工号。

例 6.5.12 使用"查找不匹配项查询向导"查询销售单表中的员工号与员工表中的员工号不匹配的记录。

先在销售单表中添加一个如图 6.5.20 所示的记录。

图 6.5.20 添加记录

单击"创建","查询向导",打开"新建查询"对话框,选择"查找不匹配项查询向导",单击"确定"按钮。在打开的查找不匹配项查询向导对话框中选择"销售单",单击"下一步",在"请确定哪张表或查询包含相关记录"中选择"员工表",单击"下一步",在"销售单"中的字段和"员工表"中的字段都选择"员工号",单击"下一步",将"可用字段"列表框中的所有字段移到"选定字段"列表框中。单击"下一步",指定查询名称为"销售单 与 员工表 不匹配",单击"完成",查看查询,结果如图 6.5.21 所示。

图 6.5.21　销售单与员工表不匹配记录

6.6 SQL 简介

SQL(structured query language)是一种专门用于管理和操作关系数据库的编程语言，它具备以下特点：

功能强大：SQL 涵盖了数据库管理的各个方面，包括数据定义、数据操作和数据控制等。这意味着使用 SQL，用户可以创建和修改数据库结构、插入和更新数据、设置访问权限等，而无需切换到其他的语言或工具。

非过程化：SQL 是一种声明性语言，用户只需指定要执行的任务（即"做什么"），而不需要详细描述如何执行（即"怎么做"）。这种特性使得 SQL 易于理解和编写，同时也允许数据库管理系统(DBMS)自动优化查询执行过程。

简洁易学：SQL 的语法结构相对简单，命令数量有限，这使得学习和使用 SQL 变得相对容易。它的命令接近自然语言，逻辑清晰，便于理解和记忆。

跨平台兼容：SQL 是标准化的查询语言，大多数关系数据库管理系统（如 Access、MySQL、Oracle、SQL Server 等）都支持 SQL，这使得掌握 SQL 技能的用户能够在不同的数据库平台上工作。

支持高级编程：虽然 SQL 本身是声明性的，但它也可以与其他编程语言结合使用，以实现更复杂的业务逻辑和数据库应用程序。

掌握 SQL 不仅能够提高数据库管理的效率，也为使用其他高级编程语言进行数据库应用的开发奠定基础，是数据库专业人士必备的技能之一。

6.6.1 使用 SQL 设计查询

用户在 Access 中设计查询时，除了使用图形化的设计视图外，还可以直接采用 SQL 语句来创建查询。这一过程可以通过以下步骤完成：

①在 Access 中，选择"创建"选项卡，然后点击"查询设计"按钮以开始创建新的查询。

②在弹出的"显示表"对话框中，选择所需的表或查询，并点击"添加"，然后关闭对话框。注意，如果不在此处选择表，用户也可以在 SQL 语句中指定要查询的表。

③进入查询设计视图后，点击"视图"按钮，并从下拉菜单中选择"SQL 视图"。在打开的 SQL 视图中，用户可以直接编写或粘贴相应的 SQL 语句来定义查询（见图 6.6.1）。

④完成 SQL 语句的编写后，用户可以点击工具栏上的"运行"按钮，以执行刚才编写的 SQL 查询。

通过这种方式，用户可以使用 SQL 语言设计出各种各样的查询。实际上，Access 所有的查询都可以用 SQL 语句描述,用户可以在查询"设计"选项卡中单击"视图"下拉按钮中的"SQL 视图",便可看到已有查询的 SQL 语句。

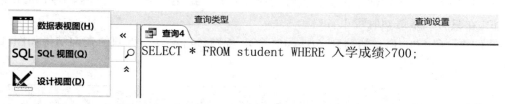

学号 ▼	姓名 ▼	性别 ▼	出生日期 ▼	籍贯 ▼	联系方式 ▼	入学J ▼	班级 ▼
20241008	代婧	☐	2006/5/19	厦门	2194140	726	1
20241013	邓昌龙	☑	2006/7/29	北京	2198714	730	2
20241020	杨柳	☐	2006/7/29	北京	2195924	728	2
20241021	雷鹏飞	☑	2006/1/2	泉州	2194687	709	1
20241024	程萌	☐	2006/1/21	福州	2196478	729	2

数据表视图(H)　　　　　　　　查询类型　　　　　　　　　　　　查询设置

SQL　SQL 视图(Q)

设计视图(D)

查询4

SELECT * FROM student WHERE 入学成绩>700;

图 6.6.1　通过 SQL 查询 student 表中所有入学成绩大于 700 分的学生

6.6.2 数据查询语句

6.6.2

查询功能是 SQL 的核心功能。SQL 的查询命令也称 SELECT 语句,它提供了简单而又丰富的 SELECT 数据查询功能。SELECT 语句从一个表或多个表中检索数据,其查询结果是符合条件的一组记录(记录集)。SELECT 语句基本格式如下:

SELECT< * |字段列表> FROM <源表名>

　　［TOP n［PERCENT］］

　　［WHERE <查询条件>］

　　［GROUP BY <分组字段名>］

　　［HAVING <分组查询条件>］

　　［ORDER BY <排序字段名>］

说明:

①"SELECT< * |字段列表> FROM <源表名>"是语句的必选部分。

②其他可选项也称为可选子句,在语句中的排列顺序可随意。

③SQL 语言的核心语法并不区分大小写,这意味着对于关键字、函数名和运算符,无论你使用大写字母、小写字母还是两者混合,数据库引擎都将它们视作等效的命令或表达式。

例如,"SELECT"、"select"和"Select"在解析时都被当作同一个关键字对待。然而,涉及数据库中的用户定义标识符,例如表名、列名、索引名时,其大小写敏感性则依赖于所采用的具体数据库管理系统(DBMS)以及系统的相关配置设定。在某些 DBMS 中,如 MySQL 和 PostgreSQL,标识符的大小写敏感性可能会有所不同,而在 Access 中,这些标识符是大小写不敏感的。

SELECT…FROM…

SELECT…FROM…是 SELECT 命令主体,决定了查询的数据源和查询结果中包含的字段列表。

字段列表中各字段名之间用逗号分隔,如果使用 * 号,则查询结果包括源表中的全部字段。也可以使用字段表达式作为查询结果的列。

FROM 子句确定作为数据来源的表。源表可以有一个或多个，表名之间用逗号分隔。当两个以上的表有相同的字段名时，应在字段名前加上表名以便区别。

WHERE 子句

WHERE 子句指定查询的条件。

例 6.6.1 查询 Student 表中所有性别为男（True）的记录。

SELECT * FROM Student WHERE 性别＝True;

说明:"*"表示查询结果包含数据源的所有字段。结尾的分号作为分隔不同 SQL 语句的标识，在只有一条语句时可以省略。

我们将这段 SQL 语句粘贴到 Access 的 SQL 视图,运行之后,得到的查询结果如图 6.6.2 所示。

学号	姓名	性别	出生日期	籍贯	联系方式	入学月	班级
20241001	黄怡文	☑	2006/5/19	厦门	2193019	682	1
20241002	周晨旭	☑	2006/2/24	上海	2197747	658	2
20241006	闫军	☑	2006/7/29	北京	2197090	520	2
20241007	于希兴	☑	2006/1/2	泉州	2194531	614	1
20241009	刘明	☑	2006/2/24	上海	2198626	565	2
20241011	王旭可	☑	2007/1/22	厦门	2193735	595	1
20241013	邓昌龙	☑	2006/7/29	北京	2198714	730	2
20241014	武建澎	☑	2006/1/2	泉州	2195622	658	1

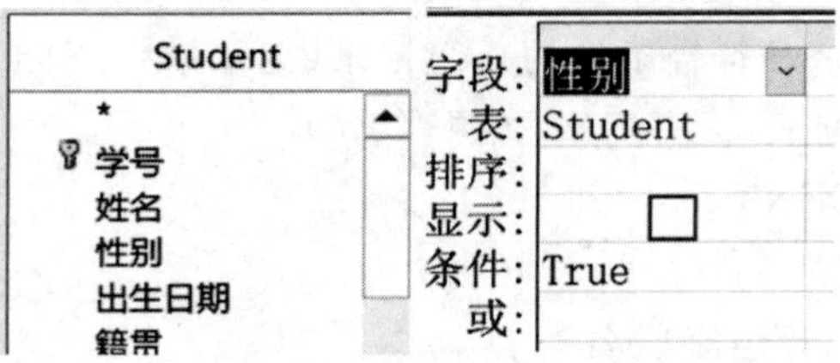

图 6.6.2 例题 6.6.1 的 select 命令对应的查询结果(上)和查询设计视图(下)

注意:如果将 SQL 语句改为:

SELECT Student.* FROM Student WHERE 性别＝True;

得到的查询结果不变,但是查询设计视图则变为图 6.6.3。

图 6.6.3 修改后 SQL 语句对应的查询设计视图

例 6.6.2 查询 Student 表中籍贯不是"上海"并且性别为"女"(是否型字段,0 或 False 表示女)的记录。

SELECT * FROM Student WHERE 籍贯＜＞'上海' AND 性别＝0;

说明:"＜＞"表示不等于。

例 6.6.3 查询 Student 表中入学成绩在 650 到 700 之间的记录。

SELECT ＊ FROM Student WHERE 入学成绩 BETWEEN 650 AND 700；

说明：BETWEEN…AND…表示字段值若在此之间则条件为真。

ORDER BY 子句

ORDER BY 子句指定查询结果的排列顺序。ASC 指定查询结果以升序排列；DESC 指定查询结果以降序排列。如果没有指出是 ASC 或 DESC，系统默认是 ASC（升序排列）。

例 6.6.4 查询 Student 表中所有信息并按出生日期升序排列。

SELECT ＊ FROM Student ORDER BY 出生日期；

TOP 子句

TOP 子句指定只显示最前的部分结果。注意：在查询设计视图中是无法实现这个功能的。TOP n 表示只显示结果的前 n 个记录，TOP n PERCENT 表示显示结果的前 n％个记录。

一般 TOP 子句与 ORDER BY 子句配合使用。

例 6.6.5 显示 Student 表中入学成绩前 3 名的学生，并按入学成绩的降序排列。

SELECT TOP 3 ＊ FROM Student ORDER BY 入学成绩 DESC；

GROUP BY 子句

使用 GROUP BY 子句对查询结果进行分组，主要用来创建汇总查询。

把查询结果按指定字段名的值进行分组，相同的字段值分成一组。可以使用 HAVING 子句对分组之后的数据进行条件筛选。

例 6.6.6 在 Student 表中按性别进行分组，查询每一组性别中（男，女）最高入学成绩和最低入学成绩。

SELECT MAX（入学成绩）as 最高入学成绩，Min（入学成绩）as 最低入学成绩 FROM Student GROUP BY 性别

说明：在字段列表中可以使用字段表达式。本例中，MAX 和 MIN 作为标准函数，分别用于计算给定列中的最大值和最小值。除此之外，还有一系列其他常用的聚合函数，包括 COUNT 用于统计查询结果中的行数，SUM 用于计算某列中所有数值的总和，以及 AVG 用于求得列中数值的平均值。这些函数的作用与第 6.5.3 节所述的汇总查询功能中的"总计"提供的选项相匹配。AS 短语则给出了列的标题。

例 6.6.7 查询 Student 表的记录个数。

SELECT COUNT（＊）FROM Student；

例 6.6.8 查询 Student 表中出生日期最大的记录。

SELECT MAX（出生日期）FROM Student；

例 6.6.9 查询 Student 表中平均入学成绩。

SELECT AVG（入学成绩）AS 平均成绩 FROM Student；

 ## 6.6.3 数据操作语句

SQL 的数据操作功能主要包括数据的插入、更新或删除等。需要注意的是使用数据操作语句编写的查询属于操作查询，只有在运行至少一次之后才能实现对表中数据的修改。

6.6.3

添加记录

用 INSERT 命令向表中添加记录,其命令格式如下:

INSERT INTO 表名［(字段名1,字段名2,……)］［VALUES(数据1,数据2,…)］

例6.6.10 向 Student 表中添加一个记录,记录内容为:学号='20071009',姓名='方宁',性别=-1,出生日期=♯1988-10-8♯,籍贯='辽宁',联系方式=2192165,入学成绩=640。

INSERT INTO Student (学号,姓名,性别,出生日期,籍贯,联系方式,入学成绩) VALUES('20071009','方宁',-1,♯1988-10-8♯,'辽宁',2192165,640);

说明:语句中给出的字段名必须和"Student"表中的字段名相同,VALUES 后的字段值应和字段名一一对应。若只更新前几个字段,也可以只按顺序给出字段值而省略字段名。例如:

INSERT INTO Student VALUES('20071009','方宁',-1,♯1988-10-8♯,'辽宁',2192165,640);

更新记录

使用 UPDATE 命令更新表中的数据,其命令格式如下:

UPDATE 表名 SET 字段名1=表达式1[,字段名2=表达式2,…] WHERE 条件表达式

其中:

SET 子句:指定要更新数据的字段名及字段的新值,即用表达式的值取代原来字段的值。

WHERE 子句:指定要更新记录的条件,即满足条件的记录被更新。省略该子句则更新所有的记录。

例6.6.11 修改 Student 表中学号为"20071001"的学生联系方式,将其改为"13952012341"。

UPDATE Student SET 联系方式='13952012341' WHERE 学号='20071001';

删除记录

使用 DELETE 命令可以将表中的记录删除,格式如下:

DELETE FROM 表名 WHERE 条件表达式

例6.6.12 将 Student 表中籍贯是"辽宁"的记录删除。

DELETE FROM Student WHERE 籍贯='辽宁';

6.6.4 数据定义语句

SQL 的数据定义功能非常广泛,一般包含数据库的定义、表的定义、视图的定义、存储过程的定义、索引的定义等。本节只介绍表定义功能。

表的定义

表定义语句 CREATE TABLE 命令格式如下:

CREATE TABLE 表名 ＜字段名列表＞

例6.6.13 在学生管理数据库中创建一个表,表名为"score",字段有:学号、课程号和成绩。

CREATE TABLE score(学号 Text(8),课程号 Text(4),成绩 Byte);

说明:在字段列表中,学号是字段名,Text 是字段类型,(8)是字段长度。

表结构的修改

修改表结构的命令格式如下：

ALTER TABLE 表名 ADD|ALTER|DROP [COLUMN]

说明：该命令格式可以添加（ADD）新的字段、修改（ALTER）或删除（DROP）已有的字段。可以修改字段的类型、宽度等。

例 6.6.14　为"Student"表添加一个字段"地址"。

ALTER TABLE Student ADD 地址 Text(30)；

例 6.6.15　删除"Student"表中的"地址"字段。

ALTER TABLE Student DROP 地址；

表的删除

使用 DROP TABLE 命令可以删除表。删除表的命令格式如下：

DROP TABLE 表名

执行 DROP TABLE 命令之后，所有与被删除表有关的主索引、默认值、验证规则等都将丢失。当前数据库中的其他表若与被删除的表有关系，这些关系也都将无效。

例 6.6.16　删除"学生成绩"表。

DROP TABLE 学生成绩；

6.7 窗体设计

窗体是 Access 数据库的重要对象之一。窗体是管理数据库的窗口，是用户和数据库之间的桥梁。通过窗体可以方便地输入数据、编辑数据和查询数据。Access 利用窗体将整个数据库组织起来，从而构成完整的应用系统。一个数据库系统开发完成后，对数据库的所有操作都是在窗体界面中进行。

Access 窗体按其功能分类，可分为数据操作窗体、控制窗体、信息显示窗体和交互信息窗体等，不同类型的窗体完成不同的任务：

数据操作窗体：用来对表和查询进行显示、浏览、输入、修改等操作。

控制窗体：用来操作和控制程序的运行。控制窗体通过"命令按钮"执行用户的请求，通过选项按钮、切换按钮、列表框和组合框等控件接受用户的数据输入。

信息显示窗体：以数值或图表的形式显示信息。

交互信息窗体：用于和用户进行简单信息交互，包括警告信息、提示信息、简单输入等。交互信息窗体是系统自动产生的。

Access 中的窗体有窗体视图、数据表视图、布局视图和设计视图等。窗体的不同视图通过"开始"选项卡的"视图"按钮切换。

窗体视图：操作数据库时的视图，是完成对窗体设计后运行窗体的结果。

数据表视图：显示数据的视图，同样也是完成窗体设计后运行窗体的结果。

布局视图：在布局视图中可以调整和修改窗体设计。可以根据实际数据调整列宽，还可以在窗体上放置新的字段，并设置窗体及其控件的属性、调整控件的位置和宽度。在布局视图中，可以看到窗体的控件四周被虚线围住，表示这些控件可以调整位置和大小。

设计视图:不仅可以创建窗体,还可以编辑修改窗体。设计视图由五部分组成:窗体页眉、页面页眉、主体、页面页脚和窗体页脚。

6.7.1 创建简单窗体

在"创建"选项卡的"窗体"组中,提供了多种创建窗体的按钮,利用这些命令按钮,可以快速创建窗体。

窗体按钮:选定数据源,单击"窗体"按钮便可以创建窗体,来自数据源的所有字段都放置在窗体上。

窗体向导按钮:通过向导提供的对话框辅助用户创建窗体。

导航按钮:用于创建具有导航按钮的窗体,导航工具更适合于创建 Web 形式的数据库窗体。

"其他窗体"下拉按钮包括一组命令:

多个项目:使用"窗体"工具创建窗体时,所创建的窗体一次只显示一个记录,而使用多个项目则可创建显示多个记录的窗体。

数据表:生成数据表形式的窗体。

分割窗体:用于创建一种具有两种布局形式的窗体。在窗体的上半部是单一记录布局方式,在窗体的下半部是多个记录的数据表布局方式,这种分割窗体为用户浏览记录带来方便,既可以宏观上浏览多条记录,又可以微观上仔细地浏览一条记录。

模式对话框:生成的窗体总是保持在系统的最上面,不关闭该窗体,不能进行其他操作,"登录"窗体就属于这种窗体。

使用"窗体"按钮创建窗体

打开学生管理数据库,选择"学生档案"表作为窗体的数据源,在"创建"选项卡的"窗体"组中,单击"窗体"按钮,窗体立即创建完成,并且以布局视图显示。

使用"多个项目"创建窗体

打开学生管理数据库,选择"学生档案"表作为窗体的数据源,在"创建"选项卡的"窗体"组中,单击"其他窗体"下拉按钮,选择"多个项目"命令,窗体立即创建完成,并以布局视图显示窗体。

创建"分割窗体"

打开学生管理数据库,选择"学生档案"表作为窗体的数据源,在"创建"选项卡的"窗体"组中,单击"其他窗体"下拉按钮,选择"分割窗体"命令,窗体立即创建完成,上半部的窗体以布局视图显示。在下半部,单击最下面的导航条中的下一记录按钮,则上半部的记录显示该记录的明细信息。

使用窗体向导创建窗体

打开学生管理数据库,选择"学生档案"表作为窗体的数据源,在"创建"选项卡的"窗体"组中单击"窗体向导"按钮,弹出"窗体向导"框。选择所有字段并将其添加到右边的"选定字段"列表中。选择窗体的布局,单击"下一步"。输入窗体的标题名称,单击"完成"按钮,即创建了以学生档案为数据源的窗体。

6.7.2 使用设计视图创建窗体

6.7.2

在"创建"选项卡中单击"窗体"组中的"窗体设计"按钮,则打开窗体设计视图。单击"设计"选项卡的"工具"组中的"添加现有字段"按钮,可以添加或隐藏"字段列表"框。将所需字段拖到窗体主体的适当位置,字段便以控件的形式出现在窗体上,适当调整各控件的位置及大小,单击"设计"选项卡的"窗体视图"按钮即可看到窗体的内容。

前面用简单方法创建的窗体,也可以切换到设计视图,在设计视图中对已创建的窗体进行修改。

窗体的组成

窗体设计视图由多个部分组成,每个部分称为"节"。所有窗体都有主体节,默认情况下,设计视图只有主体节。如果需要添加其他节,鼠标右击窗体,在打开的快捷菜单中执行"页面页眉/页脚"或"窗体页眉/页脚"命令,就可添加其他节。

窗体各个节的分界横条被称为节选择器,上下拖动节选择器可以调整节的高度。在窗体的左上角(标尺左侧)的小方块,是"窗体选择器"按钮,双击它可以打开窗体的属性表。窗体各个节的作用如下:

①主体节是窗体最重要的部分,用来显示数据源提供的数据或其他控件。

②窗体页眉节位于窗体顶部,一般用于放置窗体的标题、使用说明文本或执行其他任务的命令按钮。

③窗体页脚节位于窗体底部,用途和窗体页眉类似。

④页面页眉节用来设置窗体在打印时的页面头部信息,例如标题等。

⑤页面页脚节用来设置窗体在打印时的页面页脚信息,例如页码等。

添加了窗体的其他节后,如果不需要可以取消显示。右击主窗体,在快捷菜单中单击相关命令即可。

常用控件简介

在 Access 中设计窗体,大都是通过系统提供的控件完成的。窗体中所有的信息都包含在控件里。控件是用来显示数据、完成预定动作或用来装饰的对象。打开窗体设计视图,Access 会在"设计"选项卡的"控件"组中显示控件按钮,可从中选择所需的控件添加到窗体中。

Access 主要控件有:命令按钮、标签、文本框、复选框、选项按钮、切换按钮、组合框、列表框、选项组、选项卡、图像、直线、矩形、插入分页符、未绑定对象框、绑定对象框、子窗体/子报表、ActiveX 控件等。

Access 控件根据其用途可以分成绑定型控件、非绑定型控件和计算型控件。

绑定型控件与表或查询中的字段绑定,字段就是该控件的数据源。绑定型控件主要用于显示、输入或更新数据库中的字段值。当用户在绑定型控件中输入一个值时,Access 会自动用输入的值来更新数据库中相应字段当前记录的值。在窗体中允许输入数据的控件大多是绑定型控件。

非绑定型控件没有数据源。由于没有与数据库中的字段相连,它的值存储在窗体中,不会更改数据库字段的值。非绑定型控件一般用来显示信息、线条以及图像,这些控件一般不允许输入数据。

计算型控件以表达式作为数据源。表达式可以使用窗体的表或查询字段中的数据,也可以使用窗体其他控件中的数据。由于计算型控件不会修改数据库,有时候也把计算型控件看作非绑定型控件。

下面介绍常用的控件。

(1)按钮

"按钮"也称"命令按钮",是图形用户界面的常用控件,绝大多数的 Windows 应用程序都会用到"按钮"控件。在窗体上可以通过单击"按钮"控件执行一个动作,例如可以单击按钮使窗体显示下一个记录。为了能使窗体上的命令按钮产生动作,就必须在命令按钮的"事件"属性中添加代码(程序)、宏或预设的命令。

在窗体中添加"按钮"时需先把窗体切换到设计视图,单击"设计"选项卡的"控件"组中的"按钮"控件▧,然后单击窗体,在单击处添加命令按钮并打开"命令按钮向导"对话框。在对话框中选择按钮对应的操作命令和外观。

命令按钮向导的第一个对话框中有 2 个列表框,左列表框为命令"类别",显示的是按钮要执行的命令类型,右列表框是选定命令类型的具体操作。

通过向导的第二个对话框可以选择按钮的图标或输入按钮的标题文本。

例 6.7.1 创建一个空白窗体,在窗体上添加一个"关闭"按钮。运行窗体时,单击"关闭"按钮,则关闭本窗体。

①单击"创建"选项卡的"窗体设计"按钮,打开窗体设计视图并创建一个新窗体。

②单击"设计"选项卡下的"按钮"控件▧,在窗体上添加一个按钮,并弹出"命令按钮向导"框,如图 6.7.1 所示。

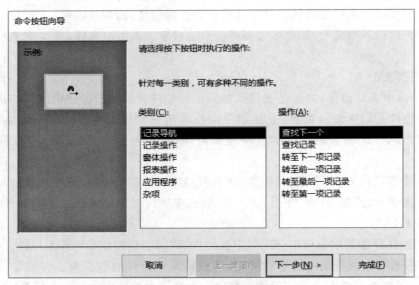

图 6.7.1 命令按钮向导对话框

③在"命令按钮向导"左边的"类别"列表框中选择"窗体操作"选项,在右边的"操作"列表框中选择"关闭窗口"选项。

④单击"下一步"按钮,选择"命令按钮"控件的显示样式。如果选用"文本"样式,可以选用默认的文本"关闭窗体",或在文本框中输入要显示的文本;如果选用"图片"样式,可以选

用默认的图片,也可以选择系统提供的或自定义的其他图片。

⑤单击"下一步",输入按钮名称。

⑥单击"完成",创建完毕。

⑦单击"视图"下拉按钮的"窗体视图"命令,运行窗体。

⑧单击窗体的"关闭"按钮,关闭本窗体。

为了使窗体上的"按钮"能执行动作,必须在"按钮"控件的"事件"属性中添加宏或程序。Access 已经为常规命令按钮创建了程序,用户可通过向导直接调用,或对向导提供的程序修改后使用。如果用户添加的是非常规命令按钮,就应该为控件设置属性,包括编写按钮的事件程序。

(2)标签

"标签"控件用来显示静态的文本信息,大多数控件都与"标签"控件相连,例如当创建一个文本框时,就附带了一个"标签"控件来显示文本框的标题。"标签"控件不与数据库中的字段绑定,没有数据源,它所显示的信息一般在设计时直接输入。

例 6.7.2　在上例窗体中添加一个"标签"控件,显示文本"计算机科学系"。

"标签"控件的添加方法与"按钮"类似,切换窗体到设计视图,单击"设计"选项卡的"控件"组中的"标签"控件 **Aa**,然后把鼠标移到要放置标签控件的左上角,拖动鼠标拉出适当大小的标签,输入标签文本"计算机科学系"。设置标签的属性如下:"特殊效果"属性值为"凸起";"字体粗细"属性值为"加粗";"背景色"属性值为"浅色文本";"字号"属性值为 18;单击"设计"选项卡的"窗体视图"按钮,显示窗体如图 6.7.2 所示。

图 6.7.2　包含标签的窗体　　　图 6.7.3　包含文本框的窗体

(3)文本框

"文本框"控件能够在窗体上显示文本、数值、日期、时间数据。在窗体中可以利用文本框显示表或查询中的字段值。

文本框可以与某个字段绑定,也可以是非绑定型的,例如使用文本框显示计算结果,或利用文本框接受用户的输入。由于非绑定型文本框没有与任何数据库表和查询绑定,所以在非绑定文本框中的数据并没有保存到数据表。

例 6.7.3　在窗体中添加一个"文本框"控件,显示当前系统时间。

打开例 6.7.2 窗体的设计视图,单击"设计"选项卡的"控件"组的"文本框"控件 **ab**,然后把鼠标移到要放置文本框控件位置的左上角,拖动鼠标拉出适当的大小,此时弹出"文本框向导"对话框。直接单击"完成"按钮,在添加文本框时会自动添加一个标签控件。

文本框的属性值直接在属性表中设置更方便。单击"设计"选项卡的"工具"组中的"属性表"按钮,打开属性表;选定自动添加的标签控件,设置"格式"项下的"标题"为"当前时间:",设置"格式"项下的字号为 18;选定"文本框",在属性表的"数据"项下的"控件来源"中输入"=time()",设置"字号"为 18;单击"设计"选项卡的"窗体视图"按钮,显示窗体如图 6.7.3

所示。

　　一般在窗体上添加控件，会自动打开该控件的向导。如果不希望打开控件向导，可以单击"控件"组右边的下拉列表按钮"▼"，下拉列表除了显示全部控件按钮外，在列表框下方还显示"使用控件向导"的切换按钮。单击"使用控件向导"切换按钮，添加控件时便不打开控件向导。如果希望添加控件时自动打开控件向导，可以再次单击"使用控件向导"切换按钮。

　　例 6.7.4　在上述窗体中添加三个绑定型"文本框"控件，与学生成绩表中的学号、课程名和成绩字段绑定，显示成绩表中的学号、课程名和成绩字段的数据。

　　打开上例窗体的设计视图，单击"设计"选项卡的"工具"组中的"添加现有字段"按钮，打开"字段列表"框。

　　在"字段列表"框中单击"学生成绩"前的"＋"按钮，显示学生成绩表的所有字段；分别将学号、课程名和成绩字段拖至窗体，适当调整各控件的位置。

　　窗体上各控件的对齐和分布：当把多个控件拖放到窗体时，要使各控件的位置对齐、大小相等，可以使用"窗体设计工具排列"选项卡的"调整大小和排序"组中的按钮，其中"对齐"下拉按钮可以实现各控件上、下、左、右的对齐，"大小/空格"按钮可以调整各控件的大小等。

　　单击"设计"选项卡的"窗体视图"按钮，显示窗体如图 6.7.4 所示。

　　使用窗体下方的记录导航按钮可以移动、修改、添加记录。

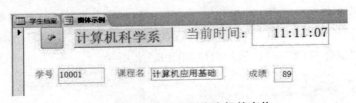

图 6.7.4　包含绑定型文本框的窗体

　　(4)复选框、切换按钮和选项按钮

　　在 Access 中，"是/否"型字段只存储"是"或"否"两个值之一。如果使用文本框显示"是/否"型字段，该值将显示为−1 或 0。Access 提供复选框、选项按钮和切换按钮用于表示"是/否"的值，这些控件提供了"是/否"型数据的图形化显示，更方便阅读。

　　在大多数情况下，复选框是表示"是/否"型数据的最佳控件，也是窗体中"是/否"型字段的默认控件，而选项按钮和切换按钮通常作为选项组的一部分。

　　复选框、选项按钮和切换按钮也分为绑定型和非绑定型。和创建绑定型文本框一样，可以直接将"是/否"型字段拖动到窗体中。

　　用户也可以创建未绑定复选框、选项按钮或切换按钮，以接受用户输入，然后根据输入内容执行相应操作。

　　例 6.7.5　新建一个窗体，显示学生档案表中的数据。

　　单击"创建"选项卡的"窗体设计"按钮，打开窗体设计视图并创建一个新窗体；

　　把字段列表框中相关字段拖动到窗体，适当调整各字段的位置；

　　单击"设计"选项卡的"窗体视图"按钮，显示如图 6.7.5 所示的窗体。

图 6.7.5　包含绑定型复选框控件的窗体

6.8 上机实验

示例 1　查询员工表中员工"李心"的销售业绩。

使用设计视图创建查询,操作步骤如下:

①打开查询设计视图并添加数据源。在数据库窗口中,单击"创建"选项卡"查询"组的"查询设计"按钮,在"显示表"对话框中选择并添加数据库的三个表到查询设计视图,关闭"显示表"对话框。

②添加字段。分别双击姓名、工作日期、商品名称、数量、销售日期和单价字段,把这些字段添加到查询设计视图下部的网格。

③设置查询条件。在"姓名"字段的"条件"行输入"李心"。如图 6.8.1 所示。

④保存并运行查询。单击快速访问工具栏上的保存按钮,输入查询名称"李心",保存查询。单击"查询工具设计"选项卡的运行按钮 ! ,查询结果显示在数据表视图中,如图 6.8.2 所示。

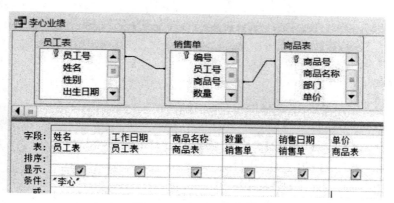

图 6.8.1　查询设计视图

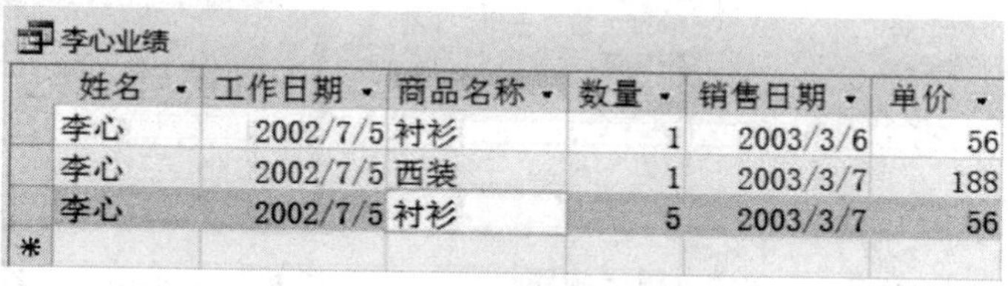

姓名	工作日期	商品名称	数量	销售日期	单价
李心	2002/7/5	衬衫	1	2003/3/6	56
李心	2002/7/5	西装	1	2003/3/7	188
李心	2002/7/5	衬衫	5	2003/3/7	56

图 6.8.2　运行查询结果示意图

示例 2 建立更新查询,计算"销售单"表中的"销售金额"字段值。

操作步骤如下:

①将"商品表"和"销售单"添加到查询设计视图。

②在"字段"栏添加"销售金额"字段。

③在查询设计视图的"查询工具设计"选项卡"查询类型"组中单击"更新"。

④鼠标右击"更新到"栏,在快捷菜单中执行"生成器…"命令,打开"表达式生成器"对话框。

⑤在"表达式生成器"中选择表达式元素,生成表达式:[商品表]![单价]＊[销售单]![数量],如图 6.8.3 所示,单击对话框的"确定"按钮。

⑥单击"查询工具设计"选项卡的"运行"按钮;在出现的对话框中单击"是",则完成了销售金额的修改。

⑦要查看更新后的结果,则打开"销售单"表,查看运行结果。

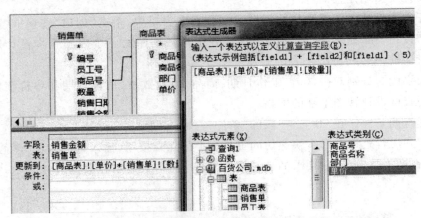

图 6.8.3 更新查询设计视图和表达式生成器

示例 3 建立汇总查询,在"销售单"表中汇总出各员工的销售总金额。

操作步骤如下:

①在查询设计视图中添加"销售单"表。

②在"字段"栏选择"员工号"和"销售金额"字段。

③单击"查询工具设计"选项卡"显示/隐藏"组的"汇总"按钮Σ。

④将"销售金额"字段的"总计"栏设置为"合计",如图 6.8.4 所示。

⑤单击"运行"按钮,显示结果如图 6.8.5 所示。

⑥保存查询,查询名为"员工销售总金额"。

字段	员工号	销售金额之总计:	销!
表	销售单	销售单	
总计	Group By	合计	▼
排序			
显示	☑	☑	
条件			

图 6.8.4 汇总查询设计视图

查询2:选择查询

员工号	销售金额之总计
▶ 1003	2300
1004	1698
1005	524
1006	288

图 6.8.5 汇总查询显示结果

示例 4　建立生成表查询,把示例 3 的查询结果生成新的数据表"员工销售总金额表"。操作步骤如下:

①打开上例保存的"员工销售总金额"查询。

②在查询设计视图中,单击"查询工具设计"选项卡"查询类型"组中的"生成表",打开"生成表"对话框,在对话框中输入表名称"员工销售总金额表",如图 6.8.6 所示,单击"确定"按钮。

③单击"运行"按钮,出现提示"您正准备向新表粘贴 4 行",单击"是"按钮。则生成"员工销售总金额表"。

④打开"员工销售总金额表",就可看到表的内容。其内容就是运行查询的结果。

图 6.8.6　生成表对话框

一、选择题

1.Microsoft Access 是(　　　)。

A. 数据库系统　　　　　　　　　　　B. 数据库

C. 数据库管理系统　　　　　　　　　D. 数据库文件

2.下面(　　　)不是合法的 Access 数据类型。

A. 默认值　　　　B. 超级链接　　　　C. OLE 对象　　　　D. 货币

3.在 Access 中,文本类型字段的默认字段大小是(　　　)个字符。

A. 1　　　　　　　B. 8　　　　　　　C. 50　　　　　　　D. 255

4.在表的设计视图中,不管字段是什么数据类型,都可以设置该字段的(　　　)属性。

A. 验证规则　　　　B. 默认值　　　　C. 名称　　　　D. 格式

5.下列(　　　)方法可以删除记录。

A. 选定记录后按 Delete 键

B. 将插入点放在记录中,按 Shift+Delete

C. 将插入点放在记录中,单击"表格工具-字段"选项卡的"删除"命令

D. 将插入点放在记录中,单击"开始"选项卡的"删除记录"命令

6.向 Access 表添加记录,(　　　)是正确的。

A. 只能在表的最后添加记录

B. 只能在表的开始处添加记录

C. 只能在表的开始处或最后添加记录

D. 可以在表的任意位置插入记录

7.进行（　　）操作时，Access 会自动将数据表的数据保存到磁盘。

A. 单击快速访问工具栏上的"保存"按钮

B. 选择"文件"选项卡的"保存"命令

C. 当光标离开刚输入数据的字段时

D. 以上三种

8.限制数据表某数字型字段的值必须在 0 与 256 之间，应该设置（　　）。

A. 该字段为必需字段　　　　　　　　B. 该字段的验证文本

C. 该字段的验证规则　　　　　　　　D. 该字段为字节型

9.在下列查询中，（　　）不会修改源数据表中的数据。

A. 删除查询　　　　B. 追加查询　　　　C. 更新查询　　　　D. 生成表查询

10.如果让 Access 数据库自己创建主关键字，它将使用（　　）作为字段名。

A. 编号　　　　　　B. ID　　　　　　　C. 编号 ID　　　　　D. 自动编号

11.在表的"设计视图"中，（　　）可判断出主关键字字段。

A. 选定字段时，状态栏上会显示出文本信息

B. 在行选定器按钮上会出现 ▶ 符号

C. 该字段名下有下划线

D. 在行选定器按钮上会出现 ⚷ 符号

12.要在查询设计视图的"条件"行中输入某一日期，应该将该日期（　　）。

A. 包含在方括号内　　　　　　　　　B. 包含在引号内

C. 包含在♯号内　　　　　　　　　　D. 包含在大括号内

13.查询对象的数据源不能来源于（　　）。

A. 一个数据表　　　B. 多个数据表　　　C. 查询　　　　　　D. 窗体

14.在查询设计视图时，如果在日期字段的"条件"行中输入">0"，即此条件表示（　　）。

A. 包含当前日期之后日期的所有记录

B. 包含当前日期之前日期的所有记录

C. 和字段的数据类型不符，没有任何记录满足此条件

D. 所有日期不为空的记录

15.在关系或查询窗口中，关系表中的关系字段是（　　）的。

A. 用黑体字显示　　B. 加下划线显示　　C. 用一条线连接　　D. 相互对齐

16. 查询 student 表中 1988 年 2 月 5 日出生的学生记录，正确的命令是（　　）。

A. SELECT ＊ FROM student WHERE（出生日期＝'1988-02-05'）

B. SELECT ＊ FROM student WHERE（出生日期＝'02/05/1988'）

C. SELECT ＊ FROM student WHERE 出生日期＝♯1988-2-5♯

D. SELECT ＊ FROM student WHERE 出生日期＝1988-2-5

17.在 score 表中以学号分组，查询每组中的最低成绩，使用命令（　　）。

A. SELECT 学号，MIN（成绩）AS 最低成绩 FROM score GROUP BY 学号

B. SELECT 学号，MAX（成绩）AS 最低成绩 FROM score GROUP BY 学号

C. SELECT 学号，MIN（成绩）AS 最低成绩 FROM score ORDER BY 学号

D. SELECT 学号,MIN(成绩) AS 最低成绩 FROM score

18.在 student 表中查询年龄最小的性别为"女"的前三个记录。使用命令(　　)。

A. SELECT TOP 3 * FROM student WHERE 性别＝0 ORDER BY 姓名

B. SELECT TOP 3 * FROM student WHERE 性别＝0 ORDER BY 出生日期 DESC

C. SELECT TOP 3 * FROM student WHERE 性别＝0 ORDER BY 出生日期

D. SELECT * FROM student WHERE 性别＝0 ORDER BY 出生日期 DESC

19.SQL 的数据操作语句不包括(　　)。

A. INSERT　　　　　　B. UPDATE　　　　　C. REPLACE　　　　　D. DELETE

20.将 score 表中课程号为"2002",学号为"20071003"的成绩改为 90,使用命令(　　)。

A. UPDATE FROM score SET 成绩＝90 WHERE 课程号＝'2002' AND 学号＝'20071003'

B. UPDATE score SET 成绩＝90 WHERE 课程号＝'2002' AND 学号＝'20071003'

C. UPDATE score SET 成绩＝90 WHERE 课程号＝'2002' OR 学号＝'20071003'

D. UPDATE score SET 成绩＝'90' WHERE 课程号＝'2002' AND 学号＝'20071003'

二、操作题

1.创建一个名为"图书管理"的 Access 数据库,数据库包含"图书记录"、"读者信息"和"借阅状况"三个表。三个表的结构和记录如下:

表名:图书记录

表结构:ISBN(短文本,12,主键),类别(短文本,2),书名(短文本,20),作者(短文本,10),出版社(短文本,20),出版日期(日期/时间),单价(货币,2 位小数),册数(数字,整型),金额(货币,2 位小数)。

记录如下:

ISBN	类别	书名	作者	出版社	出版日期	单价	册数	金额
7-1115-13197	00	3D MAX 动画创作	王军	海洋	2007/9/23	34	3	0
7-3012-07790	01	Access2000 应用	李明	邮电	2008/3/20	38	5	0
7-3012-09389	02	计算机应用基础	赵明	厦门大学	2009/9/23	28	8	0
7-3452-32145	02	计算机应用基础	张三	厦门大学	2010/5/7	26	10	0
7-5615-17815	01	Windows7 入门	刘光	清华大学	2011/5/23	30	5	0
7-5615-23885	00	英汉字典	张伟	清华大学	2011/5/23	32	8	0

表名:读者信息

表结构:借书证号(短文本,5,主键),姓名(短文本,8),性别(短文本,2),职务(短文本,6),部门(短文本,10),办证日期(日期/时间)。

记录如下:

借书证号	姓名	性别	职务	部门	办证日期
00001	李明	男	教授	数学系	2010-2-12
00002	王磊	男	副教授	物理系	2011-3-8
00003	吴兴	女	讲师	计统系	2011-5-12
00004	张好	女	助教	财经系	2010-9-15
00005	郑新	男	讲师	中文系	2011-3-12

表名:借阅状况

表结构:流水号(自动编号,主键),借书证号(短文本,8),ISBN(短文本,12),借阅日期(日期/时间),归还日期(日期/时间)

记录如下:

流水号	借书证号	ISBN	借阅日期	归还日期
1	00001	7-5615-23885	2011/8/9	2011/10/9
2	00001	7-3012-07790	2011/8/9	2011/10/10
3	00003	7-1115-13197	2011/8/9	2011/10/10
4	00002	7-5615-17815	2011/8/9	2011/10/12
5	00001	7-1115-13197	2011/8/10	
6	00002	7-5615-17815	2011/8/10	
7	00003	7-5615-17815	2011/8/10	

2.修改"读者信息"的字段名,将"部门"字段名改为"单位"。

3.建立"图书管理"数据库中各数据表之间的关系。

4.建立多表查询,查询未归还图书的"借书证号、姓名、借阅日期、书名、作者"等信息,并按"借书证号"升序排列(注:归还日期字段的值为空表示该图书未归还,Access 用常量 null 表示字段空)。

5.以"图书记录"表为数据源创建一个汇总查询,统计出各种类别书籍的平均单价、最高单价、最低单价。

6.以"读者信息"表为数据源创建一个参数查询,使运行查询时显示"请输入姓名"对话框,通过输入姓名获得指定读者的详细资料。

7.建立汇总查询,在"借阅状况"表中根据"借书证号"汇总出相同借书证号借阅的图书数量,并执行生成表查询,将查询结果存入表名为"借阅数量"的表。生成的"借阅数量"表包括"借书证号"和"借书数量"两个字段。

8.在"图书记录"表中计算出金额字段的值,金额等于"单价 * 册数"。接着执行选择查询,显示字段为:书名、类别、出版社、出版日期、单价、册数和金额,条件为"出版社"是"厦门大学"或者"出版日期"在 2011 年以后的图书记录。

9.在"图书管理"数据库中建立表"TEMP","TEMP"的表结构由"借阅状况"表复制,"TEMP"的记录如下。然后执行追加查询,将"TEMP"表的内容追加到"借阅状况"表中。

借书证号	ISBN	借阅日期
00001	7-5615-17816	2011-8-15
00001	7-5614-17817	2011-8-15
00002	7-5347-32145	2011-8-15

10.由"借阅状况"表复制"借阅状况备份"表,然后执行删除查询,将"借阅状况备份"表中所有已归还的图书记录删除。

11.创建一个 SQL 查询,在"借阅状况"表中查询 2011 年 8 月 9 日的所有借出记录,并按归还日期降序排列。

12.以"图书记录"表为数据源,使用窗体向导创建纵栏式窗体。

13.以"读者信息"表为数据源,使用窗体设计视图创建一个窗体,显示读者信息的内容,并添加四个命令按钮,用于导航记录,单击按钮,可以实现移动记录。分别为"上一条"、"下一条"、"最前"和"最后",再添加一个关闭窗体的按钮,窗体的整体设计如图 6.9.1 所示。保存窗体,窗体名为"读者信息窗体"。

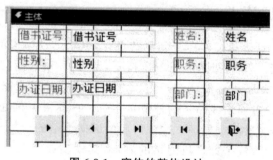

图 6.9.1　窗体的整体设计

14.使用导入方法将 Excel 中的"成绩表"导入到"图书管理"数据库中。

15.将"图书记录"表导出到 Excel 电子表格。

第7章 计算机网络基础与应用

随着计算机技术和通信技术的迅猛发展,计算机及网络的应用已经渗透到科研、生产、管理和生活各个领域。我们的学习、工作和生活都离不开网络。本章首先介绍计算机网络的基本知识,然后介绍计算机网络的基本应用。

7.1 计算机网络概述

7.1.1 计算机网络发展

7.1

20 世纪 50 年代初,计算机还是一个新鲜的事物,也是一种昂贵的设备。为了充分利用计算机的功能,在分时系统和批处理技术的支持下,出现了一种"面向终端的计算机"。这是以单计算机为中心的远程联机系统。用户可以在自己的办公室或家里安装一个终端,在终端上输入程序和指令,通过通信线路传给计算机主机。计算机主机处理后,再通过通信线路把处理结果传回用户终端显示或处理。这种简单的面向终端的计算机系统是计算机技术和通信技术相结合的尝试,构成了计算机网络的雏形,其模型如图 7.1.1 所示。但它只能在终端和主机之间通信,无法实现计算机与计算机之间通信。

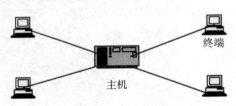

图 7.1.1 面向终端的远程联机系统

计算机网络能支持计算机之间的通信,可分为三个发展阶段。

第一阶段:20 世纪 60 年代后期,由美国国防部高级研究计划局(defense advanced research projects agency,DARPA)提供经费,联合计算机公司和大学共同研制而发展起来的 ARPAnet 网络。它采用分组交换(packet switching)技术,把需要发送的整块数据称为报文(message),在发送前把报文划分成长度有限的数据分组(packet),每一个分组的首部(header)包含必要的控制信息(如标记源和目的主机的地址)。这样可以实现计算机和计算机之间的数据通信,使网络中各计算机系统之间能够共享资源。这种通过通信线路将若干个自主的计算机连接起来的系统,称之为"计算机—计算机"网络,简称为计算机网络。网络中的各计算机都具有自主处理能力,它们之间不存在主从关系,这才是真正意义上的计算机网络。计算机网络由通信子网和资源子网构成,如图 7.1.2 所示。用户通过终端不仅可以使用本主机上的软硬件资源,还可共享资源子网上其他主机的软硬件资源。由于研究单位、大学、应用部门或计算机公司各自研制,最初的 ARPAnet 是单一的封闭网络,计算机只能和本网络内部的其他计算机互联。

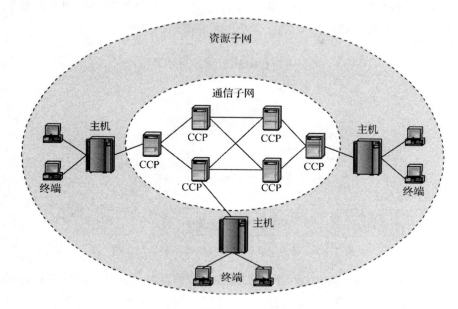

图 7.1.2　"计算机—计算机"网络

第二阶段:20 世纪 70 年代中期,人们认识到仅使用单独网络无法满足通信需求,开始研制网络互相连接的体系结构。1983 年,TCP/IP(transmission control protocol/internet protocol)协议簇成为 ARPAnet 的标准协议,即支持 TCP/IP 五层体系结构的计算机都能利用该网络相互通信,标志了互联网(internet)的诞生。需补充的是,国际标准化组织(international standards organization)早期亦制定开放系统互联参考模型 OSI/RM(open systems interconnection/reference model),但由于层次复杂,实现难度大,鲜见工业应用,往往限于教学和研究。1986 年,美国国家科学基金委员会(national science foundation,NSF)建成三层结构的互联网 NSFNET。它分为主干网、地区网和校园网(或企业网),覆盖了全美国主要的大学和研究所。接着,许多公司纷纷接入,网络通信量激增,主干速率最初为 56 kbps,20 世纪 80 年代达到 1.5 Mbps,20 世纪 90 年代初提高到 45 Mbps。1990 年,APRAnet 正式关闭,NSFNET 也于 1995 年退役。

第三阶段:20 世纪 90 年代,NSFNET 逐渐被商业互联网主干网替代,因特网服务提供商(internet service provider,ISP)负责承载主干流量。互联网协会(internet society,ISOC)对互联网进行全面管理和推广应用。其下属的互联网体系结构委员会(internet architecture board,IAB)负责管理和开发互联网相关协议,以 RFC(request for comments)文档形式免费向公众发布协议,并制定公认的互联网标准(internet standard)。ISP 从互联网管理机构申请连续的 IP 地址(即 IP 地址块),同时拥有通信线路和路由器等联网设备。根据服务覆盖的面积以及 IP 地址的数量,ISP 可分为三个层次。第一层 ISP(Tier-1)覆盖国际性区域,相互之间直接相连,构成了互联网的骨干,无需付费即可访问整个互联网。第二层 ISP 通常覆盖局部区域或国家规模,拥有自己的网络,也是第一层 ISP 的用户,需要付费才能访问互联网其他区域。第三层 ISP 即本地 ISP,只拥有本地范围网络,作为第二层 ISP 的用户,需要购买流量访问互联网。通常,ISP 向用户按流量收费;两个 ISP 对等互联(peering)时,不涉及费用结算。作为 ISP 网络的汇聚点,互联网交换中心(internet exchange point,IXP)允许两个 ISP 网络直接相连并交换分组,而不用经过第三个 ISP,在增加带宽的同时降低了成本和延时。如图 7.1.3,当今互联网演变为基于 ISP 的多层次结构网络。

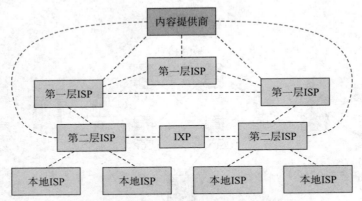

图 7.1.3　基于 ISP 的三层结构的互联网示意图

　　互联网已经成为世界上规模最大和增长速度最快的计算机网络。它通过网络协议把通信网络互连形成虚拟的 IP 网络,并向上支持多种媒体应用,传输文字、声音、图片和视频等多媒体信息。面对激增的用户和流量,互联网逐渐难以满足业务需求。1996 年美国研究所和大学提出研制和建造下一代互联网(next generation internet,NGI);中国也积极研发和实施中国下一代互联网(CNGI)示范工程,力争在 IPv6 地址分配、根域名服务和国际标准制定等领域发挥作用。

7.1.2　计算机网络功能

　　计算机网络是指将在地理上分散的、具有独立功能的多台计算机,通过通信设备和线路连接起来,在网络协议和软件支持下,实现数据通信,最终实现资源共享的系统。计算机网络是通信技术与计算机技术相结合的产物,由通信基础设施发展成为信息服务基础设施。如今讨论计算机网络功能,不但要关注它提供的数据通信服务,还要关注丰富的网络应用。

数据通信和信息交流的平台

　　数据通信是计算机网络最基本的功能。数据通信就是在计算机与终端、计算机与计算机之间快速地传递各种信息,包括文字信件、新闻消息、咨询信息、图片资料、报纸版面等。早期有电子邮件和网络电话,近年有 QQ、微信和视频会议等即时通信工具。用户还可以使用百度和谷歌等搜索引擎线上查阅感兴趣的信息;而网站、微博、短视频和直播 APP 等信息发布平台也让人们得以拓宽视野、畅所欲言。

资源共享的平台

　　"资源"是网络中的软件、硬件和数据资源;"共享"指网络用户能够享受别人的资源。例如,某数据库(包含飞机机票、饭店客房等信息)可供全网查询使用;某软件可供需要的用户有偿使用;某一外部设备(如高速打印机)可面向多位用户,使他们也能使用这些硬件设备。

通过资源共享,可以提高各种硬件、软件和数据资源的利用率。例如,早期通过文件传输软件共享远程文件服务器上的文件,接着流行 P2P 文件共享。近年发展迅速的云计算(cloud computing)通过网络以按需分配的方式提供便捷的数据存储和网络计算服务。互联网提供了大量音频和视频供用户下载和播放,具有在线点播功能的网络电视(IPTV)深受用户欢迎,互动的网络在线游戏也成为年轻人最喜欢的娱乐之一。

分布处理的平台

当某台计算机任务负担过重,网络可将新任务转交给其他空闲的计算机完成。这种工作方式可以均衡各计算机的负载,提高可用性和实时性。一旦某计算机出现故障,其他计算机可以马上承担起原先由该故障机所担负的任务,避免了系统的瘫痪,提高了计算机系统的可靠性。针对大型综合性的复杂问题,还可将问题平行分解为若干部分,然后分别交给不同的计算机处理,以提高处理效率。例如,边缘计算将应用程序、数据资料与服务运算从网络中心节点移往网络的边缘节点(即靠近用户或数据源头的位置)来处理,可以提供更低延迟、更高效率的网络服务。

7.1.3 计算机网络类别

计算机网络有多种分类方法。本小节采用以网络覆盖范围为标准的分类方法。

(1)局域网(local area network,LAN)

局域网是将较小区域范围内的计算机及其他设备连接起来的网络。局域网一般限定覆盖范围,可以是一个建筑物、一个企业、一个校园或一个实验室,通常由主管单位使用和维护。局域网根据传输媒体不同,还分为有线局域网和无线局域网,均是常见的网络形式。局域网的特点是传输距离短、传输速率快、传输延迟小、误码率较低、组网比较灵活、成本较低,因而发展迅速且应用广泛。

(2)城域网(metropolitan area network,MAN)

城域网是局域网的扩展与延伸,其范围一般在距离 5~50 km 的区域。比如,一个城市范围内的各政府、学校、银行、企业等部门的局域网,通过高速通信线路连接起来的网络,可视作城市骨干网。近年来,城域网已经成为现代城市的信息服务基础设施,为用户提供接入和各种信息服务,逐渐将传统电信服务、有线电视和互联网服务融合一体(即三网融合)。

(3)广域网(wide area network,WAN)

广域网是连接不同地区局域网或城域网的计算机通信远程网,覆盖范围通常为几十公里到几千公里,能连接多个地区、城市和国家,或横跨几个洲来提供远距离通信,形成国际性的远程网络。广域网使用各种通信技术(如电话线、光纤、无线电和卫星)连接不同的网络,其性能(如传输速度和延迟)也取决于所使用的通信技术和距离。Internet 是我们最熟悉的世界范围广域网,将各地网络服务提供商(ISP)的网络连接起来,为世界各地的用户提供接入服务。

(4)个人区域网络(personal area network,PAN)

个人区域网络是提供个人使用的网络,其范围一般限定在 100 m 以内。主要采用短距离无线传输实现网络连接,通过使用无线电波或红外线等代替传统的有线电缆,实现个人信息终端(例如便携计算机、打印机、鼠标、键盘、耳机和投影仪等)的智能化互联,因此也被称为无线个人区域网络(Wireless PAN)。例如,通过"蓝牙"技术,将一台计算机与它的鼠标、键盘和打印机连接起来的网络。

7.1.4 计算机网络性能指标

网络的性能直接影响人们的上网体验。计算机网络的性能指标主要有速率、带宽、吞吐量、时延、丢包率等。下面介绍几个常用的性能指标。

(1)速率

计算机收发信号都是 0 或 1 的二进制数字信号,每一位的数字信号称为 1 个比特(bit),即数据量的单位。速率就是用来衡量网络中传输这种比特数字的能力,也称为数据率(data rate)或者比特率(bit rate),单位是 b/s(即每秒比特)。当数据率较高时,可以用 kb/s(k=10^3=千)、Mb/s(M=10^6=兆)、Gb/s(G=10^9=吉)、Tb/s(T=10^{12}=太)。请注意,计算机中的数据量往往用字节作为度量单位。1 字节(Byte,B)代表 8 比特。若采用二进制写法,"千字节"(KB)中的"千"等于 2^{10},即 1024。类似的,"兆字节"(MB)=2^{20}B,"吉字节"(GB)=2^{30}B。

(2)带宽(Bandwidth)

在模拟通信系统中,信号的带宽是指该信号所包含的各种不同频率成分所占据的频率范围。例如,电话通信就是典型的模拟通信系统,带宽为 3100 Hz,话音主要成分的频率范围是 300 Hz~3.4 kHz。信道带宽是通信线路允许通过的信号频带范围(即最高频率与最低频率的差),单位为 Hz、KHz、MHz 或 GHz 等。为使信号在传输中失真小些,信道要有足够的带宽。

计算机网络传输主要采用数字通信系统。在数字信道中,传送的是离散的数字信号,此时的带宽是指数据的最高传输速率。例如使用双绞线的以太网传输速率为 10 Mbit/s、100 Mbit/s 或 1000 Mbit/s。带宽越大,表示单位时间内传输的数字信息量越大,网络通道传送数据的能力越强。

"带宽"的两种意义之间有着紧密联系。一条通信链路的"频带宽度"越宽,其传输数据的"最高数据率"也越高。

(3)吞吐量(Throughput)

吞吐量表示在单位时间内通过某个网络的实际数据量,亦称为吞吐率。它受网络的带宽的限制,常用于对真实应用的网络测量。比如对于一个 100 Mbit/s 的以太网,其最高传输速率是 100 Mbit/s,这也是以太网吞吐量的上限值;但其典型的吞吐量仅有 70 Mbit/s。

(4)时延(delay 或 latency)

时延是数据(一个报文或分组)从网络(或链路)的一端传送到另一端所需的时间。数据在传输过程,往往要经过不同网络设备及链路,而后到达目的地。在这个过程中产生的总时延,包括了发送时延(transmission delay)、传播时延(propagation delay)、处理时延和排队时延。发送时延是将整个分组发送到通信链路上所需要的时间,等于分组长度与发送速率(即信道带宽)的商。传播时延是电磁波在信道中传输一定距离所花费的时间,等于信道长度与电磁波传播速度的商。处理时延则是网络设备(主机或路由器)收到分组时,分析首部和检验差错等一系列操作所需时间。排队时延则是分组进入网络设备后,在输入队列中等待处理以及在输出队列中等待转发所需的时间。当网络流量很大的时候,可能发生队列溢出,造成分组丢失,此时时延变为无穷大。

（5）丢包率

丢包率是指在一定时间范围内，在传输过程中丢失的分组数量与发送的分组总数的比率，亦称为分组丢失率。分组丢失主要有两种情况：一是传输过程中产生比特差错，被节点丢弃；二是通信量较大时网络设备的队列溢出，分组丢失进而造成网络拥塞。一般地，无拥塞时丢包率为 0，轻度拥塞时丢包率为 1‰～4‰，严重拥塞时丢包率为 5‰～15‰，此时网络基本无法正常工作。因此，丢包率是网络运维人员非常关注的性能指标；但普通用户通常感觉不到网络丢包。因为丢包后，通信软件会自动重传丢失的分组或降低发送速率，用户只是感觉"网速"变慢了。

7.2 计算机网络的组成

计算机网络系统由网络硬件与网络软件两部分组成。网络硬件是进行数据处理、数据传输和建立通信通道的物质基础，而数据通信的协议过程则由网络软件控制。计算机网络由若干节点（Node）和链接这些节点的链路（Link）组成。节点可以是计算机、集线器、交换机和路由器等网络通信设备。链路是由点对点的传输媒体构成物理网络连接。安装的网络软件提供了资源共享和信息传输的手段，使设备之间能通过交换信息实现网络互联。

7.2.1 传输媒体

传输媒体也称为传输介质，是指在网络中传输信息的载体，是通信双方进行通信的物理信号通路。主要分为导引型传输媒体和非导引型传输媒体两大类。前者

7.2.1-7.2.2

导引电磁波沿着固态媒体（铜线或光纤）传输；而后者在自由空间中传输电磁波，也称为无线传输。不同传输媒体的数据通信质量和通信速度有较大差异，下面介绍几种常见的传输媒体。

（1）双绞线（twisted pair）

双绞线是网络综合布线工程中最常用的一种传输介质。它将一对互相绝缘的金属导线互相绞合，可以抵御一部分外界电磁波的干扰，更重要的是降低自身信号对外的干扰。两根绝缘的铜导线按一定的规则绞合在一起后，每一根导线在传输的过程中辐射的电波会被另一根线上发出的电波抵消，"双绞线"的名字由此而来。典型的双绞线包含四对这样互相绞合的导线，如图 7.2.1 所示。为了提高双绞线抗电磁干扰的能力，可以外面再加一层金属屏蔽层，这就是屏蔽双绞线（shielded twisted pair，STP）。根据 EIA/TIA-568 标准，七类双绞线的带宽和典型应用不同。例如，大量用在以太网的双绞线是 5 类或 6 类非屏蔽双绞线（unshielded twisted pair，UTP）

（2）同轴电缆（coaxial cable）

同轴电缆的得名与其结构相关。同轴电缆由内外相互绝缘的同轴心的导体组成，如图 7.2.2 所示。内导体为铜线，外导体为铜管或细铜网，两个导体间通过绝缘材料互相隔离，外层导体和内导体的圆心在同一个轴心上，所以叫作同轴电缆。同轴电缆之所以设计成这样，是为了防止外部电磁波干扰信号的传递。电磁场封闭在内外导体之间，故辐射损耗小，受外界干扰影响小，常用于传输计算机网络中的数字信号和有线电视网中的模拟信号。现在同轴电缆可以达到 1 Ghz 的带宽，但长途干线上已经被带宽更高的光纤取代。

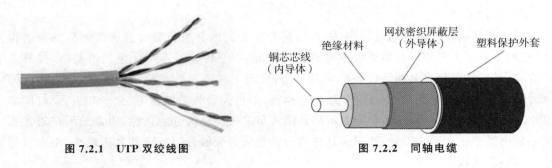

图 7.2.1　UTP 双绞线图　　　　　　　　图 7.2.2　同轴电缆

（3）光纤（fiber）

光纤是光导纤维的简写，光可以在光纤内传输。光纤利用光在玻璃或塑料纤维（微米级）中的全反射原理制成，如图 7.2.3 所示，使用最广泛的是玻璃（石英）光纤。多根光纤和保护光纤的材料组合在一起就是光缆。光在光导纤维的传导损耗，比电在电线中传导的损耗低得多，同时还具有使用寿命长、绝缘好、保密性强等特点。一个光通信系统，通常包括光源、光纤和检测器三个部分，光纤只能单向传输，双向必须用一对。光纤通常用在主干网络中，但随着光纤成本下降和高带宽需求，光纤传输也逐渐渗透到用户端。

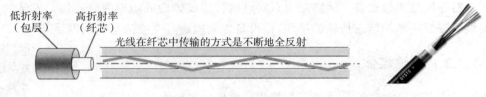

图 7.2.3　光纤

（4）无线传输介质

非导引性传输介质主要指在自由空间传播的电磁波，比如空气中传输的各种波长的电磁波，它能搭载数据信号，完成无线传输。无线传输可使用的频段很广，国际电信联盟给波段取了正式名称：低频（LF）、中频（MF）、高频（HF）、甚高频（Very HF）、特高频（Ultra HF）、超高频（Super HF）、极高频（Extremely HF）和巨高频（Tremendously HF）。不同频段电磁波进行无线通信时穿越障碍物、传输距离和传输带宽的能力不同，因此适用于不同应用，例如无线电波、微波、蓝牙和红外线等。

微波是无线数据通信主要使用的频段（300 MHz 到 300 GHz），目前使用最多的是 2 GHz 到 4 GHz。微波在空间主要是直线传播，远距离微波通信主要是地面微波接力通信和卫星通信。作为一种广泛应用的新型通信技术，卫星通信分为中轨卫星系统（如美国的全球定位系统 GPS 和中国的北斗卫星导航系统）和低轨卫星系统（如美国的星链计划 Starlink 和中国鸿雁星座系统）。实际上，无线局域网和蜂窝网也使用微波频段。若要使用某一段无线电频谱进行通信，必须拥有本国政府无线电频谱管理机构颁发的许可证。但也有例外，如不需要许可证的 ISM 频段（工业 industrial、科学 scientific、医药 medical），正好满足计算机无线局域网的需求。

 ### 7.2.2 网络设备

互联网从功能上可以划分为边缘部分和核心部分。

（1）边缘部分

边缘部分由所有连接在互联网上的计算机（又称主机或端系统）组成。按计算机在网络中所起的作用，又分为服务器（server）和客户机（client）两大类。

服务器是计算机网络中向其他计算机提供服务的计算机，是共享资源的主要来源，可以运行各种网络应用：电子邮件、网页浏览、文件传输、网络游戏等。作为服务器的计算机一般硬件性能比较高，具有高速的运算能力、长时间运行的可靠性和强大的数据吞吐能力。服务器只有在安装了网络操作系统（network operating system）以及网络应用的服务软件后，才能向其他计算机提供相应的网络服务功能，如电子邮件 MAIL 服务、网站 WEB 服务和文件传输 FTP 服务等。网络操作系统除具有操作系统的一般功能外，具有负责网络资源管理、实现用户通信、方便用户使用其他网络应用软件等功能。按照网络服务和协议软件的类型，服务器可称为邮件服务器、网站服务器、数据库服务器、文件下载服务器和打印服务器等。当一台计算机同时安装多种服务器软件，也就具有多种服务功能。例如，同时安装 WEB 服务系统和邮件管理系统软件的服务器，既是 WEB 服务器也是 MAIL 服务器。

客户机是与服务器相对的一个概念，在计算机网络中享受其他计算机提供服务的计算机就称为客户机。客户机在硬件上没有特别的要求，根据用户自身需求配置即可。客户机一般安装个人或基础版的操作系统，如 Windows 7、Windows 10、开源的 Linux 等。客户机种类日益丰富，例如 PC、笔记本电脑、移动手机、网络摄像头、网络打印机、智能电视、智能音箱、运动手环，以及很多专业设备。

有些计算机网络中，计算机之间互为客户机与服务器，即它们互相提供类似的服务和享受这些服务。这种计算机网络称为对等网络。

（2）核心部分

核心部分由大量网络和连接这些网络的路由器（router）组成，为边缘部分的端系统提供连通性和数据交换的服务。其中，最核心的设备是路由器，它是实现分组交换和网络互联的关键构件。全球互联网就是由各种各样的网络通过路由器连接而成，一般也利用路由器将大型网络划分成多个子网。在网络的互联过程中，路由器是非常重要的，主要用于局域网与广域网间的互连。作为一种专用计算机，它的任务是为各网络之间的用户提供最佳的通信路径（即路由），并转发收到的分组，这也是网络核心最重要的功能，因此也被称为"路径选择器"。

此外，计算机与计算机之间的连接设备也非常重要，例如网络适配器（network interface card，NIC）、中继器（repeater）、网桥（bridge）和交换机（switch）等。网络适配器也称为网卡（如图 7.2.4），是实现计算机接入网络的重要设备，一般把网卡内置于系统主板中。计算机通过网络适配器从网络接收数据和发送数据到网络。网卡最主要的技术参数是网卡所支持的带宽，也就是网卡的传输速率。常见的有 10 M 网卡、10/100 M 自适应网卡、10/100 M/1000 M 自适应网卡等。每个网卡具有全球唯一的 48 位硬件地址，由生产厂商在出厂时固化于网卡 ROM 中，也称为 MAC 地址或物理地址。在网络底层的物理传输过程中，通过 MAC 地址来识别不同的主机。

中继器又称为重发器，是最简单的局域网互联设备。信号在传输介质中传递，由于传输介质中阻抗的作用，使信号向远处传输时会愈来愈弱，并导致衰减失真。当网线的长度超过一定范围，必须将信号整理放大。中继器的主要功能就是将收到的信号重新整理，恢复到原

图 7.2.4　网卡

来的波形和强度,然后继续传递下去,以实现更远距离的信号传输。中继器实际上只是数字信号的再生放大器。按照信号的种类,还可细分为电中继器、光中继器和无线中继器。早期有线局域网使用的集线器(HUB)就是一个多端口的中继器。它从某个接口接收信号,经过去噪和放大后,再生信号从所有其他接口转发出去,这种转发行为称为广播或泛洪。但现在局域网很少使用集线器,因为它扩展网络覆盖的同时,也增加了用户间同时发送数据的冲突,导致单用户资源的减少。

网桥用于连接两个相近的网络,在数据链路层扩展有线局域网。网桥包含了中继器的功能和特性,不但能扩展网络的距离,而且可使网络具有一定的可靠性和安全性。它采用存储转发方式,根据数据帧的目的地址对收到的数据帧进行转发和过滤。网桥收到一个帧时,首先根据目的 MAC 地址查找转发表,然后确定将该帧转发到哪一个接口,或者是丢弃(即过滤)。常见的交换机就是一种网桥设备,其典型应用是管理局域网的子网。如图7.2.5,网桥将局域网分割为网络 1 和网络 2。当数据帧送达后,网桥会判断该不该传到另一段子网:如果不需要就把它拦截下来,以减少网络的负载;只有当数据需要送到另一子网的计算机时,网桥才会转发。例如计算机 A 和 B 相互通信时,信号只在网络 1 内传递,由网桥过滤数据;如果计算机 A 和 C 相互通信,网桥在网络 1 和网络 2 之间转发数据,实现网络互联。

图 7.2.5　使用网桥连接的网络

 ### 7.2.3 通信协议基础配置

7.2.3

人与人之间交流信息,必须具备一些条件。例如给一位外国朋友写信,要使用一种双方都能看懂的语言,还得知道对方的通信地址。计算机与计算机之间的互相通信,与人和人之间的通信类似,也得使用一种双方都能接受的"语言",这是就网络通信协议。通信双方为了实现通信而设计了约定或通话规则,可以连接不同操作系统和不同硬件体系结构的计算机。

Internet 是由许多小网络构成的国际性的大网络,在各个小网络内部可以使用各自的协议进行通信,但如果要在网络之间进行信息交流,就要依靠网络中的世界语言——TCP/IP

协议栈。对应 TCP/IP 协议栈的是 TCP/IP 参考模型,从下向上主要分为五层:物理层(physical layer)、数据链路层(datalink layer)、网络层(network layer)、传输层(transport layer)和应用层(application layer)。其中,网络层的 IP 协议和传输层的 TCP 协议是保证数据完整传输的两个基本的协议,其他还包括提供各种应用功能的协议,如远程登录协议、文件传输协议和电子邮件协议等。

(1)IP 地址(internet protocol address)

日常生活中使用的电话网络,每个电话都有一个固定的号码。计算机网络也一样,每个接入到 Internet 中的主机也要有一个标识,使得该主机能够被识别,这个标识就是 IP 地址。IP 协议就是使用这个地址在主机之间传递信息。现有 IPv4 和 IPv6 两个版本,目前使用最为广泛的是 IPv4。

按照 TCP/IP 协议规定,IPv4 地址由 32 位二进制组成,例如某主机的 IP 地址是"11010010 00100010 00000000 00001100"。但过长的二进制序列使用不便,因此规定 IP 地址的 4 个字节分别用 4 个十进制数表示,各十进制数之间用符号"."分隔。于是该 IP 地址也可以表示为"210.34.0.12"。IP 地址不是用户自己随便设定的,而是由国际组织网络信息中心(network information center,NIC)负责分配。例如管理分配亚太地区 IP 地址的就是 APNIC 网络信息中心。我国 Internet 用户要使用 IP 地址,就要向 APNIC 设在国内的代理机构提出申请。

为了便于寻址以及层次化构造网络,每个 IP 地址包括网络标识和主机号,同一个物理网络上的所有主机都使用同一个网络标识。如果主机访问外网(即目标主机的网络地址与其不同),那就不能进行直接通信,需要把数据包发给最近的路由器(或默认网关),再由路由器经过逐级跳转发给目标主机。

在早期的分类地址时代,IP 地址根据网络规模和应用分为五类(如图 7.2.6),每类网络标识的位数是固定的,还可进一步划分子网以便管理。其中,子网掩码(subnet mask)也称作网络掩码和地址掩码,可以指明一个 IP 地址的哪些位标识的是主机所在的网络,以及哪些位标识的是主机的号码。具体来说,网络地址部分和子网标识部分为"1"所对应,主机号的部分为"0"所对应。例如,130.39.37.100 主机的网络掩码为 255.255.255.0 时,其网络地址为 130.39.37.0,这是 IP 地址和网络掩码按位进行与操作的结果。1993 年,互联网工程任务组 IETF 定义了新的分配 IP 地址块和无类别域间路由(classless inter-domain routing,CIDR)。CIDR 不再使用定长的子网掩码,而是使用可变长的网络掩码来进行任意长度的网络前缀分配。例如,遵从 CIDR 规则的 IP 地址块 206.0.64.1/18,使用"/"后的数字说明其网络前缀的位数为 18,即网络地址为 206.0.64.0,网络掩码为 FFFFC000。

随着互联网发展,IPv4 地址显示出了它的局限性,其中最主要的问题是 IP 地址匮乏。为此 IETF 提出了 IPv6 协议(internet protocol version 6),不仅扩大了地址空间,还对 IPv4 存在的缺陷加以修正,以提高网络性能。IPv6 使用 128 位二进制的地址,并在实际应用中采用 32 个十六进制数表示地址,写成 8 组。每组为四个十六进制数,中间用":"分隔,例如,2001:0db8:85a3:08d3:1319:8a2e:0370:7344。如果连续每组四个数字都是零,可以被省略,并用"::"表示。例如,2001:0db8:0000:0000:0000:0000:1428:57ab 等价于 2001:0db8::1428:57ab。但这种零压缩在地址中只能出现一次,同时每组十六进制数前导的零可以省略。

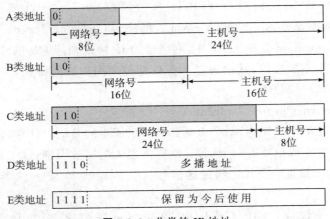

图 7.2.6　分类的 IP 地址

一个 IPv4 地址格式可以很容易地转化为 IPv6 格式。例如 IPv4 的地址为 135.75.43.52,其对应的十六进制是 874B2B34,那么转换为 IPv6 地址表示为 0000:0000:0000:0000:0000:0000:874B:2B34。还可以使用混合符号表示为::135.75.43.52。目前 Internet 仍然存在数量庞大的 IPv4 用户,Internet 上采取两者共存的方式。IPv6 不仅可以为计算机网络中的主机提供服务,还将服务于众多数码设备,如家用电器、传感器、远程照相机、汽车等。

(2)域名(domain name)

IP 地址虽然已经转换成十进制形式,但十进制的数字形式还是不便于记忆。为此,Internet 允许为主机起名字,由于涉及了多个"域"(domain),便称域名。早在 ARPAnet 时代,整个网络才有数百台计算机,于是用一个 hosts 的文件列出所有主机名字和相应的 IP 地址。只要用户输入一台主机名字,计算机就可以快速转换成网络设备能识别的二进制 IP 地址(即域名解析)。但随着因特网的增长,哪怕一台专用服务器也无法承担如此繁重的域名解析任务。于是 1983 年互联网开始采用树状结构的命名方式,并使用域名系统 DNS 让分布在互联网的众多域名服务器共同完成域名解析。

任何一个连接在互联网上的主机或者路由器,都有一个唯一的层次结构域名。域是名字空间中的一个管理单位,还可以进一步逐层划分子域,于是形成了顶级域、二级域和三级域等。每一个域名由标号(label)序列组成,各标号之间用点"."隔开,层次级别为右边高,左边低。例如,厦门大学 Web 服务器的域名 www.xmu.edu.cn 中,最高域名"cn"为中国国家域名(顶级域名),"edu"为教育科研部门域名(二级域名),"xmu"为厦门大学域名(三级域名),"WWW"为服务器名,通过域名记忆一台主机显然就方便多了。常用的顶级域名包括三类,国家顶级域名(nTLD)超过 200 个,通用顶级域名 20 个,基础结构域名一个:arpa,用于反向域名解析。表格 7.2.1 列出了一些常见的顶级域名。域名在使用前也必须向域名管理机构提出申请,并确认唯一后方可使用。虽然近年来一些国家也允许采用本民族语言构成域名,例如我国也支持使用中文域名,但以英语为基础的域名仍然是主流。

表 7.2.1　Internet 部分顶级域名

通用顶级域名	含义	国家顶级域名	国家或地区
com	商业机构	cn	中国

续表

通用顶级域名	含义	国家顶级域名	国家或地区
org	非营利性机构	us	美国
net	网络服务机构	uk	英国
int	国际组织	de	德国
edu	美国的教育机构	jp	日本
gov	美国的政府机构	ca	加拿大
mil	美国的军事机构	fr	法国

当主机有了域名后,域名与 IP 地址之间通常是一对一,有时是多对一的关系。使用域名只是便于记忆,双方主机之间通信只能通过 IP 地址。当通过域名访问对方主机时,就必须在访问前把域名转换成对应的 IP 地址,域名解析由专门的域名解析服务器(DNS 服务器)完成。

(3)TCP/IPv4 协议参数设置

从 Internet 服务商获得 IP 地址等参数后,还要对这些参数进行正确的设置,计算机才能连接 Internet。设置过程如下:

①单击"开始\\设置\\网络和 Internet\\以太网\\更改适配器选项",打开"网络连接"窗口;

②右击要设置参数的网络连接,打开该连接的属性对话框,如图 7.2.7 所示;

③双击要设置的项目"TCP/IPv4",打开如图 7.2.8 所示的对话框;

④在打开的"TCP/IPv4"属性对话框中显示了两种获取参数的方式:自动获取方式和手动设置方式。

"自动获取 IP 地址":当 Internet 服务提供商向用户提供了可以自动获取 IP 地址的服务时,在用户计算机登录到网络后,TCP/IP 协议的参数设置由 Internet 服务提供商的服务器自动分发。这个过程称为动态分配,由一台叫作 DHCP(dynamic host configuration protocol)的服务器完成。用户计算机登录到网络并从 DHCP 服务器获取 IP 地址后,并不能永久使用该地址,当用户退出网络,DHCP 服务器把这个 IP 地址收回,以便分配给其他用户。这样可以提高 Internet 服务提供商的 IP 地址使用效率。

"手动设置":手动设置 IP 地址通常应用在服务器上,因为服务器在对外提供服务时必须有一个固定的 IP 地址,才能方便用户访问。一些 IP 地址比较宽裕的网络环境,客户机也常使用手动设置固定 IP 地址。

计算机通过自动获取方式获取 IP 地址,在图 7.2.7 对话框中无法查看,可以通过运行网络命令"ipconfig"查看。单击"开始\\所有应用\\Windows 系统\\命令提示符",打开"命令提示符"窗口,输入"ipconfig",回车后,可以显示主机的 IP 地址、子网掩码和默认网关,这些是本机的 TCP/IP 协议基本配置信息,如图 7.2.9 所示。若使用"ipconfig /all"命令,还可以查看更详细的网络配置,例如本地网络接口的 MAC 地址和 DNS 服务器等。对于从 DHCP 服务器获取 IP 地址的计算机,也可以使用"ipconfig /renew"来为主机重新申请 IP 地址。

此外,当计算机访问相同局域网中的目标设备时,如果只知道目标设备的 IP 地址而不

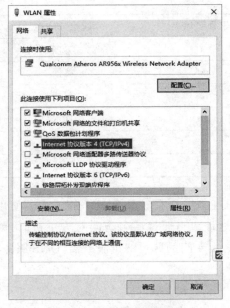

图 7.2.7　本地连接属性

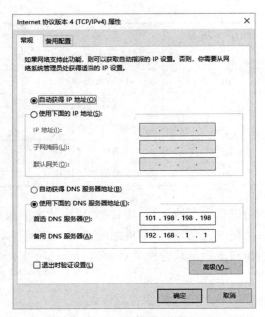

图 7.2.8　TCP/IP 协议的参数设置

图 7.2.9　ipconfig 运行结果

知道 MAC 地址,那么可以通过 ARP 请求来获取它的 MAC 地址,以确保数据包能够正确地发送到目标设备。ARP(address resolution protocol)指地址解析协议,可将网络层的 32 位 IP 地址转换为数据链路层的 48 位物理地址。如果目标设备不在同一局域网中,计算机将把数据包发送到网关,然后由网关根据目标设备的 IP 地址进行路由转发。

7.3 网络接入

7.3

　　用户要连接到 Internet 必须有一个接入口。Internet 服务提供商(internet service provider,ISP)就是为用户提供 Internet 连接服务的组织或单位。我国的三大基础 ISP 是中国电信、中国移动、中国联通;此外还有广电宽带、中国教育和科研网等。它们提供的带宽、价格和接入方法也不尽相同。在选择了 ISP 后,ISP 就会根据用户的需求提供一种接入方式。本节以广域网和局域网两类接入方式进行介绍。

7.3.1 广域网接入

(1)公共交换电话网络

互联网兴起之时,现代的公共交换电话网络(PSTN)除了提供语音通话服务之外,还成了互联网的基础设施,也是接入互联网的常见方式。最具有代表性的是非对称数字用户线(asymmetric digital subscriber line,ADSL)宽带接入。ADSL 是通过普通电话线实现宽带数据业务的一种技术。这种接入把普通的电话线分成了电话、上行和下行三个相对独立的信道,从而避免了相互之间的干扰。其特点是用户线的上行速率低,下行速率高,非常适合传输多媒体信息业务,如视频点播等。

ADSL 接入时,用户端首先要安装一台 ADSL 调制解调器(modem),并通过普通的电话线,接入到公用电话网 PSTN,如图 7.3.1 所示。由于计算机内部信息是数字信号,而电话线路上传输的是模拟信号。要使得计算机中的数字信号能够在电话线上传输,就需要一个设备负责数字信号与模拟信号之间的转换,这个过程称为"调制"。因此,这个转换器称为调制解调器,俗称为"猫"。经过调制的信号通过电话载波传送到另一台计算机之前,也要经由接收方的调制解调器负责把模拟信号还原为计算机能识别的数字信号,这个过程称为"解调"。正是通过这样一个"调制"与"解调"的数模—模数转换过程,实现了两台计算机之间的远程通信。

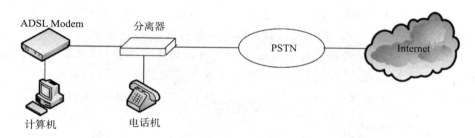

图 7.3.1 ADSL 接入方式

(2)移动通信网络

进入 20 世纪,无线通信技术的发展促成了移动通信的实现。移动通信技术摆脱了有线通信介质的束缚,所以连接入网的设备可以随心所欲地移动。正是这种便捷性,使移动电话(mobile phone)也称为蜂窝电话(cell phone)逐渐演变成社会发展和进步必不可少的工具。

移动通信网络的发展现已经经历了 5 个阶段,目前正在研制开发第 6 代(6G)。第 1 代 1G 移动网络是基于模拟传输,以提供语音通信服务的模拟系统为主。第 2 代 2G 移动网络为数字移动通信系统,初步具备了支持多媒体业务的能力,例如全球移动通信系统(GSM)。第 3 代 3G 移动网络除了提供传统语音通信外,还能提供移动上网、视频点播、视频电话、远程教学等多种个性化、全球化和多媒体化的通信服务,真正实现了随时随地、随心所欲的信息沟通与交流。比较有代表性的是通用分组无线服务(general packet radio service,GPRS)和码分多路访问网络(WCDMA 和 TD-SCDMA)。第 4 代 4G 通信网络能够提供100 Mbps的速度下载,整体上比 3G 快 50 倍,移动互联、物联网等业务应用实现了快速的发展,使人们能够更加自由地享受信息时代的便捷。2012 年,确立了 LTE-A(long term evolutionadvanced)和 WiMAN-A(wirelessMAN-advanced)技术规范,中国主导定制的 TD-LTE-Ad 也成为 4G 标准。

第 5 代 5G 移动网络,是对现有无线接入技术(包括 2G、3G、4G 和 WiFi)的技术演进,以及一些新增的补充性无线接入技术集成后解决方案的总称。从某种程度上讲,5G 将是一个真正意义上的融合网络。以融合和统一的标准,提供人与人、人与物以及物与物之间高速、安全和自由的联通。与 4G 相比,5G 不仅能进一步提升用户的网络体验,同时还将满足物联网应用的需求。从用户体验看,5G 具有更高的速率(100 Mbps),只需要几秒即可下载一部高清电影;允许 500 km 以内的移动,时延低至 1 ms;连接密度高达每平方米百万个,能效比 4G 提高 100 倍。从行业应用看,5G 具有更高的可靠性、更低的时延,能够满足智能制造、自动驾驶等行业应用的特定需求。我国 5G 用户发展水平全球领先,累计建成近 400 万个 5G 基站,实现了"县县通 5G",5G 用户普及率目前已经超过 60%。

（3）有线电视网络

有线电视(cable TV,CATV)网络可以覆盖整个家庭,是一种提供互联网接入服务的快捷价廉方式。家庭用户的计算机通过 CATV 接入互联网,需要一台线缆调制解调器(cable modem,CM)。这是一种超高速调制解调器,能在 CATV 上调制数字信号并进行数据传输。CM 用户们共享一段同轴电缆,并在这条共享信道上实现双向同时的全双工通信。但也由于它以共享带宽的方式工作,所以有可能在某个上网高峰时间出现速度下降的情况。

光纤技术取得长足进步,成本大幅下降后,有线电视网络也有新的发展方向,即光纤到户(FTTH),光纤到节点(FTTN),光纤到楼(FTTB),以上均统称为光纤到 x(fiber to the x,FTTx)。截至 2024 年 4 月,我国光纤到户的端口数目高达 11.6 亿个。

2011 年,我国的《国民经济和社会发展第十二个五年规划纲要》提出要实现电信网、广电网和互联网的三网融合。现在看来,三网融合不意味着物理合一,而是高层业务应用的融合,实现互联互通,无缝连接。

7.3.2 局域网接入

局域网是覆盖范围有限的私有网络,例如一个单位,一个社区,一个酒店等。如果所在的单位或社区已经建成了局域网(local area network),并且局域网与 Internet 相连接,用户可以通过局域网所提供的接口,接入 Internet。局域网中的主机常常通过广播式信道接入,例如学生通过实验室的快速以太网接入;或者通过无线局域网(WiFi)接入。局域网已成为各个单位和社区的基础设施,使用高速的以太网接入也成为个人用户常用的接入方式。以太网自 1973 年诞生,1978 年公布了 10 M 以太网标准(DIX Ethernet V2),后来的 IEEE 802.3 标准也与之兼容。接着从 10 M 的经典以太网,到 100 M 快速以太网,到千兆(吉比特)以太网,到万兆(10 G)以太网不断发展,目前最高的是 800 G 以太网,发展速度令人惊讶。

这五十年,以太网也从共享的经典以太网发展到交换式以太网。经典以太网采用了三种组网方式,最初是基于粗同轴电缆的总线拓扑(10Base-5),接着是基于细同轴电缆的总线拓扑(10Base-2),用途最广的是基于双绞线和集线器的星状拓扑(10Base-T)。这三种组网方式都要考虑主机之间的信道共享,因此需要解决信道分配和使用问题,这就是介质访问控制(MAC)。经典以太网采用了带冲突检测的载波侦听多路访问(CSMA/CD)协议进行介质访问控制。尽管如此,其还是无法避免冲突,冲突导致的重传又可能加剧冲突,这种恶性循环在工作节点增多和网络需求高峰很容易出现,导致用户体验较差。交换式以太网不再使用集线器,而将连接设备改为交换机,如图 7.3.2 所示。交换机内部就像一个交换矩阵,可以让端口之间的数据帧交换并行进行;交换机的端口是全双工的,那么端口和主机之间就形成了无冲突域。

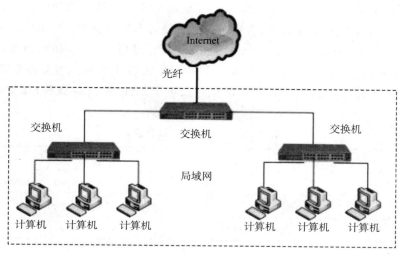

图 7.3.2　LAN 接入方式

无线局域网络(wireless local area networks,WLAN)是以无线信道作为传输介质的局域网,一般在几十米到几百米的区域覆盖范围内,属于一种短距离无线通信技术。由于能提供较高的接入带宽,通常作为以太网的扩充与延伸。现在大部分的笔记本电脑、平板电脑和手机等移动设备都可以采用 WLAN 的接入方式。无线局域网比较适合于一些范围有限的应用场所,如家庭、图书馆、机场、咖啡店、写字楼、学校等。无线局域网起源于 20 世纪 10 年代的 AlohaNet,由夏威夷大学创建;1997 年发布了第一个无线局域网标准 IEEE 802.11;其后不断推新,支持的传输速率不断提高,用户体验也越来越好。现行的 IEEE 802.11 a/b/g/n/ac/ax 标准的工作频段主要是 2.4 GHz 和 5 GHz,是无须授权的 ISM 频段;所采用的调制方式或访问方式有所不同,峰值传输速率从最初的 2 Mb/s 提高到 9.6 Gb/s;更高传输率176 Gb/s的标准也呼之欲出。此外,WiFi 是 W-Fi 联盟规定的行业认证,标识无线网络产品符合互操作性和安全性,推动了无线网络标准的发展和产品的推广。一个个"无线城市"和"无线校园",已经变成现实和日常。

7.4 Internet 应用

7.4

Internet 已成为连接成千上万计算机的网络互联系统,用户可以在 Internet 中尽享各种网络资源和应用服务。统一资源定位器(uniform resource locator,URL)就是对因特网上的可用资源的位置和访问方法的一种简洁表示,也是互联网上标准资源的地址。例如通常所说的"网址"就是万维网(WWW)服务程序上用于指定信息位置的 URL。在 URL 中,不仅

描述了访问地址,还描述了用什么方式访问,其完整格式为:

访问协议://主机地址:端口号/目录/…/目录/文件名。

常见的访问协议如表 7.4.1 所示。主机地址是指存放资源的服务器域名或 IP 地址。端口号则是可选项。一台服务器可能提供多种应用服务,而服务器 IP 地址只有一个,因此要为不同的服务指定不同的端口号。客户在访问服务器时应指定相应端口号,如果服务器使用默认端口号(如表 7.4.2),端口号可省略。目录及文件名也是可选项,表示所访问的资源在服务器上的文件夹路径及文件名,省略时为默认路径和默认文件(如 index 主页)。例如,中国人民网的网址是 http://www.people.com.cn/。它采用了 Http 访问协议,主机的域名地址为 www.people.com.cn,缺省了 WWW 服务的默认端口号 80。本节将介绍 Internet 最常用的服务:网络信息浏览与检索(WWW 服务)、电子邮件(E-mail 服务)和文件传输(FTP 服务)等。

表 7.4.1　常用访问协议及说明

访问协议	访问资源	示例
Http	WEB 服务器	http://www.people.com.cn/
Ftp	Ftp 服务器	ftp://ftp.xmu.edu.cn
File	本地计算机上的文件	file://c:\\

表 7.4.2　常用默认端口号

端口	协议名称	服务
80	HTTP	Web 浏览
21	FTP	文件传输
25	SMTP	发送电子邮件
110	POP3	接收电子邮件

7.4.1 WWW 服务

7.4.1-7.4.3

WWW 服务是目前互联网中最为广泛的应用,WWW 是英文 World Wide Web 的缩写,简称 3W 或 Web,中文名字叫万维网,有时也称为网站(Website)。网站像是布告栏,是一个组织或个人向 Internet 用户发布信息的网页集合。网页(Webpage)是存储在网站中的文件,主要采用超文本标记语言(hyper text mark-up language,HTML)格式。HTML 是一种用于描述文档结构的语言,也是目前编写网页最基本的语言。它使用标记标签来描述网页中的文字、图形、动画、声音、表格、链接等各种元素。因此,WWW 服务通过超文本链接技术,向 Internet 用户提供全方位的多媒体信息,已成为用户获取信息、共享资源的主要方法。

网站的信息是通过网页形式组织的,通过网页发布信息和收集用户意见,实现网站与用户、用户与用户之间的沟通。WWW 采用"客户/服务器"(Client/Server)工作模式,把用于共享的信息资源以网页的形式存储在 WWW 服务器中。网站的入口网页称为主页。通过主页中的超链接,把网站的所有网页组织成一个整体。万维网的客户端程序称为浏览器,经由它识别网址和存取 Web 服务器上的资源。客户端和服务器之间的会话过程是通过超文本传输协议 HTTP(hyper text transfer protocol)实现的。HTTP 协议的会话内容以明文方式传输,不提供任何方式的数据加密,如果攻击者截取了 Web 浏览器和网站服务器之间的传输报文,就可以直接读懂其中的信息。为了克服这一缺陷,HTTPS 在 HTTP 的基础上加入了 SSL 协议,使用证书验证服务器的身份,并对浏览器和服务器之间的通信进行加密、维护数据的完整性。可见 HTTPS 是安全的 HTTP 版本,现已被广泛用于万维网上安全敏感的通信,比如交易支付、信用卡号、密码等。

WWW 服务流程主要包括:浏览器向 Web 服务器发送 Http 或 Https 请求;WWW 服务器根据请求的内容,把保存在服务器的网页发送给浏览器;浏览器收到页面后对其中标记进行解析,最终以图、文、声并茂的可视化画面呈现给用户。常用的浏览器有微软公司的 Edge 浏览器、谷歌浏览器(Google Chrome)、火狐浏览器(Mozilla Firefox)、360 安全中心的 360 安全浏览器和 QQ 浏览器等。

(1)浏览器的使用

Windows 10 系统自带 Microsoft Edge 浏览器。单击任务栏上的"Microsoft Edge"按钮,可以打开 Microsoft Edge 浏览器。如果希望使用 Internet Explorer 11(以下简称 IE11)浏览器,可以单击 Edge 浏览器窗口右上方的"设置及其他"按钮 …,在弹出的菜单中选择"使用 Internet Explorer 打开",则将打开 IE11 浏览器窗口。右击浏览器窗口的标题栏,在快捷菜单中勾选"菜单栏",将菜单栏显示在窗口中。通过菜单栏可以进行浏览器的功能设置。

收藏夹:可以保存访问过的网站地址,以后再访问这些网站时就不用重新在地址栏中输入地址,只要单击收藏夹中保存的名称即可。要添加网址到收藏夹,只要在浏览网页后,单击"收藏夹"菜单,然后选择"添加到收藏夹",在弹出的对话框中选择网址保存位置。如果网址经常要访问,可以把它添加到"收藏夹栏"中。"收藏夹"菜单下的"整理收藏夹…"可以用来整理归类已经收藏的网址。

设置浏览器主页:可以把经常要访问的网站设置成浏览器主页。设置完成后,每当打开浏览器就会自动打开这些主页。IE11 还支持多个主页的设置。单击"工具"菜单,选择子菜单中的"Internet 选项",在"Internet 选项"对话框的"主页"栏中依次分行输入多个主页地址,点击"确定"完成设置。

保护个人隐私:使用浏览器上网时,会留下很多上网的痕迹,为了有效保护用户的个人隐私信息,IE11 提供了多种解决方法。在"Internet 选项"对话框的"浏览历史记录"设置组中单击"删除"按钮,打开"删除浏览历史记录"对话框。选择要删除的内容,然后点击"删除"就可以删除我们上网留下的相关信息。

(2)信息检索

Internet 是一个广阔的信息海洋,漫游其间而不迷失方向是相当困难的。如何快速准确地找到需要的信息已变得越来越重要。搜索引擎为我们提供了有效解决方案。搜索引擎又称 WWW 检索工具,能够通过 Internet 接受用户的查询指令,并向用户提供符合其查询要求的信息资源。当用户通过输入关键词进行查询时,搜索引擎会告诉用户包含该关键词信息的所有网址,并提供通向该网址的链接。

搜索引擎一般由搜索器、索引器、检索器和用户接口四个部分组成。搜索器在互联网中漫游,发现和搜集信息;索引器理解搜索器所搜索到的信息,从中抽取出索引项,用于表示文档以及生成文档库的索引表;检索器根据用户的查询在索引库中快速检索文档,进行相关度评价,对将要输出的结果排序,并能按用户的查询需求合理反馈信息;用户接口接纳用户查询、显示查询结果、提供个性化查询项。Internet 上有很多搜索引擎。不同的搜索引擎有不同的界面,不同的侧重内容。常见的搜索引擎如下:

百度搜索(https://www.baidu.com);

必应搜索(https://cn.bing.com);

360 搜索(https://www.so.com);

新浪搜索(https://search.sina.com.cn)。

搜索引擎在收录网页时,对网页进行备份,存在自己的服务器缓存里。当用户在搜索引擎中点击"网页快照"链接,搜索引擎会把保存在缓存中的网页内容展现出来,称为"网页快照"。例如,每个被百度搜索收录的网页,都存有一个纯文本的备份,称为"百度快照"。百度快照只保留文本内容,图片、音乐等非文本信息需要从原网页调用。如果无法连接原网页,快照上的图片等非文本内容将无法显示。"网页快照"由于是直接从搜索引擎的数据库中调出的存档文件,而不是实际连接到网页所在的网站,读取网页的速度通常也更快。

7.4.2 电子邮件服务

电子邮件(e-mail)是通过计算机网络实现通信的高效而廉价的现代化通信手段,也是目前 Internet 中最为广泛的服务之一。电子邮件的工作过程和实际生活中邮局投递包裹的过程极其相似。当我们要寄包裹时,必须在包裹上填写收件人姓名和地址等信息,然后把包裹投递给邮局,邮局将根据包裹上面的地址信息,负责把包裹发送到接收方邮局;接收方邮局收到包裹后会通知接收者,包裹接收者必须到他所在地邮局才能取出包裹。当我们发送电子邮件时,也要写上收件人地址,然后把邮件提交给邮件发送服务器,邮件发送服务器根据收信人的地址判断对方的邮件接收服务器,并将这封信发送到该接收服务器上;收信人要收取邮件需要访问接收服务器才能够完成。

电子邮件收发工作过程如图 7.4.1 所示。在这里,邮件发送服务器和接收服务器就相当于邮局。邮件发送服务器负责转发发送方提交的邮件到目标服务器,在这个过程中邮件发送服务器所采用的协议是 SMTP(simple mail transfer protocol)协议,所以也称为 SMTP 服务器。邮件发送到接收方的邮件服务器后被存储在其中,本地客户端通过 POP3 协议(post office protocol 3)或互联网消息访问协议(IMAP)与接收邮件服务器交互,读取自己电子邮箱中的邮件。

电子邮件地址格式为:用户名@邮件服务器域名,其中"@"读作"at"。例如"test_xmu @sina.com",可以理解为在"sina.com"这台服务器开设的名称为"test_xmu"的账户。Internet 上有很多网站提供电子信箱服务,电子信箱服务有的是收费的,有的是免费的。国内提供免费电子信箱服务的网站有:网易(https://email.163.com)、新浪网(https://mail.sina.com.cn)等;国外较常用的免费邮箱有微软的 Hotmail 邮箱、Google 的 Gmail 邮箱等。下面以申请新浪信箱为例,说明如何申请一个 E-mail 账号。

①进入新浪电子邮箱主页,单击"注册"按钮;

②在注册窗口中填入申请人的用户名、密码、验证码等一些相关信息,单击"立即注册"

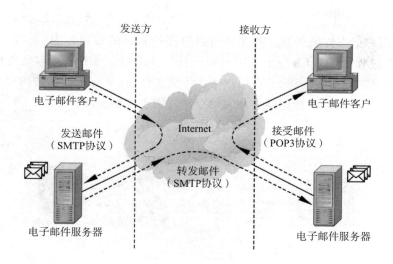

图 7.4.1 电子邮件工作原理

按钮；

③如果填入的信息都没问题，就可以获得一个免费的电子邮件地址。

本例中申请到的账户为"test_xmu"，其邮件地址为"test_xmu@sina.com"。回到邮箱登录页面，使用申请的账号登录邮箱后，就可以在网页中收发邮件了，如图 7.4.2 所示。

图 7.4.2 WWW 邮件收发界面

 7.4.3 文件传输服务

Internet 上有着丰富的资源，也提供了资源的上传和下载服务，下面介绍几种常见的资源上传下载方法。

（1）Ftp 方式

文件传输协议（file transfer protocol，FTP）是用于在网络上进行文件传输的一套标准协议。FTP 允许用户以文件操作的方式(如文件的上传、下载、增、删、改、查看等)与另一主机相互通信。用户把文件服务器上的文件传到自己计算机的过程称为"下载",相反操作称为"上传",工作过程如图 7.4.3 所示。用户并不真正登录到自己想要存取文件的计算机,而是使用 FTP 程序访问远程资源,实现用户往返传输文件、目录管理以及访问电子邮件等等,即使双方计算机配有不同的操作系统和文件存储方式也能够实现。

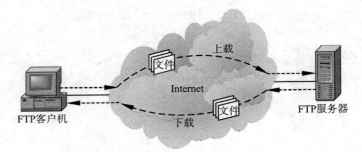

图 7.4.3 文件的上传与下载服务

FTP 服务器提供注册用户服务和匿名服务。前者为已经注册用户群体服务,用户必须经过注册获得账号和密码后才能访问记名服务器;后者向社会公众提供免费文件拷贝服务,访问匿名服务器的用户不用事先注册,一般不用提供账号和密码,有的匿名服务器要求用户统一用 anonymous 作为登录账号。在 FTP 服务器上进行文件的上传或下载,可以使用专用的客户端软件(如 FileZilla 和 CuteFTP)、通用的 Web 浏览器,也可以使用文件资源管理器。例如在地址栏中输入"ftp://metcftp.xmu.edu.cn",便可登录 metcftp.xmu.edu.cn 的 FTP 服务器,身份认证通过后就可以上传或下载文件了。

(2)Http 方式

有的 WEB 服务器提供下载链接供用户下载文件,用户可以直接利用 IE 浏览器进行文件下载。在网页中提供下载链接的地方点击鼠标右键,选择"目标另存为"命令,然后在弹开的保存对话框选择保存路径即可。通过 WEB 直接下载,主要问题是断点续传不方便,在下载过程中如果出现网络传输错误导致下载中断,往往需要重新下载;传输速度也相对比较慢。对于 WEB 服务器上的文件下载也可以使用专门软件,如迅雷、Netants(网络蚂蚁)、FlashGet(网际快车)等。使用专门软件下载文件时,可以设置把一个文件分成多个部分同时下载,可以支持断点续传。

(3)P2P 下载

使用 FTP 或者 HTTP 方式下载文件,经常会碰到这样的问题,即某个文件下载的人越多,下载速度就越慢。受到服务器性能和网络带宽的限制,下载的人多了自然就会出现"拥挤"现象。以 BitTorrent(简称 BT)为代表的 P2P 下载可以解决这个问题。BT 的特点是"下载的人越多,下载速度越快"。

通常用户上网时(比如浏览网页、下载文件等)主要使用网络的"下行带宽",也就是从其他计算机到本地计算机的传输带宽。相比较而言,"上行带宽"的使用率非常低,这就造成了带宽资源的巨大浪费。BT 充分利用了用户富余的上行带宽。凡是参与下载的计算机,同时也是"服务器",当它下载的时候,同时会使用上行带宽将已经下载的数据提供给网上其他需要下载相同文件的计算机下载。这样,加入下载的人越多,下载速度就越快。BT 很好地避免了大家都挤到同一台服务器上下载同一个文件的问题。BT 下载过程，把一个文件分成若干个大小相等的块，然后通过类似"传销"方式实现不同的 BT 客户端之间相互上传与下载文件块的过程。提供 BT 下载功能的常用软件有 BitComet（比特彗星）、Bit Spirit（比特精灵）、Thunder（迅雷）等。

7.4.4 文件共享服务

7.4.4

为了在网络中实现文件共享，Windows 10 提供了灵活方便的设置方法。文件共享包括两方面的工作，一是如何把计算机上的资源设置成共享，以提供给网络上其他计算机用户访问；二是如何通过网络访问已经设置为共享的其他计算机资源。

（1）共享资源的设置

①可以对整个磁盘设置共享，也可以对文件夹设置共享。把自己的文件夹设置成共享，操作过程如下：

在要设置共享的文件夹上单击鼠标右键，在弹出的快捷菜单中选择"共享\\特定用户"；

②单击下拉列表按钮，逐个选择并添加允许共享此文件夹的用户名称（如果想让所有用户都可以访问此文件夹，则选择"Everyone"），如图 7.4.4 所示；

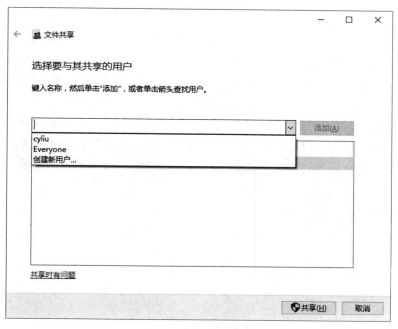

图 7.4.4　添加共享用户

③单击所添加的用户名称，在出现的下拉列表中设置该用户对此共享文件夹的访问权限，如图 7.4.5 所示，默认的权限是"读取权限"，设置完成后，点击"共享"按钮，在接下来的对话框中点击"完成"按钮。

文件夹的共享设置完成之后，如果要修改已经设置好的共享参数，可以通过打开文件夹属性窗口的"共享"选项卡来实现。

（2）共享资源的访问

要访问局域网中的共享资源，通常使用 UNC 地址方式。UNC（universal naming

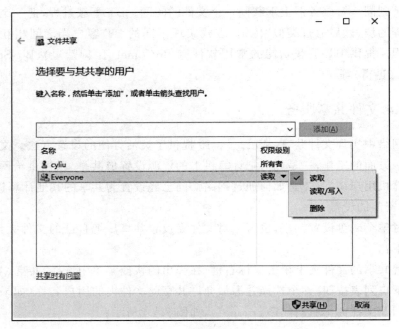

图 7.4.5　设置用户权限

convention,通用命名约定)地址是网络上(主要指局域网)共享资源的完整 Windows 名称,其格式为:\\servername\sharename。其中 servername 是计算机名,也可以是计算机的 IP 地址;sharename 是共享资源的共享名称。UNC 地址也可以包括共享名称下的目录路径,格式为:\\servername\sharename\directory\filename。具体操作如下:

①打开资源管理器,在资源管理器的地址栏中输入提供资源共享的 UNC 地址,然后回车。例如,我们要访问 IP 地址为"218.193.60.166"计算机上的共享资源,输入"\\218.193.60.166",回车后就会看到这台计算机上所提供的一些共享资源,如图 7.4.6 所示。

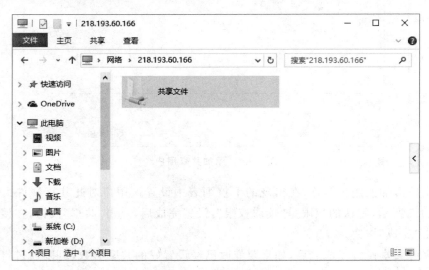

图 7.4.6　共享资源显示

②有些共享文件夹在共享时还设置了相应的访问权限,并要求进行身份认证。这种情

况下,在访问时会弹出一个对话框,要求你键入资源提供者设置的用户名和密码,验证通过后才可访问。

③如果你有共享计算机的管理员权限,你不仅可以访问设置为共享的资源,还可以访问全部磁盘资源,命令格式为:\\IP 地址\\盘符名＄。例如要访问的 IP 地址为"218.193.60.166"计算机上的 C 盘,你又有该计算机的管理员权限,输入"\\218.193.60.166\\C＄"并回车后,在登录框中输入管理员账号和密码,验证后就可以访问该计算机整个 C 盘的资源。

（3）映射网络驱动器

如果经常要访问网络上某个共享文件夹,可以把该共享文件夹映射为本地计算机的一个网络驱动器。设置完成后,访问该网络驱动器就像访问本地计算机的驱动器一样。操作过程如下:

①按照"UNC 地址"访问方法找到共享文件夹;

②右键点击共享文件夹名,在弹出的快捷菜单中选择"映射网络驱动器"命令;

③设置要映射的驱动器盘符,映射时可以使用当前登录的用户账号,也可以通过选择"使用其他凭据连接"设置使用其他的用户账号进行身份验证,如图 7.4.7 所示,然后单击"完成"按钮。

④设置完成后,在资源管理器中就会添加一个映射成功的驱动器盘符,双击这个盘符,就可以访问该共享资源了。

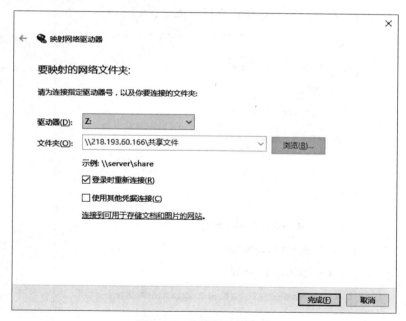

图 7.4.7　分配驱动器盘符

 ### 7.4.5 远程桌面连接

远程桌面连接是通过网络把本地计算机连接到远程计算机的桌面,并在连接的窗口中操作和控制远程计算机。通过远程桌面连接之后,我们如同坐在远程计算机面前一样,可以在上面安装软件、运行程序。例如通过家中的计算机远程连接到办公室计算机的桌面,然后在家中操作办公室的计算机。被远程操作的计算机称为服务端,进行远程连接的计算机称为客户端。要实现远程桌面连接,必须分别在服务器端和客户端计算机上进行如下操作:

(1)服务端设置

服务端计算机要设置为允许远程连接,设置步骤如下:

①在"控制面板"中,单击"系统"命令,在打开的"系统"对话框中单击"远程设置",打开"系统属性"对话框(如图 7.4.8 所示)。

②在"远程"选项卡中,勾选"仅允许运行使用网络级别身份验证的远程桌面的计算机连接",这时默认管理员用户具有远程控制这台计算机的权限。如果还想添加其他用户,可以单击"选择用户"按钮,在弹出的"远程桌面用户"对话框中添加要授权远程连接的用户,如图 7.4.9 所示。

(2)客户端连接

在服务端设置完成后,客户端计算机就可以通过"远程桌面连接"程序连接到远程服务端计算机,操作过程如下:

①执行"开始\\所有程序\\附件\\远程桌面连接"命令,打开如图 7.4.10 所示对话框;

②在"计算机"栏中输入远程计算机的名称或 IP 地址,单击"连接"按钮,打开如图 7.4.11 所示的对话框;

③在弹出的"Windows 安全"对话框中输入在服务器端已经设置好的允许连接的用户名和密码,按"确定"按钮,就可以进入远程计算机桌面了。

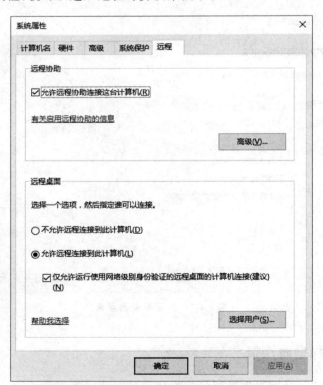

图 7.4.8 "系统属性"对话框

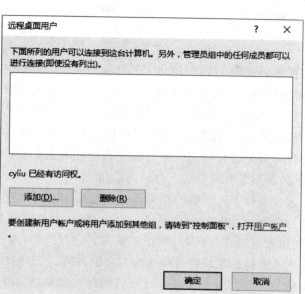

图 7.4.9　"远程桌面用户"对话框

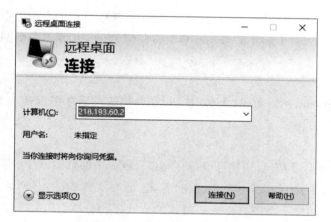

图 7.4.10　"远程桌面连接"对话框

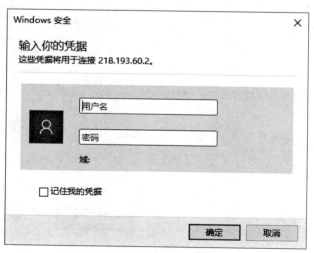

图 7.4.11　远程连接验证窗口

7.4.6 云计算

美国国家标准与技术研究院（NIST）给出了云计算定义：云计算是一种按使用量付费的模式，这种模式提供可用的、便捷的、按需的网络访问，进入可配置的计算资源共享池（资源包括网络、服务器、存储、应用软件、服务等），只需投入很少的管理工作，或与服务供应商进行很少的交互，这些资源能够被快速提供。简单地说，云计算就是用户可以通过个人终端使用大量分布在云端的计算资源进行计算。云计算主要应用有云物联、云安全、云游戏、云存储等。在此，以百度云为例简单介绍有关云存储的应用。

云存储将网络中大量各种不同类型的存储设备，通过应用软件集合起来协同工作，共同对外提供数据存储和业务访问功能的一个系统。简单来说，云存储就是用户在云上存取数据的一种解决方案，使用者可以在任何时间、任何地方，透过任何可连网的装置连接到云上方便地存取数据。百度云支持多系统跨终端访问与存取，提供了多种功能和服务，如文件存储、在线预览、共享文件等功能。用户可以通过自己的终端轻松地将文件上传到网盘上，并可随时随地通过网络进行查看与分享。

注册与登录

打开百度云官网：yun.baidu.com，在注册页面中填写用户名、手机号、密码等相关信息进行注册，注册成功后即可免费获得 100 GB 的存储空间，申请为会员可扩容至 5 T 存储空间。

上传文件

选择"网盘"选项卡，然后单击"上传"按钮，在弹出的对话框中选择本地计算机要上传的文件，即可实现文件上传。

分享

百度云支持文件分享功能，用户可以把存储在百度云中的资源分享给其他人，过程如下：

①单击文件（夹）右边的"分享" ⦿ 按钮，弹击"分享文件（夹）…"对话框，如图 7.4.12 所示，系统默认将通过创建一个带有提取码链接的方式进行分享。

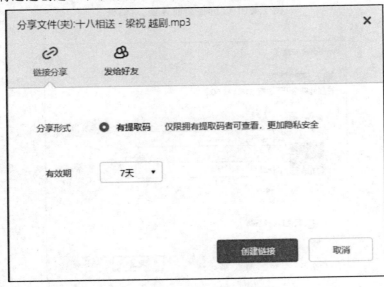

图 7.4.12 "分享文件夹"对话框

②单击"创建链接"按钮,即可创建链接与提取码(如图 7.4.13);单击"复制链接及提取码"后就可以将其发送给接收分享的人员。

此时已完成了分享,对方通过单击链接、输入提取码即可浏览或下载被分享的资源。

此外,在百度云添加好友后,还可以将资源直接分享给好友。

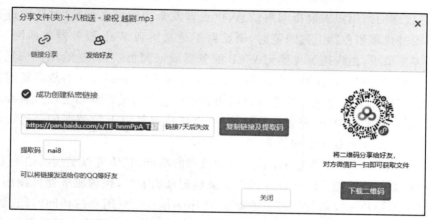

图 7.4.13　复制链接对话框

 ### 7.4.7 即时通信

即时通信(instant messaging,IM)是一种可以让我们在网络上建立某种私人聊天室的实时通信服务。随着即时通信的迅速发展,它的功能也日益丰富,已经从单纯的聊天工具,逐渐发展成集交流、资讯、娱乐、搜索、电子商务、办公协作和企业客户服务等为一体的综合化信息平台。

QQ 与微信都是腾讯公司开发的即时通信软件,支持在线聊天(与好友单独聊天、群聊),快速发送语音短信、视频、图片和文字;支持语音电话、视频电话;支持互传文件、共享文件、支付等多种功能。QQ 是从 PC 客户端发展到现在的手机 QQ,而微信正相反,它是一个专门为智能手机提供即时通信服务的免费应用程序,后多设备兼容。目前两者都已成为手机和 PC 上最常用的即时通信软件。QQ 还有邮箱服务、看点等功能。与 QQ 相比,微信的功能更生活化,包括腾讯服务和较多第三方服务,可以使用微信购电影票、火车票、交水电费、点外卖、打车、发红包等,微信支付也是随处可见。

MSN Messenger 是微软的即时通信软件,可以进行文字聊天、语音视频对话等即时交流。安装好 MSN 后,拥有 Hotmail 或 MSN 电子邮箱的用户可以直接打开 MSN,输入电子邮件地址和密码,点击"登录"即可。在 MSN 窗口中,可以通过输入对方电子邮箱地址添加联系人。可以将好友按类别分组。在 MSN 中可以根据姓氏、名字、所在国家或地区等条件来搜索 MSN 中的联系人,发送即时消息是 MSN 的基本功能。在联系人名单中,双击某个联机联系人的名字,在"对话"窗口底部的小框中键入消息,单击"发送"即可。

2014 年,MSN Messenger 退出中国市场,并将业务整合到 Skype 中。腾讯 QQ、腾讯微信、阿里旺旺、飞信等本土即时通信软件则快速发展。

7.4.8 代理服务

7.4.8

用户使用网络浏览器访问 Web 服务器，一般情况下是直接连接到目标服务器。代理服务器（proxy server）是介于浏览器和 Web 服务器之间的一台服务器，其功能是代理网络用户去取得网络信息，负责转发合法的网络信息，对转发进行控制和登记。当你通过代理服务器上网浏览时，浏览器不是直接到 Web 服务器取回网页，而是向代理服务器发出请求，由代理服务器到 WEB 服务器取回网页，再传送给用户浏览器。大部分代理服务器都具有缓冲的功能，就好像一个大的缓存区（cache），它不断将新取得数据包存到它本机的存储器上。如果浏览器所请求的数据在它本机的存储器上已经存在而且是最新的，那么它就不重新从 Web 服务器取数据，而直接将存储器上的数据传送给用户的浏览器，这样就能显著提高浏览速度和效率。

代理服务器不仅可以实现提高浏览速度和效率的功能，它还可以实现网络的安全过滤、流量控制、用户管理等功能。例如设置用户验证和记账功能后，代理服务器可按用户名进行记账，没有登记的用户无权通过代理服务器访问 Internet，并对用户的访问时间、访问地点、信息流量进行统计。用户可以通过代理服务器访问一些单位或团体内部资源。例如，某代理服务器使用的是教育网内部的 IP 地址，其他网络的用户可通过该代理服务器对教育网的 FTP 上传下载文件，以及共享教育网的各类资料等。

代理服务器也可视作一种网络防火墙技术，同时还可节省 IP 开销。代理服务器连接内网与 Internet，所有内部网的用户通过代理服务器访问 Internet 时，都会被映射为代理服务器的 IP 地址，所以外界不能直接访问到内部网，同时还可以设置 IP 地址过滤，限制内部网对 Internet 的访问权限。用户还可以通过代理服务器隐藏自己的 IP 地址，防止被外网的黑客攻击。代理服务器还可以减少对 IP 地址的需求，使用局域网方式接入 Internet。如果为局域网内每个用户申请一个 IP 地址，其费用可想而知。使用代理服务器后，只需代理服务器上有一个合法的 IP 地址，局域网内其他用户可以使用私有 IP 地址，这样可以节约大量的 IP，降低网络的运行成本。

怎样使用代理服务器，不同软件、不同服务有不同的设置方法。下面介绍 IE 中使用 http 代理的设置步骤：

①打开 IE 浏览器，选择"工具\\Internet 选项\\连接\\局域网设置"，打开"局域网设置"对话框，如图 7.4.14 所示。

②选中"为 LAN 使用代理服务器"，并在"地址"和"端口"栏中输入提供 HTTP 代理服务器的地址及端口号，最后点击"确认"即可。

按照以上步骤设置好代理服务器后，IE 要访问网络时就都会通过指定的代理服务器进行中转。有的代理服务器，在使用时还要求进行身份认证，这时必须在代理服务器上开设账号，客户端通过这个账号和密码验证后方可使用。

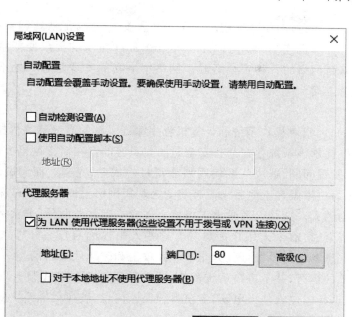

图 7.4.14　IE 中代理服务器的设置

7.5 网络安全基础

计算机网络出现之前,计算机系统被锁在机房中,物理上处于一种基本与外界隔离的状态,安全问题容易解决。计算机网络出现的最初阶段,主要用于各大学研究人员之间传送电子邮件,或共同合作的职员间的数据交换与共享。网络还不为大多数人所熟悉,在网络中传输的数据对第三者也不具有经济价值。在这种状况下,安全问题不是主要问题。但随着Internet 的飞速发展,网络已经渗透到了我们的日常工作和生活当中,成为一种工作方式和娱乐方式。政府宏观调控决策、商业情报、银行转账、股票证券、科研数据等重要信息都储存在计算机系统并通过网络传输和处理。因此,计算机系统及网络系统的安全也就成为大问题。

 ### 7.5.1 网络安全问题

计算机网络安全是指保护计算机及网络系统资源和信息资源免受自然和人为有害因素的威胁和危害,确保系统不因偶然或恶意原因而遭到破坏、篡改或泄

7.5.1

露,并保证系统能连续可靠地正常运行。网络安全具有四大基本属性,即信息在网络中传输、存储和处理过程中的保密性(confidentiality)、完整性(integrity)、可用性(availability)和不可否认性(nonrepudiation)。保密性是指通信双方交互的信息对他们而言是秘密,任何第三方无权接收,即使收到也无法解读。完整性是指接收者收到的信息与发送者发出的信息一致,没有被篡改。不可否认性是指发送者无法否认自己发出的信息。可用性是指网络系

统应能够可靠地正常运行,即便发生错误或受到恶意攻击,也应能快速调整恢复。

当我们将一台计算机连接到 Internet,享受 Internet 带来的无限便捷服务时,我们的计算机也必须经受来自网络的各种安全考验。网络中潜在的安全隐患无处不在,常见的威胁主要来自以下四个方面。

(1)黑客入侵

黑客(Hacker),原指对操作系统和计算机程序深度了解的高级计算机技术人员,试图破解某系统或网络以提示该系统存在某些安全漏洞。黑客的存在对于网络安全具有不可忽视的意义,通过不断发现问题、解决问题使网络变得日趋成熟、完善。而调试和分析计算机安全系统的人,也称为白帽黑客。但后来黑客演变为利用网络上的漏洞和缺陷,对计算机及网络搞破坏或恶作剧的人。这些人通常出于报复心理或受到利益驱使,非法入侵主机、进入网络银行非法转移资金、窃取个人用户信息等。这些人则被称为骇客(Cracker),给网络安全带来了很大威胁。黑客攻击手段可分为非破坏性攻击和破坏性攻击两类。非破坏性攻击一般是为了扰乱系统的运行,并不盗窃系统资料,通常采用拒绝分布式服务攻击(DDOS)或信息炸弹;破坏性攻击是以侵入他人电脑、盗窃系统保密信息、破坏目标系统的数据为目的。

(2)数据监听和窃取

网络管理员出于管理目的,经常要对网络各种性能进行分析,监视网络运行状态。网络监听工具也就成为管理员不可缺少的工具,通过在网络中适当的位置安装网络监听工具可以截取网络中传输的数据包。正由于网络监听具有截获网络数据的功能,也常被黑客利用。攻击者通过物理或逻辑手段,利用监听工具对数据进行非法截获与监听,分析截取的数据包信息,提取用户在网上传输的重要信息,比如,用户账号和密码等机密信息。然后非法利用这些机密信息以获利,而这个过程用户通常不容易发现。

(3)计算机病毒

计算机病毒(computer virus)是人工编写的一种独立的或是插入到其他程序中的程序。这种程序以破坏计算机系统或数据、影响计算机正常运行为目的。计算机病毒具有自我复制的功能,具有破坏性,传染性、潜伏性、可激发性和隐蔽性等特点。网络的普及为病毒传播提供了条件,使计算机病毒无时不在,极具破坏力。计算机病毒不仅占用系统资源,影响系统正常使用,还对系统造成破坏,损坏系统中的数据,甚至让操作系统彻底崩溃。计算机病毒通过网络实现自我复制,占用大量网络带宽,影响网络的正常业务,严重时可以使网络陷入瘫痪状态。

(4)恶意网页

确切地讲,恶意网页是一段使用脚本语言编写的恶意代码,它内嵌在网页中,利用网页进行破坏。当用户在不知情的情况下打开含有病毒的网页时,病毒就会被激活,会对系统进行破坏,轻则通过修改系统的注册表,使浏览器的首页指向指定的网站或被植入一些非法的网站广告等,重则装上木马、染上病毒,破坏系统中的数据或使系统无法正常运行。这种病毒代码镶嵌技术的原理并不复杂,在很多黑客网站都有关于用网页进行破坏的技术论坛,并提供破坏程序代码下载,从而造成了恶意网页的大面积泛滥,也使越来越多的用户遭受损失。避免恶意网页进行破坏的最有效方式就是预防,尽量不要去访问一些陌生的网站。

7.5.2 密码学基础

7.5.2

密码学是研究加密和破解技术的科学,历史悠久,原先主要用于军事领域,如今广泛应用于网络安全。图 7.5.1 展示了计算机网络的通用加密模式。当加密钥匙和解密钥匙 K 相同时,这就是一个对称密钥体系,通常使用块密码来实现。用户 A 要发送明文 X,首先使用加密算法和加密钥匙进行运算,得出密文 $Y = E_K(X)$,然后通过网络发送。即使截取者从网络中获取了密文 Y,只要没有解密钥匙,就无法解析或篡改明文。用户 B 收到密文 Y 后,可以使用解密钥匙进行解密运算,从而获得明文 $X = D_K(Y)$。

最具代表性的对称密钥算法是数据加密标准(data encryption standard,DES),它源于 IBM 开发的乘积密码,并于 1977 年成为标准并广泛使用。最初,DES 的密钥长度为 56 位;后来定义了三重数据加密算法(Triple DES),以增加密钥长度,但其安全性仍然不足。2000 年,比利时的密码学家设计了 Rijndael 算法,并被选为 AES 标准,该算法于 2002 年推出,成为目前应用最广泛的加解密方案。AES 仍然是一种块密码算法(通常为 128 位),但其密钥长度可以是 128 位、192 位和 256 位,具有更高的安全性和更快的计算速度。

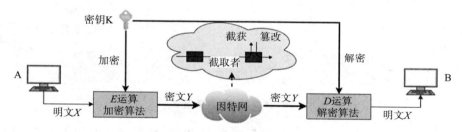

图 7.5.1 通用加密模型

图 7.5.2 显示一个非对称密钥体系,每个用户有一对密钥(公钥 PK,私钥 SK),加密钥匙和解密钥不相同,也常称为公开密钥(public key)体系。每个用户的公钥都是公开的,用于加密;只有私钥是机密的,用于解密。但需要注意的是,从公钥和密文推导出私钥和明文几乎是不可能;也不可能被选择性明文破解。例如,用户 A 通过公开渠道获得用户 B 的公钥 PK_B,并采用 PK_B 和运行加密算法将明文 X 变成密文 $Y = E_{PK_B}(X)$。用户 B 收到密文后,采用自己的私钥 SK_B 进行解密运算,解析出明文 $X = D_{SK_B}(Y)$。攻击者可以截获明文,也可以获得用户 B 的公钥,但由于没有用户 B 的私钥,就无法获得或篡改明文。最著名的公钥算法是基于"大数分解"数论难题的 RSA 算法,由三位发明人的姓氏首字母命名(Rivest、Shamir 和 Adleman)。公钥体系还有其他算法,例如数字签名算法(digital signature algorithm,DSA)和椭圆曲线密码(elliptic curve cryptography,ECC)等。

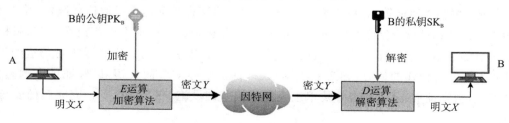

图 7.5.2 公开密钥体系

法律、金融和许多关键文档的真实性往往是依据某个授权人物的手写签名判断的。为了让电子版的文档能取代纸质文档,安全的传输和授权认证,是一个必须解决的问题。幸运的是,公钥密码体系为解决这个问题做出了重要贡献。图 7.5.3 说明了公钥数字签名的工作原理,其中利用了 RSA 算法的一个优秀特性:不但 $X=D_{SK}(E_{PK}(X))$,而且 $X=E_{PK}(D_{SK}(X))$,即加密和解密运算的顺序可以互换。例如,用户 A 将明文 X 使用自己的私钥 SK_A 进行解密运算,所获得的签字密文 $D_{SK_A}(X)$ 发送给用户 B。用户 B 通过公开渠道也能获得用户 A 的公钥 PK_A,并通过加密算法获得明文 $X=E_{PK_A}(D_{SK_A}(X))$。在这个过程中,如果截获者从网络中获得签字密文,又获得用户 A 的公钥,那么也是可以解析明文的,因此不具备保密性。但是,数字签名具有不可伪造和不可否认的特性。除了签名者(用户 A)以外,任何人都不能伪造合法签名,因为只有签名者才拥有自己的私钥。这意味着数字签名能够确保信息签名者身份的真实性,防止数据被伪造。相应的,签名者事后不能否认自己的签名。数字签名提供了发送者对发送信息的确认,保证了信息的可信性,接收者可以相信这份签名来自签名者。

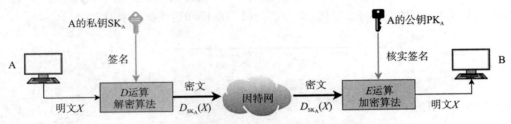

图 7.5.3　公钥数字签名

但加密和解密算法的计算量很大,如果明文 X 很长,所耗费的时间也很长。因此现代密码学设计了散列函数,以满足数字签名,信息完整性和身份合法性验证等安全需求。散列函数(hash function)又称为哈希函数,其输入可以是任意长度的数据 M,输出则是固定长度的散列值 h,可表示为 $h=H(M)$。哈希函数计算速度非常快,而且还是一个单向函数,对于任意给定的散列值 h,不可能找到产生它的 M。如果 M 是要传输的消息或文件,则 h 可称为消息摘要(message digest,MD)。如果 M 被修改,即使变化很小,h 也会随之发生变化,因此也称散列值为数字指纹。它可以作为消息或者文件有没有被篡改的标签,即用于保证完整性。目前最常使用的散列函数是 MD5 和 SHA-1(secure hash algorithm)算法。

在公钥密码体系中,用户获得对方公钥才能实现安全通信;但为了防止假冒和欺骗,又不能随意公布公钥。该如何让使用者确定公钥的真正拥有者呢? 通常借助可信任的第三方机构——认证中心(certification authority,CA),由 CA 负责签发数字证书(digital certificate),简称证书。每份证书写有公钥及其拥有者的真实标识信息(例如:人名、地址、电子邮件地址或 IP 地址等)。更重要的是,这些内容将通过散列运算提取信息摘要,并由 CA 使用自己的私钥进行数字签名。把 CA 的数字签名和未签名的证书内容放在一起,就构成了已签名的数字证书。证书被 CA 进行了数字签名,虽然是公开的,但也是不可伪造的。任何用户都能从可信任的地方(如政府机构)获得认证中心 CA 的公钥,以验证证书的真伪。由此可见,数字证书、公钥加密等技术组成的公钥基础设施 PKI,形成了一套完整的安全解决方案。

7.5.3 计算机病毒与反病毒技术

7.5.3-7.5.4

随着计算机网络应用的不断普及与深入,连入互联网的用户也在不断增加,计算机网络在给人们生活工作带来高效便利的同时,也给计算机安全带来了很大的隐患,计算机病毒就是最主要的不安全因素之一。只有真正了解了计算机病毒,才能进一步防治和清除病毒。病毒技术日新月异、表现形式多种多样,通过对病毒的特点加以分析,可以让我们更好地理解和分析病毒的特征,从而更好地预防、检测和清除病毒。常见的病毒有以下几类:

（1）引导型病毒

引导区是操作系统启动之前要读取的磁盘区域,引导区病毒就是隐藏在硬盘或光盘的引导区。当计算机从感染了引导区病毒的硬盘或光盘启动时,会把病毒读入内存,引导区病毒就开始发作。一旦它们将自己拷贝到机器的内存中,就会试图感染其他磁盘的引导区。这种类型的病毒主要产生在早期网络还不发达的时期,那时用户数据的传送还是以磁盘介质为主要方式,这才给引导型病毒提供了传播途径。

（2）文件型病毒

文件型病毒主要是感染磁盘上的可执行文件,比如扩展名为.com、.exe 的文件。通过修改源文件,使病毒寄生在这些可执行的文件中,还常常通过对自身编码加密等技术来隐藏自己。文件型病毒通过劫夺主程序的启动权作为自身的运行条件,然后再将控制权还给主程序,伪装成计算机程序正常运行。一旦运行了被感染病毒的程序文件,病毒便被激发,并进行自我复制,附着在系统的其他可执行文件中。

（3）宏病毒

宏也是程序,一些软件开发商在产品研发中引入宏语言,并允许这些产品生成包含宏的数据文件。一旦打开带宏的文档,文档中的宏就会被执行。宏病毒是以宏的形式寄生在文档或模板中的病毒,是一种特殊的文件型病毒,感染宏病毒的文件被打开时宏病毒就会被激活。例如 Word 程序所创建的 Word 文档就可以带宏,也就有可能感染宏病毒。

（4）脚本病毒

网页文件中通常嵌入脚本语言。脚本病毒依赖某种脚本语言（如 JavaScript 和 VBScript）起作用,脚本病毒在某些方面与宏病毒类似,但脚本病毒可以在多个产品环境中进行传播,还能在其他所有可以识别和翻译该脚本语言的产品中运行。脚本语言比宏语言更具有开放终端的趋势,这样使得病毒制造者对感染脚本病毒的机器可以有更多的控制力。

（5）特洛伊木马

在传说中,特洛伊木马（trojan horse）表面上看起来是"战利品",实际上在木马中藏匿了准备攻击特洛伊城的希腊士兵。现在用特洛伊木马来指一种基于远程控制的黑客程序,能和远程计算机建立连接,并通过网络控制本地计算机的黑客工具。这种程序表面上看起来是一种有用的软件,实际上却是用来危害计算机安全的恶意程序。完整的木马程序一般由两个部分组成,一个是服务端（被控制端）,一个是客户端（控制端）。"中了木马"是指被安装了木马的服务端程序,若你的计算机被安装了服务端程序,则拥有相应客户端程序的人就可以通过网络控制你的电脑、为所欲为。你电脑上的各种文件以及在你电脑自身的账号、密码就无安全可言了。有些木马还具有搜索 cache 中的口令、设置口令、扫描目标机器的 IP 地址、进行键盘记录、远程注册表的操作以及锁定鼠标等功能。

（6）蠕虫类病毒

蠕虫类病毒与一般的计算机病毒不同，它不采用将自身拷贝附加到其他程序中的方式来复制自己。它是一个独立的个体，主要通过计算机网络，利用系统的漏洞或电子邮件进行传播。蠕虫病毒在运行后，其传播过程是一种主动传染，不断在网络中搜寻可感染的计算机，并将自己扩散出去，所以传播速度快，传播范围广，严重占用网络资源，甚至引起整个网络瘫痪。蠕虫类病毒不容易清除，因为只要网络上有一台计算机有病毒，很快又会传播到其他机器上。一种蠕虫病毒在几个小时内蔓延全球并不是什么困难的事情，所以每一次蠕虫病毒的爆发都给全球带来巨大损失，危害性巨大。

要避免病毒的攻击，应该采用主动预防为主，被动查毒、杀毒为辅的策略，即在病毒入侵系统之前预防病毒的入侵，不给病毒有可乘之机。目前的杀毒软件技术主要还是处于被动防御状态。人们发现新病毒后，对病毒进行剖析、提取特征码，然后根据特征码设计出针对该病毒的杀毒策略。显然，杀毒软件只能针对已知病毒，不能检测和清除未知的病毒，甚至对已知的病毒稍作修改，就无法检测出来，或在检测时产生误报。随着计算机及网络技术的发展，病毒技术日新月异，病毒类型不断推陈出新。经常发生这种情况，在发现一种新病毒时，病毒已经泛滥成灾了。所以，我们应该变被动为主动，做好防护工作，以免病毒发作后花费大量时间和精力去清除病毒。我们主要要做好以下几个方面工作：

①不要随意打开陌生邮件：对于来历不明的陌生邮件，特别是还带有附件的邮件不要贸然打开。最好安装一个杀毒软件，在打开这些邮件时，能够扫描邮件。即使是熟人寄来的邮件，如果邮件中所带的附件类型可疑（比如扩展名为.vbs、.exe等可执行的程序），在未经确认的情况下，也不要随意打开。因为有些病毒程序在你发邮件时会偷偷地以附件方式附上，甚至还会在你不知情的情况下给你计算机保存的通讯录中的用户自动发送带病毒的邮件。

②堵住系统的漏洞：流行的操作系统如Windows，已成为病毒攻击的主要对象。所有的系统软件在设计中总会存在缺陷，也称之为漏洞（bug），这些漏洞一旦被病毒设计者发现，就会成为攻击系统的途径。所以微软在其官方网站上会经常发布一些针对自己软件所发现漏洞的修补程序（补丁）。我们可以通过及时下载安装补丁程序来堵塞漏洞，以防病毒传染入侵，让系统时刻处在相对安全状态。

③注意共享权限的设置：一般情况下，不要随意把文件夹设置成共享，共享文件夹在向网络用户提供资源共享的同时，也会为病毒提供一种便捷的传播途径。有的病毒会在网上搜索提供共享文件夹的计算机，并试图把病毒传播到共享文件夹中。如果文件夹要设置成共享，应注意共享文件夹的权限设置，比如设置成只读权限或对用户读写时设置密码访问。同样，当我们到网络中访问共享文件夹时，也要检查共享文件夹是否传染了病毒。

④不要随意接收、打开别人传送的文件：当网络的其他用户通过在线聊天工具（比如QQ），发送文件给你时，在没有经过确认的情况下不要随意打开，这些文件也有可能是附带病毒的文件。如果要接收，最好是在杀毒软件检查没有病毒后再打开它。

⑤不要随意在网上下载软件：在网上下载软件时，最好要从正规、知名的网站下载。病毒的设计者经常会把病毒附带到这些软件后设置下载链接，甚至有的链接本身就是一个带病毒的网页，当用户下载这些软件时也就把病毒下载到自己的计算机。从网站下载的软件最好要通过杀毒软件检查没有问题后再安装。

⑥使杀毒软件保持最新的状态：杀毒软件对于计算机系统来说是不可或缺的，但是不要认为安装了杀毒软件就可以高枕无忧。杀毒软件主要根据已经出现的病毒特征码去查杀病毒，所以病毒库是杀毒软件的核心数据库，要及时更新病毒库，才能查杀最新的病毒。在使用杀毒软件过程中还要正确设置杀毒软件所提供的各项功能，充分发挥其功能。

7.5.4 防火墙与入侵检测

当房屋为木结构建筑时，人们将石块堆砌在房屋周围以防止火灾蔓延，这种墙被称之为防火墙，如图 7.5.4 所示。当一个内部网络（Intranet）与外部网络（Internet）互联时，内部网络的计算机可以访问外部网络并与之通信，同时外部网络也可以访问内部网络。这给黑客攻击内部网络提供了可乘之机，内部网络面临着巨大的安全威胁。防火墙就是在内部网络和外部网络之间架设的一个"关卡"，该"关卡"可以检查出入内部网络的用户和数据，以便确定哪些是"合法"的，哪些是"非法"的，对于"非法"的用户和数据，应该拒之门外，最大限度地阻止网络黑客的入侵。

图 7.5.4　防火墙的起源

防火墙是计算机系统（或计算机局域网络）和外部世界的保护性边界，或者说防火墙是用来连接两个网络并控制两个网络之间相互访问的系统。防火墙是一种有效的网络安全系统，是实现网络和信息安全的重要基础设施。通过防火墙可以隔离风险区域（Internet）与安全区域（局域网）的连接，对进出的所有数据进行分析，并对用户进行认证，从而防止有害信息进入受保护网络，为网络提供安全保障。同时防火墙不会妨碍安全区域对风险区域的访问，任何关键性的服务器，都应该放在防火墙之后。网络防火墙结构如图 7.5.5 所示。根据不同的需要，防火墙的功能有比较大的差异。

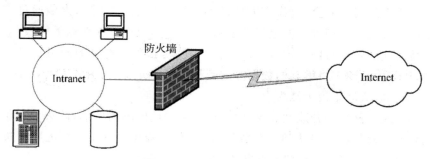

图 7.5.5　网络防火墙的结构

第一，防火墙是网络安全屏障。防火墙是内部网络与外部网络之间设置的一道安全屏障,用于保护有明确闭合边界的内部网络,提高内部网络的安全性,它是所有信息进出网络的必经之路。防火墙检查进出网络的数据或服务,将发现的可疑访问拒之门外。通过对进出网络的数据或服务进行检查,不仅可以防止对内部网络的非法访问,同时也限制了对外部网络的访问权限。当发生可疑攻击时,防火墙能够报警并及时通知管理员。

第二,防火墙可以对网络存取和访问进行监控审计。所有的访问都经过防火墙,防火墙就可以记录下这些访问,提供网络使用情况的统计数据。收集网络的使用记录和误用记录是非常重要的,可以分析防火墙抵挡攻击者的探测和攻击的能力,了解防火墙的控制能力。

第三,防火墙可以防止内部信息的外泄。利用防火墙对内部网络的划分,可实现对内部网络重点网段的隔离,从而限制了局部重点或敏感网络安全问题对全局网络造成的影响。隐私是内部网络非常关心的问题,内部网络中不引人注意的细节可能包含了某些安全线索,而这都是外部攻击者感兴趣的。使用防火墙可以隐蔽这些内部细节。

一般说来,只有在 Intranet 与外部网络连接时才需要防火墙,在 Intranet 内部不同的部门之间的网络有时也需要防火墙。不同的连接方式和安全策略对防火墙的要求不一样,主要分为三种类型。

①网络级防火墙,也称分组过滤(packet filtering),作用在协议组的网络层和传输层,通常由路由器或充当路由器的计算机组成。Internet/Intranet 上所有信息都是以 IP 数据包形式传输的,两个网络之间的数据传送都要经过防火墙。防火墙根据数据包头部的源地址、目的地址、端口号和协议类型等标志确定是否允许通过。只有满足条件的数据包才被转发到目的地,其余数据包则被丢弃。

②应用级防火墙,也叫应用网关(application gateway),它作用在应用层,其特点是完全"阻隔"网络通信流,通常由运行代理服务器软件的计算机组成。采用应用级防火墙时,Intranet 与 Internet 之间通过代理服务器连接,不存在直接的物理连接,代理服务器的工作就是把数据从一个网络传输到另一个网络。根据协议的功能,代理服务器还可细分为 FTP网关型防火墙、WWW 网关型防火墙、TELNET 网关型防火墙等。

③状态检测防火墙,状态检测防火墙采用基于连接状态检测的机制,它不仅跟踪数据,而且将属于同一种连接的所有数据包作为一个整体数据流来看待。它使用了一个在网关上执行网络安全策略的监测引擎模块,在不影响网络正常使用的情况下,直接对分组里的数据进行处理,抽取一些状态信息,并动态地保存起来作为以后执行安全策略的参考,结合前后分组的数据进行综合分析判断,然后决定访问是否通过。

但是网络没有绝对的安全,更没有万能的网络安全技术。虽然防火墙通过在内外网络之间设置访问的安全策略很大程度上提高了网络安全性,但仍然存在以下局限:

①防火墙不能防范来自网络内部的攻击。事实上,很大一部分的网络安全问题来自于网络的内部,比如内部间谍将敏感的数据复制到移动存储介质上、内部人员直接实施的安全攻击等,这些对于防火墙来说无能为力。

②防火墙限制了网络的开放性和灵活性:由于防火墙的隔离作用,防火墙在保护内部网络的同时也限制了对外部网络访问的开放性;由于防火墙要对进出网络的数据进行实时检查,增加了网络的开销,影响了网络传输的效率。

③防火墙不能阻止感染病毒的文件传输:防火墙本身并不具备查杀病毒的功能,即使有的防火墙集成第三方的杀毒软件,也不能期望防火墙对每一个文件进行扫描,查出潜在的

病毒。

④防火墙不能防止本身安全漏洞的威胁:防火墙在保护别人的同时却无法保护自己,目前还没有厂商敢保证自己的防火墙绝对没有安全漏洞,这种漏洞一旦被利用,防火墙将形同虚设,被保护的网络就完全暴露在外。

 ### 7.5.5 网络安全协议

安全是一个系统工程,涉及 TCP/IP 网络模型的每一层。网络层和传输层是最核心的,因此这两层的安全非常重要;但其他层次的通信协议也越来越多考虑到安全问题。本小节将简单介绍这些网络安全协议。

(1)IP 安全框架(IPsec)协议

IPsec 是一组协议簇,通过对 IP 协议的分组进行加密和认证来保护网络传输的安全性。它提供了端到端的安全性,支持两种通信安全协议:身份验证头(authentication header,AH)协议和封装安全载荷(encapsulating security payload,ESP)协议。前者提供 IP 分组的完整性、数据来源和身份认证;后者在此基础上增加了数据包内容和数据流的保密性。IPsec 使用加密算法和认证算法来保护数据包,包括 DES、3DES、AES 和 SHA 等。例如,通过认证算法对发送的数据包进行认证,防止数据被篡改或损坏,从而保护数据的完整性;对通信双方进行身份认证,防止数据被冒充或伪造;通过加密算法对发送的数据包进行加密,防止数据被未经授权的人员或网络拦截和窃听,从而保护数据的机密性。IPsec 协议可以应用于各种网络环境和网络设备,包括企业网络、云服务和物联网等,保护网络和用户的安全。

7.5.5

(2)传输层安全性(TLS)协议

传输层安全性协议(transport layer security,TLS),其前身是网景公司于 1994 年提出的安全套接层(secure sockets layer,SSL);IETF 于 1999 年公布第一版 TLS 标准,目前已发展到 TLS 1.3。TLS 目前已成为互联网上保密通信的工业标准,Web 服务、电子邮件、即时通信、VoIP、网络传真等应用程序都广泛支持。TLS 协议必须配置客户端和服务器才能使用,默认使用统一的 TLS 协议通信端口(例如:用于 HTTPS 的端口是 443)。通过 TLS 握手,客户端和服务器协商各种参数用于创建一个安全连接以进行加密通信,主要步骤如下(注:真实过程涉及更多细节,随着 TLS 版本和密码算法不同而变化):

①客户端连接到支持 TLS 协议的服务器,发送"Client Hello"信息,具体包括:客户端的 TLS 版本号,可支持的密码套件(含密码算法和散列算法),还有一个随机数(client random,CR),用于后续生成会话密钥。

②服务端接收客户端的"Client Hello"消息后,核对 TLS 版本,响应"Server Hello"消息,具体包括:一个随机数(server random,SR),并从客户端提供的密码套件列表里选一组在本次通信中使用。

③服务器发送其证书给客户端,证书中包含了服务器的公钥和 CA 的签名。

④客户端验证其收到的服务器证书的有效性,包括检查证书的数字签名和有效日期等。验证通过后,假设选择的加密套件是 RSA_WITH_AES_128_CBC_SHA256,那么客户端要生成一个预主密钥(pre-master secret),然后从证书中提取服务器的公钥,对预主密钥进行 RSA 加密,再发送给服务端。

⑤服务器使用自己的私钥对加密的预主密钥进行解密,得到客户端生成的预主密钥。

⑥此时,客户端和服务器都有 Client Hello 生成的随机数 CR,Server Hello 响应的随机数 SR,以及客户端生成的预主密钥,用确定好的加密方法基于这三个参数可以生成主密钥(即会话密钥,session key),然后发送"Change Cipher Spec"消息向对方告知将切换到加密通信。于是客户端和服务端使用相同的会话密钥对后续传输的数据进行加解密,即使用对称加密通信。

(3)域名系统安全扩展(DNSSEC)

DNS 发明于 20 世纪 80 年代,当时互联网规模小,运行环境单纯,其设计以互相信任为基础,没有认证服务,因此 DNS 不能判定消息的真实性和完整性。在互联网大发展后,网络运行环境复杂,DNS 面临越来越多的威胁,例如域名欺骗(攻击者应答错误地址)、缓存投毒(缓存中的域名和 IP 记录被污染)、域名仿冒(通过不易察觉的域名错误拼写和字符组合误导用户)等。1997 年,IETF 发布了 DNS 安全扩展 DNSSEC,所提供的安全服务建立在公钥密码学之上,主要包括:

①源认证:验证 DNS 消息的来源是真实的;

②完整性验证:验证 DNS 消息是完整的,且未经任何篡改的;

③否定回答权威验证:对否定应答报文进行验证,避免事实上的拒绝服务攻击。

(4)虚拟专用网络(virtual private network,VPN)隧道协议

VPN 是一种在公共网络上构建私人专用网络的加密技术。在传统的网络配置中,出差员工、分支机构以及业务合作伙伴要对企业内部网络资源进行远程访问,是通过租用专线或是远程拨号的方式进行连接,这种连接费用相对比较昂贵。而 VPN 技术就是用来解决远程访问的一种廉价有效方式。它在公共网络上利用数据加密技术封装出一个专用的数据通信隧道,这个过程就相当于数据是在一条专用的数据链路上进行安全传输,远程的用户只要能上互联网就能利用 VPN 来访问内网资源。因此,VPN 技术现已经在企业得广泛的应用。VPN 可以支持不同网络协议的数据包,将这些数据包重新封装后通过隧道协议进行传输;被封装的数据包到达网络终点后,数据将被解析并转发到最终目的地。目前常用的 VPN 隧道协议主要有三种:PPTP、L2TP 和 IPSEC。所以,VPN 包括了数据封装、传输和解包的全过程。

7.6 Windows 10 安全防范技术

操作系统安全是计算机及网络系统的第一道安全屏障,也是计算机及网络安全运行的基础。Windows 操作系统由于操作方便,应用最泛性,也就成为攻击者攻击的主要对象。Windows 10 系统自己有一些安全防范措施。作为一个多用户操作系统,Windows 10 通过设置用户账号和密码实现对计算机及其资源的保护。用户要操作计算机必须通过账号和密码的验证,不同用户对计算机有不同的操作权限,比如文件的访问权限、系统的环境设置、数据的加密和解密技术等。

7.6.1 文件访问权限

在使用 NTFS(new technology file system)文件系统的磁盘中,Windows 10 可以对其存储的文件实现详细而精确的访问权限设置,从而更好地保护系统中的资源。访问权限设置是一种架构于操作系统层次的安全设置,安全主体是用户账号。

设置 NTFS 文件系统的权限的具体操作是:打开文件或文件夹的"属性"对话框,然后选择"安全"选项卡,如图 7.6.1 所示。权限设置分为标准访问权限和特别访问权限两类。标准访问权限提供了对资源权限的简单设置,例如修改权限、读取权限、写入权限等 7 个设置选项。一般情况下,使用标准访问权限设置可以满足基本的权限管理需要。但对于权限管理要求严格的情况,可使用特别访问权限来细化权限管理设置。设置特别访问权限操作步骤如下:

①在文件或文件夹的"属性"对话框点击"高级"按钮,打开高级安全设置,见图 7.6.2。

②在权限条目列表中选择要设置的主体,然后点击"编辑"按钮,打开"共享文件的权限项目"对话框。

③点击窗口右侧的"显示高级权限"切换按钮,即列出 13 个特别设置选项,如图 7.6.3 所示。

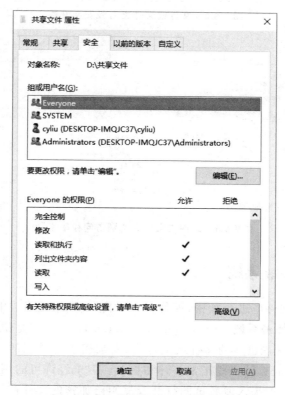

图 7.6.1　文件夹属性"安全"选项卡

图 7.6.2　文件或文件夹高级安全设置

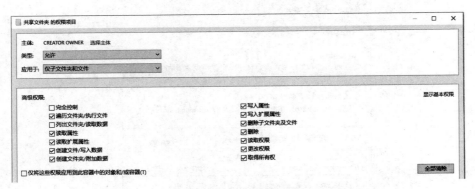

图 7.6.3　文件或文件夹特别访问权限设置

 ## 7.6.2 文件加密系统

　　对于一些重要的文件应进行加密,即使被人偷窥,盗窃者也无法使用。因此,Windows 10 专业版提供了文件加密系统(encrypting file system,EFS),这是位于文件系统层次的数据加密方式。使用 EFS 加密后的文件或文件夹,对加密者是透明的,不必在文件使用前手动解密,可以像使用一般文件一样正常打开和更改。但未经许可的用户将无法阅读这些文件和文件夹中的内容。如果入侵者试图打开或复制已加密的文件或文件夹,入侵者将收到拒绝访问的消息。(备注:Windows 10 家庭版无此功能,必须安装专业版。)

　　加密文件或文件夹,需要四步操作。首先,右键单击该文件或文件夹,打开文件或文件夹的属性对话框(见图 7.6.4)。然后,在"常规"选项卡中,单击"高级"按钮,打开"高级属性"对话框(见图 7.6.5),在对话框中选择"加密内容以便保护数据"复选框。接着,单击"确定"

按钮,出现"确认属性更改"对话框。最后,在对话框中会提问是仅加密文件夹,还是同时加密该文件夹、子文件夹和其中的文件,如果选择"将更改应用于该文件夹、子文件夹和文件",那么以后在这个文件夹中创建或者添加的文件和文件夹,都会被自动加密。

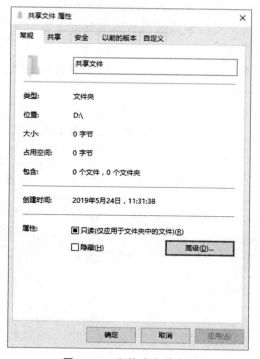

图 7.6.4　文件或文件夹属性

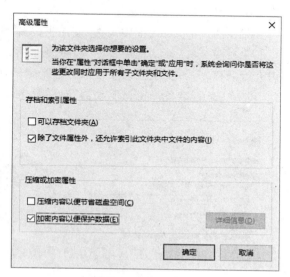

图 7.6.5　高级属性

加密文件和文件夹时,请注意以下事项:

①只有 NTFS 卷上的文件或文件夹才能被加密;

②加密过的文件及文件夹名称默认显示绿色(可在"文件夹选项"中设置是否显示颜色);

③访问加密的文件或文件夹,必须使用加密该文件或文件夹的用户名登录,否则会提示"拒绝访问"的信息;

④可以对文件夹或文件进行加密和解密,推荐在文件夹级别上加密;

⑤不能加密压缩文件,如果用户加密某个压缩文件,则该文件将被解压;

⑥如果将加密的文件复制或移动到非 NTFS 的卷上,该文件将会被自动解密;

⑦如果将非加密文件移动到加密文件夹中,则这些文件将在新文件夹中自动加密,反向操作则不能自动解密文件,文件必须明确解密;

⑧标记为"系统"属性的文件无法加密,位于 systemroot 文件夹的文件也无法加密。

EFS 加密虽然在一定程度上解决了权限设置的缺点,但 EFS 在加密过程中还是要把密钥保存在系统硬盘中,攻击者还是有可能破解。通过账号设置文件夹的访问权限是基于操作系统的,离开了操作系统,这些权限设置便无效;Windows 中的账号和密码信息保存在系统硬盘中,即使没有启动 Windows,通过现有软件也可以破解用户账号和密码。所以在操作系统中保证数据安全的前提是保证计算机的物理安全,即不让攻击者接触到硬件。事实上很难做到,比如笔记本电脑、移动存储设备丢失等,它所带来的数据安全问题我们就无能为力了,这种攻击称为"脱机攻击"。

Windows 10 专业版为解决"脱机攻击",提供了 Bitlocker 功能。它通过加密 Windows 操作系统卷上存储的所有数据可以更好地保护计算机中的数据。这是一种基于磁盘层次的加密方式。通过磁盘加密,即使攻击者获取到了磁盘,在没有密钥的情况下也不能读取磁盘的数据。移动存储设备具有携带方便的特点,是目前常用的数据备份和数据共享设备。下面介绍 Bitlocker 对 U 盘数据加密方法,操作步骤如下:

①将要加密的 U 盘连接到计算机,在资源管理器中右键单击这个 U 盘,在弹出的快捷菜单中选择"启用 Bitlocker";

②在图 7.6.6 对话框中勾选"使用密码解锁驱动器",并输入密码,单击"下一步";

③在图 7.6.7 对话框中单击"将恢复密钥保存到文件",然后输入文件名及路径对恢复密钥进行保存,为了安全应该妥善保存这个密钥文件,单击"下一步";

④在"是否准备加密该驱动器"对话框中,单击"开始加密"即可加密。

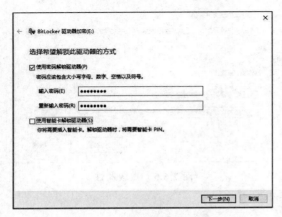

图 7.6.6　设置密码解锁

图 7.6.7　保存恢复密钥

U 盘启用 Bitlocker 加密,当连接到计算机时,系统就会弹出"BitLocker 驱动器加密"对话框,提示用户输入密码解锁,在没有解锁之前,该 U 盘无法使用,而解锁后则可以像一般的 U 盘一样使用。如果忘记了密码,在"BitLocker 驱动器加密"对话框中,单击"我忘记了密码"链接,然后按照向导提示,使用已保存的"恢复密钥"文件可以重新设置密码。若要取消 U 盘的加密功能,执行"控制面板\\BitLocker 驱动器加密"命令,在列表中找到要取消加密功能的 U 盘,执行"关闭 BitLocker"命令即可。直接对 U 盘执行格式化操作,也可以取消加密功能。

7.6.3 Windows 防火墙

防火墙是本计算机与网络之间设置的安全屏障,用于防止网络上的非法攻击。安装 Windows 10 时,系统默认安装 Windows 防火墙。与早期版本相比,Windows 10 防火墙在功能和操作上有了较大的改进,也提供了更加灵活的配置方法。Windows 10 引入网络位置的概念,根据计算机接入的网络安全风险级别不同,把网络环境分成了"专用网络"和"公用网络"。专用网络指家中或工作单位的网络,是可信任的网络;"公用网络"属于不可信任的网络。为了不影响正常使用,这些环境对防火墙的配置要求也不相同。

　　Windows 10 防火墙可以自动根据用户的网络工作环境配置一种安全规则,最大限度保证系统安全性,也保证易用性。Windows 10 防火墙默认是被启用的(系统推荐)。要启用或关闭 Windows 10 防火墙可以在"控制面板"中打开"Windows 防火墙",然后选择"启用或关闭 Windows 防火墙",在打开的对话框中可以分别对"专用网络"和"公用网络"设置防火墙行为,如图 7.6.8 所示。

图 7.6.8　打开/关闭防火墙

　　阻止所有未经请求的传入连接是 Windows 10 防火墙的主要功能。在 Windows 10 防火墙被启用之后,他就会检查并拒绝所有的传入请求,包括网络上的病毒、蠕虫、非法攻击等。但实际上有一些合法程序,比如一些 p2p 下载软件、语音视频聊天软件等,他们在正常的使用过程中也要接受传入连接。对于这种情况,Windows 10 防火墙还提供了"例外"的功能。通过设置"例外"功能,可以把这些需要传入请求的合法程序添加到"例外"列表中,使其可以通过防火墙。具体操作是:在"控制面板"中打开"Windows 防火墙",然后选择"允许应用或功能通过 Windows 防火墙",如 7.6.9 所示。在名称列中,勾选需要设置"例外"的程序

图 7.6.9　设置防火墙例外

名称,在"专用"和"公用"列中设置允许"例外"的网络位置;如果要设置"例外"的程序不在列表中,还可以通过单击"允许其他应用"按钮,来添加程序。

7.6.4 Windows Defender

Windows Defender 是 Windows 10 内置的一款完整的反病毒软件。它会全面、实时地监控计算机行为,当检测到病毒或间谍软件时,就会阻止这些行为并发出警告。

要打开或关闭 Windows Defender 实时监控功能,可以在"控制面板"中单击"Windows Defender"程序,然后在窗口的右上方单击"设置"命令,在"更新和安全"对话框中点击"实时保护"开关即可打开或关闭 Windows Defender,如图 7.6.10 所示。

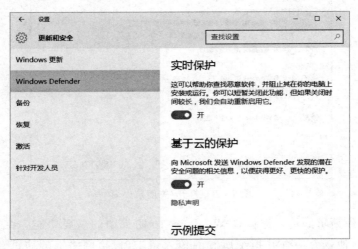

图 7.6.10　设置实时保护

Windows Defender 操作界面极其简洁,正常运行时,窗口顶部显示电脑状态为"受保护",其颜色条为绿色,见图 7.6.11。如果长时间没有对操作系统进行扫描或操作系统中有潜在安全威胁,Windows Defender 会提示用户需要扫描或清理计算机,窗口顶部显示电脑状态为"可能不受保护",其颜色条为黄色。如果实时保护没有启用,操作系统则会提示用户应该启用实时保护功能,窗口顶部显示电脑状态为"有危险",其颜色条为红色。

图 7.6.11　Windows Defender 窗口

用户也可以通过手工的方式使用 Windows Defender 对系统进行病毒扫描。首先打开 Windows Defender 窗口,然后在窗口右边的扫描选项中选择一种扫描方式,最后点击"立即扫描"命令即可按照选择的方案对系统进行扫描操作。如图 7.6.11 所示,共提供了三种手工扫描选项:"快速扫描"只扫描系统中最有可能感染的区域,这是系统默认方式;"完全扫描"是对整个系统的所有文件进行全面扫描;"自定义扫描"由用户自定义要扫描的硬盘分区或文件夹。

Windows Defender 在工作的过程中,根据内置的信息库样本来测试在计算机上安装运行的软件是否携带病毒程序或是间谍软件。由于病毒程序或间谍软件是不断更新发展的,所以及时更新信息库非常重要,当有新的病毒或间谍软件出现时,为了做到能实时进行防范,应该保证信息库为最新的状态。要更新信息库,可以先打开 Windows Defender 窗口,在更新选项卡中点击"更新"命令即可,如图 7.6.12 所示。

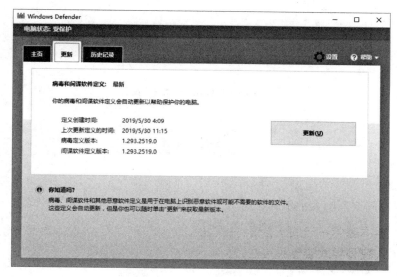

图 7.6.12 信息库更新

 ### 7.6.5 Windows 更新

在软件开发和测试过程中,任何一个软件都有可能遗漏一些问题,这些问题被称为漏洞,Windows 10 也不例外。当这些漏洞在后续使用过程中被发现时,黑客和病毒便有了可乘之机。如果不及时修复,将会给系统的使用带来安全隐患。微软会及时开发出针对 Windows 10 漏洞的修复程序,并在网上发布。因此,一旦有新的修复程序发布,我们需要及时为 Windows 10 安装这些修复程序,这个过程被称为打补丁。Windows 10 通过内置的 Windows Update 程序连接到微软更新网站,以下载和安装补丁。不仅如此,Windows Update 还可以为微软的其他产品和硬件驱动程序提供更新服务。

Windows Update 是保证系统安全的重要程序,在 Windows 10 中该功能是必须启用的,并且对于发布的更新补丁它会自动进行下载。我们也可以通过手动的方式去下载更新:依次打开"设置"、"更新和安全"和"Windows 更新",然后"Windows 更新"窗口(如图 7.6.13)中点击"检查更新"命令,Windows Update 就会连接到微软服务器,检测是否有可用的更新补丁程序。如果有可用的更新补丁,它会进行下载并安装,安装完成后系统通常要求要重新启动计算机。

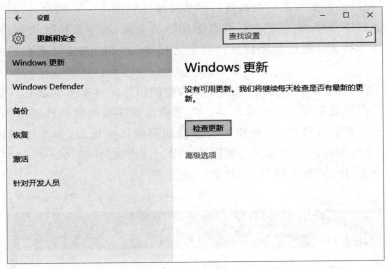

图 7.6.13　"Windows 更新"窗口

一、问答题

1.根据网络覆盖范围大小不同,计算机网络如何分类?

2.Internet 用什么协议实现各网络之间的互联?

3.什么是端口?什么是域名?

4.常见的因特网服务有哪些?

5.何谓计算机病毒?它有哪些特性?

6.什么是代理服务器?它有什么好处?该怎么使用?

二、选择题

1.一座大楼内的计算机组成一个计算机网络系统,属于(　　　)。

A. PAN　　　　　　　B. LAN　　　　　　　C. MAN　　　　　　　D. WAN

2.以下 IP 地址中错误的是(　　　)。

A. 3.4.7.6　　　　　　　　　　　　B. 202.103.0.68

C. 110.111.111.110　　　　　　　　D. 8.9.256.11

3.若要查看一台机器的 IP 地址,可以使用的网络命令是(　　　)。

A. Ping　　　　　　B. ipconfig　　　　　　C. Nslookup　　　　　　D. Regedit

4.计算机病毒是指(　　　)。

A. 不干净的磁盘　　　　　　　　　B. 已损坏的磁盘

C. 具有破坏性的特制程序　　　　　D. 被破坏的程序

5.下列各项中,不能作为域名的是(　　　)。

A. www.aaa.edu.cn　　　　　　　　B. ftp.buaa.edu.cn

C. www,bit.edu.cn   D. www.lnu.edu.cn

6.从 www.uste.edu.cn 可以看出它是中国的一个（　　）站点。

A. 政府部门　　　　　B. 科研部门　　　　　C. 军事部门　　　　　D. 教育部门

7.组建计算机网络的目的是能够相互共享资源,这里的计算机资源主要是指硬件、软件与（　　）。

A. 大型机　　　　　　B. 通信系统　　　　　C. 服务器　　　　　　D. 数据

8.下列协议中,（　　）是一个专用的安全协议？

A. ARP　　　　　　　B. ICMP　　　　　　　C. TCP　　　　　　　D. TLS

9.Internet 上不同的网络或不同类型的计算机之间可以互相通信的基础是（　　）协议。

A. HTTP　　　　　　B. TCP/IP　　　　　　C. FTP　　　　　　　D. X.25

10.100BaseT 快速以太网使用的导向传输介质是（　　）。

A. 双绞线　　　　　　B. 同轴电缆　　　　　C. 电磁波　　　　　　D. 光纤

11.用于完成 IP 地址与域名地址映射的服务器是（　　）。

A. IRC 服务器　　　　B. WWW 服务器　　　C. DNS 服务器　　　D. FTP 服务器

12.与 Web 站点和 Web 页面密切相关的一个名词是"统一资源定位器",它的英文缩写是（　　）。

A. UPS　　　　　　　B. USB　　　　　　　C. ULR　　　　　　　D. URL

13.通过 Internet 发送或接收电子邮件(e-mail)的首要条件是应该有一个电子邮件地址,它的正确形式是（　　）。

A. 用户名@域名　　　B. 用户名♯域名　　　C. 用户名/域名　　　D. 用户名.域名

14.Modem 在计算机中的作用是（　　）。

A. 运行网络协议   B. 作为存储设备

C. 分担 CPU 的事务处理功能   D. 进行数字/模拟信号转换

15.（　　）是构成网络必需的基本设备,用于将计算机和通信介质(如电缆)连接在一起。

A. 电话　　　　　　　B. 电视机　　　　　　C. Modem　　　　　　D. 网络接口卡

16.ARP 协议的功能是（　　）。

A. 根据 IP 地址查询 MAC 地址   B. 根据 MAC 地址查询 IP 地址

C. 根据域名查询 IP 地址   D. 根据 IP 地址查询域名

17.数据通信中的数据传输速率单位是比特率(bps),它的含义是（　　）。

A. Bits Per Second   B. Bytes Per Second

C. 和具体的传输介质有关   D. 和网络类型有关

18.因特网上的服务都是基于某一种协议,Web 服务是基于（　　）。

A. FTP 协议　　　　　B. SMTP 协议　　　　C. HTTP 协议　　　　D. TELNET 协议

19.在计算机网络中,通常把提供并管理共享资源的计算机称为（　　）。

A. 服务器　　　　　　B. 工作站　　　　　　C. 网关　　　　　　　D. 网桥

20.计算机网络由资源子网和（　　）组成。

A. 计算机　　　　　　B. 网络软件　　　　　C. 通信子网　　　　　D. 网络操作系统

21.TCP 协议采用（　　）来区分不同的应用进程。

A. 端口号 　　　　　 B. IP 地址 　　　　　 C. 协议类型 　　　　　 D. MAC 地址

22.Internet 上的计算机可以通过(　　)或域名来识别。

A. E-mail 地址 　　　　 B. IP 地址 　　　　　 C. 网关 　　　　　 D. 计算机用户名

23.HTML 是(　　)。

A. 一种协议 　　　　　　　　　　　　 B. 超文本标记语言

C. 网页 　　　　　　　　　　　　　　 D. 图片格式

24.不同的用户在网络上使用同一台打印机属于(　　)。

A. 数据共享 　　　　 B. 文件传输 　　　　 C. 资源集中管理 　　　 D. 资源共享

25.认证中心 CA 负责签发数字证书。关于它的描述,不正确的是(　　)。

A. 可信的第三方 　　　　　　　　　　 B. CA 用自己的私钥进行签名

C. CA 用自己的公钥进行签名 　　　　 D. CA 把实体与其公钥进行绑定

第 8 章　多媒体技术基础

多媒体技术是一种迅速发展的综合性电子信息技术,它给传统的计算机系统、音频和视频设备带来了方向性的变革,对大众传播媒介产生了深远的影响。本章简要介绍多媒体技术的基本概念、多媒体数据的处理方法以及多媒体技术在音频、图像、动画、视频等领域中的应用。

8.1 多媒体技术概述

8.1

在计算机发展的初期,计算机主要应用于数值计算。随着计算机软硬件技术的发展,尤其是硬件技术的发展,从 20 世纪 80 年代开始,人们就用计算机处理和表现声音、图像、图形和视频,使计算机能形象逼真地反映自然事物。如今多媒体技术也由最初的单一媒体形式逐渐发展到集文字、声音、图形、图像、动画、视频为一体的多种媒体形式。

值得指出的是,多媒体技术发展到今天,和大容量存储器、实时多任务操作系统、数据压缩和大规模集成电路制造等技术是紧密相关的。现在人们所说的多媒体,常常不是指多媒体信息本身,而主要是指处理和应用多媒体信息的一系列软硬件技术,"多媒体"只是多媒体技术的同义语。

8.1.1 多媒体的基本概念

媒体

媒体(media,又称媒介)就是用于传播和表示各种信息的手段。人们日常生活中接触的报刊、电视、广播等都是媒体。报纸通过文字、广播通过声音、电视通过图像和声音来传送信息。信息需要借助于媒体来传播,所以说媒体就是信息的载体。在这里,文字、声音或图像所传达的内容都称为信息。

媒体在计算机领域中有两种含义:一是指存储信息的载体,如磁盘、光盘、磁带、半导体存储器等。二是指信息的表示形式,如数字、文字(text)、声音(audio,也叫音频)、图形(graphic)、图像(image)、动画(animation)和视频(video,即活动影像)等。多媒体技术中的媒体通常是指后者——信息的表示形式。

现代科学技术的飞速发展极大地方便了人们之间的交流,也给媒体赋予了许多新内涵。现在的媒体主要有以下五种类型:

①感知媒体(perception media):这是人们可以直接感知到的媒体形式。它包括了人类所有的感官,如视觉、听觉、触觉、嗅觉和味觉等。在多媒体领域中,最常见的感知媒体是视觉媒体(如图像、视频)和听觉媒体(如音频、音乐)。

②表示媒体(representation media)：这是用于描述和表示感知媒体的编码方式。表示媒体将感知媒体转化为计算机可以理解和处理的形式。例如,文本、图像、音频和视频等感知媒体可以通过二进制代码、文本、音频编码(如 MP3、WAV)和视频编码(如 MP4、AVI)等表示媒体来表示。

③呈现媒体(presentation media)：这是将感知媒体展示给用户的具体设备和工具。例如,显示器、扬声器、投影仪等都是用于呈现媒体的工具。它们可以将表示媒体转化回人类可以感知的媒体形式。

④存储媒体(storage media)：这是用于存储感知媒体和表示媒体的物理设备。存储媒体可以是硬盘、光盘、闪存、SD 卡等。它们可以长期保存多媒体数据,以供以后使用。

⑤传输媒体(transmission media)：这是用于将多媒体数据从一处传输到另一处的设备或技术。传输媒体可以是双绞线、同轴电缆、光纤、无线网络等。它们使得多媒体数据可以在不同的设备或地点之间共享。

多媒体

多媒体(multimedia)就是文本、声音、图形、图像、动画和视频等多种媒体成分及其组合,也即指可以听到优美动听的音乐,看到精致如真的图片,欣赏引人入胜的影视动画等。多媒体的实质是将自然形式存在的各种媒体数字化,然后利用计算机对这些数字信息进行加工、处理,以一种友好的方式提供给用户使用。

计算机所处理的这些多媒体信息从时效性上又可分为两大类：静态媒体和时变媒体。静态媒体包括文字、图形、图像；时变媒体包括声音、动画、视频(活动影像)。

多媒体数据具有以下特点：

①数据量大。如一幅分辨率为 640×480 的 256 色彩色照片,存储量是 0.3 MB；CD 质量双声道的声音,每秒的存储量是 1.4 MB。

②数据类型多。多媒体数据包括文本、图形、图像、动画、视频等多种形式,数据类型丰富。

③数据类型间差距大。媒体数据的内容、格式的不同,使其在处理方法、组织方式、管理形式上存在很大的差别。

④多媒体数据的输入和输出复杂。由于信息输入与输出都与多种设备相连,输出结果如声音播放与画面显示的配合等往往是同步合成效果,较为复杂。

多媒体技术

人们往往把多媒体技术与计算机相联系,这是因为计算机的数字化和交互式处理能力,极大地推动了多媒体技术的发展和应用。

多媒体技术(multimedia technique)是一种以交互方式将文本(text)、声音(sound)、图形(graphic)、图像(image)、动画(animation)和视频(video)等多种媒体信息,经过计算机设备的获取、操作、编辑、存储等综合处理后,以单独或合成的形态表现出来的技术和方法。它是综合了声音处理技术、图像处理技术、图形处理技术、通信技术、存储技术及其他学科而形成的技术。简而言之,多媒体技术就是利用计算机综合处理文本、图形、图像、声音和视频等信息的技术。多媒体技术具有如下特征：

(1)多样性

多样性是指综合处理多种媒体信息。早期的计算机只能处理包含有数值、文字以及经过特殊处理的图形或图像等单一的信息媒体,而多媒体计算机则可以综合处理多种形式的信息媒体。

(2)集成性

集成性是指多种媒体信息的集成以及与这些媒体相关的设备集成。前者是指将多种不同的媒体信息有机地进行同步组合,使之成为一个完整的多媒体信息系统;后者是指多媒体设备应该成为一体,包括多媒体硬件设备、多媒体操作系统和创作工具等。也就是说,它既能将处理各种信息的高速和并行的 CPU 系统、大容量的存储设备、适合多媒体输入/输出的外设和接口,以及多媒体操作系统、多媒体信息管理和创作软件集成为一体;同时还包括多种媒体信息的统一获取、组织和存储,以及多媒体信息的展示和合成等内容。

(3)交互性

交互性是指能够为用户提供更加有效的控制和使用信息的手段。交互性可以提高用户对信息的注意力和理解力,延长信息的停留时间。传统的媒体如影视节目等大都是按照事先编排的顺序从头放到尾,人们只能被动地接受信息,无法干预,人机之间缺乏沟通。而多媒体计算机则可以让人们主动交互,即用户与计算机之间可以双向通信,通过计算机程序控制各种媒体的播放顺序。

(4)实时性

实时性是指当多种媒体集成时,其中的声音和运动图像是与时间密切相关的,甚至是实时的。如视频会议和可视电话等。

要实现多媒体的高效运作,背后离不开一系列关键技术的支持。主要的关键技术有:

(1)大规模集成电路

大规模集成电路(large scale integration,LSI)是多媒体技术中不可或缺的硬件基础。随着技术的不断进步,集成电路上的元器件数量不断增加,功能也日趋复杂。这种技术的进步为多媒体设备提供了更强大的处理能力,使得音频、视频的播放和编辑更为流畅,同时保证了设备的体积和能耗得到有效控制。

(2)多媒体操作系统

多媒体操作系统是针对多媒体应用而设计的操作系统。它具备处理多种媒体信息的能力,如音频、视频、图像和文本等。多媒体操作系统通过提供统一的管理和控制机制,确保了多媒体信息的高效处理和播放。同时,它还提供丰富的 API 接口,以便开发者可以轻松地开发出各种多媒体应用。

(3)多媒体存储技术

随着多媒体信息量的不断增加,如何高效地存储和管理这些信息成为一个重要的问题。多媒体存储技术通过采用高速的存储介质和合理的存储结构,确保了多媒体信息的快速访问和高效管理。此外,随着云计算和大数据技术的发展,多媒体存储技术也在向云端存储和分布式存储方向发展,以满足不断增长的数据存储需求。

(4)压缩编码技术

由于多媒体信息通常占用大量的存储空间,因此压缩编码技术在多媒体技术中显得尤为重要。通过采用先进的压缩算法,可以大幅度减小多媒体信息所占用的空间,从而降低了存储和传输的成本。同时,压缩编码技术还可以提高多媒体信息的传输效率,使得音频和视频的播放更为流畅。

多媒体计算机

多媒体计算机(multimedia personal computer,MPC)是指能够综合处理多种媒体信息并在多种媒体信息之间建立逻辑连接,使之集成为一个交互式系统的计算机。它融高质量的视频、音频、图像等多种媒体信息的处理于一身,并具有大容量的存储器,能给人们带来一种图、文、声、像并茂的视听感受。目前的多媒体计算机能够处理和播放音乐、活动影像以及实现文字自动识别、语音自动识别等。

8.1.2 数据压缩

数据压缩是利用原始媒体数据存在大量冗余的特点,实现对数据的压缩编码。数据压缩技术就是解决大量多媒体信息数据压缩存储的问题。

数据冗余

多媒体中用于表示媒体元素的数据量很大,同时媒体元素存在大量的数据冗余。为了提高存储效率,必须对多媒体数据进行压缩,以达到利用最小的资源消耗,实现理想的表现效果。例如 10 分钟的声音信号,若采用 44.1 KHz 的采样频率,每个采样点量化为 16 位,双声道立体声,所需的容量为 100 MB;而分辨率为 640×480 的彩色电视图像,每一像素用 24 位表示彩色信号,若每秒播放 30 帧,则连续播放 30 分钟所需的存储容量为 47 GB。如此大的数据量如果不经压缩,计算机是难以承受的。由此可知,一般声音或图像文件需要占用大量的存储空间,而我们需要达到的理想效果是:声音或图像尽可能不失真,而占用的存储空间又尽可能地小。这种要求在今天尤为重要,因为我们往往需要通过网络来传输声音、图像或视频数据。为了提高传输效率,需要对原始的采样数据进行适当的压缩。

对于多媒体数据,能否压缩和压缩多大比例完全由多媒体数据的冗余量决定。数字化数据的信息量与数据量的关系一般可表示为:信息量＝数据量－冗余量,而冗余量在多媒体数据中大量存在,信息量是要传输的主要数据,数据冗余是无用的数据,没有必要传输。

实践表明,选用合适的数据压缩算法和技术,通常可以将字符数据量压缩到原来的 1/2 左右,语音数据量压缩到原来的 1/2 到 1/10,图像或视频数据量压缩到原来的 1/2 到 1/60。

信息冗余类型

信息冗余可以分为多种类型,包括空间冗余、时间冗余、结构冗余、感官冗余、知识冗余和信息表示熵冗余。

①空间冗余:指的是在图像、视频等多媒体信息中,相邻像素或帧之间存在的高度相似性。由于空间上相邻的信息往往具有很高的相关性,因此可以通过去除这种相关性来减少信息冗余,提高信息的压缩比。例如,在图像压缩中,可以利用相邻像素之间的相似性来减少冗余信息,从而实现图像的压缩。

②时间冗余:在时间序列数据或动态图像中,相邻时刻的信息往往具有很大的相似性。这种相似性就是时间冗余。通过去除时间冗余,可以在保证信息质量的前提下减小数据量。例如,在视频压缩中,可以利用相邻帧之间的相似性来减少时间冗余,从而实现视频的压缩。

③结构冗余:指的是在信息中存在的一些固定的结构模式。这些模式在信息传递过程中是重复的,因此可以视为冗余。结构冗余通常存在于编程语言、文件格式等结构化信息中。通过识别和利用这些结构模式,可以实现信息的有效压缩和存储。

④感官冗余:在人类感知系统中,由于感知器官的限制和感知能力的局限,某些信息在

感知过程中是冗余的。例如,在音频信息中,人耳对高频成分的敏感度较低,因此可以通过去除高频成分来减少感官冗余。

⑤知识冗余:指的是在信息中存在的一些已知或可推断的知识。这些知识在信息传递过程中是重复的,因此可以视为冗余。通过利用这些知识,可以在解码过程中减少所需的信息量,从而实现信息的有效压缩和传递。

⑥信息表示熵冗余:信息表示熵是指信息表示所需的平均比特数。在某些情况下,信息的表示方式可能存在冗余,即使用过多的比特数来表示某些信息。这种冗余可以通过优化信息表示方式来减少,例如采用更高效的编码方案或压缩算法来降低信息表示熵。

数据压缩方法

数据压缩处理一般由两个过程组成:一是编码过程,即将原始数据经过编码进行压缩,以便存储与传输;二是解码过程,此过程对编码数据进行解码,还原为可以使用的数据。常用的数据压缩方法分为三类:无损压缩、有损压缩和混合压缩。

(1)无损压缩

无损压缩也叫无失真压缩,即压缩前和解压缩后的数据完全一样,常用在原始数据的存档,如文本数据、程序以及珍贵图片等。其原理是利用数据的统计特性来进行数据压缩,对数据流中出现的各种数据进行概率统计,对出现概率大的数据采用短的编码,反之,则采用较长的编码,这样就使得数据流经过压缩后形成的代码流位数大大减少,从而去掉或减少了数据中的冗余,但这些冗余值是可以重新恢复并插入数据中,因此冗余压缩是可逆的过程。它的特点是能百分之百地恢复原始数据,但压缩比较小,常用的哈夫曼编码就是无损压缩。一些常见的压缩/解压软件如:WinRAR,WinZip 等采用的就是无损压缩。

(2)有损压缩

有损压缩也叫有失真压缩,由于准许一定程度的失真,在压缩的过程中要丢失一些人耳或人眼不敏感的音频或图像信息,而且丢失的信息不可恢复,即解压缩后并不能完全恢复成原来的数据,但是根据人的听觉和视觉的主观评价是可以接受的。有损压缩的压缩比可以由几十倍到上百倍来调节,几乎所有高压缩的算法都采用有损压缩。常用的有损压缩的编码技术有预测编码、变换编码、PCM(脉冲编码调制)及插值与外推等。

(3)混合压缩

混合压缩是利用了各种单一压缩的长处,以求在压缩比、压缩效率及保真度之间取得最佳折中。该方法在许多情况下被应用,如 JPEG 和 MPEG 压缩编码标准就采用了混合压缩的编码方法。

几种常用的压缩编码标准

目前广泛应用的压缩编码标准大致有:JPEG、MPEG、H.261、H.263 以及 AC-3 等。

(1)静止图像压缩标准 JPEG(joint photograph experts group)

JPEG 是一种基于 DCT（离散余弦变换）的静止图像压缩和解压缩算法,目前网站上80%的图像都采用 JPEG 压缩标准。JPEG 大约可按 20∶1 的压缩率压缩图像,而不会导致明显的质量损失,用它重建后的图像能够较好地表现原始图像,对人眼来说它们几乎没有多大差别,是静态图像的主要压缩方法。但当压缩比大于 20∶1 时,图像质量开始变坏。

(2)运动图像压缩编码标准 MPEG(moving picture experts group)

MPEG 是专门用来处理运动图像压缩的标准,在计算机和家用电视领域有广泛的应用。

MPEG 标准分成 MPEG 视频、MPEG 音频和视频音频同步三大部分。

MPEG-1(常用于 VCD 压缩)是为了 1.2 Mb/s 传送速度中适用的视频代码而设计的。主要在影像 CD 或 CD-1 中使用。广泛使用的 MP3 是指 MPEG-1 的音频压缩层 3(MPEG-1 Layer 3),由初期 MPEG 研究进化而来的。

MPEG-2(常用于 DVD 压缩)是为了 4 Mb/s 以上的传送速度中适用的 Interlace 视频代码而设计的,使图像能恢复到广播级质量的编码方法。MPEG-2 一般用于高清晰数字电视和 DVD。MPEG-2 算法除了对单幅图像进行编码外,还利用图像序列的相关特性去除帧间图像冗余,大大提高了视频图像的压缩比。其压缩比可达到 60~100 倍。

MPEG-4(常用于移动通信)是根据影像内容把影像内的对象(物体)进行编码。它对传送错误有很强的适应能力,因此非常适用于移动通信网、因特网等传送错误率高的通信网。

(3)视频通信编码标准 H.261 和 H.263

多媒体通信中的电视图像编码标准都采用 H.261 和 H.263。H.261 主要用来支持电视会议和可视电话。H.263 是在 H.261 的基础上开发的电视图像编码标准,用于低位速率通信的电视图像编码。

(4)音频压缩标准 AC-3(audio coding-3)

AC-3 音频压缩标准是对 6 个声道的音频信号进行压缩的标准,这 6 个声道分别是左、右、中、左环绕、右环绕和低频增强。AC-3 标准适用于数字电视广播和 HDTV 系统的音频数据压缩。

8.1.3 多媒体输入与输出设备

多媒体计算机由控制器、运算器、存储器、输入设备和输出设备五大部分构成。其中,多媒体的输入设备和输出设备,是我们与这些多媒体信息进行交互的重要工具。

常见的多媒体输入设备

(1)触摸屏

触摸屏是一种坐标定位装置,可以直接将用户的触摸操作转化为数字信号,是人机交互的重要设备。

(2)扫描仪

扫描仪是一种计算机外部设备,通过捕获图像并将之转换成计算机可以显示、编辑、存储和输出的数据的数字化输入设备。

(3)数码相机

数码相机是集光学、机械、电子一体化的利用电子传感器把光学影像转换成电子数据的照相机。它集成了影像信息的转换、存储和传输等部件,具有数字化存取模式,与电脑交互处理和实时拍摄等特点。

(4)数码摄像机

数码摄像机是将光信号通过成像元件转换为电信号,再经过模拟数字转换,以数字格式将信号储存在存储设备中的一种摄像记录设备。通常用 DV 来代表数码摄像机。DV 是 digital video 的缩写,意为"数字视频"。

(5)传感器

传感器是指能将所感受到的物理量(如力、热、光、声等)转换成便于测量的量(一般是电

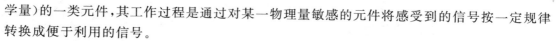

学量)的一类元件,其工作过程是通过对某一物理量敏感的元件将感受到的信号按一定规律转换成便于利用的信号。

(6)摄像头

摄像头是一种视频输入设备。它可以捕捉现实世界的图像,转化为数字信号,供计算机处理。摄像头广泛应用于视频会议、安全监控、视频聊天等场合。

(7)麦克风

麦克风是音频输入设备,能够将声音信号转化为电信号,供计算机处理。

常见的多媒体输出设备

(1)显示适配器

显示适配器也称显卡、视频卡、图形显示适配器等。显示适配器的基本作用是将系统中主处理器送来的数据处理成显示器认识的格式,再送到显示器形成图像。

(2)显示器

目前常用的显示器是液晶显示器(liquid crystal display,LCD)。它是一种采用了液晶控制透光度技术来实现色彩的显示器。液晶显示器的性能指标有分辨率、亮度、对比度、可视角度和响应时间等。

(3)投影仪

投影仪是一种可以将图像或视频投射到幕布上的设备,适用于大型会议、教学等场合。其性能指标有亮度、分辨率、对比度和灯泡寿命等。

(4)打印机

打印机可以将数字文件转化为纸质文档,是文档和图像输出的重要工具。

(5)数字手套

数字手套是一种可以捕捉手部动作并将其转化为数字信号的穿戴设备。数字手套通过无线或有线方式与计算机连接,使得用户可以通过手势来与虚拟世界进行交互,从而提供一种直观、自然的交互方式。

(6)数字化仪

数字化仪是一种将物理对象转化为数字信息的设备。它通常具有一个平坦的工作表面,用户可以在上面放置物理对象并使用笔或触笔进行描绘。数字化仪内部的高精度传感器可以捕捉笔的移动轨迹和压力变化,并将其转化为数字数据,从而实现对物理对象的数字化。

(7)手写板

手写板是一种可以捕捉手写笔迹并将其转化为数字信息的设备。它通常具有一个平坦的书写区域,用户可以在上面使用特制的笔进行书写。手写板内部的传感器可以捕捉笔的移动轨迹、压力和倾斜角度等信息,并将其转化为数字数据,从而实现对手写笔迹的数字化。

(8)三维鼠标

三维鼠标是一种可以捕捉三维空间中的运动和姿态变化的设备。它可以通过无线或有线方式与计算机连接,使得用户可以在三维软件中进行精确的操作和导航。三维鼠标广泛应用于建筑设计、机械设计、动画制作等领域,为用户提供了一种高效、直观的三维交互方式。

8.1.4 多媒体设备接口

多媒体设备通常具备多种接口,以满足不同的连接需求。除 SCSI、IDE、PCI 接口外,常见的多媒体设备接口有:USB 接口、HDMI 接口、DVI 接口等。

(1)USB 接口

USB(universal serial bus,通用串行总线)是一种用于连接电脑和其他设备的接口标准。自 1996 年推出以来,USB 已成为电子设备之间连接和通信的主要方式。USB 是设计用来连接鼠标、键盘、移动硬盘、数码相机、打印机等外围设备的,理论上一个 USB 主控口可以最大支持 127 个设备的连接。USB 分为三个标准,USB1.1 最大传输速度为 12 Mbps,USB2.0 为 480 Mbps,USB3.0 为 5000 Mbps,传输速度的大小取决于电脑主板的 USB 主控芯片和 USB 设备的芯片。USB 接口可以带有供电线路,这样的 USB 设备(例如移动硬盘)就不用再接一条电源线,现在支持 USB 接口的手机也可以通过电脑来充电。

(2)HDMI 接口

HDMI(high-definition multimedia interface,高清晰度多媒体接口),是一种全数字化视频和声音发送接口,可以发送未压缩的音频及视频信号。HDMI 接口可以同时传输音频和视频信号,是连接高清电视、投影仪等设备的主要接口之一。

(3)VGA 接口

VGA(video graphics array,视频图形阵列接口),是一种模拟信号接口,通常用于连接显示器或投影仪等显示设备。VGA 接口具有分辨率高、显示速率快、颜色丰富等优点。

(4)DVI 接口

DVI(digital visual interface,数字视频接口),是一种数字信号接口,用于连接数字显示设备,如液晶显示器、数字投影仪等。DVI 接口传输的是数字信号,因此比 VGA 接口具有更高的清晰度和更少的信号失真。

(5)3.5 mm 音频接口

3.5 mm 音频接口是一种常用的音频接口,通常用于连接耳机、麦克风等音频设备,具有体积小、连接方便等优点。

(6)光纤音频接口

光纤音频接口是一种数字音频接口,使用光纤作为传输介质,具有传输速度快、抗干扰能力强等优点。光纤音频接口通常用于连接高端音频设备,如数字音频工作站、专业录音设备等。

(7)蓝牙(bluetooth)

蓝牙是一种广泛应用于无线通信的技术标准,允许各种设备(如手机、耳机、音箱、键盘等)进行短距离、低功率的无线通信。蓝牙技术可以分成以下三类标准:蓝牙经典(bluetooth classic)、蓝牙低功耗(bluetooth low energy,BLE)、蓝牙 mesh。每个标准都有其独特的优点和适用场景。蓝牙经典主要用于传统的音频和数据传输,BLE 则更适合低功耗、长续航的物联网设备。蓝牙 Mesh 适合需要大规模设备通信的物联网应用。

8.1.5 多媒体系统

多媒体系统是指能够对多媒体信息进行获取、编辑、存储和演播等功能的一个计算机系统。多媒体系统是一套复杂的硬件和软件有机结合,把多媒体与计算机系统融合起来,并由计算机系统对各种媒体进行数字化处理的综合系统。

多媒体系统的层次结构

多媒体系统的层次结构如图 8.1.1 所示,它由以下五个层次组成。

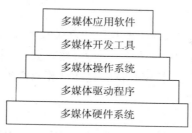

| 多媒体应用软件 |
| 多媒体开发工具 |
| 多媒体操作系统 |
| 多媒体驱动程序 |
| 多媒体硬件系统 |

图 8.1.1　多媒体系统的层次结构图

最底层是多媒体硬件系统,是系统的硬件设备。

第二层是多媒体驱动程序,用来直接控制和管理多媒体硬件,并完成设备的初始化、设备的启动和停止等操作以及基于硬件的压缩/解压缩、图像快速变换和功能调用等。

第三层是多媒体操作系统。如 Windows 操作系统等。

第四层是多媒体开发工具,它主要是用于多媒体应用的工具软件,其内容丰富、种类繁多,通常包括多媒体素材制作工具、多媒体处理工具、多媒体著作工具和多媒体编程语言等。用户可以选用适合自己的开发工具,制作出绚丽多姿的多媒体应用软件。

最上层是多媒体应用软件,这类软件与用户有直接接口,用户只要根据多媒体应用软件提供的操作命令,通过简单的操作便可使用这些软件。

多媒体系统的组成

多媒体系统由多媒体硬件系统和多媒体软件系统两部分组成。

多媒体硬件系统包括计算机硬件、声音/视频处理器、多媒体输入/输出设备及信号转换装置、通信传输设备及接口装置等。

多媒体软件系统是用于处理、存储和呈现多媒体内容的关键组成部分。一个完整的多媒体软件系统通常由以下几个部分组成:

①多媒体操作系统:这是多媒体软件系统的核心部分,负责协调和管理多媒体资源的访问和操作。它提供实时任务调度、多媒体数据转换与同步控制、多媒体设备驱动和图形用户界面管理等功能。

②多媒体系统开发工具软件:这是多媒体软件系统的重要组成部分。它们提供音频、视频、图像和文本等多媒体内容的编辑、处理、编码、解码和转码等功能,确保多媒体内容能够按照用户需求进行高效处理和呈现。

③多媒体应用软件:这是根据多媒体系统的要求或特定领域的用户需求定制的应用软件。它们可以是音频播放器、视频编辑器、图像处理软件、多媒体演示软件等,用于满足用户在特定领域或场景下的多媒体需求。

④多媒体数据库管理系统:这是用于存储、管理和检索多媒体数据的软件系统。它提供对音频、视频、图像等多媒体数据的索引、查询、检索和管理功能,确保多媒体数据的高效存储和快速访问。

⑤网络多媒体软件：随着网络技术的发展，网络多媒体软件变得越来越重要。它们负责在网络环境中传输和呈现多媒体内容，如在线视频会议系统、网络流媒体播放器等。

8.1.6 多媒体应用前沿技术

虚拟现实及其应用

虚拟现实（virtual reality，VR）是一种利用计算机技术模拟真实世界场景或构建全新世界的技术。通过头戴式显示器、手套、手柄等输入/输出设备，用户可以沉浸在由计算机生成的三维环境中，并与之进行交互。其核心技术包括计算机图形学、人机交互、传感器技术、三维建模等。

（1）虚拟设计

虚拟设计是指利用虚拟现实技术，在虚拟环境中进行产品、建筑、景观等的设计。设计师可以在一个无限制的空间中自由地创建、修改和优化设计方案，而不受物理世界的限制。这种设计方式不仅大大提高了设计效率，还使得设计师能够更直观地展示设计成果，以便与客户、合作伙伴等进行沟通。

（2）虚拟制造

虚拟制造（virtual manufacturing）是指在虚拟环境中模拟产品的制造过程，包括加工、装配、测试等。通过虚拟制造，企业可以在产品正式生产之前预测和优化制造过程，及时发现并解决潜在问题，从而减少生产成本，提高产品质量和生产效率。

（3）虚拟装配

虚拟装配是指利用虚拟现实技术，在虚拟环境中进行产品的装配过程。通过模拟产品的装配过程，工程师可以在产品设计阶段就预见到装配过程中可能出现的问题，并提前进行修改。此外，虚拟装配还可以提高装配操作的熟练度和效率，降低实际装配过程中的错误率。

（4）虚拟演播

虚拟演播是指利用虚拟现实技术创建虚拟演播室，让主持人在虚拟环境中进行节目录制和播出。这种技术可以为主持人提供更加丰富的背景和环境，增强节目的视觉效果和吸引力。同时，虚拟演播还可以大大节省节目制作成本和时间。

（5）虚拟协同操纵

虚拟协同操纵是指多个用户通过虚拟现实技术在同一虚拟环境中共同操作或互动。这种技术可以广泛应用于远程团队协作、教育培训、模拟演练等领域。通过虚拟协同操纵，用户可以在不同地点、不同时间进行实时沟通和合作，提高团队协作的效率和效果。

（6）元宇宙与虚拟现实的未来

随着技术的不断发展，虚拟现实正逐渐与物联网、人工智能等技术相结合，形成一个全新的虚拟世界——元宇宙。在这个世界中，人们可以拥有虚拟身份、虚拟资产和虚拟社交关系，进行各种虚拟活动。虚拟现实和元宇宙的结合将为我们带来更加丰富多样的应用场景和体验方式，如虚拟旅行、虚拟教育、虚拟医疗等。同时，这也将对现实世界产生深远的影响，改变我们的生活方式和社会结构。

多媒体传感技术

多媒体传感技术是指将多媒体技术与传感技术相结合，利用多种传感器设备捕捉和处理来自各种信息源的信号,从而实现对现实世界更全面、更准确的感知和识别。多媒体传感技术结合了多媒体技术的丰富多样性和传感技术的实时性,为我们的生活和工作带来了诸多便利。目前常用于以下应用领域:

①智能家居:通过多媒体传感技术,实现家居环境的智能监控、调节和控制,提高生活品质。

②医疗健康:利用多媒体传感技术监测患者生命体征、实现远程诊疗和康复训练,提高医疗效率和质量。

③安全监控:在安防领域,多媒体传感技术用于监控摄像头、入侵检测等,提高安全防范水平。

④交通出行:通过多媒体传感技术,实现智能交通管理、车辆安全驾驶等,提高交通效率和安全性。

随着科技的不断发展,多媒体传感技术将在更多领域得到应用,如物联网、智能制造、智慧城市等。

多媒体通信技术

多媒体通信技术是指通过计算机网络或电信网络,实现多种媒体信息(如音频、视频、文本、图像和数据等)的实时或非实时传输和交互的技术。它结合了数字信号处理、数据压缩、网络通信等多个领域的知识,为人们提供了一个高效、便捷的信息交流平台。目前常见的多媒体通信技术应用场景有:

①视频会议:允许多个用户在不同的地点实时参与讨论和交流。

②在线教育:提供丰富的教学资源和交互式教学环境,帮助学生更好地理解和掌握知识。

③远程医疗:使医生能够通过网络对病人进行远程诊断和治疗,提高医疗效率和质量。

④娱乐产业:为用户提供丰富的音频、视频等多媒体内容,满足其娱乐需求。

⑤商业应用:支持企业内部的沟通和协作,以提高工作效率,降低运营成本。

多媒体数据库技术

多媒体数据库是指能够存储、查询、处理和管理多媒体数据的数据库系统。随着信息技术和多媒体技术的飞速发展,多媒体数据库技术已成为当前计算机领域的一个重要研究方向。多媒体数据库不仅存储了传统的文本和数值数据,还包含了大量的图像、音频、视频等多媒体信息,这使得多媒体数据库在处理和管理复杂数据时表现出了强大的优势。多媒体数据库技术在多个领域都有着广泛的应用,如:

①医学影像:医学影像数据库中存储了大量的 X 光片、CT 扫描、MRI 等图像数据,通过多媒体数据库技术,医生可以方便地查询和分析这些数据,从而提高诊断的准确性和效率。

②数字图书馆:数字图书馆中的图书、期刊、论文等文献资源通常以多媒体的形式呈现,包括文本、图像、音频、视频等。多媒体数据库技术为数字图书馆提供了高效的数据存储、管理和查询手段。

③视频监控:视频监控系统中产生了大量的视频数据,通过多媒体数据库技术,可以实现对这些数据的存储、检索和分析,从而提高视频监控的效率和准确性。

多媒体内容分析与检索技术

随着信息技术的飞速发展,多媒体内容分析与检索技术逐渐成为研究的热点。该技术涉及图像处理、音频分析、视频处理等多个领域,旨在实现对多媒体信息的自动理解、分类、索引和检索。

多媒体内容分析与检索技术在多个领域都有广泛的应用。例如,在视频监控领域,可以通过分析视频内容实现异常行为的自动检测;在数字图书馆领域,可以通过对图书内容的自动分类和标注实现快速检索等。

8.2 音频信息的处理

8.2

声音是人类感知自然的重要媒介,在多媒体产品中,声音是必不可少的对象,其主要表现形式是语音、自然声和音乐。那么,用计算机处理声音需要做哪些工作呢?首先要把声音数字化,只有数字化的声音才能用计算机处理。数字化的声音叫作"数字音频信息",从本节开始,如果不特别声明,谈到的"声音"都是指数字音频信息。计算机处理的音频种类通常包括波形音频和 MIDI 音频。多媒体的音频制作可以包括制作声音、编辑声音及将声音融入节目等工作。

8.2.1 声音的概念

声音是通过一定介质(空气、水)传播的一种连续波。声音的三要素是音调、音色和音强。声音的强弱体现在声波的振幅上,音调的高低体现在声波的周期或频率上,如图 8.2.1 所示。

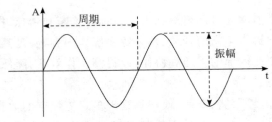

图 8.2.1　声音的波形

音色是声音的特色。影响声音特色的主要因素是复音。所谓"复音",是指具有不同频率和不同振幅的混合声音。

8.2.2 声音的数字化

声音是具有一定的振幅和频率且随时间变化的声波,通过话筒等装置可将其变成相应的电信号,但这种电信号是模拟信号,不能由计算机直接处理,必须对其进行数字化,即将模拟的声音信号经过模拟/数字转换器 ADC(analog to digital converter)转换成数字声音信号,然后才能利用计算机进行存储、编辑和处理。在数字声音回放时,由数模转换器 DAC(digital to analog converter)将数字声音信号转换为实际的声波信号,经放大后由扬声器播放。

把模拟声音信号转变为数字声音信号的过程称为声音的数字化,它实际上是通过对声

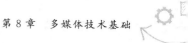

音信号的采样、量化和编码来实现的,即:

$$声音的模拟信号 \rightarrow \boxed{采样} \rightarrow \boxed{量化} \rightarrow \boxed{编码} \rightarrow 声音的数字信号$$

"音质"是声音的质量。影响音质的因素很多,但如果仅从数字化的角度看,影响声音数字化质量的主要因素是采样频率、量化位数和声道数。换句话说,对于数字音频信号,音质的好坏仅与数据采样频率、数据量化位数和声道数有关。采样频率越高,位数和声道数越多,音质越好。

采样频率

采样频率是指一秒内的采样次数。采样频率应符合奈奎斯特理论(Nyquist theory)。奈奎斯特理论指出,采样频率不应低于声音信号最高频率的两倍,这样就能从采样信号系列重构原始信号。采样频率越高,则经过离散数字化的音频越接近于其原始的波形,即声音的保真度越高,音质也越好。当然所需要的数据存储量也越多。通常的采样频率是 11.025 kHz、22.05 kHz、44.1 kHz 等。

量化位数

量化位数也称取样大小,即用多少个二进制位数描述一个采样点的值,它是每个采样点能够表示的数据范围。量化位数的大小决定了声音的动态范围,即被记录和重放的声音最高和最低之间的差值。当然,量化位数越多,声音还原的层次就越丰富,声音的质量也越高,但需要的存储空间也越多。例如,如果每个声音样本用 16 位表示,那么测得的声音样本值是在 0~65535 的范围里。常用的量化位数为 8 位、12 位、16 位等。

声道数

声道数是指所使用的声音通道的个数,它表明声音记录只产生一个波形(即单音或单声道)还是两个波形(即立体声或双声道)。显然立体声听起来要比单音丰满优美,但需要两倍于单音的存储空间。

数据量

通过对上述 3 个影响声音数字化质量因素的分析可知,采样频率越高,量化位数越多,声道数越多,音质越好,数据量也越大。因此可得出声音数字化数据量的计算公式:

声音数字化的数据量(字节/秒)=采样频率(Hz)×声道数×量化位数(bit)/8

现在我们利用上述公式计算数字音频文件的数据量。假设我们是用 44.1 kHz、16 bit 进行立体声(即两个声道)采样,这是标准的 CD 音质。也就是说,1 秒内采样 44.1 k 次,每次的数据量是 16×2 bit=32 bit(因为立体声是两个声道)。我们知道,一个字节(Byte)含有 8 个位(bit),那么 1 秒内的数据量便是 44.1 k×16×2/8=176.4 kB。一个汉字的机内码是两个字节,那么 176.4 kB 的空间可以存储 176.4 k/2=88200 个汉字,也就是说 1 秒的数字音频数据量与近九万个汉字(一部中篇小说)的数据量相当。由此可见,数字音频文件的数据量是十分庞大的。

数字声音表现形式

数字声音表现形式主要包括波形声音、计算机合成音乐和计算机合成语音。这些形式在音频处理、音乐制作、语音识别等领域发挥着重要作用,为人们带来了更加丰富的听觉体验和交互方式。

(1)波形声音

波形声音是指通过录音设备对声音进行采样和量化,将模拟声音信号转换为数字信号的过程。在波形声音中,声音的波形被记录下来,并以数字形式存储和传播。波形声音的采样率决定了音频的质量和所需的存储空间。常见的波形声音文件格式包括 WAV、AIFF 等。

波形声音具有真实性和还原性,能够准确地表现原始声音的特点。它在音乐、电影、游戏等领域有着广泛的应用。例如,在音乐制作中,波形声音可以用于录制和编辑各种乐器和人声;在电影制作中,波形声音可以用于添加背景音乐、音效和对话等。

(2)计算机合成音乐

计算机合成音乐是指利用计算机技术和数字音频处理算法生成的音乐。它可以通过各种合成器、采样器和音序器等设备来实现。计算机合成音乐可以模拟各种乐器的声音,甚至可以创造出传统乐器无法产生的音色和效果。

计算机合成音乐具有创造性和多样性,能够为音乐作品带来独特的风格和表现力。它在电子音乐、电影配乐、游戏音效等领域有着广泛的应用。例如,在电子音乐制作中,计算机合成音乐可以用于生成各种电子音色和节奏;在电影配乐中,计算机合成音乐可以用于营造特定的氛围和情感。

(3)计算机合成语音

计算机合成语音是指利用计算机技术和数字音频处理算法生成的人声。它可以通过文本到语音转换技术(TTS)来实现,将文本转换为自然流畅的语音输出。计算机合成语音的音质和语音自然度不断提高,已经广泛应用于语音识别、语音助手、无障碍技术等领域。

计算机合成语音具有便捷性和实用性,能够为人们提供高效、准确的语音交互体验。它在智能家居、车载系统、医疗辅助等领域有着广泛的应用。例如,在智能家居中,计算机合成语音可以用于控制家电设备、提供信息查询等服务;在车载系统中,计算机合成语音可以用于导航、语音控制等功能。

 ### 8.2.3 音频文件格式

现实世界中的各种声音必须转换成数字信号并经过压缩编码,计算机才能储存和处理。数字化的声音信息以文件形式保存,即通常所说的音频文件或声音文件。多媒体技术中常用的声音文件格式有 WAV、WMA、MP3、RM、MIDI 等,专业数字音乐工作者一般都使用非压缩的 WAV 格式进行操作,而普通用户更容易接受压缩率高、文件容量相对较小的 MP3 或 WMA 格式。

(1) WAV 文件

WAV 文件是一种最直接的表达声波的数字形式,扩展名是.wav,主要用于自然声的保存与重放,其特点是:声音层次丰富、还原性好、表现力强,如果使用足够高的采样频率,其音质极佳。该格式文件的应用非常广泛,几乎所有的播放器都能播放 WAV 格式的音频文件,而且 PowerPoint、各种算法语言、多媒体平台软件都能直接使用。但该格式的文件数据量比较大。在一般情况下,WAV 文件是不可压缩的,即现今的数据压缩算法对减小 WAV 文件的大小效果不明显。

(2) MIDI 文件

MIDI 文件是一种计算机数字音乐接口生成的数字描述音频文件,扩展名为.mid。可用

MIDI 编辑器软件进行编辑和修改。该格式文件本身并不记载声音本身的波形数据,而是将声音的特征用数字形式记录下来。在演奏 MIDI 乐器或进行重放时,将数字描述与声音进行对位处理。由于 MIDI 文件记录的是一系列指令而不是数字化后的波形数据,所以它要求的磁盘存储空间很少,和 WAV 文件相比,大小相差悬殊。比如一段持续 10 余秒的 MIDI 音乐文件只占用存储空间 2 kB;若将此段 MIDI 音乐以立体声录制成 WAV 文件,则将需要占用 3 MB 的存储空间。

(3)MP3 文件

在数字音频领域,MP3(MPEG Audio Layer-3)格式的压缩音频文件很流行,该格式的文件简称 MP3 文件。由于 MP3 文件采用 MPEG 数据压缩技术,以高压缩比而著称,因而被广泛应用在 Internet 等领域。目前已经有一些多媒体平台软件和算法语言支持 MP3 文件,这为制作多媒体产品提供了非常有效的文件格式。MP3 文件的特点是音质好,数据量小,能够在个人电脑、MP3 播放机上播放。所以 MP3 是目前最为流行的一种音乐文件。

(4)CD-DA 音频文件

CD-DA 音频文件是标准光盘文件,扩展名为.cda。该格式的文件数据量大,音质好,在 Windows 环境中,使用 CD 播放器进行播放。

(5)WMA 文件

WMA 是 Microsoft 公司自己开发的 Windows Media Audio 技术,它支持流式播放。WMA 格式的可保护性极强,甚至可以限定播放机器、播放时间及播放次数,具有相当的版权保护能力。无论是技术性能(支持音频流)还是压缩率都超过了 MP3 格式。WMA 文件可以在保证只有 MP3 文件一半大小的前提下,保持相同的音质。

(6)RA、RAM 文件

RA、RAM 这两种扩展名表示的是 Real Networks 公司开发的主要适用于网络上实时数字音频流技术的文件格式。由于它的面向目标是实时的网上传播,所以在高保真方面远不如 MP3,但在只需要低保真的网络传播方面无人能及。从播放形式上,RA 和 WMA 都支持"音频流"播放,即可以一边下载一边收听,而不需要等整个文件全部下载到自己机器后才可以收听。

 8.2.4 音频的处理

声音的处理需要借助于专门的处理软件。声音处理主要包括剪裁声音片段、合成多段声音、连接声音、生成淡入/淡出效果、响度控制、调整音频特性等。音频处理软件是一类能够用于处理、编辑和提高音频质量的工具。这些软件可以执行各种任务,包括剪辑、混音、均衡、压缩、降噪、音高修正等。常见的音频处理软件有:

①Adobe Audition:这是一款专业的音频处理软件,广泛应用于音乐制作、广播、电影后期制作等领域。它提供了强大的音频编辑功能,包括剪辑、混音、降噪、修复等,还支持多轨录音和实时效果处理。

②Audacity:这是一款免费开源的音频处理软件,它提供了基本的音频编辑功能,如剪辑、混音、均衡、降噪等,并支持多种音频格式。

③Reaper:这是一款轻量级的音频处理软件,具有灵活的用户界面和强大的功能。它支持多轨录音、混音、编辑和效果处理,还支持第三方插件和脚本。

④FL Studio：这是一款专门为音乐制作而设计的软件，内置了多种音频处理工具，如合成器、采样器、效果器等。它还支持 VST 插件，可以扩展其功能。

⑤Logic Pro X：这是一款适用于 Mac 系统的专业音频处理软件，广泛用于音乐制作、电影配乐等领域。它提供了强大的音频编辑和混音功能，还支持多种乐器和效果器。

以下是音频处理软件的一些常见功能：

①剪辑：可以对音频进行切割、拼接、删除等操作，以满足特定的需求。

②混音：可以调整音频的各个元素（如音量、音高、音色等），使其更加和谐、平衡。

③均衡：可以通过调整音频的频率分布来改善音质，使其更加悦耳。

④压缩：可以控制音频的动态范围，避免声音过大或过小。

⑤降噪：可以去除音频中的噪声，提高音频的清晰度。

⑥修复：可以对音频进行修复处理，如去除杂音、修复破损部分等。

除了以上功能外，一些高级的音频处理软件还支持音频合成、音频分析、音频转换等功能，帮助我们更好地处理和提高音频质量。

8.3 图像信息的处理

8.3

图形和图像处理是多媒体技术的重要组成部分。灵活地使用图形和图像，可以提供色彩丰富的画面和良好的人机交互界面。图像分为静止的图像（通常称图像）和动态图像（通常称视频）。而图像处理，则是对图像信息进行加工，以满足人的视觉心理或应用需求。图像处理的手段有光学方法和电子学（数字）方法。光学方法已经有了很长的发展历史，从简单的光学滤波到复杂的激光全息技术，光学处理理论已经日趋完善，处理速度快，信息容量大，分辨率高，又很经济。但是光学处理图像精度不够高，稳定性差，操作不便。从 20 世纪 60 年代起，随着电子技术和计算机技术的发展，数字图像处理进入高速发展时期。所谓数字图像处理，就是利用计算机或其他数字硬件，对从图像信息转换而得到的电信号进行某些数学运算，以满足应用的需要。

 ### 8.3.1 数字化图像基本概念

这里所说的图像，其实是一个笼统的称谓。在数字图像处理领域，按照图像元素的组成方式，把图像分为两大类：图像和图形。它们也是构成视频和动画的基础。人们采用计算机所处理的图像，是已经存储在计算机里的文件，这种图像可能是扫描仪扫描的，也可能是数码相机拍摄的，还可能是采用绘图软件绘制的。

图像

图像也叫点阵图像或位图（bitmap），是由许多不同颜色的点组成的，如图 8.3.1 所示。这些点被称作像素（pixel）。每个像素用若干个二进制位指定颜色。若图像中的每一个像素只用一位二进制（0 或 1）来存放它的颜色值，则生成的是单色图像；若用 n 位二进制来存放颜色值，则生成彩色图像，色彩的数目是 2 的 n 次幂。像素的颜色等级越多，图像越逼真。例如用 8 位存放一个像素的颜色值，则可以生成 256 色的图像。图像文件所需的磁盘空间是很可观的。例如，电视屏幕的大小是 640（像素）×480（像素），共有 307200 个像素。在彩色图像中,每一个像素对应 24 位,那么,要存放这一幅位图需要 900 kB 的磁盘空间。位图图像通过描述画面中每一像素的颜色或亮度来表示图像,非常适合表现包含大量细节的图片。

图 8.3.1　位图图像

位图图像的优点是色彩丰富,色调多样,景物逼真,可以自由地在各软件中转换。缺点是数据量大。通常图像文件总是以压缩的方式进行存储,以节省磁盘空间,但图像缩放时会产生失真。

位图图像可以用画图程序绘制,如 Windows 附件中的画图程序。使用扫描仪可以将印刷品或平面图像方便地转换为计算机中的位图图像。此外,还可以利用专门的捕捉软件,如 SnagIt,Capture Professional 等获取屏幕上的图像。

图形

图形也称为矢量图。它主要由线条和颜色块组成。与生成位图文件的方法完全不同,矢量图采用的是一种计算方法或生成图形的算法。也就是说,它存放的是图形的坐标值等图形特征数据,如直线存放的是首尾两点坐标;圆存放的是圆心坐标、半径;圆弧存放的是圆弧中心坐标、半径、起始和终止点坐标等。这种方法实际上是用数学方法表示图形,使用这种方法生成的图像存储量小、精度高,缩放时清晰度也不会改变,但显示时要先经过计算,转换成屏幕上显示的图形效果,如图 8.3.2 所示。

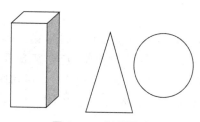

图 8.3.2　矢量图形

矢量图适合于表示变化的曲线、方框、圆、多边形等几何图形。矢量图的应用很广泛,如计算机辅助设计 CAD 系统中常用矢量图来创造一些十分复杂的几何图形,三维动画也使用矢量图。矢量图不宜用来表现色彩变化丰富、色调复杂的图像。

常用的图形绘制和显示的软件有 Coreldraw、Freehand、Illustrator 等。它们可以由人工操作交互式绘图,或是根据一组或几组数据画出各种几何图形,并可方便地对图形的各个组成部分进行缩放、旋转、扭曲和上色等编辑和处理工作。

彩色模式

彩色模式是指计算机上显示或打印图像时表示颜色的数字方法。在不同的领域，人们采用的彩色模式往往不同。如计算机显示器采用 RGB 模式，打印机输出彩色图像时用 CMYK 模式等。

（1）RGB 模式

RGB 彩色模式的图像色彩是由 R（红）、G（绿）、B（蓝）三种基本颜色构成，色彩鲜艳，主要用于显示。256 色图像，即每一个像素用一个字节表示（$2^8 = 256$），每一个像素可取 256 种颜色之一。所谓 24 位色图像（也称为真彩色），就是分别用一个字节表示 R、G、B 的值，因此 R、G、B 的取值范围各为 0～255，即它们各有 256 种亮度变化，通过对三种不同亮度的颜色进行组合，就可以表示 $256 \times 256 \times 256 = 2^{24} = 16777216$ 种颜色（也称为 16 兆色）。也就是说，真彩色图像的每一个像素可取 16777216 种颜色之一，这些颜色虽然只是自然界颜色的一部分，但在人们肉眼看来，已经是相当精致的图片了。

（2）CMYK 模式

CMYK 彩色模式的图像色彩是由 C（青）、M（洋红）、Y（黄）、K（黑）四色构成，与四色印刷工艺对应。主要用于打印广告、书籍封面以及一切彩色印刷品的设计与制作。

PhotoShop 软件能够对上述两种彩色模式的图像进行编辑。一般情况下，图像的编辑主要使用 RGB 彩色模式进行。如果编辑的图像准备用于印刷，PhotoShop 会及时提醒用户 RGB 模式下的哪些颜色不能用于印刷，以避免设计色彩与印刷色彩之间出现偏差。

单色图与灰度图

只有黑白两种颜色的图像称为单色图像（monochrome image），在单色图像中，每个像素值用 1 个二进制位存储。

灰度图（gray-scale image）按照灰度等级的数目来划分，如果每个像素的值用一个字节来表示，灰度值级数就是 256，每个像素可以是 0～255 之间的任意值。灰度图用于表示具有层次感的单色图像。

8.3.2 图像文件格式

图像文件的格式是图像处理的重要依据，不同的格式有不同的特点。对于同一幅数字图像，采用不同的文件格式保存，其图像的数据量、色彩数量和表现力会有不同。图像文件的格式有多种，如 Windows 系统中使用的 BMP 格式、动画和网络中经常使用的 GIF 格式、印刷系统中使用的 TIF 格式以及以高压缩比著称的 JPG 格式等。大多数的图像软件都可以支持多种格式的图像文件。

常见的位图图像文件格式有：BMP、GIF、JPEG、PSD、TIFF、PCX、PNG 等。

常见的矢量图文件的类型有：DXF、CDR、FHX、AI 等。

（1）BMP 格式

BMP 格式是 Windows 操作系统中的标准图像文件格式，这种格式的图像文件被大多数图像处理软件所支持。BMP 格式采用了一种叫 RLE 的无损压缩方式，对图像质量不会产生什么影响。其特点是包含的图像信息较丰富，几乎不进行压缩，但文件占用较大的存储空间。

（2）GIF 格式

GIF 的全称是 graphics interchange format，即图形交换格式。它是由 CompuServe 公

司开发的一种公用的图像文件格式,主要用来交换图片,为网络传输图像文件提供方便。大多数图像软件都支持 GIF 文件格式,它主要适用于动画制作、网页制作以及演示文稿制作等领域。GIF 采用 LZW 压缩存储技术,压缩比高、磁盘空间占用较少、下载速度快、可以存储简单的动画。因为 GIF 格式采用了渐显方式,即在图像传输过程中,用户先看到图像的大致轮廓,然后随着传输过程的继续而逐步看清图像中的细节,所以 Internet 上的大量动画多采用此格式。

（3）JPEG 格式

JPEG 是联合图像专家组的英文首字母缩写。它既是一种文件格式,又是一种压缩技术。JPEG 具有调节图像质量的功能,允许用不同的压缩比例对文件压缩。它用有损压缩方式去除图像的冗余数据,在获取极高的压缩率的同时能展现十分丰富生动的图像。与 GIF 文件相比,他经过解码后的重构图像要比 GIF 图像更接近于原始的图像。JPEG 应用广泛,很多图像处理软件及各类浏览器都支持此格式。因为 JPEG 格式的文件容量较小,所以它特别适用于 Internet 上作图像传输,常在广告设计中作为图像素材,在存储容量有限的条件下进行携带和传输。对于数字化照片和表达自然景物的图片,JPEG 编码方式具有很好的处理效果;而对于使用计算机绘制的具有明显边界的图形,JPEG 编码方式的处理效果不佳。

（4）PSD 格式

PSD（Photoshop document）是图像处理软件 Photoshop 的专用格式。PSD 其实是 Photoshop 进行平面设计的一张"草稿图",它里面包含有各种图层、通道等多种设计的样稿,以便于下次打开文件时可以修改上一次的设计。在 Photoshop 所支持的各种图像格式中,PSD 的存取速度比其他格式快得多。但只有很少的几种图像处理软件能够读取此格式。

（5）TIFF 格式

TIFF（tag image file format）是由 Aldus 为 Macintosh 机开发的一种通用的位映射图像文件格式,现在 Windows 上的大多图像处理软件也都支持该格式。它是计算机上使用最广泛的位图格式,其特点是支持从单色到 32 位真彩色的所有图像;适用于多种操作平台和多种机型,如 Macintosh 机和 PC 机;具有多种数据压缩存储方式等。但占用的存储空间较大。TIFF 格式文件常被用来存储一些色彩绚丽、构思奇妙的图像文件,它将 3Ds MAX、Macintosh、Photoshop 有机地结合在一起。

（6）PNG 格式

PNG（portable network graphics）是 Macromedia 公司的 Fireworks 软件的默认图像文件格式。它汲取了 GIF 和 JPEG 两者的优点,存贮形式丰富,兼有 GIF 和 JPEG 的色彩模式,其图像质量远胜于 GIF。但与 GIF 不同的是,它不支持动画。由于 PNG 在把图像文件压缩到极限以利于网络传输的同时,保留了所有与图像品质有关的信息,并且有很高的显示速度,所以它是一种优秀的网络图像格式。

（7）DXF 格式

DXF（drawing exchange format）是 AutoDesk 公司为 AutoCAD 开发的一种矢量文件格式,它以 ASCII 码方式存储文件,在表现图形的大小方面十分精确。很多软件都支持 DXF 格式的输入与输出,如 3Ds MAX、CorelDRAW 等。

（8）CDR 格式

CDR 是 CorelDRAW 的专用图形文件格式,由于 CorelDRAW 是矢量图形绘制软件,所以 CDR 可以记录文件的属性、位置和分页等。但它兼容性差，仅能在 CorelDRAW 的各种应用程序中使用，而其他图像编辑软件打不开此类文件。

8.3.3 图像的处理

图像处理要借助于图像处理软件。常用的图像处理软件有 PhotoShop、PhotoImpact、PhotoDraw 等。图像处理一般包括图像扫描、简单图像绘制、图像编辑（如放大、缩小、旋转、倾斜、复制、镜像、透视、去除斑点、修补、修饰残损等）、图像合成、校色调色、色彩变换、特效制作、文字编辑、文件管理等。

8.4

8.4 视频信息的处理

视频是多媒体中携带信息最丰富、表现力最强的一种媒体。多媒体计算机不仅可以播放视频，而且还可以编辑和处理视频信息，这就为我们有效地控制视频并对视频节目进行再创作提供了展现艺术才能的机会。

8.4.1 数字视频基础

视频的基本概念

（1）视频

人类的眼睛具有"视觉暂留"的生物特性，即人们观察的物体消失后，物体映像在眼睛视网膜上会保留一个非常短暂的时间（大约 0.1 s）。利用这一现象，将一系列画面中物体移动或形状改变很小的图像，以足够快的速度连续播放，人眼就会感觉画面变成了连续活动的场景。

所谓视频就是指连续地随时间变化的一组图像，因此有时也将视频称为活动图像或运动图像。传统的视频有电视和电影等。

（2）帧

在视频中，一幅幅单独的图像称为帧。而每秒钟连续播放的帧数称为帧率，单位是帧/秒。当多幅连续的图像以每秒 25 帧的速度均匀地播放，人们就会感到这是一幅真实的活动图像。

（3）电视的制式

所谓电视制式，实际上是一种电视显示的标准。不同的制式对视频信号的解码方式、色彩处理方式以及屏幕扫描频率的要求都有所不同，因此如果计算机系统处理的视频信号与连接的视频设备制式不同，播放时图像的效果就会明显下降，有的甚至根本没有图像。常见的彩色电视制式有 NTSC、PAL、HDTV、SECAM 等。

视频的数字化

传统的视频，如 NTSC、PAL 等制式的视频都是模拟信号，要用计算机进行视频处理必须进行转换，把模拟视频变成数字视频。这涉及视频信号的扫描、采样、量化和编码。也就是说，光栅扫描形式的模拟视频数据流进入计算机时，每帧画面均应对每一个像素进行采样,并按颜色或灰度量化,故每帧画面均形成一幅数字图像。对视频按时间逐帧进行数字化得到的图像序列即为数字视频。因此,可以说图像是离散的视频,而视频是连续的图像。

数字视频的特点

数字视频和模拟视频比较,有下列特点:

(1)便于处理

模拟视频只能简单地调整亮度、对比度和颜色等,限制了处理手段和应用范围。而数字视频可借助于计算机进行创造性的编辑与合成,并可以进行人机动态交互。

(2)再现性好

由于模拟信号是连续变化的,所以复制时失真不可避免,经过多次复制,误差就更大。而数字视频可以不失真地进行多次复制,其抗干扰能力是模拟视频无法比拟的。它不会因复制、传输和存储而产生图像质量的退化,从而能够准确地再现视频图像。

(3)网络共享

通过网络,数字视频可以很方便地进行长距离传输,以实现视频资源共享。而模拟视频在传输过程中容易产生信号的损耗与失真。

8.4.2 视频的文件格式

常见的视频文件格式有 AVI、MP4、WMV、ASF、RM 和 RMVB 等。

(1) AVI(audio video interleave)

AVI 是一种由微软公司开发的多媒体容器格式,主要应用于音频和视频。它的优点是能够保存多种类型的音频和视频流,因此用户可以灵活地选择和组合不同的编码方式。然而,AVI 文件通常较大,压缩效率不高,因此在网络传输和存储方面效果不太理想。

(2) MP4(MPEG-4 Part 14)

MP4 是一种广泛使用的多媒体容器格式,它支持多种音频和视频编码方式,包括 H.264 和 AAC,因此被广泛用于网络流媒体和移动设备上。MP4 文件的优点是兼容性好、压缩效率高、流媒体传输方便。

(3) WMV(Windows media video)

WMV 是微软公司开发的一种视频压缩格式,主要应用于网络流媒体。它采用了多种压缩技术,如视频压缩、音频压缩和流媒体技术,以实现较高的压缩效率和较好的播放质量。

(4) ASF(advanced systems format)

ASF 也是一种由微软公司开发的多媒体容器格式,类似于 MP4。它支持多种音频和视频编码方式,并且能够实现在线流媒体播放。

(5) RM(real media)

RM 是由 RealNetworks 公司开发的一种流媒体格式,主要应用于网络视频传输。它采用了 RealNetworks 公司独有的压缩算法,能够实现较高的压缩效率和较快的传输速度。

(6) RMVB(real media variable bitrate)

RMVB 是 RM 格式的一种改进版本,采用了可变比特率编码方式。这种编码方式可以根据视频内容的复杂程度动态调整比特率,从而实现在保证视频质量的同时降低文件大小。RMVB 文件通常用于网络视频传输和移动设备播放。

不同的视频文件格式各有其优缺点,选择哪种格式取决于具体的应用场景和需求。例如,如果需要保存高质量的视频文件并且存储空间充足,可以选择 AVI 格式;如果需要在线播放或者在移动设备上观看视频,可以选择 MP4 或者 RMVB 格式。

8.4.3 流媒体技术

流媒体(streaming media)是指在网络中使用流式传输技术的连续时基媒体,如音频、视频或多媒体文件。与传统的下载—播放方式不同,流媒体技术允许用户在数据下载时同步观看,不需要等待整个文件下载完毕。这种方式更接近于传统的广播和电视播放模式,因此被称为"流媒体"。

流媒体技术的核心在于数据的流式传输。传统的文件下载方式是用户从服务器下载整个文件,然后再进行播放。而流式传输则是将音频、视频等多媒体文件经过特殊的压缩方式分割成一个个压缩包,由服务器向用户计算机连续、实时传送。在采用流式传输方式的系统中,用户不必等整个文件全部下载完毕,而是只需经过几秒或十几秒的启动延时即可在用户的计算机上利用相应的播放器对压缩的 A/V、3D 等多媒体文件解压后进行播放和观看。此时多媒体文件的剩余部分将在后台的服务器内继续下载。与单纯的下载方式相比,流媒体传输方式不仅使启动延时大幅度地缩短,而且对系统缓存容量的需求也大大降低。

常见的流媒体文件格式有 RM、ASF、RA 等。

视频点播系统

随着数字技术的飞速发展和网络传输能力的迅速提升,视频点播系统(video-on-demand,VOD)已经深入到了我们日常生活的方方面面,为用户带来了前所未有的观看体验。

视频点播系统是一种用户可以自主选择、观看视频内容的系统。它基于高速的数据传输网络,将丰富多样的视频内容如电影、电视剧、综艺节目、纪录片、体育赛事等实时或准实时地传输到用户的设备上,满足用户个性化的观看需求。

在技术上,视频点播系统依赖于先进的数据流控技术,确保视频内容的流畅播放。同时,高效的视频编解码技术也在系统中发挥着重要作用,它可以在保证视频质量的同时,大幅度减少数据传输的带宽需求,使得更多的用户可以同时享受到高质量的视频点播服务。

除了技术上的优势,视频点播系统还以其便利性和丰富性赢得了用户的喜爱。用户不再需要按照电视台的播放时间来观看节目,而是可以随时随地,根据自己的时间安排来观看自己喜欢的内容。同时,视频点播系统也提供了丰富的内容选择,无论是热门的影视剧,还是冷门的纪录片,甚至是小众的综艺节目,用户都可以轻松地找到并观看。

网络视频直播系统

网络视频直播系统是一种基于互联网技术的实时音视频传输平台,它能够将音视频信号从一个地点实时传输到另一个地点,供用户在线观看和参与互动。该系统结合了流媒体技术、音视频编解码技术、网络传输技术等多方面的先进科技,为用户提供了高质量、低延迟的直播体验。

网络视频直播系统广泛应用于各个领域,如教育、娱乐、电商、游戏等。在教育领域,可以用于远程教学、在线培训等;在娱乐领域,可以用于演唱会、明星见面会等活动的直播;在电商领域,可以用于产品展示、销售推广等;在游戏领域,可以用于游戏比赛、游戏解说等。随着 5G、AI 等新技术的不断融合应用,网络视频直播系统也将迎来更加广阔的发展空间和更加美好的未来。

8.4.4 视频信息处理

对于数字化的视频信息,需要专门的视频编辑软件进行编辑和处理。常用视频编辑软件有:

(1) Adobe Premiere Pro

这是一款功能强大的视频编辑软件,适用于专业人士和初学者。它提供了丰富的剪辑工具,如音频调整、颜色校正、特效和过渡效果等。此外,Premiere Pro 还支持多轨道编辑、实时协作和跨平台兼容性,使其成为电影、电视、网络视频制作等领域的首选工具。

(2) DaVinci Resolve

这款软件不仅是一个强大的视频编辑工具,还是一个全面的后期制作平台。DaVinci Resolve 提供了广泛的剪辑、调色、特效和音频处理功能。它的调色工具在行业内享有盛誉,支持多种格式和分辨率,适合电影、电视、广告等多种制作场景。

(3) Avid Media Composer

Avid Media Composer 是一款专业的非线性视频编辑软件,广泛应用于电影、电视和广播行业。它提供了强大的剪辑、调色、特效和音频处理工具,支持多轨道编辑、实时协作和广泛的硬件兼容性。

(4) HitFilm Pro

这款软件是一款综合性的视频编辑和特效制作软件,适用于电影、电视和广告行业。HitFilm Pro 提供了广泛的剪辑、调色、特效和合成功能,支持 3D 效果和 GPU 加速渲染。

视频处理主要包括以下功能:

视频剪辑:根据实际需要,剪除不需要的视频片段,连接多段视频信息。在连接时,还可以添加过渡效果等。

视频叠加:根据实际需要,把多个视频影像叠加在一起。

视频和声音同步:在单纯的视频信息上添加声音,并精确定位,保证视频和声音同步。

添加特殊效果:使用滤镜加工视频影像,使影像具有各种特殊效果。

8.5-8.7

8.5 计算机动画技术

在多媒体作品中,动画是最具吸引力的素材,它具有表现力丰富、直观、易于理解、吸引注意力、风趣幽默等特点。制作一段优美的动画,不仅需要好的动画软件,而且还需要动画的造型设计和绘画知识与技巧。动画很早就有,如《米老鼠和唐老鸭》《猫和老鼠》等都是人们喜闻乐见的动画片。但是这种传统动画是人工绘制的,其制作效率低,成本高。计算机动画则是在传统动画的基础上加入多媒体技术而飞速发展起来的一门新技术,它不仅缩短了动画制作周期、降低了成本,而且还产生了传统动画制作所不能比拟的、具有强烈震撼力的视听效果。

8.5.1 计算机动画简介

计算机动画的分类

计算机动画有两大类，一类是帧动画，另一类是矢量动画。

帧动画以帧作为动画构成的基本单位，很多帧组成一部动画片。帧动画借鉴传统动画的概念，一帧对应一个画面，每帧的内容不同。当连续播放时，形成动画视觉效果。制作帧动画的工作量很大，计算机特有的自动动画功能只能解决移动、旋转等基本动作过程，不能解决关键帧问题。帧动画主要用在传统动画片、广告片以及电影特技的制作方面。

矢量动画是经过计算机计算而生成的动画，主要表现变换的图形、线条、文字和图案。矢量动画通常采用编程方式和通过矢量动画制作软件来完成。

如果按照表现形式分，计算机动画可分为二维动画和三维动画。

二维动画也称"平面动画"，一般是指计算机辅助动画。它是帧动画的一种，沿用传统动画的概念，具有灵活的表现手段、强烈的表现力和良好的视觉效果。二维动画显示的主要是平面图像，网上常见的动画大多属于二维动画。对二维动画而言，按照不同的标准，又存在着不同的分类。比如按照制作方式，二维动画可以分为逐帧动画和关键帧动画。

三维动画又称"空间动画"。它采用计算机技术模拟真实的三维空间。它可以是帧动画，也可以制作成矢量动画，主要表现三维物体和空间运动。它的后期加工制作往往采用二维动画软件完成。三维动画显示立体图像，好莱坞电影中有些栩栩如生的场景就是计算机三维动画的杰作。

计算机动画文件格式

动画是以文件的形式保存的，不同的动画软件产生不同的文件格式。比较常见的格式有：

(1)FLC 格式

FLC 是 Animator Pro 动画制作软件生成的文件格式，每帧采用 256 色，画面分辨率从 320×200 至 1600×1280 不等。它采用数据压缩格式，代码效率高、通用性好，被大量地用在多媒体产品中。

(2)GIF 格式

GIF 是用于网页上的帧动画文件格式。GIF 格式有两种类型，一种是固定画面的图像文件，另一种是多画面的动画文件，都采用 256 色，96 dpi 分辨率。

(3)SWF 格式

SWF 是使用 Flash 软件制作的动画文件格式。该格式的动画主要在网络上演播，其特点是数据量小，动画流畅。

(4)AVI 格式

AVI 是视频文件格式，动态图像和声音同步播放。受视频标准的制约，该格式的画面分辨率不高，满屏显示时，画面质量比较粗糙。

8.5.2 动画制作软件简介

制作动画通常依靠动画制作软件完成。动画制作软件具备大量用于绘制动画的编辑工

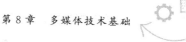

具和效果工具,还有用于自动生成动画、产生运动模式的自动动画功能。

网页动画设计软件 Flash

Flash 是美国的 Macromedia 公司推出的网页动画设计软件。它是一种交互式动画设计工具,可以将音乐、声效、动画以及富有新意的界面融合在一起,制作出高品质动态效果。Flash 有以下特点:

①使用矢量图形和流式播放技术。与位图图像不同的是,矢量图形可以任意尺寸缩放而不影响图形的质量;流式播放技术使得动画可以边下载边播放,从而缓解了网页浏览者焦急等待的情绪。

②通过使用关键帧和图符使得所生成的动画文件非常小,这一点对于网络传输十分重要。一个几千字节的动画文件已经可以实现许多令人心动的动画效果,用在网页设计上不仅可以使网页更加生动,而且小巧玲珑、下载迅速,使得动画可以在打开网页很短的时间里就得以播放。

③把音乐、动画、声效、交互方式融合在一起。越来越多的人把 Flash 作为网页动画设计的首选工具,并且创作出了许多令人叹为观止的动画效果。Flash 还支持 MP3 的音乐格式,这使得加入音乐的动画文件也能保持小巧的"身材"。

④强大的动画编辑功能使得设计者可以随心所欲地设计出高品质的动画,通过 Action 和 FS Command 可以实现交互性,使 Flash 具有更大的设计自由度,另外,它与网页设计工具 Dreamweaver 配合默契,可以直接嵌入网页的任一位置,非常方便。

三维动画设计软件

与传统的二维手工制作的动画相比,计算机第一次真正地使三维动画成为可能,极大地提高了工作效率,增强了动画制作效果,也使动画制作跨入一个全新的时代。常用的三维动画制作软件有:

(1)3D Studio MAX

3D Studio MAX 简称 3Ds MAX,由著名的 AutoDesk 公司麾下的 Discreet 多媒体分部推出。3Ds MAX 易学易用,操作简便,入门快,功能强大,目前在国内外拥有最大的用户群。3Ds MAX 还有一个姊妹软件——3Ds VIZ,功能与 3Ds MAX 类似,其动画制作功能相对比较简单,一般应用于建筑物内外的三维漫游动画制作。

(2)XSI

XSI 原名 Softimage,是由 SGI 工作站移植到个人计算机上的重量级软件,功能十分强大,长于造型和渲染,电影《侏罗纪公园》中的恐龙就是由它制作的,国内许多大广告公司及中央电视台的许多片头动画也用它制作。

(3)MAYA

MAYA 是由 Alias/Wavefront 在工作站软件的基础上开发的新一代三维动画制作软件,常用于制作三维动画片、电视广告、电影特技、游戏等。其造型和渲染俱佳,甚至超过 Softimage,特别是其造型功能可谓出神入化,在命令面板、操作、工作方式上与 3D Studio MAX 有很多相近之处。

(4)OpenGL

OpenGL(open graphic library)即开放性图形库,是一个三维的计算机图形和模型库。OpenGL 适用于多种硬件平台及操作系统,用户用这个图形库不仅能方便地制作出极高质量的静止三维彩色图像,还能创建出高质量的动画效果。由于 OpenGL 在三维真实感图形制作中具有卓越的性能,许多大公司(如 Microsoft、IBM、DEC、SUN 等)都将其作为自己的图形标准,从而使 OpenGL 成为新一代的三维图形工业标准。

8.6 多媒体创作工具

多媒体应用系统设计不仅需要利用计算机技术将各种媒体信息有机地结合起来,而且需要对其进行精彩的创意和精心的组织,使其变得更加自然化和人性化。所谓多媒体创作工具,是指能够集成处理和统一管理多媒体信息,使之能够根据用户的需要生成多媒体应用系统的工具软件。利用多媒体创作工具制作多媒体应用系统,简单地说,就是用多媒体创作工具设计交互性用户界面,将各种多媒体信息组合成连贯的节目,并在屏幕上播放。

20 世纪 80 年代以来,国内外许多大型软件公司及一些专门的多媒体制作公司,相继推出了一系列多媒体创作工具,大大简化了多媒体产品的开发制作过程。目前常用的多媒体创作工具有:美国 Macromedia 公司的 Authorware、Director、Action,Asymetrix 公司的 Multimedia ToolBook 等。根据创作方法和特点的不同,可以将其分为基于卡片、基于图标以及基于时间三种类型。

基于卡片的多媒体创作工具

基于卡片(card-based)的开发平台。这种结构由一张一张的卡片(card)构成,卡片和卡片之间可以相互连接,成为一个网状或树状的多媒体系统。用户只要把用文字、图形、图像、声音、动画或视频等多种媒体表示的信息制作在一张张的卡片上,然后再在这些卡片之间设定互相链接的按钮、菜单等交互动作,通过系统整合之后,就可以完成产品的制作。PowerPoint、ToolBook 等都属于这类工具。

基于图标的多媒体创作工具

基于图标(icon-based)的开发平台。在这种结构中,图标(icon)是构成系统的基本元素,在图标中可集成文字、图形、图像、声音、动画和视频等媒体素材;用户可以像搭积木一样在设计窗口中组建流程线,再在流程线上放入相应的图标,图标与图标之间通过某种链接,构成具有交互性的多媒体系统。代表性的创作工具是 Authorware 和 IconAuthor 等。

基于时间的多媒体创作工具

基于时间(time-based)的开发平台。这种结构主要是按照时间顺序组织各种媒体素材,Director 最为典型。它用电影作比喻,形象地把创作者看作"导演",把每个媒体素材对象看作"演员"。"导演"利用通道控制演员的出场顺序(前后关系);"演员"则在时间线上随着时间进行动作。这样,用这两个坐标轴就构成了一个丰富多彩的场景。

这几种创作工具虽然制作方式不同,但共同的特点都是具有很强的文字、图形编辑功能,支持多种媒体文件格式,提供多种声音、动画和影像播放方式,并提供丰富的动态特技效果,以及具有强大的交互能力,直接面向各个应用领域的非计算机专业的创作人员,可以创作出高品质的多媒体应用产品。

8.7 媒体转换与共屏

文字识别系统

OCR 是文字识别系统的简称,它是英文 Optical character recognition 的缩写,原意是光学字符识别。它的功能是通过扫描仪等光学输入设备读取印刷品上的文字图像信息,利用模式识别的算法,分析文字的形态特征从而判别不同的汉字。在扫描仪发展史上,文字识别软件(OCR)的出现,实现了将印刷文字扫描得到的图片转化为文本文字的功能,提供了一种全新的文字输入手段,大大提高了用户的工作效率,同时也为扫描仪的应用带来了进步。OCR 技术广泛应用于各种领域,包括文档数字化、数据输入、自动化处理、图像检索等。

OCR 技术的准确性取决于许多因素,包括图像质量、字符的大小和清晰度、字符与背景的对比度、字符的字体和风格等。近年来,随着深度学习技术的发展,基于卷积神经网络(CNN)和循环神经网络(RNN)的 OCR 方法大大提高了识别的准确性,尤其是对于那些手写或者设计复杂的字符。

语音识别技术

语音识别技术是一种使机器或计算机能够理解和识别人类语音的技术。该技术通过处理和分析语音信号,将其转换为机器可读的文本或命令,从而实现对语音的识别和理解。

语音识别技术主要包括以下几个关键步骤:

(1)信号预处理

这个步骤主要是对原始语音信号进行预处理,包括去除噪声、提高语音质量等。预处理后的语音信号更适合进行后续的处理和分析。

(2)特征提取

在这个步骤中,从预处理后的语音信号中提取出关键特征,如音高、音长、音色等。这些特征将被用于后续的语音识别过程。

(3)语音识别

基于提取出的语音特征,利用模式识别算法对语音进行识别。常见的模式识别算法包括隐马尔可夫模型(HMM)、深度学习算法(如卷积神经网络 CNN、循环神经网络 RNN)等。

(4)后处理

在识别出语音后,可能需要进行一些后处理,如纠正识别错误、提高识别精度等。

语音识别技术在实际应用中有许多用途,如语音助手、语音搜索、语音控制等。

文语转换

文语转换(text-to-speech,TTS)是语音处理的一个重要应用,它将文本信息转换为语音信号并输出。文语转换系统通常包括文本预处理、声学建模和波形合成三个主要部分。文本预处理将输入的文本转换为适合声学建模的格式;声学建模通过建立文本与语音信号之间的映射关系,生成语音的声学特征;波形合成则根据声学特征生成最终的语音波形。

随着深度学习技术的发展,基于神经网络的文语转换系统逐渐成为主流。这些系统通过训练大量的语音和文本数据,学习从文本到语音的映射关系,从而实现高质量的文语转换。随着技术的不断发展,语音信号将在人机交互、智能家居、智能医疗等领域发挥越来越重要的作用。

投屏技术 DLNA

随着科技的发展，家庭娱乐设备间的连接与共享变得越来越重要。DLNA（digital living network alliance，数字生活网络联盟）作为一种新兴的投屏技术，为家庭媒体共享提供了新的解决方案。

DLNA 不是一种独立的技术，而是多种网络协议的整合，它构建了一个共享的网络环境，使得不同类型的数字媒体设备之间能够互相识别、连接和共享数字媒体内容。

DLNA 的原理主要包括设备发现、媒体传输和媒体渲染三个方面。首先是设备发现，DLNA 设备通过 UPnP（universal plug and play）协议进行自动发现和识别，使得设备能够互相感知和连接。

其次是媒体传输，DLNA 设备可以通过有线或无线方式传输音频、视频和图片等媒体内容，实现设备之间的互联互通。

最后是媒体渲染，DLNA 设备可以播放和渲染其他设备传输过来的媒体内容。比如，用户可以在手机上浏览照片，并将其通过 DLNA 协议传输到电视上进行观看，实现了不同设备之间的内容共享和互动。

共屏技术

共屏技术，也常被称为"屏幕共享"或"桌面共享"，是一种允许多个用户或设备同时查看和交互同一屏幕内容的技术。这种技术广泛应用于远程会议、在线教育、游戏协作等领域，为人们提供了一种新颖而高效的信息交互方式。

共屏技术的实现基于视频编解码技术和网络通信协议。视频编解码器负责将屏幕内容转换为可在网络上传输的数据流，而网络通信协议则负责将数据流传输到其他用户或设备上。

目前常见的共屏技术应用场景有：

①远程会议：共屏技术可以方便地将本地屏幕内容共享给远程参会者，提高会议效率和便捷性。

②在线教育：教师可以通过共屏技术将教学内容实时展示给学生，同时学生也可以实时互动和提问，提高教学效果。

③游戏协作：共屏技术可以让多个玩家在同一屏幕上进行游戏协作，增强游戏的互动性和趣味性。

习题

一、简答题

1.什么叫多媒体？什么叫多媒体计算机？

2.多媒体技术的基本特性有哪些？

3. 为什么要对多媒体数据进行压缩和解压缩？

4.无损压缩和有损压缩有什么异同？

5.什么是声音的采样频率和采样精度？

6.音频文件的数据量与哪些因素有关？

7.MIDI 文件与 WAV 文件有什么不同？

8.什么叫像素？

9.位图和矢量图的区别是什么？

10.多媒体软件大致可分几类？

11.存储声音的文件格式主要有几种？

12.什么是图像的分辨率？如何计算一幅图像所占的存储空间？

13.语音识别技术的实现包括哪几个关键步骤？

二、选择题

1.媒体有两种含义,即表示信息的载体和（　　　）。

A. 表达信息的实体　　　　　　　　　B. 存储信息的实体

C. 传输信息的实体　　　　　　　　　D. 显示信息的实体

2.（　　　）是指用户接触信息的感觉形式,如视觉、听觉和触觉等。

A. 感知媒体　　　　B. 表示媒体　　　　C. 呈现媒体　　　　D. 传输媒体

3.多媒体技术是将（　　　）融合在一起的一种新技术。

A. 计算机技术、音频技术、视频技术　　B. 计算机技术、电子技术、通信技术

C. 计算机技术、视听技术、通信技术　　D. 音频技术、视频技术、网络技术

4.多媒体技术的主要特性不包括（　　　）。

A. 多样性　　　　　B. 智能性　　　　　C. 交互性　　　　　D. 实时性

5.多媒体的层次结构有 5 层,（　　　）直接用来控制和管理多媒体硬件。

A. 多媒体应用软件　　B. 多媒体开发工具　　C. 多媒体操作系统　　D. 多媒体驱动程序

6.在数据压缩方法中,有损压缩具有（　　　）特点。

A. 压缩比小,可逆　　　　　　　　　　B. 压缩比大,可逆

C. 压缩比小,不可逆　　　　　　　　　D. 压缩比大,不可逆

7.将模拟声音信号转变为数字音频信号的声音数字化过程是（　　　）。

A. 采样—编码—量化　　　　　　　　　B. 量化—编码—采样

C. 编码—采样—量化　　　　　　　　　D. 采样—量化—编码

8.采样和量化是数字音频系统中的两个最基本的技术,以下正确的是（　　　）。

A. 48 kHz 与量化有关　　　　　　　　B. 16 bit 与量化有关

C. 8 bit 比 16 bit 质量高　　　　　　　D. 16 kHz 比 48 kHz 质量高

9.对于 WAV 波形文件和 MIDI 文件,下面叙述不正确的是（　　　）。

A. WAV 波形文件比 MIDI 文件的音乐质量高

B. 存储同样的音乐文件,WAV 波形文件比 MIDI 文件的存储量大

C. 一般来说,数据压缩算法对减小 WAV 文件的大小效果不明显

D. 录制自然界的声音一般用 MIDI 文件

10.一般说来,要求声音的质量越高,则（　　　）。

A. 量化位数越低且采样频率越低　　　　B. 量化位数越高且采样频率越高

C. 量化位数越低且采样频率越高　　　　D. 量化位数越高且采样频率越低

11.一分钟双声道、16 位量化位数、22.05 kHz 采样频率的声音数据量是（　　　）。

A. 2.523 MB　　　　B. 2.646 MB　　　　C. 5.047 MB　　　　D. 5.292 MB

12.专用于声音处理的软件是（　　　）。

A. Flash　　　　　　B. Premiere　　　　　C. photoshop　　　　D. Adobe Audition

13.黑白模式是采用（　　　）位表示一个像素。

A. 1　　　　　　　　B. 8　　　　　　　　C. 16　　　　　　　D. 24

14.矢量图与位图相比,不正确的结论是（　　　）。

A. 在缩放时矢量图不失真,而位图会失真

B. 矢量图占用空间较大,而位图较小

C. 矢量图适合于表现变化曲线,而位图适合于表现自然景物

D. 矢量图侧重于绘制和艺术性,而位图侧重于获取和技巧性

15.几乎没有被压缩的图像文件格式是（　　　）。

A. bmp　　　　　　　B. gif　　　　　　　C. jpg　　　　　　D. png

16.Flash 动画与 Gif 动画最主要的区别在于（　　　）。

A. Flash 动画可以透明　　　　　　　　B. Flash 动画可以设置层次

C. Flash 动画是矢量动画　　　　　　　D. Flash 动画可以设置过渡效果

17.8 位彩色图像可以表示的颜色数目为（　　　）。

A. 8　　　　　　　　B. 32　　　　　　　C. 64　　　　　　　D. 256

18.在下列各种图像文件中,图像压缩比高,适用于处理图像与动画的格式是（　　　）。

A. BMP 文件　　　　B. JPEG 文件　　　C. GIF 文件　　　　D. PNG 文件

19.在同样大小的显示器屏幕上,显示分辨率越大,则屏幕显示的文字（　　　）。

A. 越小　　　　　　B. 越大　　　　　　C. 大小不变　　　　D. 字体增大

20.（　　　）属于二维动画制作软件。

A. Flash　　　　　　B. Maya　　　　　　C. XSI　　　　　　D. 3Ds MAX

21.Adobe Premiere 应属于（　　　）。

A. 音频处理软件　　B. 图像处理软件　　C. 动画制作软件　　D. 视频编辑软件

22.一分钟 PAL 制式（352×240 分辨率、24 位色彩、25 帧/秒）数字视频的不压缩的数据量是（　　　）。

A. 362.55 MB　　　B. 380.16 MB　　　C. 362.55 GB　　　D. 380.16 GB

23.PowerPoint 属于（　　　）的多媒体创作工具。

A. 基于卡片　　　　B. 基于图标　　　　C. 基于时间　　　　D. 以上都是

第 9 章　人工智能基础[①]

　　随着人类科技的飞速发展,人工智能——这一曾仅存在于科幻作家脑海中的概念,如今已融入我们日常生活的方方面面,极大地提升了我们的生活质量。曾经我们期望人工智能能拥有的众多能力,现在正逐步变为现实:机器视觉使机器能够观察物体、识别形态、辨别性质;机器翻译则让机器跨越语言障碍,理解句子含义;而机械臂更是让机器能够执行实际的操作,改变物质世界。这些功能无不体现了人类行为在机器上的延续与进化。

　　自人工智能诞生以来,其理论与技术不断成熟,应用领域亦持续拓展,与空间技术、原子技术并列为"20 世纪三大科学技术成就"。工业界将其誉为继三次工业革命后的又一次革命性飞跃。前三次工业革命,始于 18 世纪 60 年代,主要致力于扩展人手的功能,将人类从繁重的体力劳动中解放出来。而人工智能则更进一步,它扩展了人脑的功能,致力于实现脑力劳动的自动化。

　　从学科角度来看,人工智能是一门集大成的学科,横跨自然科学和社会科学两大领域。它融合了哲学和认知科学、数学、神经生理学、心理学、计算机科学、信息论、控制论以及不定性论等多学科的知识。在所有这些学科中,没有哪一个像人工智能这样,充满了无比的复杂性和无限的魅力。

　　2017 年 12 月,人工智能被评为"2017 年度中国媒体十大流行语",充分显示了其在社会中的广泛影响力和认可度。以 2022 年 11 月 30 日发布的 ChatGPT 为代表的生成式大语言模型在当下引领了社会潮流。2023 年,包括谷歌、华为和英伟达在内的科技公司通过训练人工智能模型,做到提前 10 天预测天气,其准确性可与传统模型媲美,甚至超过传统模型,而且运算负担要小得多,此事件被《科学》杂志评选为 2023 年科技十大突破。

　　人工智能技术已经深入我们的日常生活,提高了我们的生活质量,可以说"人工智能无处不在"。

　　本章将对人工智能进行综述性介绍,带领大家梳理人工智能的发展脉络,主要讨论人工智能的定义和起起落落的发展史,从科学和应用的角度探讨对于人工智能的困惑、思考与期待,并展示人工智能最新研究内容。

9.1 人工智能的定义

9.1

　　人工智能(artificial intelligence,AI)这个术语,是在 1956 年由约翰·麦卡锡在美国马萨诸塞州的达特茅斯会议上首次提出的。他认为:"人工智能就是要让机器的行为看起来就像

---

　　① 本章的所有图片来源于维基百科。

是人所表现出的智能行为一样,利用计算机模拟人类逻辑思维能力。"这一开创性的概念在 1971 年得到了认可,麦卡锡因此被授予计算机科学领域的最高荣誉——图灵奖,这也标志着人工智能正式成为一个重要的学科领域。麦卡锡因此被誉为"人工智能之父",他的贡献在人工智能领域具有里程碑意义。

纵观科学发展史,"人工智能"概念的提出,其实可以追溯到远早于 1956 年。在人类科学研究史的漫漫长路上,古今中外许多哲学家、科学家一直在努力探索"宇宙的起源"、"生命的本质"和"智能的奥秘",其中对于智能的研究更是这几年来科学界研究的热门。随着脑科学、神经心理学等研究的进展,人们对于人脑的结构和功能有了越来越清晰的认识,但是对整个神经系统的内部结构和作用机制,特别是脑的功能原理还没有了解清楚,有待进一步的探索。那么,智能是什么,如何模拟人类智能来帮助人类改善生活?事实上很难给出确切的定义。

下面,我们先来探讨一下若干个听起来很相似但是又存在着区别的概念:"智能","人类智能"和"人工智能"。

智能(intelligence)

智能,字面的意思是:智慧和能力,这通常被看作一种心智上的能力。智能的描述可以概括为对环境的学习适应能力、灵活应对机制的反应能力,以及创新预想的思维能力等。在智能科学与技术学科中,智能的目标性界定为:将人类智能(部分地)植入机器,使其更加"聪明、灵活"地服务于人类社会。

人类智能

人类智能,指的是以人类为主体的智能内涵。它涉及诸如意识(consciousness)、自我(self)、思维(mind)、包括无意识的思维(unconscious_mind)等问题。人类之所以能成为万物之灵,是因为人类具有与普通生物不一样的能够高度发展的智能。"智"和"能",从另一个角度讲,"智"主要指的是人对事物的认识能力,这里的认知包含了再加工的理解能力、联想能力等;而"能"主要指的是人的行动能力,它包括各种技能和正确的习惯等。人类的"智"和"能"一定是结合在一起而不可分离的,在"智"的基础上表现"能"。人类的劳动、学习和语言交往等活动都是"智"和"能"的统一,是人类独有的智能活动。

人工智能

人工智能,即人工创造或模拟的智能,更广义地说是通过计算机模拟人类逻辑思维的能力。其涵盖了智能行为的多个方面,如知觉、推理、学习、交流以及复杂环境中的行为。其长期目标在于制造出能够像人类一样,甚至超越人类完成上述行为的机器;同时,也致力于探索这种智能行为是否普遍存在于机器、人类或其他生物之中。在认知学领域,人类的认知发展从基础到高级可分为五个层次:神经认知、心理认知、语言认知、思维认知和文化认知。在这些层次上,人工智能都在努力学习和模仿人类智能。尽管人工智能在不断进步,但总体上尚未超越人类智能。特别是在语言、思维和文化等高级认知层次上,人工智能的能力仍远逊于人类。实际上,人工智能和人类智能这两种智能形式具有根本性的差异。机器的学习仅仅是对人类认知能力的一种模拟。此外,塞尔的"中文房间论证"理论仍具有现实意义,它指出数字计算机永远不会拥有真正的人类智能。因此,在可预见的未来,人工智能不太可能超越人类智能。

强人工智能与弱人工智能

在人工智能定义的讨论中,还有一场关于强人工智能(Strong AI)与弱人工智能(Weak AI)的激烈争论。这是在传统人工智能研究的哲学讨论中,以美国心灵哲学家塞尔给出的标准进行的划分。了解了这场争论的主要内容,我们会发现哲学的角度理解的人工智能与计算机科学角度理解的人工智能,是非常不同的。所谓的弱人工智能,主要是把机器看作研究心智的一种工具而已,而强人工智能则认为机器不仅仅是研究心智的一个工具,机器是可以通过巧妙的编程,从而具备心智的能力。

根据塞尔的论述,强人工智能的目的在于,试图创建某种人类意义上"心智"的东西,而弱人工智能则是比较简单的使用人类可理解的相同符号对心智进行建模处理。所谓建模,就是建立数学模型,来计算和模拟心智。总结一下,强人工智能是符号的、经典的、形式化的,认为靠纯算法过程来达成人类的智能是可能的;而弱人工智能则强调自然的、非经典的、非符号的,认为纯靠算法过程是不可能达成人类智能的。这里并没法区分,到底是强人工智能是正确的,抑或是弱人工智能是更有可能实现的,为了实现人工智能远大的目标,我们必须采用不同学科交叉知识来加强计算的方法,最大限度地实现人类的智能。

图灵与图灵测试被认为是强人工智能的代表,塞尔与他提出的"中文房间论证"则被认为是弱人工智能的代表,是对于强人工智能的反驳,图 9.1.1 就是图灵测试思想的形象描述。

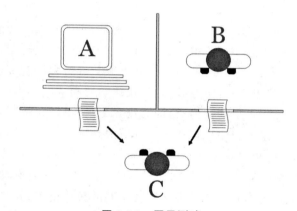

图 9.1.1　图灵测试

1950 年,被称为"计算机之父"的阿兰·图灵在一篇名为《机器能思考吗》的文章中提出了一种思想实验,名为"图灵测试"。图灵提出,如果一台机器能够与一个人进行一段对话,在不接触对方的情况下,而不被对方辨别出它的机器身份,那么可以认为这个计算机具有与人类相当的"智力",这台计算机是能"思维"的,是具有智能的。这一测试的核心在于机器是否能够模拟出人类对话的行为,而并非关注机器是否真正理解和感受事物。图灵甚至预言在 20 世纪末,一定会有电脑通过"图灵测试"。然而,图灵测试也引发了一些争议。一些人认为,仅仅通过模拟人类对话的行为来判断机器是否智能是不足够的。他们认为,真正的智能应该包括理解、推理、学习和创造等方面的能力。而图灵测试只关注了机器在对话中的表现,忽视了这些方面。

2014 年 6 月 7 日,在英国皇家学会举行了一场"2014 图灵测试"大会,一个名叫"尤金·古斯特曼"(Eugene Goostman)的聊天程序,首次按照图灵在 1952 年的定义方式,"通过"了图灵测试,值得注意的是,这天正是计算机科学之父阿兰·图灵(Alan Turing)逝世 60 周年纪念日。"尤金"冒充了一个 13 岁乌克兰男孩,通过聊天对答,"他"骗过了 33％的评委,"通过"了图灵测试。虽然如此,在这次测试中成功的"尤金",是足足历经十余年的"精心培育"制作出来的,因此它不具备大规模复制的能力。从这个角度来说,即使有机器通过图灵测试,倘若没有自然语言处理以及其他相关技术的快速跟进,人类在接下来很长一段时间内还无法实现所谓的人工智能。

为了更全面地评估机器的智能,我们可以引入"中文房间"的概念。"中文房间"是一个思想实验,最早由美国心灵哲学家塞尔于 20 世纪 80 年代初提出。这个实验的主角是一位只说英语的人,他身处一个房间之中,这间房间除了门上有一个小窗口以外,全部都是封闭的。这位只说英语的人随身带着一本写有中文翻译规则的书。房间里还有足够的稿纸、铅笔和厨柜。这时,写着中文的纸片通过小窗口被送入房间中。根据塞尔的假设,房间中的人可以使用他的书来翻译这些文字并用中文回复。虽然这个人完全不会中文,但是塞尔认为通过这个过程,房间里的人可以让任何房间外的人以为他会说"流利的"中文。"中文房间"思想实验实际上反驳的是电脑和其他人工智能能够真正思考的观点。塞尔认为电脑就是这样工作的。虽然无法真正地理解接收到的信息,但是可以通过运行一个程序,处理信息,然后给出一个智能的印象,以此说明即使一个系统能通过图灵测试,它可能只是在遵循某种形式的操作规则而非真正理解或具有心智状态。塞尔这一思想实验提醒我们,智能不仅仅是表面上的行为模仿,还包括深层次的理解和意识。

从上面的两个例子,我们能得到的最直观的感受是,使用弱人工智能技术制造出的智能机器,看起来是智能的,但是并不真正拥有智能,也不会有自主意识。而强人工智能,属于人类级别的人工智能,在各方面都能和人类比肩,人类能干的脑力活它都能胜任。它能够进行思考、计划、解决问题、抽象思维、理解复杂理念、快速学习和从经验中学习等操作,并且和人类一样得心应手。由于已经可以比肩人类,同时也具备了具有"人格"的基本条件,机器可以像人类一样独立思考和决策。自主意识在哲学领域内是一个关于人工智能判断的非常重要的标准,在其他的人文学科里也是如此。

当然,与其他的自然科学一样,人工智能的"强"与"弱"也不是绝对的。所谓的"强人工智能"观点,认为有可能制造出真正能推理和解决问题的智能机器,并且,这样的机器将被认为是有知觉的,有自我意识的,可以独立思考问题并制定解决问题的最优方案,有自己的价值观和世界观体系;它有和生物一样的各种本能,比如生存和安全需求,这在某种意义上可以看作一种新的文明。而弱人工智能则被认为是指不能制造出真正地推理和解决问题的智能机器,这些机器只不过看起来是智能的,但是并不真正拥有智能,也不会有自主意识。塞尔标准的意义在于:机器智能是"有限度"的,它永远不可能超过人类智能;同时,机器智能向人类智能的接近却是"无限度"的,机器智能总可以无限逼近人类智能。这样,塞尔就为人工智能提供了一个动态的、恒久适用的标准。

总之一句话,创造强人工智能比创造弱人工智能难得多。如今,弱人工智能的发展已经取得了显著成果,并且在许多领域都得到了广泛应用。智能语音识别系统能够准确识别用户的语音指令,智能家居系统可以根据用户的习惯自动调节室内环境,智能推荐系统能够根据用户的喜好推荐相应的内容。这些弱人工智能系统的共同点在于,它们都是针对特定任务进行设计的,通过大量的数据和算法训练来提高性能。要实现强人工智能,我们需要解决许多技术难题。首先,我们需要更加深入地了解人类大脑的工作原理,以便能够模拟人类的智能过程。其次,我们需要开发更加先进的算法和模型,以便能够处理更加复杂和多变的任务。此外,我们还需要考虑伦理、社会和法律等方面的问题,以确保强人工智能的发展不会给人类带来负面影响。尽管有科学家声称已经掌握了弱人工智能,但我们必须认识到,这只是迈向强人工智能的一小步。我们应该保持谦虚和开放的态度,不断探索和创新,以期在人工智能领域取得更加显著的成果。

9.2 人工智能的起源与发展

9.2

从 1956 年诞生以来,人工智能作为一个新兴的交叉学科,其历史不过短短 60 多年,但是人类对于智能的探索则要追溯到人类历史的史前期。在人工智能史上,其发展阶段的划分,比较一致的观点是分为孕育期、形成期和发展期三个阶段,下面分别介绍一下这三个阶段的典型事件。

9.2.1 孕育期

孕育期主要指的是 1956 年以前。人类的祖先们一直试图用各种工具和机器来代替人的脑力劳动,以提高人类征服自然的能力。对于计算本质以及"什么是计算"的探讨,从一个侧面体现了人类智慧水平的发展,无论从计算理论角度或者从计算工具角度来看,它们都属于人工智能的萌芽。

计数和推理系统

据《数学史辞典》记载,公元前 3000 年的古埃及人用结绳来记录土地面积和收获的谷物,公元前 2000 年的美索不达米亚人用泥板计数,而中国古代最早的记数方法是结绳,契刻记数,直至商朝时,我们的祖先们已经有了比较完备的文字系统,同时也有了比较完备的文字记数系统。

古希腊哲学家、逻辑学家亚里士多德在其著作《工具论》中,首次提出了关于三段论的系统理论。三段论在传统逻辑中,是在其中一个命题(结论)必然得从另外两个命题(叫作前提)中得出的一种推论。这是形式逻辑的一些主要定律的论述,至今仍然是演绎推理的基本依据。三段论在众多的关于人工智能思想启蒙的认知中占有十分重要的地位。

智能机器的探索

中华上下五千年,对于智能机器的探索也是自古有之的。据史料和考古发现,许多人类智慧的杰作顺应了当时历史的发展,发挥了巨大的作用,不仅推动了社会的进步,也推动了人工智能的发展。

从中国著名科学家祖冲之借助算筹作为计算工具计算出圆周率的值,到汉末三国时代徐岳撰写的《数术记遗》中记载的算盘;从相传黄帝和蚩尤打仗时,蚩尤作大雾,黄帝发明用于战胜了蚩尤的指南车,到我国劳动人民发明的世界上最早的自动记数装置——记里鼓车(如图 9.2.1);以及素有与计算机程序控制和存储技术发展关系密切美誉的中国提花机,无一不是古人对于智能的探索和追求。

古希腊人公元前 2 世纪末期制造的一种古代计算器——安梯基齐拉器械(Antikythera mechanism,见图 9.2.2)的精确度令人赞叹不已,它能够进行加、减、乘、除运算,能够制定日历,可以追踪日月的运动,预测日食和月食,还可以模拟从地球看到的月球的不规则轨道,它

图 9.2.1　指南车与记里鼓车

比之后 1000 年发明的任何一种计算器都精确、先进。

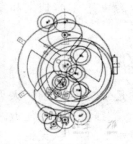

图 9.2.2　安梯基齐拉器械及设计手稿还原

13 世纪的西班牙隐士和学者雷蒙德·卢尔(Raymond Llull)更是一个在他的时代"异想天开"的人,他可能是第一个尝试机械化人类思维过程的人。卢尔的工作早于布尔(Boole)5个多世纪。在 *Ars Magna*(《伟大的艺术》)一书中,卢尔用几何图和原始逻辑装置实现了这个目标,他的工作也是现代图书索引学科的鼻祖。

计算的本质

随着自然科学的进一步发展,数理学家们开始专注于探讨计算的本质问题。计算被认为不仅仅局限于数值计算,符号推导也被视为计算的核心本质。当对于计算本质的理解转变为"从已知符号(串)开始,一步一步地改变符号(串),经过有限步骤,最后得到一个满足预先规定的符号(串)的变换过程"时,学者们对于智能的探索已经到达了对于计算模型以及计算能力的系统讨论。

20 世纪 30 年代到 40 年代,数理逻辑学家相继提出了四种模型,它们分别从不同的角度阐述了计算的本质是什么。哥德尔首先在 1931 年提出了原始递归函数的概念,他将原始递归函数定义为:由初始函数出发,经过有限次的代入与原始递归式而作出的函数。但是,原始递归函数无法正确给出计算性的描述,很快地,原始递归函数在 1934 年被更加完整和复杂的一般递归函数替代了。

紧接着,1936 年,图灵提出了一类抽象的计算模型——图灵机(如图 9.2.3),它与当今的计算机有同样的计算能力,图灵由此定义了图灵机可计算性函数。

图 9.2.3　图灵机模型

不久,丘奇和克林便分别证明了λ可计算函数正好就是一般递归函数,即这两类可计算函数是等价的、一致的。最终形成了"丘奇-图灵论点"。

　　凡是可计算的函数都是一般递归函数(或是图灵机可计算函数等),直观上可计算的函数类就是图灵机及任何与图灵机等价计算模型可计算的函数类。或任何算法过程都可被(概率)图灵机有效地模拟。丘奇-图灵论点确立了计算与可计算性的数学含义,标志着人类对可计算函数与计算本质的认识达到了空前的高度,它是数学史上一块夺目的里程碑。

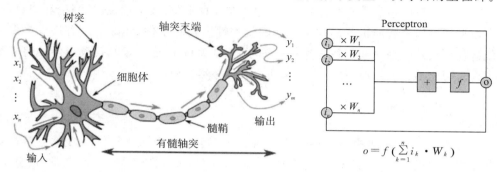

图 9.2.4　生物神经元与 M-P 模型

　　在算法理论的探讨中,特别要提到的是著名神经生理学家麦卡洛奇与皮兹在 1943 年创造的 M-P 模型(如图 9.2.4 的右图)。所谓 M-P 模型,其实是按照生物神经元的结构和工作原理构造出来的一个抽象和简化了的模型。简单点说,它是对一个生物神经元的建模,图 9.2.4 的左图展示的就是一个真实的神经元的示意图,科学家们把神经元对于神经的传导、抑制、激活等种种的功能演化为数学模型,由此开始了对于复杂数学问题的求解新路径。M-P 实际上是两位科学家的名字的合称。这是第一个神经网络模型,由于模仿了生物神经元的工作原理,开创了微观研究人类大脑的途径,其提出的神经网络连接机制,为人工神经网络奠定了理论基础。

　　同年,阿兰·图灵参与建造了第一代专用电子计算机,并给出过第一个国际象棋下棋程序,同时期,被称为"计算机之父"的冯·诺伊曼提出了博弈论,并于 1946 年领导建造了第一台通用电子计算机(ENIAC)(见图 9.2.5),他同时也是细胞自动机的提出者。

图 9.2.5　第一台通用电子计算机(ENIAC)

机器人三定律

最后值得一提的是,在人工智能这个概念提出之前,1942 年美国科幻巨匠阿西莫夫在其著作《我,机器人》中提出的"机器人三定律",被誉为是"现代机器人学的基石"。

阿西莫夫是一位著名的科幻小说作家、科普小说家,虽然他不是科研人员,但是他提出的这个定律为后代的创作提供了一定的指导意义,虽然从自然学科的角度而言,机器人三定律是被称为"民科"的存在,但是事实上,何尝不是在萌芽时期对于人工智能的一种思考呢。

以上我们简要阐述了人工智能的萌芽时期,在计算本质、数学理论、控制论和信息论,神经网络模型理论以及智能机器的理论方面的代表性人物和事件,实际上还有许许多多的技术发展过程中迸发的理论和创造无法一一列举,人类对于智慧和智能孜孜不倦的追求最终带来了人工智能的蓬勃发展,这是一个水到渠成的必然过程。

9.2.2 形成期

人工智能的形成期,普遍认同时间点出现在本章开初提到的 1956 年,在这一年的达特茅斯会议中首次提出了"人工智能"这个概念,这场由十个分别研究数学、心理学、信息论、计算机科学、神经学等各种不同学科的专家学者组织的历时长达两个月的研讨会,被誉为人类历史上第一次人工智能研讨会,标志着人工智能首次踏上了人类的科学舞台。在这次会议上,与会者大多数都是二十几岁的年轻人,他们对实现人工智能这一想法非常乐观,也很有自信。

在人工智能提出的早期阶段,"通用问题求解"(简称 GPS)是一个研究的热门领域。最初科学家们的设想是构造一个通用的方法去求解所有的问题。除此之外,在那个时代,人们用当时的计算机做了很多的数学定理证明,甚至是证明出了数学经典著作——《数学原理》这本书上的所有定理。

在这之后的 10 年,被公认为人工智能的形成期,人工智能的研究成果如雨后春笋般涌现出来。计算机被广泛应用于数学和自然语言领域,用来解决代数、几何和英语问题。

另外一个研究热点在于 1957 年,康奈尔大学的实验心理学家罗森·布拉特基于神经感知科学背景提出的一个非常类似于机器学习的模型。基于这个模型,罗森·布拉特设计出了第一个计算机神经网络——感知机(perceptron),它模拟了人脑的运作方式,1962 年罗森·布拉特出版了《神经动力学原理:感知机和大脑机制的理论》。

1958 年夏,麦卡锡和明斯基组成了人工智能项目,开发了一个表处理软件系统来实现,最后推动了表处理语言 LISP 的产生。LISP 语言是一种人工智能语言。它适用于符号处理、自动推理、硬件描述和超大规模集成电路设计等。特点是,使用表结构来表达非数值计算问题,实现技术简单。

1959 年,计算机游戏先驱亚瑟塞缪尔在 IBM 的首台商用计算机 IBM-701 上编写了西洋跳棋程序,这个程序在康涅狄格州的西洋跳棋比赛中顺利战胜了当时的西洋棋大师罗伯特尼赖。塞缪尔编制的下棋程序是世界上第一个有"自学习功能"的游戏程序,因此,塞缪尔被称为"机器学习之父",也被认为是计算机游戏的先驱。

同年,首台工业机器人诞生。美国发明家乔治·德沃尔与约瑟夫·英格伯格发明了首台工业机器人,该机器人借助计算机读取存储程序和信息,发出指令控制一台多自由度的机械,它对外界环境没有感知。

1966 年,麻省理工学院的人工智能学院发布了计算机科学家约瑟夫·魏岑鲍姆编写的世界上第一个聊天程序 ELIZA,能够根据设定的规则,根据用户的提问进行模式匹配,然后从预先编写好的答案库中选择合适的回答。这些脚本模仿了一个罗杰斯学派心理治疗师,且只接受文本输入。虽然现在看来,ELIZA 只是用符合语法的方式将问题复述一遍,但它是第一个尝试通过图灵测试的软件程序,它曾模拟心理治疗医生和患者交谈(见图 9.2.6)。尽管 ELIZA 的知识范围有限,只能和特定领域的人聊天,在首次使用时却骗过了很多人。把模式匹配作为对话的描述,这是计算机自然语言对话技术的开端。

```
Welcome to
              EEEEEE  LL      IIII  ZZZZZZZ  AAAAA
              EE      LL       II        ZZ  AA  AA
              EEEEE   LL       II       ZZZ  AAAAAAA
              EE、     LL       II      ZZ    AA  AA
              EEEEEE  LLLLLL  IIII  ZZZZZZZ  AA  AA

Eliza is a mock Rogerian psychotherapist.
The original program was described by Joseph Weizenbaum in 1966.
This implementation by Norbert Landsteiner 2005.


ELIZA: Is something troubling you ?
YOU:   Men are all alike.
ELIZA: What is the connection, do you suppose ?
YOU:   They're always bugging us about something or other.
ELIZA: Can you think of a specific example ?
YOU:   Well, my boyfriend made me come here.
ELIZA: Is it important to you that your boyfriend made you come here ?
YOU:   He says I'm depressed much of the time.
ELIZA: I am sorry to hear that you are depressed.
YOU:   It's true. I am unhappy.
ELIZA: Can you explain what made you unhappy ?
YOU:
```

图 9.2.6 Eliza 和人之间的对话

1969 年,第一届国际人工智能联合会(international joint conferences on artificial intelligence,IJCAI)成功召开了,这是一个标志人工智能学科得到肯定与公认的里程碑。IJCAI 会议是人工智能领域最重要的国际顶级学术会议,被中国计算机学会(CCF)推荐为计算机学科领域 A 类国际会议,最初每 2 年举行一次,从 2015 年开始改为每年一次,会议的论文基本代表人工智能领域最新研究进展和最高研究水平。

在 1956—1969 的这短短十余年间,人工智能无论从理论或者硬件上,都大跨步迈进,它站上了历史的舞台并为进一步的发展打下了良好的基础。经典科幻片《2001:太空漫游》也于 1968 年上映,宇宙飞船搭载的人工智能电脑 HAL9000 让所有观众印象深刻。这个时代,科学家们甚至整个世界都对人工智能技术充满乐观的期望。

9.2.3 发展期

在经历了孕育和形成期之后,科学家们都对于人工智能的未来充满了无限希望,但是,希望总是伴随着危机,在发展期中,人工智能历经了起起落落,在质疑、反思和批判中不断成长。

第一次低谷

人工智能提出后,研究学者们力图模拟人类智慧,但是早期的研究由于过分简单的算法、匮乏的难以应对不确定环境的理论,以及计算能力的限制,在经历了十几年的狂热之后,逐渐冷却下来。人工智能第一次低谷出现在20世纪70年代前后(大约在1966～1975年,史称黑暗期)。

1973年,著名数学家拉特希尔向英国政府提交了一份关于人工智能的研究报告,对当时的机器人技术、语言处理技术和图像识别技术进行了严厉的批评,尖锐地指出人工智能那些看上去宏伟的目标根本无法实现,研究已经完全失败。这份研究报告的提出至今存在着巨大的争议,但是报告对人工智能界造成了严重的打击。此后,科学界对人工智能进行了一轮深入的拷问,使人工智能遭受到严厉的批评,人们对其实际价值产生了质疑。人工智能当时面临的技术瓶颈主要指三个方面:

第一,计算机性能不足,导致早期很多程序无法在人工智能领域得到应用;

第二,问题的复杂性,早期人工智能程序主要是解决特定的专有的问题,这是因为特定的问题对象少、复杂性低。但是一旦问题上升维度,程序立马不堪重负;

第三,数据量严重缺失,在当时不可能找到足够大的数据库来支撑程序进行深度学习,这很容易导致机器无法读取足够量的数据进行智能化。

专家系统的崛起

在人工智能面临种种困难的处境中,研究人员认识到,要摆脱困境,只有大量使用知识。20世纪70年代后期开始,知识工程、机器学习以及人工智能的关键应用——专家系统等领域迅速兴起,得以发展。

1978年,卡耐基梅隆大学开始开发一款能够帮助顾客自动选配计算机配件的软件程序。这是个完善的专家系统。专家系统开始在特定领域发挥威力,也带动整个人工智能技术进入了一个繁荣阶段。

专家系统把自己限定在一个小的范围,避免了通用人工智能的各种难题,它充分利用现有专家的知识经验,务实地解决人类特定工作领域需要的任务,它不是创造机器生命,而是制造更有用的活字典,好工具。在后面的章节里,我们会向大家介绍,什么是专家系统。

第二次低谷

仅仅在维持了7年之后,这个曾经轰动一时的人工智能系统就宣告结束历史进程。到1987年时,苹果和IBM公司生产的台式机性能都超过了Symbolics等厂商生产的通用计算机。从此,专家系统风光不再。

人们开始对于专家系统和人工智能的信任都产生了危机,一股强烈的声音开始对当前人工智能发展方向提出质疑,他们认为使用人类设定的规则进行编程,这种自上而下的方法是错误的。人工智能技术应该拥有身体感知能力,从下而上才能实现真正的智能。这种观点是超前的,但也推动了后续神经网络技术的壮大和发展。

神经网络的崛起

20世纪90年代中期开始,随着人工智能技术尤其是神经网络技术的逐步发展,以及人们对AI开始抱有客观理性的认知,人工智能技术开始进入平稳发展时期。1997年5月11日,IBM的计算机系统"深蓝"(图9.2.7)战胜了国际象棋世界冠军卡斯帕罗夫,又一次在公众领域引发了现象级的AI话题讨论。这是人工智能发展的一个重要里程碑。

进入20世纪90年代,神经网络、遗传算法等科技"进化"出许多解决问题的最佳方案,于是21世纪前10年,复兴人工智能研究进程的各种要素,例如摩尔定律、大数据、云计算和

图 9.2.7　战胜了国际象棋大师的计算机系统"深蓝"

新算法等,推动人工智能在 21 世纪进入快速增长时期。

2006 年,Hinton 在神经网络的深度学习领域取得突破。

2011 年开始,在图像识别领域或常识问答比赛上,人工智能表现出超过人类的水平,人工智能在各个专业领域都取得了突破。

2014 年,伊恩·古德费罗提出 GANs(生成对抗网络算法),一种用于无监督学习的人工智能算法,这种算法由生成网络和评估网络构成,以左右互搏的方式提升最终效果,这种方法很快被人工智能很多技术领域采用。

2016 年和 2017 年,谷歌发起了两场轰动世界的围棋人机之战,其人工智能程序 AlphaGo 连续战胜曾经的围棋世界冠军韩国李世石,以及当时的围棋世界冠军中国的柯洁。

2017 年提出的 Transformer 模型彻底改变了自然语言处理(NLP)领域,其核心的自注意力机制允许模型在处理文本时灵活关注上下文中的任何词语,从而实现更精准的理解和生成。随后几年内,基于 Transformer 的预训练语言模型如 BERT(2018 年)、GPT-2(2019 年)、GPT-3(2020 年)和 GPT-4(2023 年)相继诞生,它们在文本分类、问答、翻译、文本生成等任务上有绝佳的表现,甚至在某些特定情境下超越了人类专家。

人工智能开始跨越单一感官界限,学习理解和关联不同类型的媒体数据。Sora(2024 年)继承了 DALL-E 3 的画质和遵循指令能力,可以根据用户的文本提示创建逼真的视频。该模型能够深度模拟真实物理世界,生成具有多个角色、包含特定运动的复杂场景,并理解用户在提示中提出的要求以及这些物体在物理世界中的存在方式。这种技术对于需要制作视频的艺术家、电影制片人或学生来说具有无限可能,也是 OpenAI"教 AI 理解和模拟运动中的物理世界"计划的一部分。这些跨模态模型开启了新的创作可能性。

人工智能在复杂策略游戏中的表现也同样引人注目,如 OpenAI 的 Dota 2 AI(OpenAI Five,2018 年)首次击败专业电竞团队,展示了 AI 在实时多人策略游戏中的卓越决策能力。随后,DeepMind 的 AlphaStar(2019 年)在《星际争霸Ⅱ》中达到顶级人类玩家水平,证明了 AI 在高度复杂、信息不完全环境下的学习与对抗能力。

非经典计算

与此同时,与经典算法不同的另外一大类研究问题也随着人工智能的发展大放异彩。

心脑计算新兴研究领域的情感计算、机器意识和类脑智能等新问题,需要新的计算方法的支持。特别是对于意识和情感而言,仅仅依靠经典计算的方法显然远远不够。正因为这样,几乎与心脑计算研究同步发展起来的基因计算、量子计算和集群计算等非经典计算也就成为智能科学技术研究全新的重要方法论基础。

随着深度学习、强化学习等核心技术的持续突破,人工智能的应用场景日渐丰富。与此同时,人们在对伦理、安全、公平等问题进行深入的探讨,并建立了相应的制度,共同推动了人工智能技术的快速发展和社会影响力的提升。在 21 世纪的第三个十年,随着移动互联网、大数据、云计算、物联网等技术的蓬勃发展,人工智能技术也迎来了新的融合时代。从 AlphaGo 战胜李世石,到微软语音识别技术准确度达到人类水平,再到谷歌自动驾驶、波士顿动力学机器人,以及市场上琳琅满目的智能音箱,甚至是每个人手机中的神经网络芯片和智能程序,人工智能正在从无形转变为有形,陪伴着每个人的生产和生活。半个多世纪前,科学家们所描绘的美好图景,正在逐步因现代的人工智能技术得以实现。

中国人工智能之路

与国际上人工智能的发展情况相比,国内的人工智能研究不仅起步较晚,而且发展道路曲折坎坷。直到改革开放之后,中国的人工智能才逐渐走上发展之路。

吴文俊提出的利用机器证明与发现几何定理的新方法——几何定理机器证明,获得 1978 年全国科学大会重大科技成果奖。

1978 年召开的中国自动化学会年会上,报告了光学文字识别系统、手写体数字识别、生物控制论和模糊集合等研究成果,表明中国人工智能在生物控制和模式识别等方向的研究已开始起步。

1978 年,"智能模拟"纳入国家研究计划。1981 年 9 月,中国人工智能学会(CAAI)在长沙成立。

1986 年起,智能计算机系统、智能机器人和智能信息处理等重大项目被列入国家高技术研究发展计划(863 计划)。1993 年起,智能控制和智能自动化等项目列入国家科技攀登计划。

进入 21 世纪后,已有更多的人工智能与智能系统研究获得各种基金计划支持,并与国家国民经济和科技发展的重大需求相结合,力求做出更大的贡献。

中国政府高度重视人工智能发展,制定了一系列前瞻性、战略性的政策文件,如 2017 年发布的《新一代人工智能发展规划》,明确了我国人工智能发展的宏伟蓝图、重点任务和保障措施。同时,加强对人工智能伦理、隐私保护等领域的法规建设,确保人工智能技术在法治轨道上健康有序发展。

展望未来,随着智能科学与技术的持续演进,中国人工智能将在深度学习、强化学习、自然语言处理、计算机视觉等前沿领域继续深挖潜力,与 5G、物联网、大数据、云计算等新一代信息技术深度融合,赋能各行各业,构筑万物智能互联的未来社会。

9.3 人工智能研究内容

人工智能研究内容广泛而深入,涵盖了诸多核心领域和技术分支。下面,我们将简要介绍一下大致方向。

（1）搜索与求解

作为人工智能领域中的一项关键基础技术，其重要性不言而喻。这项技术主要致力于在纷繁复杂的环境中，寻找出最优或满意的解决方案。其涵盖的范畴相当广泛，包括但不限于启发式搜索、约束满足问题、优化算法以及博弈论等多个方面。

启发式搜索是一种基于某种启发式信息的搜索策略，旨在高效地探索问题空间，减少不必要的搜索步骤，从而迅速接近或找到最优解。在启发式搜索中，可以采用多种策略，如贪心算法、A＊算法以及遗传算法等。

约束满足问题，这类问题通常涉及多个约束条件，需要找到满足所有约束条件的解。在处理约束满足问题时，可以采用回溯法、局部搜索、约束传播等方法。

此外，优化算法也是搜索与求解领域的一个重要组成部分。优化算法主要用于求解最大化或最小化某一目标函数的问题。这类问题广泛存在于实际生活中，如资源分配、路径规划等。博弈论主要研究在对抗或合作情境下的决策问题，为智能体间的策略互动提供理论指导，并为设计更高效的搜索与求解算法提供启示。

总之，搜索与求解作为人工智能领域的一项基础技术，具有广泛的应用前景和重要的理论价值。通过深入研究启发式搜索、约束满足问题、优化算法以及博弈论等方面的内容，可以为人工智能的发展提供更有力的支持，推动其在各个领域的应用取得更加显著的成果。

（2）知识与推理

知识与推理，作为人工智能系统智能行为的核心要素，发挥着举足轻重的作用。它们不仅涉及知识的表示、存储、获取和利用，更涵盖了基于知识的逻辑推理。

在人工智能领域，知识表示是指采用一种或多种形式来表达领域知识，使之适合计算机处理。目前，常见的知识表示形式有谓词逻辑、框架、语义网络、本体等（详见 9.4.7）。这些形式各有特点，能够根据不同的应用场景和需求进行选择。例如，谓词逻辑通过逻辑命题和推理规则来表示知识，适用于逻辑推理和推理机设计；而本体则通过概念、属性、关系等来表示知识，适用于知识图谱构建和语义搜索等应用。

推理技术是实现知识利用和智能行为的关键手段。它包括演绎推理、归纳推理和类比推理等多种方法。演绎推理，如基于规则的推理和逻辑推理，通过已知前提和规则推导出结论；归纳推理，如统计推理和数据挖掘，则从大量数据中提炼出规律或模式；类比推理则通过比较不同对象的相似性来推导出新的结论。这些推理方法相互补充，共同构成了人工智能系统的推理能力。

不确定推理也是知识与推理领域的一个重要研究方向。在现实生活中，往往面临着不完全、模糊、冲突或概率性的知识。因此，如何处理这些不确定性成为人工智能系统需要解决的关键问题。不确定推理技术，如贝叶斯网络、模糊逻辑等，为处理这类知识提供了有效的手段。它们能够量化不确定性，并基于概率或模糊集理论进行推理，从而提高了人工智能系统的鲁棒性和准确性。

通过机器学习、知识图谱构建、专家系统交互等方式，人们可以自动或半自动地获取知识，并将其整合到系统中。机器学习能够从大量数据中自动学习规律和模式，为系统提供新的知识和能力；知识图谱构建能够整合各种来源的知识，形成结构化的知识库；而专家系统交互能够通过与领域专家的交流来获取专业知识和经验。这些方法为人工智能系统提供了源源不断的知识来源,推动了其智能行为的不断发展。

(3)学习与发现

学习与发现是人工智能系统持续进化、自我提升以及适应复杂多变环境的关键手段。这些技术手段不仅赋予了人工智能系统强大的数据处理能力,还使其具备了从数据中挖掘深层信息、自主学习与适应新环境的智能特性。

机器学习作为人工智能的核心技术之一,涵盖了监督学习、无监督学习、半监督学习、强化学习等多种学习模式。

此外,元学习与迁移学习也是近年来人工智能领域的研究热点。元学习研究如何快速适应新任务或新环境,通过从多个任务中找到通用的学习策略,提高学习效率和性能。而迁移学习则关注如何利用已有知识解决相似问题,通过将在源领域学到的知识迁移到目标领域,提高目标任务的性能。这些技术为人工智能系统的快速适应和泛化能力提供了有力支持。

(4)发明与创造

尽管人工智能在发明与创造方面的研究尚处于前沿探索阶段,但已取得一些初步进展。

使用生成对抗网络(GANs)和变分自编码器(VAEs)等技术,生成独特的艺术作品,包括画作、雕塑设计甚至时尚设计。通过训练模型于大量的艺术作品数据集上,人工智能可以创造出具有特定风格的新艺术作品,可以模仿凡·高、毕加索等大师的风格,或者完全创新的艺术形式。人工智能在音乐创作中的应用同样引人注目。算法通过分析海量的音乐数据,进而生成新的音乐曲目。人工智能也开始在文学创作中发挥作用,能够基于历史文学作品学习并生成新的故事、诗歌甚至剧本。这不仅展示了人工智能在语言理解和创造力上的进步,也为内容创作开辟了新的可能性。

利用人工智能还能进行大规模数据分析、假设生成与验证,支持科学研究中的新发现。在材料科学领域,人工智能在庞大的化学空间中筛选出具有特定性能的新材料。这种方法极大地加速了新材料的发现过程,对于电池技术、药物开发等领域具有重要意义。

此外,GitHub Copilot 和 DeepMind 的 AlphaCode 能根据给定的需求或上下文自动完成程序设计,生成新的代码片段。

人工智能研究内容既包含基础理论、核心算法的探索,也涵盖技术集成、系统构建以及跨学科、跨领域的应用实践,旨在全方位推动人工智能技术的进步与落地。

9.4 人工智能技术

9.4

人工智能已经融入我们生活的方方面面,一般来说,人工智能的研究领域包括了自然语言处理、自动定理证明、自动程序设计、智能检索、智能调度、机器学习、机器人学、专家系统、智能控制、模式识别、视觉系统、神经网络、Agent 计算智能、问题求解、人工生命、人工智能方法和程序设计语言等。在过去 60 年中,已经建立了一些具有人工智能的计算机系统,例如,能够求解微分方程的,下棋的,设计分析集成电路的,合成人类自然语言的,检索情报的,诊断疾病的以及控制太空飞行器、地面移动机器人和水下机器人的,各种具有不同程度人工智能的计算机系统。下面我们将介绍人工智能的主要研究热点。

9.4.1 专家系统

专家系统 ES(expert system),简单来说,是一个智能计算机程序系统,系统中聚集了大量关于某个领域专家水平的知识与经验,经过数学建模以及算法的设计,利用人类专家的知识,进一步模仿专家解决问题的方式,进行推理和判断,来处理该领域的复杂问题。本质上说,专家系统是一个具有的专门知识与经验的程序系统,是人工智能技术和计算机技术结合的典型案例。

专家系统由两个基本部分组成,"知识库"和"推理机",如图 9.4.1 所示。知识库相当于专家的大脑,是知识在计算机中的映射和组织,而推理机是利用知识进行推理的能力的映射,这是专家系统的两个实现难点,知识库中知识的质量和数量决定着专家系统的质量水平,所以对于专家系统知识库的维护就相当必要了,用户可以独立地通过改变、完善知识库中的知识内容来提高专家系统的性能。

当拿到一个要解决的问题,推理机的一般处理方式是,针对当前问题的条件或已知信息,通过匹配知识库中的规则,获得新的结论,这个过程反复进行,直到得到问题的求解结果。

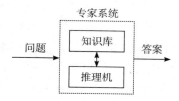

图 9.4.1 简化专家系统

专家系统在其发展历程中,主要经历了如下 5 个阶段:

①基于规则的专家系统。这是目前最常用的方式,直接模仿人类的心理过程,利用一系列规则来表示专家知识。

②基于框架的专家系统。这是基于规则的自然推广,是一种完全不同的编程风格,本质上用"框架"来描述数据结构。当我们要表示关于某个概念的一个实例时,所需要做的就是向框架中输入这个实例的相关特定值,从而构建专家知识库。

③基于案例的专家系统。案例指的是曾经解决过的问题实例,在求解一个新问题的时候,我们要做的是寻找最相似的以往案例。如果系统曾经解决过类似的问题,那么就会找到合理的匹配,则此时建议使用和过去所用相同的解;相反的,如果搜索相似案例失败,则将这个案例作为新案例进行求解。

④基于模型的专家系统。这是起源于哲学界的本体论概念在人工智能领域的一个完美结合。通过将问题的模型、原理、知识库采用本体论的方法严格定义,以便方便地重新调用该模型以加速系统设计。

⑤基于网络的专家系统。工程师与用户通过浏览器访问专家系统服务器,并将问题传递给服务器;服务器则通过后台的推理机,调用当地或远程的数据库、知识库来推导结论,最终将这些结论再通过网络反馈给用户。

专家系统掌握着比普通人更多的经验和知识来解决和指导问题,但是弊端在于知识的缺乏和决策的缺失。大部分的专家系统只能针对某一特定领域建立，一旦超出熟悉的领域，系统就无法再有效地运行。分布式和协同式是专家系统的主流发展趋势，有着越来越多实用的应用场景。

9.4.2 机器学习

机器学习（machine learning）是近几十年来最火的一个计算机研究领域，它是一门多领域交叉学科，涉及概率论、统计学、算法复杂度理论等多门学科。主要研究计算机怎样模拟和实现人类的学习行为，不断地获取新的知识或技能，从而重新组织已有的知识结构，改善自身的性能。机器学习是让计算机自动地从经验（数据）中学习规律，并基于这些规律进行预测或决策的过程。这一过程通常包括以下几个关键步骤：特征选择、模型选择、训练和验证。可以说，机器学习是人工智能的核心研究方向，它致力于使计算机具有智能，其应用遍及人工智能的各个领域。

机器学习的核心是学习。学习是一种能力，是一种多侧面、综合性的心理能动性，它与记忆、思维、知觉、感觉等多种心理行为都有着密切的联系。目前在机器学习研究领域影响较大的是 H.Simon 的观点："学习是系统中的任何改进，这种改进使得系统在重复同样的工作或进行类似的工作时，能完成得更好。"程序员编写算法用以解析数据，从中学习，以便对某件事情做出决定或预测。与传统的程序员编写程序来执行某些任务不同，机器学习教会计算机如何开发一个算法来完成任务，这些算法试图从大数据中挖掘出其中隐含的规律，预测和分类是算法的主要工作，更具体地说，机器学习寻找的是一个函数，函数输入的是数据，输出是期望的结果。需要注意的是，机器学习追求的目标不是在旧数据上拥有好的结果，而是在新数据上使学到的函数能够很好地适用，并给出优良的预测。

机器学习始于 1986 年，它算是人工智能领域中研究较为年轻的分支，短短 60 多年的发展过程大体上可分为 4 个时期。第一阶段是在 20 世纪 50 年代中叶到 60 年代中叶，属于热烈时期。第二阶段是在 20 世纪 60 年代中叶至 70 年代中叶，被称为机器学习的冷静时期。第三阶段是从 20 世纪 70 年代中叶至 80 年代中叶，称为复兴时期。而我们现在所处的是其第四个发展阶段。

机器学习的分类

主要分为三种类型：监督学习、非监督学习和半监督学习。

①监督学习（supervised learning），即在机器学习过程中提供对错指示。监督学习简单来说就是分类，主要应用于分类和预测。从给定的训练数据集中学习出一个函数，当新的数据到来时，根据这个函数预测结果。

②非监督学习（unsupervised learning），又称归纳性学习，与监督学习的分类本质不同，非监督学习的本质就是聚类。归纳出类的特征，每当来一个新数据，根据它距离哪个类或群较近，就将它归属到那个类或群去，从而完成新数据的分类分群功能。

③半监督学习算法（semi-supervised learning），是一种综合了监督学习和非监督学习的学习方式，利用少量有标签的样本和大量的没有标签样本进行训练和分类。在规划机器人的行为准则方面，还有一种学习方法叫作"强化学习"，也就是把计算机丢到一个完全陌生的环境，或者让计算机完成一项从未接触过的任务，计算机尝试各种手段，直到最后成功适用环境，或者掌握完成这件任务的方法途径。这几年风头正盛的谷歌公司开发的"阿尔法狗"

（AlphaGo）正是应用了这种学习方式。

数据准备

数据准备是机器学习项目中至关重要的一步,它直接关系到模型训练的效果和最终应用的性能。其中,数据集划分和数据标注是两个基础且关键的环节。

数据集划分,指将原始数据集分割成不同的子集,用于模型的不同阶段,通常包括训练集、验证集和测试集。训练集用于模型的训练,即通过调整模型参数来最小化预测误差。验证集则是用于在训练过程中调整模型的超参数(如学习率、正则化强度等),以及评估模型的泛化能力,防止过拟合。测试集:在所有模型调整完成后,使用测试集评估模型的最终性能,这个结果用来反映模型在未知数据上的表现。常用的划分比例有 70％训练集、15％验证集、15％测试集,但根据实际情况,比例可以适当调整。

数据标注,指人为地为数据添加有意义的标签或注释,以便机器学习算法能够从中学习。根据任务的性质,数据标注可以是分类(如图像分类中的狗、猫)、回归(预测数值,如房价)、序列标注(如自然语言处理中的词性标注)或更复杂的结构化信息标注(如物体检测中的边界框)等。数据标注的质量直接影响模型学习的准确性,因此,高质量的数据标注是机器学习项目成功的关键。

机器学习工程应用

机器学习工程应用是将理论模型转化为实际生产力的关键过程,它不仅仅涉及算法的选择和实现,还包括了一系列复杂的工程技术,以确保模型的性能、效率和可维护性。其中,特征工程、降维和超参数调优是三个至关重要的环节,它们直接关系到模型的最终表现和应用效果。

特征工程是指从原始数据中提取出对机器学习模型有用的信息表示(特征)的过程。它是机器学习项目中最耗时也是最能体现工程师经验和直觉的部分。特征工程包括以下几个方面:特征选择,从众多原始特征中挑选出对模型预测最有价值的子集,去除无关或冗余特征,减少噪声干扰,提高模型的泛化能力和训练效率。特征构造,根据领域知识或通过统计分析方法创建新的特征,以捕捉数据中的潜在关系,增强模型的学习能力。特征转换,通过归一化、标准化、独热编码等方式,调整特征的尺度和形式,使之适合特定模型的要求,如线性模型偏好于数值型特征,而树模型对特征尺度不敏感。

降维指减少数据维度,同时尽可能保留数据重要信息的过程,旨在解决高维数据带来的计算复杂度增加、过拟合风险增大等问题。常见的降维技术包括:主成分分析(PCA),通过线性变换将原始数据转换到一组新的坐标系中,使得数据在新坐标系中的方差最大,从而捕捉数据的主要变化趋势。t-分布邻域嵌入,非线性降维方法,特别适用于可视化高维数据集,通过保持邻居间的相对距离来揭示数据的内在结构。特征选择作为降维,在某些情况下,精心挑选的特征子集本身就可以视为一种降维手段,减少了模型需要处理的维度数量。

超参数是指模型训练前设定的参数,不能通过训练过程自动学习得到,对模型性能有显著影响。它是一个系统性的实验过程,旨在找到最优的超参数组合,以最大化模型在验证集上的性能。主要方法有:网格搜索、随机搜索、贝叶斯优化。

综合运用特征工程、降维和超参数调优,可以显著提升机器学习模型的性能和效率,使其在各种工程应用中发挥出最大的价值,如预测分析、推荐系统、图像识别等领域。

9.4.3 深度学习与卷积神经网络

神经网络分为两种,生物神经网络和人工神经网络。生物神经网络,指生物的大脑神经元、细胞、触点等组成的网络,用于产生生物的意识,帮助生物进行思考和行动。人工神经网络(artificial neural networks,简写为 ANNs)也简称为神经网络(NNs)或称作连接模型(Connection Model),它是一种模仿动物神经网络行为特征,进行分布式并行信息处理的算法数学模型。这种网络依靠系统的复杂程度,通过调整内部大量节点之间相互连接的关系,从而达到处理信息的目的。

神经网络是一个新兴的多学科交叉技术领域,其研究涉及众多学科领域,这些领域相互结合、相互渗透并相互推动。不同领域的科学家又从各自学科的兴趣与特色出发,提出不同的问题,从不同的角度进行研究。神经网络的发展历史曲折荡漾,既有被人捧上天的时刻,也有摔落在街头无人问津的时段,中间经历了数次大起大落。从单层神经网络(感知器)开始,到包含一个隐藏层的两层神经网络,再到多层的深度神经网络,一共有三次兴起过程,这里不展开叙述。

深度学习

深度学习的概念最早由多伦多大学的 G.E.Hinton 等人于 2006 年提出,指基于样本数据通过一定的训练方法得到包含多个层级的深度网络结构的机器学习过程。传统的神经网络随机初始化网络中的权值,导致网络很容易收敛到局部最小值,为解决这一问题,Hinton 提出使用无监督预训练优化网络权值的初值,再进行权值微调的方法,拉开了深度学习的序幕。

深度学习是指多层的人工神经网络和训练它的方法。一层神经网络会把大量矩阵数字作为输入,通过非线性激活方法取权重,再产生另一个数据集合作为输出。这就像生物神经大脑的工作机理一样,通过合适的矩阵数量,多层组织链接,形成神经网络"大脑"进行精准复杂的处理,就像人们识别物体标注图片一样。

深度学习是机器学习研究中的一个新的领域,其动机在于建立、模拟人脑进行分析学习的神经网络,它模仿人脑的机制来解释数据,例如图像、声音和文本。

深度学习是无监督学习的一种。深度学习的概念源于人工神经网络的研究。含多隐层的多层感知器就是一种深度学习结构。深度学习通过组合低层特征形成更加抽象的高层表示属性类别或特征,以发现数据的分布式特征表示。目前,深度神经网络在人工智能界占据统治地位。但凡有关人工智能的产业报道,必然离不开深度学习。

卷积神经网络(convolutional neural networks,CNN)

卷积神经网络是深度学习中非常重要的一种模型,特别适用于处理具有网格结构的数据,如图像和语音波形。CNN 的设计灵感来源于生物视觉皮层的工作原理,它利用局部感受、权值共享和空间池化等机制,有效地降低了模型的复杂度,同时保持了对平移、缩放等变换的良好鲁棒性。

卷积神经网络的应用十分广泛。在图像识别领域,CNN 可以识别图像中的物体,在 ImageNet 挑战赛中,CNN 模型取得了远超传统方法的识别精度。在自然语言处理领域,CNN 也被应用于文本分类、情感分析等 NLP 任务。在语音识别中,CNN 可以提取语音信号中的时序特征,与循环神经网络(RNN)等模型结合,提升语音识别的准确率。

总之,卷积神经网络是深度学习中一个强大的工具,它通过其独特的结构设计,在处理具有空间或时间结构的数据时展现出了卓越的性能,推动了人工智能领域的一系列突破。

9.4.4 自然语言处理

语言是人类区别其他动物的本质特性。在所有生物中,只有人类才具有语言能力。事实上,人类的多种智能都与语言有着密切的关系。人类的逻辑思维以语言为形式,人类的绝大部分知识也是以语言文字的形式记载和流传下来的。因而,它也是人工智能的一个重要,甚至核心部分。

信息的主要载体是语言,而语言有两种形式——文字和声音。文字和声音作为语言的两个不同形式的载体,所承载的信息占整个信息组成的70%以上,语言学家经过调查得到了下面的数据,构成信息的70%是文字,20%是图像,而其他形式的信息只占了10%。那么,如何让计算机实现人们希望实现的语言处理功能?如何让计算机真正实现海量的语言信息的自动处理和有效利用?

实现人机间自然语言通信,实现自然语言理解和自然语言生成是十分困难的。造成困难的根本原因是自然语言文本和对话的各个层次上广泛存在的各种各样的歧义性或多义性(ambiguity)。我们举一个简单而有趣的例子让大家感受一下,这是摘自1994年《生活报》的一段文字小作:

他说:"她这个人真有意思。"她说:"他这个人怪有意思的。"于是人们以为他们有了意思,并让他向她意思意思。他火了:"我根本没有那个意思!"她也生气了:"你们这么说是什么意思?"事后有人说:"真有意思。"也有人说:"真没意思。"

短短一段文字中,出现了多处的意思,到底是几个"意思"? 自然语言的复杂,人尚且没有办法完全掌握,可见机器的处理会遇到多大的困难。

计算语言学是语言学的一个研究分支,用计算技术和概念来阐述语言学和语音学问题。已开发的领域包括自然语言处理、言语合成、言语识别、自动翻译、编制语词索引、语法的检测,以及许多需要统计分析的领域(如文本考释)。

自然语言处理(natural language processing,NLP)就是利用计算机为工具对人类特有的书面形式和口头形式的自然语言的信息进行各种类型处理和加工的技术。相关提法有:中文信息处理(chinese information processing)、自然语言理解(natural language understanding)、计算语言学(computational linguistics)、人类语言技术(human language technology)。

语言处理可以分为两个层次:字符处理,包括输入、存储、输出等;内容处理,包括词语切分、词性标注、结构分析、意义理解、推理、翻译等。而在自然语言处理的计算机实现中,一般分为两种形式,一种是以基于知识的方法为代表的理性主义方法,该方法以语言学理论为基础,强调语言学家对语言现象的认识,采用非歧义的规则形式描述或解释歧义行为或歧义特性。一种是以基于语料库的统计分析为基础的经验主义方法,该方法更注重用数学方法,从能代表自然语言规律的大规模真实文本中发现知识,抽取语言现象或统计规律。

自然语言处理从20世纪50年代起步,提出机器翻译等重要问题;50到60年代采用模式匹配和文法分析方法,以及对基于理解和基于统计方法的讨论;直到60年代后期,自然语言处理经历了一段衰落时期;70到80年代采用了面向受限域的深入理解方法;80年代后期至今统计方法占据主流,这个受益于大规模语料可用以及计算机性能的大幅提高,互联网的迅速发展也为自然语言处理提供了实验数据来源和新的应用场景。

计算机能够理解人的语言吗?研究者会告诉你很难,但是没有证据表明不行。之前提到的图灵测试就是最著名的标准:如果通过自然语言的问答,一个人无法识别和他对话的是人还是机器,那么就应该承认机器具有智能。这就是从自然语言的角度对于人工智能的一种判断标准,从一个侧面也能看到自然语言处理在人工智能中的重要地位。

9.4.5 机器人学

机器人(robot)是能够自动执行一系列复杂动作的机器,尤其是可以通过计算机来编程控制的机器,这是摘自牛津英语词典的定义。人们认为机器人就是类似于人的机器(包括类人和人形),正如各种电影中看到的那样,实际上,目前世界范围内使用的绝大多数机器人都是在工厂中进行重复性工作的工业生产和装配机器人,它们都是没有类似于人的样貌的机器。这些工业机器人有着多关节的机械手臂,主要用来完成工业生产中的精密工作,如在汽车工厂中进行金属模块的焊接、在食品包装厂中进行物体的移动和升降。其他常见的机器人形态还有各种轮式移动机器人,它们的主要用途是在工厂里搬运箱子和部件,也有越来越多的圆盘式机器人在人们日常生活中扮演真空吸尘器的角色。这些机器人能够完成一系列复杂的动作,但是更多数机器人能够做到的仅仅是一些简单的、重复性的工作。

机器人的核心本质特征是,机器能否在没有人类直接、连续控制的时候自动运行,尤其是当机器人能够感知环境状态,并且能够对环境进行操作,这里的自动性指的是机器人能够根据感知到的信息来选择正确动作,完成特定任务的能力。

机器人能够通过计算机编程实现,这意味着该机器可以通过人类专家编写的计算机软件来控制,但是,这已经远远超出了纯粹编程的观点,在一种特殊的机器人学——发展性机器人学中,编写具有认知功能的程序是尤其重要的。如何通过计算机编程、人工智能算法和行为控制的认知理论,设计和实现具有意识的机器人控制器是这一领域最具挑战性的工作。

类人机器人和人形机器人也是经常提到的两个有区别的概念。首先,类人机器人有着拟人化的身体设计和类人的感觉器官,这类机器人的外观各有不同,有可以看到内部器件连线的复杂电子机器人,也有拥有塑料外壳且穿着航天服的机器人或玩具。人形机器人是类人机器人的一种特别类型。这种类型的机器人除了有拟人的体外形,还有仿人的"皮肤"外表。

机器人是人工智能的集大成所在,科幻小说中的机器人是人们对于人工智能的终极幻想和目标,而在实际的科研学术中,机器人的研究任重而道远。机器人技术正朝着更加智能化、多功能化和人机交互友好的方向发展。语言交流功能的完善、更高效的感知与决策能力以及与环境更紧密互动的具身智能,都是当前研究的热点。此外,随着材料科学、人工智能和物联网技术的融合,机器人在医疗、制造、服务等行业的应用范围不断扩大。

9.4.6 计算机视觉

计算机视觉是一门研究如何使机器"看"的科学,更进一步说,就是指用摄影机和电脑代替人眼对目标进行识别、跟踪和测量的机器视觉,并进一步做图形处理,由计算机代替大脑,来处理成为更适合人眼观察或传送给仪器检测的图像。其终极目标就是使计算机能像人那样通过视觉观察和理解世界,具有自主适应环境的能力。

计算机视觉研究相关的理论和技术,试图建立能够从图像或者多维数据中获取信息的人工智能系统。这里所指的信息指"信息之父"香农定义的,可以用来帮助做一个决定的信息。因为感知可以看作从感官信号中提取信息,所以计算机视觉也可以看作研究如何使人工系统从图像或多维数据中感知的科学。

计算机视觉是要经过长期的努力才能达到的目标。因此,在实现最终目标以前,人们努力的中期目标是建立一种视觉系统,这个系统能依据视觉敏感和反馈的某种程度的智能完成一定的任务。例如,计算机视觉的一个重要应用领域就是自主车辆的视觉导航,还没有条件实现像人那样识别和理解任何环境,完成自主导航的系统。因此,人们努力的研究目标是实现在高速公路上具有道路跟踪能力、可避免与前方车辆碰撞的视觉辅助驾驶系统。

人类视觉系统是迄今为止,人们所知道的功能最强大和完善的视觉系统。对人类视觉处理机制的研究将给计算机视觉的研究提供启发和指导。因此,用计算机信息处理的方法研究人类视觉的机理,建立人类视觉的计算理论,也是一个非常重要和让人感兴趣的研究领域。

有不少学科的研究目标与计算机视觉相近或与此有关。这些学科中包括图像处理、模式识别或图像识别、景物分析、图像理解等。

图像处理技术把输入图像转换成具有所希望特性的另一幅图像。在计算机视觉研究中经常利用图像处理技术进行预处理和特征抽取。模式识别技术根据从图像抽取的统计特性或结构信息,把图像分成预定的类别。文字识别或指纹识别是模式识别的典型任务。在计算机视觉中,模式识别技术经常用于对图像中的某些部分(例如分割区域)的识别和分类。图像理解技术,简单来说就是,给定一幅图像,图像理解程序不仅描述图像本身,而且描述和解释图像所代表的景物,以便对图像代表的内容做出决定。在人工智能视觉研究的初期经常使用景物分析这个术语,以强调二维图像与三维景物之间的区别。图像理解除了需要复杂的图像处理以外,还需要具有关于景物成像的物理规律的知识以及与景物内容有关的知识。

随着深度学习的兴起,计算机视觉在近年来取得了极其辉煌的成就,同时也促进了深度学习的更进一步发展。

物体识别和目标检测

物体识别和目标检测都是计算机视觉领域的核心技术,但它们各自聚焦于不同的任务细节和目标。

物体识别,主要关注的是从图像或视频中识别出物体的类别,即确定图像中出现的是什么类型的物体,比如猫、狗、汽车等。它不涉及物体的具体位置或大小,只关心"是什么"的问题。物体识别通常需要对图像进行分析,提取特征,并将这些特征与已知物体类别的模型进行匹配,从而实现分类。

目标检测,是一个更复杂的过程,它不仅要识别出图像中存在哪些物体,还要精确地确定每个物体的位置和范围,通常通过在图像上绘制边界框来实现。这意味着目标检测不仅要解决"是什么"的问题,还要解决"在哪里"的问题。目标检测算法通常会输出每个检测到的物体的类别标签以及相应的边界框坐标,因此在技术实现上往往涉及更高级的图像处理和机器学习技术,比如滑动窗口、区域提议网络(RPN)、卷积神经网络(CNN)等。

运动和跟踪

运动分析主要关注视频序列中物体或场景随时间的变化情况,包括运动检测、运动估计和运动理解等子任务。其核心目的是从连续帧中抽取出有意义的动态信息。运动检测是基础,旨在识别图像序列中哪些像素发生了变化,常用于背景减除或前景提取,以分离出移动的物体。运动估计则进一步确定这些移动物体的运动轨迹或速度。运动理解则是更高层次的任务,涉及对运动的原因、目的或未来趋势的推理。

目标跟踪专注于在视频序列中持续定位特定目标的位置和状态,即使该目标在移动、变形或被部分遮挡。目标跟踪可以看作运动分析的一个具体应用,它基于初始帧中目标的定义(称为初始化),然后在后续帧中预测并修正目标的位置。目标跟踪技术广泛应用于监控、视频编辑、增强现实、智能交通系统等领域,常见的方法有基于特征的跟踪、模型匹配、光流法等。

9.4.7 知识表示与知识图谱

知识表示与知识图谱是人工智能领域中两个密切相关且核心的概念,它们在信息处理、语义理解和智能决策等方面发挥着重要作用。

知识表示

知识表示是指将人类知识形式化并编码为计算机可以理解、存储和处理的形式。它的目的是使机器能够模拟人类的思维方式,理解、推理并运用知识。知识表示方法多种多样,常见的几种包括:

一阶谓词逻辑表示法。这是一种形式化语言,通过谓词、常量、变量和量词来表达知识,支持逻辑推理。

产生式表示法。基于规则的形式,通常包含条件(IF)和动作(THEN)两部分,用于表示因果关系或问题解决步骤。

框架表示法。以框架结构组织知识,框架由槽(slots)和填槽(fillers)组成,用于描述对象或概念的属性和关系。

本体(ontologies)。定义领域内的概念、属性及概念间的关系,提供共用词汇表和形式化的概念体系,支持知识共享和互操作性。

知识图谱

知识图谱是一种结构化的语义知识库,它通过将复杂的知识进行可视化和结构化的方式组织起来,使得计算机能够更好地理解、存储和处理知识。知识图谱通常包含实体(entities)、关系(relationships)和属性(attributes),它们共同构成了一个复杂的网络结构。

以下是知识图谱的几个关键特点:

实体(entities)。知识图谱中的实体可以是人、地点、组织、概念等,它们是知识图谱的基本构成单元。

关系(relationships)。关系描述了实体之间的联系,例如"出生在""属于""位于"等。这些关系将不同的实体连接起来,形成了知识图谱的网络结构。

属性(attributes)。属性提供了关于实体的额外信息,比如一个人的出生日期、一个国家的首都等。

动态更新(dynamic update)。知识图谱不是静态的,它可以随着新信息的获取而不断更新和扩展。

语义搜索(semantic search)。知识图谱使得搜索更加智能,用户可以通过语义查询来找到相关信息,而不仅仅是关键词匹配。

智能应用(intelligent applications)。知识图谱可以支持各种智能应用,如推荐系统、问答系统、自然语言理解等。

知识图谱在很多领域都有应用,例如搜索引擎、社交媒体分析、生物信息学、金融分析等,它们帮助机器更好地理解人类语言和世界知识,从而提供更加丰富和准确的信息。

以上介绍的是人工智能的主要研究热点,不管是在学术界和工业界,这些学科都是最前沿研究学科。由于人工智能独特的交叉学科特性,计算机的新技术总是引导着人工智能的每次繁荣发展高潮。现如今,越来越多的人工智能研究已经落地,融入普通大众的生活中,下面的章节里我们将介绍一些具有典型人工智能特色的应用案例。

9.5 人工智能应用案例

9.5

在本节中,我们将介绍近年来人工智能中耳熟能详的大事件以及大案例。

9.5.1 打败人类围棋高手的 Master

2016 年末 2017 年初,在中国棋类网站上一个昵称为 Master 的注册棋手与中日韩数十位围棋高手进行快棋对决,连续 50 多局无一败绩!1 月 4 日下午,Master 第 54 局挑战中国棋圣、64 岁的聂卫平。最终执白的聂卫平以 7 目半的劣势落败。在比赛结束过后,神秘棋手 Master 在屏幕上打出了繁体字"谢谢聂老师"。1 月 4 日晚间,在取得第 59 胜后,神秘棋手 Master 终于亮出了身份,它就是 AlphaGo,代替其落子的是 AlphaGo 团队的黄士杰博士。

这个战绩引起了围棋界甚至于全球的轰动。阿尔法围棋(AlphaGo)是第一个击败人类职业围棋选手、第一个战胜围棋世界冠军的人工智能机器人,它由谷歌公司旗下 DeepMind 公司戴密斯·哈萨比斯领衔的团队开发,其主要工作原理是"深度学习"。

2017 年 5 月,在中国乌镇围棋峰会上,它与排名世界第一的世界围棋冠军柯洁对战,以 3 比 0 的总比分获胜。围棋界公认阿尔法围棋的棋力已经超过人类职业围棋顶尖水平,在 GoRatings 网站公布的世界职业围棋排名中,其等级分曾超过排名人类第一的棋手柯洁。2017 年 10 月 18 日,DeepMind 团队公布了最强版阿尔法围棋,代号 AlphaGo Zero。

中国围棋职业九段棋手聂卫平是这样评价的:"Master(即阿尔法围棋升级版)技术全面,从来不犯错,这一点是其最大的优势,人类要打败它,必须在前半盘领先,然后中盘和官子阶段也不容出错,这样固然很难,但客观上也促进了人类棋手在围棋技术上的提高。"

9.5.2 无人驾驶汽车

无人驾驶汽车,这个在科幻电影中常见的未来科技,如今已经逐渐走进我们的现实生活。这种智能汽车,也被称为轮式移动机器人,其核心在于车内的智能驾驶仪,这是一个以计算机系统为主导的先进设备,负责实现无人驾驶的功能。自 20 世纪 70 年代开始,美国、英国、德国等发达国家纷纷投入巨资进行无人驾驶汽车的研究。而在中国,从 20 世纪 80 年代起,众多科研机构和企业也开始涉足这一领域。国防科技大学在 1992 年成功研制出中国第一辆真正意义上的无人驾驶汽车,标志着中国在这一领域的突破。2005 年,上海交通大学更是成功研制出首辆城市无人驾驶汽车,为中国在这一领域的进一步研究奠定了坚实的基础。

自动驾驶是一个高度集成的综合系统,涵盖了环境感知、规划决策、多等级辅助驾驶等功能。它运用了计算机、现代传感、信息融合、通信、人工智能及自动控制等多项高新技术,可以说是现代科技的集大成者。在这个系统中,环境感知、行为决策、路径规划、运动控制等四大核心技术发挥着至关重要的作用。这些技术的不断完善和优化,为无人驾驶汽车的安全性和可靠性提供了坚实的保障。

美国汽车工程师学会(SAE)将自动驾驶技术分为六个级别,从 L0 级别的纯人工驾驶到 L5 级别的完全自动驾驶。每一级别的提升都代表着技术的突破和进步,而 L5 级别的完全自动驾驶则是无人驾驶汽车的最终目标。在这一级别下,无人驾驶汽车可以在任何场景下实现完全驾驶车辆行驶,无需人工干预。这无疑为未来的交通出行带来了巨大的便利和可能性。

近年来,无人驾驶汽车的研究和应用取得了显著的进展。2018 年 2 月 15 日,百度 Apollo 无人车在央视春晚亮相,在港珠澳大桥完成了高难度的"8"字交叉跑动作。这一成果展示了中国在无人驾驶汽车领域的实力和创新精神。同时,百度还将视觉、听觉等识别技术应用在"百度无人驾驶汽车"系统研发中,为无人驾驶汽车的智能化和自主化提供了有力的支持。

此外,在美国,Google 的无人驾驶汽车也备受关注。2012 年 5 月 8 日,美国内华达州允许无人驾驶汽车上路仅三个月后,机动车驾驶管理处就为 Google 的无人驾驶汽车颁发了一张合法车牌。这标志着无人驾驶汽车正式获得了合法上路的资格,为未来的交通出行带来了新的可能。然而,无人驾驶技术的发展并非一帆风顺。2016 年 9 月 23 日,谷歌汽车在山景城与一辆商务货车相撞,这一事件引发了人们对无人驾驶汽车安全性的担忧和讨论。

近几年来,随着传感器技术(如激光雷达、摄像头、雷达、超声波传感器等)、人工智能算法(特别是深度学习)、高精度地图和定位技术的进步,无人驾驶汽车的环境感知、决策制定和路径规划能力不断增强。目前市场上已有部分达到 L2(部分自动化)和 L3(条件自动化)级别的车辆,少数测试中的车辆接近或声称达到了 L4(高度自动化)级别,能在特定区域或条件下无需人类干预驾驶。不同国家和地区对无人驾驶汽车测试和商用化的法律法规逐步完善。例如,美国、中国、欧洲一些国家已经允许无人驾驶车辆在特定条件下上路测试,部分地方开始探索商业化运营许可。

无人驾驶技术正处于快速发展期,尽管面临技术、法律和伦理等方面的挑战,但其巨大的潜力和应用场景正驱动着全球范围内持续的研究、试验和法规制定。随着技术的不断成熟和社会接受度的提高,预计无人驾驶将在未来几年内逐步融入人们的日常生活。

9.5.3 人工智能音乐艺术

人工智能在音乐艺术领域的应用正逐步展现其变革性力量,不仅改变了音乐创作、表演和欣赏的方式,还促进了音乐产业的创新与发展。

音乐创作与作曲。通过分析大量音乐作品,AI 能够学习音乐的结构、旋律、和声等元素,进而生成新的音乐作品。有些平台允许用户指定风格、情绪、节奏等参数,自动生成定制化的音乐。AI 也能根据给定的主题、情感或特定词汇生成歌词,与音乐旋律相结合,完成歌曲创作的全过程。

和弦识别与伴奏生成。和弦识别技术:AI 能够分析音频文件,自动识别其中的和弦进程,帮助音乐人理解音乐结构,简化编曲过程。智能伴奏:AI 可以根据主旋律自动生成伴奏,调整和弦进程、节奏模式等,为音乐创作提供辅助。

演奏与表现。虚拟演奏家可以模拟乐器演奏,如通过 MIDI 控制器或直接生成音频,实现人声或乐器的逼真演奏。音乐风格迁移能够将一首曲子的风格转换为另一位艺术家的风格,为听众带来全新的听觉体验。

音乐分析与分类。音乐信息检索利用 AI 分析音乐的特征,如节奏、旋律、和声等,实现音乐的智能分类和检索,提高音乐推荐的准确性。

情感分析。通过分析音乐的音色、节奏等,AI 可以判断音乐传达的情感,帮助音乐制作人更好地调整作品情绪。

技能评估。通过分析演奏录音,AI 能够评估演奏者的技巧水平,提供即时反馈,促进技能提升。

随着 AI 生成音乐作品的增多,音乐版权与知识产权问题也日益凸显,如何界定 AI 创作音乐的版权归属、保护创作者权益成为亟待解决的法律议题。

人工智能在音乐艺术领域的应用不仅拓宽了创作的边界,也为音乐爱好者和专业音乐人提供了前所未有的创意工具和学习资源,同时对音乐产业的商业模式和法律框架提出了新的挑战和机遇。

9.5.4 波士顿动力公司

波士顿动力是一家致力于机器人快速运动以及平衡能力研究的机器人公司,主要关注机器人的快速运动能力、负重能力和拟人行为。除了频频在各种新闻报道中出现的 Atlas 之外,波士顿动力公司还有包括能以时速 28.3 英里的速度奔跑的四足机器人 Cheetah 和能够在崎岖不平的地形上行走和保持平衡的四足机器狗 Bigdog(图 9.5.1 左图)。

2005 年,波士顿动力公司的专家创造了四腿机器人大狗。2015 年,美军开始测试这种具有高机动能力的四足仿生机器人的试验场,开始试验这款机器人与士兵协同作战的性能。

2016 年 2 月 24 日,Atlas 可像人类正常站立行走。这款 Atlas 人形机器人高 5 英尺,重 180 磅,除了可以像人类一样正常行走之外,它还可以处理多种不同情况下的物体搬运任务。

2018 年 10 月 12 日,新一代 Atlas(图 9.5.1 右图)掌握了极限运动——跑酷。

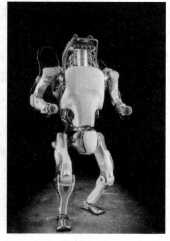

图 9.5.1　**Bigdog 和 Atlas**

9.6 人工智能的机遇与挑战

从 2017 年开始,人工智能连续三年出现在《政府工作报告》中。2017 年,"人工智能"首次被写入《政府工作报告》;2018 年,"人工智能"再次被《政府工作报告》提及;2019 年全国两会,"人工智能"第三次出现在《政府工作报告》中,成为促进新兴产业加快发展的新动能。相比 2017、2018 年的"加快人工智能等技术研发和转化""加强新一代人工智能研发应用",2019 年《政府工作报告》中使用的是"深化大数据、人工智能等研发应用"表述方式。从"加快"、"加强"到"深化",证明人工智能将快速发展,成为促进新兴产业加快发展的新动能。

人工智能 2.0

人工智能 2.0 指在人工智能领域的一次重大演进,它不仅仅是技术上的升级,更是方法论、应用范围以及影响深度上的全面拓展。这一概念强调的是人工智能技术从"专用智能"向"通用智能"的迈进,以及从"感知智能"向"认知智能"的提升。

在人工智能 2.0 时代,深度学习模型更加复杂,使得 AI 系统能够处理更复杂的任务和环境。人工智能 2.0 强调多种感官信息(如视觉、听觉、文本)的融合处理,即跨模态学习,这使得 AI 能够更好地理解世界,如同人类一样,通过综合不同来源的信息做出判断和决策。

人工智能 2.0 追求的是让机器不仅能识别和分类数据,还能理解和解释数据背后的逻辑,进行推理和决策。这意味着 AI 将更加接近人类的认知水平,能够解决需要使用背景知识、因果关系理解的问题。发展能够理解、模拟甚至影响人类情感的技术,使人工智能更加人性化,能够在交互中展现出更加自然和富有同情心的反应。系统将具备更强的自我学习和适应能力,能够在新环境中不断学习,调整策略,而无需人工重新编程。这种能力对于应对动态变化的环境至关重要。

而随着 AI 能力的增强,其伦理和社会影响日益凸显。人工智能 2.0 的发展伴随着对隐私保护、数据安全、算法偏见、责任归属等问题的深入探讨和规范制定。

伴随着人工智能的快速发展,其应用领域也会极大地拓展。智慧医疗领域利用 AI 进行疾病诊断、个性化治疗方案设计,以及药物研发等。智能制造领域将实现生产过程的智能化、定制化,提高效率和灵活性。通过人工智能优化城市交通、能源管理、公共安全等领域,提升城市管理效能。

总之,人工智能 2.0 标志着人工智能正从单一功能的智能应用向更加综合、灵活、智能的系统转变,它旨在构建一个更加智能、高效、和谐的社会。人工智能必定会带来社会的更深层次的发展,人工智能技术也必定会继续蓬勃发展下去。

一、简答题

1. 强人工智能与弱人工智能有何区别?

2. 图灵测试如何判断人工智能?对于"尤金"的成功,你是如何看待的?

3. 中文之屋与图灵测试的争议在何处?大家可以想象一下,现在的机器翻译、在线翻译软件,是不是就是类似于中文之屋中描述的这个人的形象呢？根据一系列的规则进行翻译,只是,以现如今的自然语言处理水平,我们还无法做到完全自如正确地翻译,但是在某些特定领域,翻译的效果是令人满意的。所以,我们现在是否到达了强人工智能的阶段了呢？

4.请简述专家系统的定义与分类？

5.什么是深度学习？

6.计算机视觉的研究内容有哪些？

7.人工智能其实至今没有统一的定义,由于属于典型的交叉学科,众多学者从不同的角度对人工智能给出了各自不同的定义。从下面列举的相关著作中对于人工智能定义的不同描述,大家可以从中认识到不同学科对于人工智能的理解和侧重。

①人工智能是用计算模型研究智力行为。

②人工智能是一种能够执行需要人的智能的创造性机器的技术。

③人工智能是一门通过计算过程力图理解和模仿智能行为的学科。

④人工智能是计算机科学中与智能行为的自动化有关的一个分支。

⑤人工智能就是用人工的方法在机器(计算机)上实现的智能,也称为机器智能。

⑥人工智能是一门研究如何构造智能机器(智能计算机)或智能系统,使它能模拟、延伸、扩展人类智能的学科。

⑦人工智能是那些与人的思维、决策、问题求解和学习等有关活动的自动化。

⑧人工智能是计算机科学或智能科学中涉及研究、设计和应用智能机器的一个分支。

⑨人工智能是研究和设计具有智能行为的计算机程序,以执行人或动物所具有的智能任务。

请大家思考一下,这些不同的定义,都是描述人工智能的哪个方面的特点呢？

二、选择题

1.(　　)是利用计算机为工具对人类特有的书面形式和口头形式的自然语言的信息进行各种类型处理和加工的技术。

A. 神经网络　　　　B. 机器人学　　　　C. 自然语言处理　　D. 计算机视觉

2.自主车辆的视觉导航主要是(　　)技术的应用。

A. 神经网络　　　　B. 机器人学　　　　C. 自然语言处理　　D. 计算机视觉

3.(　　)是人工智能技术。

A. 专家系统　　　　B. 深度学习　　　　C. 自然语言处理　　D. A、B、C 都是

参考文献

[1]谢希仁.计算机网络[M].8 版.北京:电子工业出版社,2021.

[2]袁华,王昊翔,黄敏.深入理解计算机网络[M].北京:清华大学出版社,2024.

[3]安德鲁·S.特南鲍姆.计算机网络[M].6 版.北京:清华大学出版社,2022.

[4]邱锡鹏.神经网络与深度学习[M].北京:机械工业出版社,2022.

[5]李航.统计学方法[M].2 版.北京:清华大学出版社,2019.

[6]蔡自兴等.人工智能及其应用[M].5 版.北京:清华大学出版社,2016.

[7]王万良.人工智能导论[M].3 版.北京:高等教育出版社,2011.

[8]钟义信.高等人工智能原理:观念·方法·模型·理论[M].北京:科学出版社,2014.

[9]周昌乐.智能科学技术导论[M].北京:机械工业出版社,2015.

[10]周志华.机器学习[M].北京:清华大学出版社,2016.

[11]ANGELOC.发展型机器人[M].北京:机械工业出版社,2016.